D1663933

iit-Themenband

Klima

Volker Wittpahl • Herausgeber

iit-Themenband

Klima

Politik & Green Deal
Technologie & Digitalisierung
Gesellschaft & Wirtschaft

Springer Vieweg

OPEN ACCESS

Herausgeber
Prof. Dr. Volker Wittpahl
Institut für Innovation und Technik (iit)
in der VDI/VDE Innovation + Technik GmbH
Berlin, Deutschland

ISBN 978-3-662-62194-3 ISBN 978-3-662-62195-0 (eBook)
DOI 10.1007/978-3-662-62195-0

Die Deutsche Nationalbibliothek verzeichnet diese Publikation in der Deutschen Nationalbibliografie; detaillierte bibliografische Daten sind im Internet über http://dnb.d-nb.de abrufbar.

Springer Vieweg
© Der/die Herausgeber bzw. der/die Autor(en) 2020. Dieses Buch ist eine Open-Access-Publikation
Open Access. Dieses Buch wird unter der Creative Commons Namensnennung 4.0 International Lizenz (http://creativecommons.org/licenses/by/4.0/deed.de) veröffentlicht, welche die Nutzung, Vervielfältigung, Bearbeitung, Verbreitung und Wiedergabe in jeglichem Medium und Format erlaubt, sofern Sie den/die ursprünglichen Autor(en) und die Quelle ordnungsgemäß nennen, einen Link zur Creative Commons Lizenz beifügen und angeben, ob Änderungen vorgenommen wurden.
Die in diesem Buch enthaltenen Bilder und sonstiges Drittmaterial unterliegen ebenfalls der genannten Creative Commons Lizenz, sofern sich aus der Abbildungslegende nichts anderes ergibt. Sofern das betreffende Material nicht unter der genannten Creative Commons Lizenz steht und die betreffende Handlung nicht nach gesetzlichen Vorschriften erlaubt ist, ist für die oben aufgeführten Weiterverwendungen des Materials die Einwilligung des jeweiligen Rechteinhabers einzuholen.
Die Wiedergabe von Gebrauchsnamen, Handelsnamen, Warenbezeichnungen usw. in diesem Werk berechtigt auch ohne besondere Kennzeichnung nicht zu der Annahme, dass solche Namen im Sinne der Warenzeichen- und Markenschutz-Gesetzgebung als frei zu betrachten wären und daher von jedermann benutzt werden dürften.
Sämtliche Personenbezeichnungen in diesem Band gelten für jedes Geschlecht.
Der Verlag, die Autoren und die Herausgeber gehen davon aus, dass die Angaben und Informationen in diesem Werk zum Zeitpunkt der Veröffentlichung vollständig und korrekt sind. Weder der Verlag, noch die Autoren oder die Herausgeber übernehmen, ausdrücklich oder implizit, Gewähr für den Inhalt des Werkes, etwaige Fehler oder Äußerungen.

Gedruckt auf säurefreiem und chlorfrei gebleichtem Papier

Springer Vieweg ist Teil von Springer Nature
Die eingetragene Gesellschaft ist Springer-Verlag GmbH, DE

Klimaschutz als unsere Wachstumsstrategie

Frans Timmermans

Es gibt Augenblicke in der Geschichte, in denen wir alle aufgerufen sind, in der Politik eine neue Ära einzuleiten. Unsere Gesellschaft steht heute vor ebenso großen historischen Herausforderungen wie zu der Zeit, als der Gründer des Nachrichtenmagazins Time erstmals diese Worte sprach. Diese reichen von der Bedrohung durch den Terrorismus bis zu den Folgen der Finanzkrise, von der Migrationswelle und den wachsenden geopolitischen Ansprüchen bis zu den Umbrüchen durch den technologischen Wandel, den Klimawandel und den Verlust unserer natürlichen Umwelt. Und zur Abrundung all dessen brach im Jahr 2020 eine Pandemie aus, die enorme Folgen für die Gesundheit und den Wohlstand der Menschen weltweit mit sich brachte.

Seit dem Ausbruch der COVID-19-Pandemie sind der Klimawandel und der Verlust der Biodiversität auf der Prioritätenliste vieler Menschen weit nach hinten gerückt. Dennoch stellen sie weiterhin sehr reale Bedrohungen dar. Das Aufkommen von Viren und möglichen neuen Pandemien steht sogar in direktem Zusammenhang mit dem Klimawandel und dem Naturverlust. Wenn Wälder verschwinden, haben lebende Tiere und Pflanzen freie Bahn, um Viren auf den Menschen zu übertragen. Durch das Auftauen von Permafrostböden können auch alte Viren erneut aktiv werden.

Das heutige Zusammentreffen mehrerer Krisen stellt uns daher vor eine besondere Herausforderung. Die Entscheidungen, die wir heute treffen, werden noch über Generationen hinweg nachwirken. Während wir gegen die Gesundheits- und Wirtschaftskrisen ankämpfen, die unser tägliches Leben bestimmen, müssen wir auch gegen die Klimakrise vorgehen, die bereits vor der Tür steht. Der größte Fehler wäre der, diese Krise zu überwinden, nur um anschließend festzustellen, dass wir auf die nächste Krise zugesteuert sind.

Selbst der größte Pfennigfuchser dürfte zugeben, dass ein Weitermachen wie bisher zum gegenwärtigen Zeitpunkt wirtschaftlich nicht vertretbar ist. Jüngsten Untersuchungen zufolge könnte unseren Volkswirtschaften ein Schaden entstehen, der die unvorstellbare Summe von 600 Billionen Euro erreicht, wenn wir nicht gegen den Klimawandel angehen. Die Kosten des Klimaschutzes mögen also hoch erscheinen, die Kosten des Nichthandelns sind aber schlicht untragbar.

Aus diesen Gründen hat die Europäische Kommission den Green Deal zum Fahrplan für den Wiederaufbau erklärt. Der Green Deal war bereits unsere Strategie für Wachstum. Jetzt ist er unsere Rettungsleine für den Ausweg aus diesen Krisen.

Damit sich die Europäische Union von der COVID-19-Pandemie erholen kann, wird sie ein Ausgaben- und Investitionspaket von über 1,8 Billionen Euro einsetzen. Wenn man so viel Geld ausgibt, muss man von Anfang an das Richtige tun. Wir müssen der Versuchung widerstehen, überholten Geschäftsmodellen und veralteten, klimaschädlichen Technologien Geld hinterherzuwerfen. Stattdessen sollten wir in eine grüne, resiliente Wirtschaft investieren, die Innovationen anstößt und neue Arbeitsplätze schafft.

Unser Plan umfasst eine Reihe von Leitinitiativen, die – ebenso wie viele Beiträge in diesem Buch – grünen Wiederaufbau und Innovation miteinander verknüpfen. Mit unserer Renovierungswelle werden wir die Installation von Solaranlagen auf Dächern und die Isolierung von Gebäuden fördern und gleichzeitig ortsnahe grüne Arbeitsplätze sichern. Wir könnten in Europa Elektrobusse bauen, indem wir die Städte anregen, gemeinsame Ausschreibungen durchzuführen, wir könnten Familien helfen, sich ein neues, umweltfreundlicheres Auto anzuschaffen, und wir könnten die Landwirte dabei unterstützen, weniger Pestizide einzusetzen und nachhaltiger zu ernten. Wir könnten sogar unser geopolitisches Schicksal neu gestalten, indem wir in saubere Energien und kreislauforientierte Lieferketten investieren und Rohstoffe nach Möglichkeit in Europa beschaffen und wiederverwenden.

Damit wir auf Kurs bleiben, verankern wir unser Ziel der Klimaneutralität bis 2050 in einem verbindlichen Gesetz. Unser Ziel wird den Unternehmen und Unternehmer:innen, die Klarheit und Planungssicherheit gefordert haben, als Leitstern dienen. Viele von ihnen beschweren sich noch, weil sie sich umstellen müssen, andererseits hat aber noch nie eine Revolution stattgefunden, ohne dass sie auf den Widerstand einiger Vertreter:innen der alten Garde gestoßen wäre.

Natürlich erkennen wir an, dass das Ziel der Klimaneutralität überaus ehrgeizig ist. Uns ist klar, dass der grüne Übergang fair gestaltet werden muss, weil er sonst überhaupt nicht stattfindet. Deshalb hat die Kommission wenige Wochen, nachdem sie den europäischen Grünen Deal vorgelegt hat, Pläne für einen fairen Übergang vorgeschlagen. So haben wir neben unseren anderen Investitionen in den Übergang einen Mechanismus für den gerechten Übergang erarbeitet. Dieser Mechanismus ist unsere Botschaft an die Bergleute in Schlesien, an die Torfstecher in den irischen Midlands und an die Regionen des Ostseeraums, die vom Ölschiefer abhängig sind. Sie alle stehen vor besonders großen Herausforderungen bei der Anpassung an die emissionsfreie Zukunft, und wir sichern ihnen zu, ihnen bei diesem Wandel zur Seite zu stehen.

Ich bin überzeugt, dass wir bei unseren Bemühungen zur Überwindung der COVID-19-Krise unseren Weg in eine bessere Zukunft finden werden. In einer verzweifelten Lage gibt es drei Handlungsoptionen: Angst haben und sich verstecken, gar nichts tun oder an die Arbeit gehen und sich auf die Zukunft vorbereiten. Ich habe immer die dritte Option gewählt. Auch jetzt werde ich wieder für eine Welt mit nachhaltigen Arbeitsplätzen, die Eindämmung des Klimawandels und ein gesünderes Leben kämpfen.

Wir sollten uns von den Herausforderungen, denen wir uns zweifelsfrei werden stellen müssen, nicht abhalten lassen. Wie Winston Churchill sehr richtig gesagt hat: „Wenn du durch die Hölle gehst, geh weiter." Der Weg in eine bessere Zukunft und in eine inklusive, sauberere und stärkere Gesellschaft liegt vor uns. Dafür müssen wir aber alle über die nächste Wahlperiode hinausdenken und den Reflex vermeiden, Vergangenes wiederherzustellen, anstatt die Zukunft aufzubauen. Mit dem europäischen Grünen Deal als Wegweiser wird uns das gelingen.

Frans Timmermans, Exekutiv-Vizepräsident der Europäischen Kommission
August 2020

Dieses Kapitel wird unter der Creative Commons Namensnennung 4.0 International Lizenz (http://creativecommons.org/licenses/by/4.0/deed.de) veröffentlicht, welche die Nutzung, Vervielfältigung, Bearbeitung, Verbreitung und Wiedergabe in jeglichem Medium und Format erlaubt, sofern Sie den/die ursprünglichen Autor(en) und die Quelle ordnungsgemäß nennen, einen Link zur Creative Commons Lizenz beifügen und angeben, ob Änderungen vorgenommen wurden.

Die in diesem Kapitel enthaltenen Bilder und sonstiges Drittmaterial unterliegen ebenfalls der genannten Creative Commons Lizenz, sofern sich aus der Abbildungslegende nichts anderes ergibt. Sofern das betreffende Material nicht unter der genannten Creative Commons Lizenz steht und die betreffende Handlung nicht nach gesetzlichen Vorschriften erlaubt ist, ist für die oben aufgeführten Weiterverwendungen des Materials die Einwilligung des jeweiligen Rechteinhabers einzuholen.

Inhaltsverzeichnis

Teil I

ERDERWÄRMUNG & KONSEQUENZEN

Globale Erwärmung: Ist ein Kurswechsel möglich?

–

Wie Klima funktioniert und warum sich die Atmosphäre erwärmt

–

Klimakonsequenzen für Natur und Mensch

1 Globale Erwärmung: Ist ein Kurswechsel möglich?

Volker Wittpahl

Im September 2015 haben die Vereinten Nationen die Ziele für eine nachhaltige Entwicklung verabschiedet, die bis zum Jahr 2030 erreicht werden sollen (United Nations 2015). Es wurden 17 Ziele der nachhaltigen Entwicklung, die „Strategic Development Goals (SDG)“, in einer Liste von 169 Zielen mit 232 einzelnen Indikatoren definiert, zu denen sich alle Länder der Welt verpflichtet haben.

Schaut man sich die Ziele im Detail an, so handelt es sich um eine Mischung aus gesellschaftlichen, Umwelt- und Klima-Zielen (Abb. 1.1). Selbst wenn alle Länder die Ziele engagiert angehen wollen, so haben sie mit einer großen Herausforderung bei ihrer Umsetzung zu kämpfen: Es gibt wechselwirkende Einflüsse, welche die Zielerreichung beeinflussen.

Um eine nachhaltige globale Entwicklung zu ermöglichen und Maßnahmen sowie ihre Wirkungen besser einordnen und abschätzen zu können, ist es deshalb notwendig, die Haupttreiber für negative Einflüsse und ihre Wechselwirkungen zu verstehen. Als ein solch starker Treiber lässt sich eindeutig die globale Erwärmung identifizieren.

Abb. 1.1 Nachhaltigkeitsziele der Vereinten Nationen. (Quelle: Bundesregierung 2020)

© Der/die Herausgeber bzw. der/die Autor(en) 2020
V. Wittphal, *Klima*, https://doi.org/10.1007/978-3-662-62195-0_1

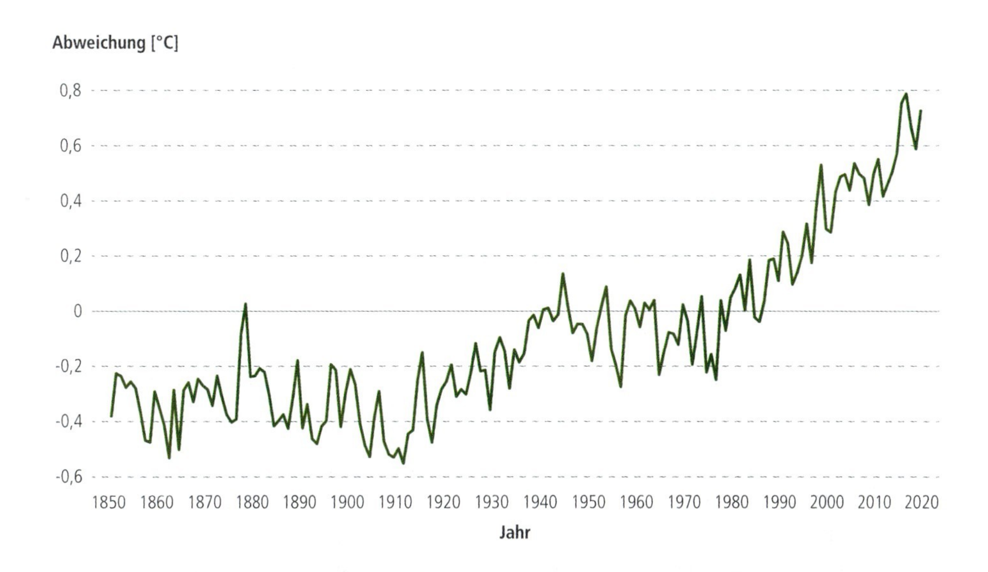

Abb. 1.2 Abweichung der globalen Mitteltemperatur: Alle 19 Jahre seit 2001 gehören zu den 20 wärmsten seit Beginn der Aufzeichnungen. (Eigene Darstellung nach Umweltbundesamt 2020a)

Das diffuse Gefühl, dass etwas im größeren Maßstab nicht mehr stimmt, hat sich in der Jugendbewegung der Fridays for Future Bahn gebrochen. Schüler:innen und Studierende fordern Entscheidungsträger:innen aus Politik und Wirtschaft zum Handeln auf, dessen Grundlage auf Ergebnissen der Wissenschaft fußen möge. Tatsächlich bedarf es eines besseren Grundverständnisses für die wesentlichen Zusammenhänge und unserer Handlungsoptionen, um Sachdiskussionen zu dem Themenkomplex Klima, Erderwärmung und ihren Folgen führen zu können, statt von Halbwissen geprägte emotionale Debatten.

Die beschleunigte globale Erwärmung ist das aktuelle Haupt-Risiko

Folgt man der Wissenschaft, zeigt sich, dass die Zahlen und Prognosen zur Erderwärmung in immer kürzeren Abständen nach oben korrigiert werden müssen. So gehören alle 19 Jahre seit 2001 zu den 20 wärmsten Jahren seit Aufzeichnung der Wetterdaten (Abb. 1.2, Faust et al. 2020).

Schon 2018 hat sich der Internationale Klimarat IPCC[1] von dem Ziel verabschiedet die Erderwärmung bis zum Jahr 2100 nicht über 1,5 Grad Celsius ansteigen zu las-

[1] *Englisch: Intergovernmental Panel on Climate Change (IPCC).*

sen: *„Die globale Erwärmung*[2] *erreicht 1,5 °C wahrscheinlich zwischen 2030 und 2052, wenn sie mit der aktuellen Geschwindigkeit weiter zunimmt."* (IPCC 2018:8)

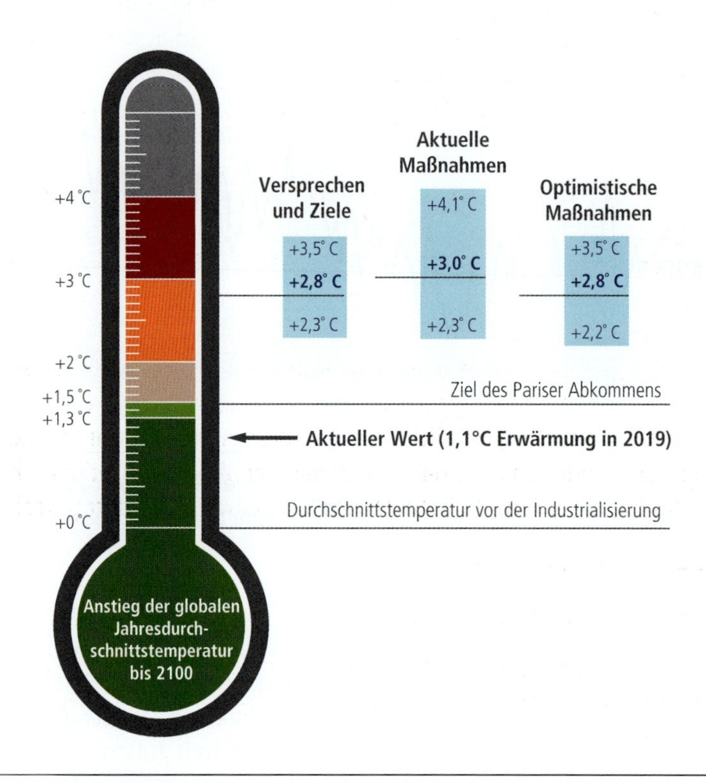

Abb. 1.3 Climate Action Tracker (CAT): Prognose des globalen Temperaturanstiegs bis 2100 basierend auf Zusicherungen und Zielen wie auch aktuellen Maßnahmen vom Dezember 2019. (Eigene Darstellung nach Climate Action Tracker 2019)

Laut der Weltorganisation für Meteorologie (WMO)[3] ist das globale Temperaturmittel gegenüber dem vorindustriellen Vergleichszeitraum zwischen 1850 und 1900 aktuell um 1,1 Grad Celsius gestiegen (WMO 2020a) und wird mit einer zwanzigprozentigen Wahrscheinlichkeit im Zeitraum bis 2024 auf 1,5 Grad Celsius ansteigen (WMO 2020b). In Deutschland wird laut Deutschem Wetterdienst (DWD) schon 2030 eine

---

[2] *Bezogen auf das Temperaturniveau von 1850 bis 1900.*

[3] *Englisch: World Meteorological Organization (WMO).*

Erwärmung um zwei Grad Celsius gegenüber dem Bezugszeitraum von 1981 bis 2010 erreicht werden (DWD 2020).

Im Vergleich zu den Messungen der Meteorolog:innen sind in Abb. 1.3 die Prognosen des Climate Action Tracker (CAT) für die Durchschnittstemperaturen im Jahr 2100 angegeben, die sich aufgrund von internationalen Zielen und Versprechen sowie deren zugrundeliegenden Maßnahmen ergeben würden (Climate Action Tracker 2019).

Um eine Vorstellung zu entwickeln, was sich hinter der beschleunigten Erderwärmung verbirgt, ist es hilfreich, sich die Effekte vor Augen zu führen, die in Kaskaden mit dem Temperaturanstieg einhergehen. Da sind zunächst die globalen Kipp-Punkte, im Englischen *Tipping Points*. Dies sind Ereignisse, die ab einer bestimmten mittleren Erderwärmung einsetzen und sich dann nicht mehr stoppen oder umkehren lassen. Im Kap. 3 zu potenziellen Klimakonsequenzen sind globale Kipp-Punkte zusammengestellt. Neben diesen Kipp-Punkten lassen sich weitere Effekte als Kaskaden zur Temperaturerhöhung durchdeklinieren, die vor Augen führen, wie die Erderwärmung die verschiedenen Nachhaltigkeitsziele der Vereinten Nationen beeinflusst. Schlaglichtartig hier die exemplarische Darstellung einer Auswirkungskaskade:

Die globale Erwärmung führt zu …

… *Dürren*, diese wiederum führen zu

- einem *Rückgang von landwirtschaftlichen Nutzflächen*. Zum Beispiel verdorren der Mittelmeerraum sowie weite Teile Indiens bei einer Erwärmung um 2 Grad Celsius (Wallace-Wells 2019:73),
    - mit der Folge, dass weniger *Anbauflächen mit weniger Erträgen* zur Verfügung stehen, da sich mit jedem Grad Erwärmung die Ernteerträge um 10 Prozent mindern (Battisti et al. 2009), was wiederum zu einer
        - *Verknappung von Lebensmitteln führt.*
- *Flächenbränden* und
- der *Reduzierung von CO_2-speichernden Pflanzen*
    - mit der Folge eines Rückkopplungseffekts durch weniger Kohlenstoffsenken, der den Temperaturanstieg beschleunigt.
- *Verknappung von Süßwasser* wodurch
    - die *Klima-Migration* zunimmt.

... Regionen, in denen es lebensgefährlich wird, sich im Sommer draußen aufzuhalten[4], was zum Beispiel für Regionen im Nahen Osten und in Indien bei einer Erwärmung um 2 Grad Celsius vorhergesagt wird (Wallace-Wells 2019:56),

- mit Folge einer globalen *Reduktion von urban nutzbaren Flächen*, wodurch wiederum
  - die *Klima-Migration* zunimmt.
- erhöhten Gesundheitsrisiken in Europa wie
  - der Risikozunahme von hitzebedingten *Erkrankungen und Todesfällen* (World Health Organization 2017:7),
  - dem *Aufkommen von Tropenkrankheiten in Mitteleuropa* (World Health Organization 2017:40 f.) und
  - den potenziellen Risiken bei der *Ernährung und der Ernährungssicherheit* (World Health Organization 2017:46 f.), zu denen u. a.
    - eine CO_2-bedingte *Abnahme von Nährstoffen wie Mineralien und Proteinen* in den geernteten Lebensmitteln gehört[5].

Zwischenfazit

Betrachtet man die bis hier umrissene Faktenlage zur Entwicklung der globalen Erwärmung, so drängen sich drei Schlussfolgerungen auf:

1. Die Erderwärmung nimmt trotz der Maßnahmen zu, welche die Staaten schon auf den Weg gebracht haben, und sie beschleunigt sich stärker als man in den Prognosen der vergangenen Jahre angenommen hat.
2. Die Effekte der Erderwärmung und ihrer Folgen werden inzwischen an vielen Stellen im Alltag bemerkbar, wobei die kausalen Zusammenhänge zwischen der Erderwärmung und dem Auftauchen von Effekten entlang der komplexen Auswirkungskaskaden sich nicht leicht erkennen lassen.
3. Die Effekte der beschleunigten Erderwärmung beeinflussen in einem nicht unerheblichen Umfang die Zielerreichung der SDG, wie man an der exemplarischen Auswirkungskaskade für die Ziele *Kein Hunger (2)*, *Gesundheit und Wohlerge-*

---

[4] *Ein Drittel der heutigen Weltbevölkerung ist 20 Tage im Jahr einer tödlichen Hitzewelle ausgesetzt. Bei einer Erwärmung um 2 °C bis zum Jahr 2100 wird diese Zahl auf die Hälfte der Weltbevölkerung ansteigen (Wallace-Wells 2019:65).*

[5] *Siehe auch Wallace-Wells 2019:75 f.*

hen (3) und *Sauberes Wasser (6)* leicht nachvollziehen kann. Dies bedeutet nicht, dass andere Effekte nicht auch bedeutenden Einfluss auf die Zielerreichung der SDG haben. Sie sind jedoch weniger komplex und einfacher zu verstehen als die Erderwärmung, welche das Ergebnis von unterschiedlichen, global miteinander wechselwirkenden Veränderungen des Klimas ist.

Lässt sich die globale Erwärmung reduzieren oder umkehren?

Das Klima ist ein komplexes System, das man sich als einen sehr großen Regelkreis vorstellen kann, in dem viele lokale und globale Einflussfaktoren miteinander wechselwirken. Die Erderwärmung ist in diesem System eine globale Größe, auf die eine Vielzahl von Einflussfaktoren einwirken, die über die ganze Erde verteilt sind und über eine Zeitspanne von einem Jahr gemessen werden müssen, um den Wert der globalen Erwärmung zu bestimmen und Änderungen zu vorhergehenden Jahren zu erfassen. Das unmittelbar zu verstehen, fällt uns Menschen schwer, denn wir nehmen Temperatur mit unseren Sinnen nur lokal und jeweils als absolute Größe wahr. Wir haben kein Temperaturgedächtnis. Es ist warm oder es ist kalt. Ob es gestern gegen 13 Uhr genauso warm war wie vor einer Woche um 13 Uhr, können wir ohne technische Hilfsmittel nicht sagen.

Willkommen auf der MS Klima

Die menschliche Wahrnehmung der Erderwärmung ähnelt dem Phänomen bei der Kursänderung eines Kreuzfahrtschiffes. Wenn der Kapitän auf der Brücke eine Kursänderung durchführt, so dauert es eine Weile und mehrere hundert Meter, bis ein Beobachter an der Reling diese Kursänderung wahrnimmt, da Referenzpunkte am Horizont oder in Schiffsnähe nur langsam ihre Position zueinander ändern. Die Erderwärmung bzw. die thermische Energiebilanz in der Erdatmosphäre repräsentiert in diesem Bild den Kurs, während das Schiff, die „MS Klima“, das komplexe Klima-System darstellen soll. Haupteinflussfaktoren und Auslöser für Kursänderungen, also Bewegungen am Steuerrad, sind trotz ihrer geringen Konzentration die Spurengase in der Atmosphäre wie Kohlendioxid (CO_2), Wasserdampf (H_2O) oder Methan (CH_4). Gegenüber dem Stand von 1990 leisteten die langlebigen Treibhausgase im Jahr 2019 einen um 45 Prozent höheren Beitrag zur globalen Erwärmung (Umweltbundesamt 2020b), was im Bild der MS Klima einer massiven Kursänderung über einem längeren Zeitraum entspricht.

Die Ursachen und Wechselwirkungen für die globale Erwärmung verbergen sich hinter dem vereinfachenden Begriff des Treibhauseffekts. Wie Klima und Erderwärmung physikalisch funktionieren, wird ausführlicher im folgenden Kapitel dieses Buches beschrieben. Die physikalische Erklärung des Treibhauseffekts basiert auf der Energiebilanz der Atmosphäre. Das Einbringen von zusätzlichem CO_2 in die Atmosphäre durch die Verbrennung fossiler Energieträger verändert die Lage des Energiegleichgewichts (Strahlungsbilanz), was zu einer Erhöhung der Lufttemperatur in Erdbodennähe führt. Die Konzentration des CO_2 in der Luft wird als Teile pro Million Teilchen (Englisch: parts per million; ppm) angegeben und lag seit über einer halben Million Jahren nie über dem Wert von 300 ppm[6]. Dies konnte man anhand von Messungen an Eiskernbohrungen aus den Polarregionen nachweisen. Mithilfe der Konzentrationsschwankungen kann man auch anhand von Gesteinsuntersuchungen erklären, wie sich das globale und lokale Klima über sehr lange Zeiträume verändert hat. Somit können Wissenschaftler:innen prinzipiell aus den Daten der Vergangenheit für CO_2-Konzentrationen bis 300 ppm validierbare Wechselwirkungsmodelle für das Klima entwickeln.

Während die CO_2-Konzentration zur vorindustriellen Zeit um das Jahr 1800 einen Wert von 280 ppm aufwies, so hat sie im Jahr 2019 den Wert von knapp 410 ppm erreicht (Umweltbundesamt 2020b). Damit ist heute eine CO_2-Konzentration weit jenseits des Bereichs gegeben, in dem sich das globale Klima über Jahrhunderttausende zwischen Warmzeiten und Eiszeiten bewegt hat.

Zu der aktuellen CO_2-Konzentration gibt es keine Erfahrungswerte für eine Modellbildung. Sicher ist, dass es Wechselwirkungen gibt, die aufeinander rückkoppeln und ihren Einfluss gegenseitig verstärken werden. Unbekannt ist aber, wie sie sich wechselseitig beeinflussen. Laut dem internationalen Klimarat IPCC ist für eine CO_2-Konzentration um 450 ppm, das heißt von 430 bis 480 ppm, ein Temperaturanstieg von 2 Grad Celsius bis 4 Grad Celsius[7] wahrscheinlich (IPCC 2014:88), verbunden mit dem Umstand, dass schon globale Kipp-Punkte ausgelöst werden. Mit einer CO_2-Konzentration von 500 ppm in der Atmosphäre geht eine Temperaturerhöhung von 3 bis 4 Grad Celsius[8] einher (IPCC 2014:88), die mit der Passage weiterer globaler Kipp-Punkte verbunden ist.

Kursänderungen der MS Klima: CO_2-Emissionen, CO_2-Abscheidungen und Rückkopplungseffekte

Um die Energiebilanz der Atmosphäre wieder in einen Bereich zu bringen, für den ein Regelverhalten des Klimas bekannt ist, wird es nicht ausreichen, nur die CO_2-Emissionen zu vermindern. Dies bestätigen auch Oliver Geden, Leitautor für den sechsten Sachstandsbericht des IPCC, und Felix Schenuit in ihrer im Mai 2020 erschienenen Studie „Unkonventioneller Klimaschutz", die einleitend beginnt: *„Wenn die EU bis*

[6] *Die Konzentration hat in den letzten 650.000 Jahren sich kaum geändert, sondern lediglich im Bereich von 180 bis 300 ppm variiert (Jalili et al. 2011:355).*

[7] *Bezogen auf das Temperaturniveau von 1850 bis 1900.*

[8] *Bezogen auf das Temperaturniveau von 1850 bis 1900.*

2050 Netto-Null-Emissionen erreichen will, wird es nicht genügen, konventionelle Klimaschutzmaßnahmen zur Emissionsvermeidung zu ergreifen. Um unvermeidbare Restemissionen auszugleichen, werden zusätzlich auch unkonventionelle Maßnahmen zur Entnahme von CO_2 aus der Atmosphäre notwendig sein […].“ (Geden, Schenuit 2020:2)

Dass man neben der Reduktion von CO_2-Emissionen auch der Atmosphäre CO_2 entnehmen muss, sagt auch der Internationale Klimarat IPCC seit mehreren Jahren (IPCC 2014:66). Dies geht im Diskurs meist unter, da sich die Diskussionen in der Öffentlichkeit fast ausschließlich mit der Reduktion der CO_2-Emissionen befassen.

Hinter dieser Aussage steht die Erkenntnis, dass selbst eine sofortige globale CO_2-Null-Emission nicht ausreicht, um den Anstieg der globalen Erderwärmung aufzuhalten oder umzukehren. Die Erderwärmung wird abgeflacht fortschreiten, bis sich ein neues thermisches Gleichgewicht in der Atmosphäre einstellt, das mit der erhöhten CO_2-Konzentration korreliert. In Analogie bedeutet dies, dass die MS Klima einen Punkt erreicht, an der sich das Schiff nicht mehr weiter vom ursprünglichen Kurs entfernt, aber ihn auch nicht wieder einschlagen wird. Um auf eine CO_2-Konzentration von 300 ppm oder sogar 280 ppm zurückzugelangen, muss neben der CO_2-Null-Emission in erheblichem Umfang das CO_2 aus der Atmosphäre herausgewaschen werden. Zur CO_2-Abscheidung und -Speicherung gibt es inzwischen unter dem Begriff „Carbon Capturing“ Technologien, die mit ihrem Potenzial und aktuellen Entwicklungsstand ausführlicher im Kap. 6 „Vom Klimagas zum Wertstoff: CO_2“ vorgestellt werden.

Es gibt immer wieder hoffnungsvolle Entwicklungen und Entdeckungen, wie zum Beispiel die „Beschleunigte Gesteinsverwitterung“, bei der man Basaltstaub auf Äcker ausbringt. Damit lassen sich pro Jahr zwei Milliarden Tonnen CO_2 aus der Atmosphäre entfernen, und dies wiederum entspricht einem Viertel der durch die Landwirtschaft erzeugten CO_2-Emissionen, die sich so einsparen ließen (Beerling et al. 2020).

All diesen Technologien ist gemein, dass ihre Entwicklungen gerade erst am Anfang stehen und sie in den kommenden Jahren keinen kurzfristigen Beitrag zur Abschwächung oder Umkehr der Erderwärmung leisten werden.

Neben den CO_2-Emissionen durch Verbrennung fossiler Energieträger kann die Erderwärmung zusätzlich durch Rückkopplungseffekte beschleunigt werden. So haben die Brände in Australien vom September 2019 bis zum Februar 2020 etwa 830 Millionen Tonnen zusätzliche CO_2-Emission in die Atmosphäre eingebracht (Commonwealth of Australia 2020:9). Zum Vergleich: Der gesamte globale Flugverkehr im Jahr 2018 hat 918 Millionen Tonnen CO_2- Emissionen verursacht (Graver, B et al. 2019). Damit wird deutlich, wie schnell sich die geplante Zielerreichung einer maximalen globalen CO_2-Konzentration verschärfen kann; zur Kompensation der zusätzlichen CO_2-Emissionen durch die australischen Flächenbrände müsste man zum Beispiel weltweit knapp ein Jahr auf das Fliegen verzichten. Dabei gab es neben den Flächenbränden in Australien zur gleichen Zeit auch noch Brände im Amazonasgebiet und in Russland, deren CO_2-Eintrag damit noch nicht kompensiert wäre. Auch ist in dieser Kalkulation der Verlust an CO_2-Senken in Form von Pflanzen und Bäumen noch nicht berücksichtigt. Ein weiterer Rückkopplungseffekt aus den Flächenbränden kann sein, dass das Eis an den Polkappen verrußt und somit weniger Sonnenlicht reflektiert wird: Die Albedo – also das Rückstrahlvermögen – reduziert sich und stattdessen wird das Sonnenlicht in Wärme umgewandelt, wodurch das polare Eis schneller schmilzt.

Neben dem Spurengas Kohlendioxid gibt es in der Atmosphäre weitere Spurengase, deren erhöhte Konzentrationen die Strahlungsbilanz ebenfalls zu Gleichgewichten bei höheren Bodentemperaturen treiben. So ist die Treibhauswirkung von CH_4 gegenüber CO_2 über einen Zeitraum von 100 Jahren um 28 Mal stärker und über 20 Jahre gerechnet sogar um 86 Mal stärker. US-Forscher haben in Studien im Jahr 2020 errechnet, dass der weltweite CH_4-Ausstoß 2017 einen neuen Höchststand erreicht hat und mehr als die Hälfte davon durch Aktivitäten des Menschen verursacht war (Jackson et al. 2020 sowie Saunois et al. 2020). Der Ausstoß im Jahr 2017 hat gegenüber dem Durchschnitt der Jahre 2000 bis 2006 um neun Prozent zugenommen. Dazu sagt Pep Canadell vom „CSIRO Oceans and Atmosphere" im australischen Canberra: *„Methan ist jetzt für 23 Prozent der globalen Erwärmung aufgrund von Treibhausgasen verantwortlich"* (Tagesschau 2020).

Diese Werte gehen laut Forscher:innen einher mit Prognosen, die bis Ende des Jahrhunderts eine Temperaturerhöhung von drei bis vier Grad annehmen, und entsprechen damit der pessimistischsten Prognose des IPCC (Zeit 2020).

Eine Beschleunigung der Erderwärmung kann dazu führen, dass der Permafrost in Russland schneller auftaut als angenommen und zusätzliches Methan freigesetzt wird, das den Erwärmungsprozess durch Absorption in der Atmosphäre zusätzlich beschleunigt. Im Bild der MS Klima bedeutet dies, dass es neben dem großen Ruder CO_2-Konzentration noch zusätzlich ein Bugstrahlruder CH_4-Konzentration gibt, welches durch einen quer zum Schiff wirkenden Antrieb die Kursänderung zusätzlich verstärkt.

Die mittel- und langfristigen Rückkopplungseffekte durch die Ozeane, die Biosphäre und die Böden für sehr hohe CO_2- und CH_4-Konzentrationen in der Atmosphäre sind bislang kaum bekannt. Gleiches gilt für den Einfluss von Wolken und Aerosolen auf das Klima. Auch ist offen, welche weiteren Rückkopplungen sich ergeben, wenn globale Kipp-Punkte passiert werden, die bei einer Erderwärmung von 2 Grad Celsius[9] erwartet werden.

Es lässt sich festhalten, dass es kein Modell für die nächsten Jahre gibt, das die zum Teil unbekannten Rückkopplungseffekte sicher einbeziehen kann.

Wohin geht die Reise der MS Klima?

Die Situation an Bord der MS Klima stellt sich derzeit wie folgt dar: Seit etwa 200 Jahren drehen unterschiedliche Akteure der Menschheit am Steuerrad für das Ruder CO_2-Konzentration. Alle haben in dieser Zeit den Kurs in Richtung Erhöhung eingeschlagen, sodass man sich mit aktuell 410 ppm CO_2 stark vom ursprünglichen Ausgangskurs 280 ppm CO_2 entfernt hat. Inzwischen gibt es einige Eingriffsversuche am Steuerrad, das Ruder in Richtung Senkung der CO_2-Konzentration einzuschlagen. Jedoch sind diese Kräfte in Summe noch zu schwach, sodass die MS Klima den Kurs weiter Richtung globaler Erwärmung hält. Zudem geben einige Akteure am Kontrollpult auf der Brücke – zum Teil unbewusst – zusätzlich Schub auf das Bugstrahlruder CH_4-Konzentration. Unterhalb der Wasserlinie wird die MS Klima so noch stärker in Richtung globale Erwärmung gedrückt.

Die Lehre aus dem Bild der MS Klima lautet, dass sich die Erderwärmung nicht stoppen, sondern lediglich verlangsamen lässt, selbst wenn die Menschheit ab morgen weltweit kein CO_2 mehr ausstoßen würde.

Zur Aufnahme des zusätzlich in die Atmosphäre emittierten CO_2 gibt es natürliche Kohlenstoffsenken, die in den Beiträgen „Wie Klima funktioniert und warum sich die Atmosphäre erwärmt" sowie „Vom Klimagas zum Wertstoff: CO_2" näher beschrieben werden. Diese Senken bestehen primär aus den Ozeanen und der Vegetation an Land. Zusammen haben sie ein jährliches Fassungsvermögen zwischen zwei und vier Gigatonnen Kohlenstoff, wobei die Angaben hierzu stark schwanken und von den zugrundeliegenden Modellannahmen abhängen. Wenn man aber weiß, dass weltweit durch die Verbrennung von fossilen Brennstoffen im Jahr 2006 etwa 6,7 Gigatonnen Kohlenstoff ausgestoßen wurden und der Betrag für das Jahr 2018 um 10 Gigatonnen liegt und für 2019 sogar höher angenommen wurde (Friedlingstein et al. 2019), offenbart sich das eigentliche Problem. Das Fassungsvermögen der natürlichen Senken war im Jahr 2006 geschätzt nur etwa halb so groß wie die jährlichen CO_2-Emissionen durch die Menschen. Auch unter der Annahme, dass das Fassungsvermögen der Kohlenstoffsenken trotz der kontinuierlichen Zerstörung von Vegetation konstant geblieben ist, sind im Jahr 2019 mehr als sieben Gigatonnen Kohlenstoff zusätzlich in die Atmosphäre eingebracht worden. Selbst wenn die

[9] *Bezogen auf das Temperaturniveau von 1850 bis 1900.*

durch Menschen verursachten CO_2-Emissionen ab sofort nicht mehr weiter steigen und gleichzeitig noch um 50 Prozent ihres Wertes reduziert würden, erhöht sich die CO_2-Konzentration in der Atmosphäre kontinuierlich, da jährlich immer noch zwei bis drei Gigatonnen Kohlenstoff zusätzlich in die Atmosphäre eingebracht würden.

Um die Erderwärmung zu stoppen und wieder ein stabiles Klima zu erreichen, zum Beispiel bei einer Konzentration um 280 ppm CO_2, müssen Maßnahmen ergriffen werden, die mehr als 25 Prozent des aktuell vorhandenen CO_2 wie auch alle zusätzlich entstehenden CO_2-Emissionen aus der Atmosphäre entziehen. Dies gilt sowohl für die von Menschen verursachten als auch die aus natürlichen Quellen freigesetzten CO_2-Emissionen.

Handlungsansätze

Die beschleunigte globale Erwärmung ist eine Tatsache, mit der die Menschheit leben muss. Das ist so banal wie brutal. Aber wie kann man sich dieser Situation stellen, ohne zu verzweifeln? Ähnlich wie bei der Diagnose einer schweren Erkrankung hilft es, weder in Panik und Hysterie zu verfallen noch die Fakten zu ignorieren: Am Ende muss man sein Leben mit dem Befund weiterleben. Dies mag vielleicht sogar mit erheblichen Einschränkungen für den Rest des Lebens einhergehen, aber man kann versuchen, das Leben unter den gegebenen Rahmenbedingungen so gut wie möglich zu gestalten, um Lebensqualität zu wahren.

Hier die knappe Diagnose: Da sich der Entwicklungszeitraum für ein optimistisches Zwei-Grad-Celsius-Ziel-Szenario für Deutschland und wohl auch viele andere europäische Länder von einem Jahrhundert auf ein Jahrzehnt verkürzt hat, werden die meisten der heute lebenden Menschen in den nächsten Jahren den Übergang in eine global um zwei Grad wärmere Umwelt miterleben. Im günstigsten Fall werden sie bis an ihr Lebensende in einer um zwei Grad wärmeren Atmosphäre leben. Im ungünstigen Fall werden sie Zeitzeugen des Übergangs in eine global um drei Grad wärmere Atmosphäre sein. Sowohl das Zwei-Grad-Celsius- als auch das Drei-Grad-Celsius-Szenario machen Anpassungen im Lebenswandel erforderlich, die Einschränkungen und Verhaltensänderungen bedingen. Einige Anpassungen werden eher abrupt erfolgen, wie aufgrund der Corona-Pandemie im Jahr 2020, andere vielleicht über mehrere Jahre gestreckt, wie für die seit 2001 nachweislich immer wärmer werdenden Sommer in Mitteleuropa.

Es stellt sich nicht mehr die Frage, wie der Klimawandel verursacht wurde, sondern wie man mit ihm und in ihm leben wird. Vor diesem Hintergrund muss die Frage beantwortet werden, ob und welche der 17 Ziele der nachhaltigen Entwicklung (SDG) mit ihren Unterzielen überhaupt noch bis 2030 erreichbar sind. Die SDG sollten für die kommenden Jahre die Maxime des globalen Handelns sein, da eine Abkehr von ihnen nur das durch die Erderwärmung bedingte Konfliktpotenzial erhöht. Die Überprüfung und Anpassung der SDG mag ein guter Ausgangspunkt für ein abgestimmtes und vereintes globales Handeln sein. Die Reduktion von CO_2-Emissionen wie auch die CO_2-Abscheidung und Klimaanpassungsmaßnahmen werden in den nächsten Jahren die Aktivitäten sein, welche es uns Menschen erlauben, mit einer stabilen Lebensqualität weiterzuleben.

Die zentrale Klimafrage für die kommenden Jahre lautet: Wie schnell wird die globale Erwärmung zunehmen und kann man verhindern, dass in naher Zukunft globale Kipp-Punkte ausgelöst werden?

Parallel ist die Frage zu klären, ob es möglich sein wird, ohne zusätzliche CO_2-Einträge in die Atmosphäre global zu einem stabilen Kohlenstoffkreislauf zurückzukehren. Hauptverursacher der durch Menschen erzeugten CO_2-Emissionen ist immer noch die Energiewandlung durch die Verbrennung fossiler Energieträger. Prof. Dr. Robert Schlögel, Direktor des Max-Planck-Instituts für Chemische Energiekonversion und Mitglied der Deutschen Akademie der Technikwissenschaften, sagt: *„Klimaschutz und Energieversorgung sind zwei Seiten derselben Medaille."* (ARD-alpha 2020) Denn mit den vorhandenen Technologien ist eine CO_2-freie Energieerzeugung zur Deckung des globalen Bedarfs kaum umsetzbar. Schlögel fordert daher, dass sich die Politik statt verschiedener zersplitterter Teilziele auf ein Ziel festlegen soll: *„Wir nehmen endlich die fossilen Energieträger aus dem [Energie]System raus."* (ARD-alpha 2020) Wie kann eine zukünftige Energieversorgung aus heutiger Sicht aussehen? Der Antwort zu den Herausforderungen wird am Beispiel Deutschlands im Kap. 8 „Herausforderungen einer klimafreundlichen Energieversorgung" nachgegangen.

Schaut man sich global die Hauptemittenten von CO_2-Emissionen an, so sind die Emissionen der Industrieländer eher konstant und rückläufig. Stattdessen sind asiatische Länder, insbesondere China und Indien, inzwischen die größten CO_2-Emittenten, deren Ausstoß in den vergangenen Jahren noch angewachsen ist (siehe Abb. 1.4). Wie sich China und andere Länder durch Kooperationen im Rahmen des Green Deal der Europäischen Kommission stärker bei der Reduktion der CO_2-Emissionen einbinden lassen, wird im Kap. 4 „European Green Deal: Hebel für internationale Klima- und Wirtschaftsallianzen" diskutiert.

Die veränderten Rahmenbedingungen unter einer beschleunigten Erderwärmung werden dazu zwingen, insgesamt ressourcenschonender zu wirtschaften. Ein Ansatz hierzu ist die Kreislauf-Wirtschaft, die ausführlicher in Kap. 10 „Digitalisierung – Segen oder Fluch für den Klimaschutz?" und Kap. 13 „Kreislaufwirtschaft als Säule des EU Green Deal" beleuchtet wird.

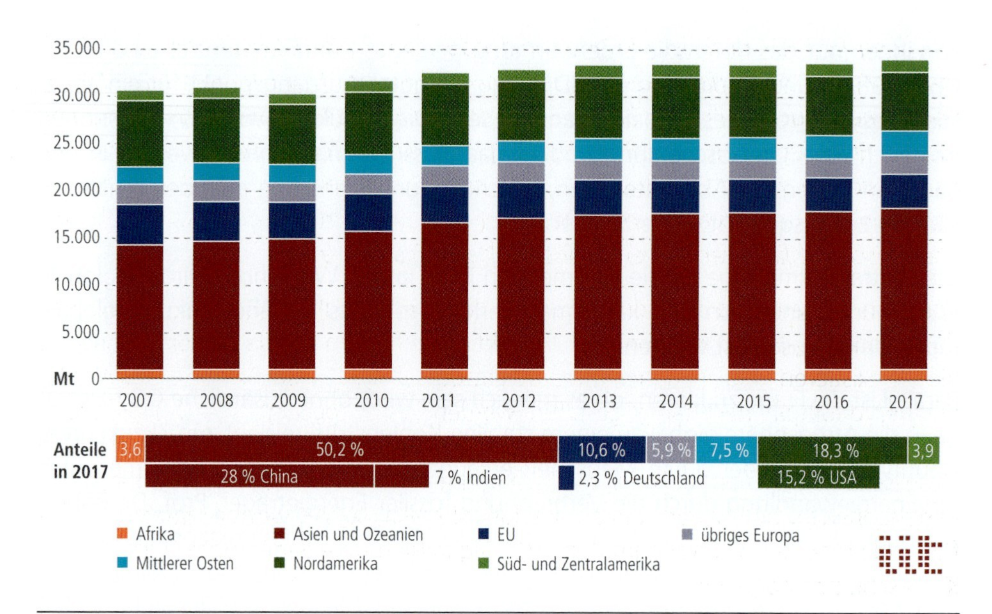

Abb. 1.4 Entwicklung energiebedingter CO_2-Emissionen weltweit nach Regionen. Oben im Bild sind die jährlichen globalen CO_2-Emissionen in Megatonnen (Mt) für die verschiedenen Regionen dargestellt. Unten sind die Anteile aus dem Jahr 2017 für Regionen und ausgewählte Länder angegeben. (Eigene Darstellung nach BP 2018)

Unabhängig davon, was man in Zukunft plant, sei es der jährliche Geschäftsplan, ein Forschungsprojekt oder eine neue kommunale Organisationsstruktur – man wird Projekte wesentlich agiler planen und umsetzen müssen als bisher üblich. Ein Fahren auf Nahsicht wird die neue Projektplanungsmaxime. Es werden sich auch neue Standards bei der Planung etablieren. So werden bei Festlegung von Strategien zur Erreichung mittelfristiger Ziele Foresight-Methoden stärker zum Einsatz kommen. Eine Einführung hierzu wird im Kap. 11 „Zukunft unter Klima-Unsicherheiten agil und nachhaltig gestalten" gegeben.

Dass die Entwicklung des Klimas inzwischen auch die Finanzwirtschaft im erheblichen Umfang bewegt, zeigt ein Interview mit Joachim Wenning, dem Vorstandschef der Münchener RE, vom Dezember 2019: *„Wir werden auf allen Kontinenten Folgen der Klimaveränderung erleben – etwa in Form von Stürmen, Überschwemmungen oder Dürren. Die Zahl der Naturkatastrophen wird zunehmen, gleichzeitig wird die Intensität bestimmter Katastrophen extremer. […] Die Erde darf sich im Vergleich zum vorindustriellen Zeitalter auf keinen Fall um mehr als zwei Grad erwärmen, besser noch um maximal 1,5 Grad. […] Es wäre wünschenswert, weit vor 2050 komplett auf fossile Energieträger zu verzichten. Wir müssen realistisch bleiben, das wird sehr* *schwierig […] Für mich ist die entscheidende Frage: Was ist bis dahin tatsächlich machbar? Das muss dann aber auch gemacht werden. […] Eine wirksame Klimapolitik muss auch weh tun. Bis zum letzten Jahr gab es für die Versicherung von fossilen Energien keine Einschränkungen. […] Neue Kohlekraftwerke oder Kohleminen versichern wir im Einzelrisikogeschäft seit 2018 nicht mehr […] Besser für alle ist, wenn technologischer Fortschritt in der erneuerbaren Energieversorgung einen dramatischen Klimawandel vermeidet. […]"* (Merkur 2019)

Vor dem Hintergrund müssen Lösungen zu einer Reduktion bis hin zur Vermeidung von CO_2-Emissionen bei der Produktion gefunden werden. Welche Ansätze hierzu existieren und in naher Zukunft einsetzbar sind, wird im Kap. 9 „Wie Industrieproduktion nachhaltig gestaltet werden kann" gezeigt. Die Digitalisierung als Querschnittstechnik hat schon Prozesse und Abläufe in allen Wirtschafts- und Gesellschaftsbereichen radikal verändern können. Kann sie auch dabei helfen, CO_2-Reduktionen zu optimieren und zu beschleunigen? Erste Antworten für eine weiterführende Diskussion werden im Kap. 10 „Digitalisierung – Segen oder Fluch für den Klimaschutz?" gegeben.

Die Vermeidung von CO_2-Emissionen wird auch den Mobilitätssektor verändern, in dem Antworten auf zwei wesentliche Fragen gefunden werden müssen: Welche neuen Antriebskonzepte können bis wann welches CO_2-Einsparpotenzial realisieren? Und welche neuen Mobilitätskonzepte können bis wann welches CO_2-Einsparpotenzial realisieren? Lösungsansätze stellt das Kap. 7 „Auf dem Weg zu einer nachhaltigen Mobilität" vor.

Wenn auch die Bedürfnisse und Erwartungen der Menschen sich nicht grundsätzlich von denen in der Vergangenheit unterscheiden werden, so wird doch wie schon in der ersten Phase der Corona-Pandemie im Jahr 2020 augenfällig, eine neue Art der Sensibilisierung für die Versorgung ebenso wie auch für den Schutz vor Unwägbarkeiten in den Alltag zurückkehren. Die Erwartung von Bürgerinnen und Bürger an den Staat werden zunehmen. Es geht um

- die Sicherung der (Grund)Versorgung und den Schutz des Lebensraums,
- die Versorgung mit Wasser, Nahrung, Energie, Medizin und Bildung,
- den Schutz vor Katastrophen, Seuchen und anderem Ungemach,
- die Sicherung von Arbeits- und Erwerbsplätzen,
- die Sicherung von (Wohn)Eigentum.

Das alles wird die staatlichen Institutionen auch auf regionaler und lokaler Ebene herausfordern. Entscheider:innen müssen sich Fragen stellen wie diese:

- Wie kann man die ansässige Wirtschaft bei den bevorstehenden Herausforderungen stärken und unterstützen?
- Wie stellt man die Versorgung im Rahmen der Veränderungen sicher?
- Wie organisiert man den Schutz für die regelmäßig auftretenden Extremsituationen?
- Wie bewältigt man dies vor dem Hintergrund des demografischen Wandels?

Nicht nur Entscheider:innen in Wirtschaft und Politik, sondern alle Bürger:innen werden sich in den kommenden Jahren auf die anstehenden Auswirkungen der Erderwärmung einstellen müssen. Dazu zählen neben einer steigenden Anzahl extremer Wetterereignisse auch mögliche Einschränkungen von bisher selbstverständlichen Angeboten etwa von Lebensmitteln aus fernen Ländern sowie Reiseangeboten. Wie sich das Bewusstsein und damit das Verhalten ändern lässt, zeigt Kap. 12 „Anders denken und handeln – Bewusstsein für das Klima" auf. Welches Wissen für veränderte Anforderungen in der Ausbildung derzeit vermittelt wird und notwendig ist, wird am Beispiel Deutschland in Kap. 14 „Fridays for Education: Status quo der Nachhaltigkeitsvermittlung in Deutschland" diskutiert.

Mit dem in diesem Buch behandelten Themenkreis ist die Diskussion der durch die beschleunigte Erderwärmung verursachten Veränderungen selbstverständlich nicht abgeschlossen, allerdings in einer Breite eröffnet, die durch mutige Entscheidungen und zeitnahes Handeln eine Zukunft mit nachhaltigen Lebensbedingungen für alle möglich macht.

Literatur

ARD-alpha (2020): Keine Energiewende ohne Katalyse, Campus Talks vom 13.01.2020. Online verfügbar unter https://www.ardmediathek.de/ard/player/Y3JpZDovL2JyLmRlL3Z pZGVvLzlkZjZiNGM1LTQyNDMtNDdhMy1hOThjLTdmYjcwMzc2YjBhOQ/keine-energie-wende-ohne-katalyse, zuletzt geprüft am 17.07.2020.

Battisti, David S.; Naylor, Rosamund L. (2009): Historical Warnings of Future Food Insecurity with Unprecedented Seasonal Heat, Science 323, Nr. 5911; Januar 2009, Seite 204–244.

Beerling, David J. et al. (2020): Potential for large-scale CO_2 removal via enhanced rock weathering with croplands, Nature volume 583, Seite 242–248 (2020), DOI: https://doi.org/10.1038/s41586-020-2448-9. Online verfügbar unter https://www.nature.com/articles/s41586-020-2448-9, zuletzt geprüft am 17.07.2020.

BP (2018): BP Statistical Review of World Energy, Juni 2018, Seite 49. Online verfügbar unter https://www.bp.com/content/dam/bp/business-sites/en/global/corporate/pdfs/energy-economics/statistical-review/bp-stats-review-2018-full-report.pdf, zuletzt geprüft am 17.07.2020.

Bundesregierung (2020): Globale Nachhaltigkeitsstrategie – Nachhaltigkeitsziele verständlich erklärt. Online verfügbar unter https://www.bundesregierung.de/breg-de/themen/nach-haltigkeitspolitik/nachhaltigkeitsziele-verstaendlich-erklaert-232174, zuletzt geprüft am 14.08.2020.

Climate Action Tracker (2019): The CAT Thermometer. Online verfügbar unter https://clima-teactiontracker.org/global/cat-thermometer/, zuletzt geprüft am 03.07.2020.

Commonwealth of Australia (2020): Estimating greenhouse gas emissions from bushfires in Australia's temperate forests: focus on 2019–20, April 2020, Seite 9. Online verfügbar unter https://www.industry.gov.au/sites/default/files/2020-04/estimating-greenhouse-gas-emissions-from-bushfires-in-australias-temperate-forests-focus-on-2019-20.pdf, zuletzt geprüft am 17.07.2020.

DWD (2020): Basisklimavorhersagen: 1–10 Jahre. 11.03.2020. Online verfügbar unter https://www.dwd.de/DE/leistungen/klimavorhersagen/_node_basis_jahre.html, zuletzt geprüft am 03.07.2020.

Faust, Eberhard; Rauch, Ernst (2020): Serie von heißen Jahren und mehr Wetterextreme (02.03.2020). Online verfügbar unter https://www.munichre.com/topics-online/de/climate-change-and-natural-disasters/climate-change/climate-change-heat-records-and-extreme-weather.html, zuletzt geprüft am 18.07.2020.

Friedlingstein, Pierre; Jones, Matthew W.; et al. (2019): Global Carbon Budget 2019, Syst. Sci. Data, 11, 1783–1838, 2019, DOI https://doi.org/10.5194/essd-11-1783-2019. Online verfügbar unter https://essd.copernicus.org/articles/11/1783/2019/, zuletzt geprüft am 26.07.2020.

Geden, Oliver; Schenuit, Felix (2020): Unkonventioneller Klimaschutz – Gezielte CO_2-Entnahme aus der Atmosphäre als neuer Ansatz in der EU-Klimapolitik, SWP Stiftung Wissenschaft und Politik Deutsches Institut für Internationale Politik und Sicherheit, Mai

2020, ISSN 1611-6372. Online verfügbar unter https://www.swp-berlin.org/fileadmin/contents/products/studien/2020S10_Gdn_Schenuit_CO2Entnahme.pdf, zuletzt geprüft am 17.07.2020.

Graver, Brandon; Zhang, Kevin; Rutherford, Dan (2019): CO_2 emissions from commercial aviation, 2018, ICCT, September 2019. Online verfügbar unter https://theicct.org/publications/co2-emissions-commercial-aviation-2018, zuletzt geprüft am 17.07.2020.

IPCC (2014): Klimaänderung 2014: Synthesebericht. Beitrag der Arbeitsgruppen I, II und III zum Fünften Sachstandsbericht des Zwischenstaatlichen Ausschusses für Klimaänderungen (IPCC) [Hauptautoren, Rajendra K. Pachauri und Leo A. Meyer (Hrsg.)]. IPCC, Genf, Schweiz. Deutsche Übersetzung durch Deutsche IPCC-Koordinierungsstelle, Bonn, 2016. Online verfügbar unter https://www.de-ipcc.de/media/content/IPCC-AR5_SYR_barrierefrei.pdf, zuletzt geprüft am 03.07.2020.

IPCC (2018): 1,5 °C GLOBALE ERWÄRMUNG Zusammenfassung für politische Entscheidungsträger, ISBN: 978-3-89100-051-9, Deutsche Übersetzung durch Deutsche IPCC-Koordinierungsstelle, Bonn, 2018. Online verfügbar unter https://www.ipcc.ch/site/assets/uploads/2019/03/SR1.5-SPM_de_barrierefrei-2.pdf, zuletzt geprüft am 03.07.2020.

Jackson, Robert B.; Saunois, Marielle; Bousquet, Philippe; Canadell, Josep G.; Poulter, Benjamin; Stavert, Ann R; Bergamaschi, Peter; Niwa, Y; Segers, Arjo; Tsuruta, Aki (2020): Increasing anthropogenic methane emissions arise equally from agricultural and fossil fuel sources, Environmental Research Letters 2020, DOI: https://doi.org/10.1088/1748-9326. Online verfügbar unter https://drive.google.com/file/d/19jfjwXqDfLdARtvcHGfdpYcVOk-xPlpV/view, zuletzt geprüft am 17.07.2020.

Jalili, Paria; Saydam, Serkan; Cinar, Yildiray (2011): CO_2 Storage in Abandoned Coal Mines, 2011 Underground Coal Operators' Conference, 10 und 11 Februar 2011, S. 355. Online verfügbar unter https://ro.uow.edu.au/cgi/viewcontent.cgi?article=2039&context=coal, zuletzt geprüft am 03.07.2020.

Merkur (2019): Rückversicherer Munich Re warnt vor Klimawandel – „Klimaschutz muss weh tun im Geldbeutel", vom 20. Dezember 2019. Online verfügbar unter https://www.merkur.de/wirtschaft/muenchen-klimawandel-rueckversicherer-munich-re-warnt-folgen-energie-katastrophen-13356307.html, zuletzt geprüft am 18.07.2020.

Saunois, Marielle; Stavert, Ann R; Poulter, Ben; Bousquet, Philippe; Canadell, Josep G; Jackson, Robert B; et al. (2020): The Global Methane Budget 2000–2017, Earth Syst. Sci. Data, 12, 1561–1623, 2020, DOI: https://doi.org/10.5194/essd-12-1561-2020. Online verfügbar unter https://essd.copernicus.org/articles/12/1561/2020/, zuletzt geprüft am 17.07.2020.

Tagesschau (2020): Rekordmenge an Methan heizt Klima auf, vom 15.07.2020. Online verfügbar unter https://www.tagesschau.de/ausland/methan-treibhauswirkung-studie-101.html, zuletzt geprüft am 17.07.2020.

Umweltbundesamt (2020a): Trends der Lufttemperatur. 23.03.2020. Online verfügbar unter https://www.umweltbundesamt.de/daten/klima/trends-der-lufttemperatur, zuletzt geprüft am 09.07.2020.

Umweltbundesamt (2020b): Atmosphärische Treibhausgas-Konzentrationen. 24.06.2020. Online verfügbar unter https://www.umweltbundesamt.de/daten/klima/atmosphaerische-treibhausgas-konzentrationen, zuletzt geprüft am 03.07.2020.

United Nations (2015): Sustainable Development Goals. Online verfügbar unter https://sustainabledevelopment.un.org, zuletzt geprüft am 03.07.2020.

Wallace-Wells, David (2019): Die unbewohnbare Erde – Leben nach der Erderwärmung, Ludwig Verlag München, ISBN 978-3-453-28118-9.

World Health Organization (2017): Protecting Health in Europe from Climate Change: 2017 Update, World Health Organization 2017, ISBN 9789289052832. Online verfügbar unter https://www.euro.who.int/__data/assets/pdf_file/0004/355792/ProtectingHealthEurope-FromClimateChange.pdf?ua=1, zuletzt geprüft am 05.07.2020.

WMO (2020a): WMO confirms 2019 as second hottest year on record, 25. 01.2020. Online verfügbar https://public.wmo.int/en/media/press-release/wmo-confirms-2019-second-hottest-year-record, zuletzt geprüft am 29.07.2020.

WMO (2020b): New climate predictions assess global temperatures in coming five years, 08.07.2020. Online verfügbar unter https://public.wmo.int/en/media/press-release/new-climate-predictions-assess-global-temperatures-coming-five-years, zuletzt geprüft am 29.07.2020.

Zeit (2020): Weltweiter Methanausstoß steigt auf Rekordwert, ZEIT ONLINE, dpa, vom 15.07.2020. Online verfügbar unter https://www.zeit.de/wissen/umwelt/2020-07/treibhausgas-methan-klimawandel-us-studien-corona-krise, zuletzt geprüft am 26.07.2020.

Dieses Kapitel wird unter der Creative Commons Namensnennung 4.0 International Lizenz http://creativecommons.org/licenses/by/4.0/deed.de) veröffentlicht, welche die Nutzung, Vervielfältigung, Bearbeitung, Verbreitung und Wiedergabe in jeglichem Medium und Format erlaubt, sofern Sie den/die ursprünglichen Autor(en) und die Quelle ordnungsgemäß nennen, einen Link zur Creative Commons Lizenz beifügen und angeben, ob Änderungen vorgenommen wurden.

Die in diesem Kapitel enthaltenen Bilder und sonstiges Drittmaterial unterliegen ebenfalls der genannten Creative Commons Lizenz, sofern sich aus der Abbildungslegende nichts anderes ergibt. Sofern das betreffende Material nicht unter der genannten Creative Commons Lizenz steht und die betreffende Handlung nicht nach gesetzlichen Vorschriften erlaubt ist, ist für die oben aufgeführten Weiterverwendungen des Materials die Einwilligung des jeweiligen Rechteinhabers einzuholen.

2 Wie Klima funktioniert und warum sich die Atmosphäre erwärmt

Volker Wittpahl

Klima ist im engeren Sinn definiert als das durchschnittliche Wetter bzw. als die statistische Beschreibung relevanter Größen mittels der Ermittlung von Durchschnitt und Variabilität über Zeitspannen im Bereich von Monaten, Jahren oder gar von Millionen von Jahren. Die Weltorganisation für Meteorologie (WMO)[10] definiert den Zeitraum zur Mittelung einer Variable mit 30 Jahren; die wesentlichen Variablen sind Temperatur, Niederschlag und Wind. In einem weiter gefassten Sinn ist Klima der Zustand des Klimasystems einschließlich einer statistischen Beschreibung wie zum Beispiel mittlere Jahrestemperatur und -niederschlag aber auch die Eintrittswahrscheinlichkeit bzw. Häufigkeit von Ereignissen wie die mittlere Dauer von Dürren, Sturmhäufigkeit und Starkniederschlägen.

Das Klimasystem besteht im Wesentlichen aus den folgenden Komponenten: Der Atmosphäre, den Ozeanen mit ihrem Meereis und ihrer Biosphäre, der Landoberfläche mit der Biosphäre an Land sowie den unterirdischen Wasserflüssen und den Eisschilden inklusive dem Schelfeis (Brasseur et al. 2017:8). Veränderungen im Klima können sich durch interne Wechselwirkungen im Klimasystem ergeben oder durch externe Einflüsse, zu denen unter anderem Änderungen der Sonneneinstrahlung, Schwankungen der Erdbahnparameter und Vulkanausbrüche gehören. Hinzu kommen noch die anthropogenen, also die durch Menschen verursachten Einflüsse wie die Änderung der Konzentrationen von Spurengasen und Aerosolen in der Atmosphäre und die Landnutzung.

Aufbau der Erdatmosphäre

Die Atmosphäre ist von der Erdoberfläche aus betrachtet in fünf aufeinander folgende Bereiche unterschiedlicher Ausdehnung unterteilt, die in Abb. 2.1 logarithmisch dargestellt sind. In ihren Übergangsgebieten ist die Temperatur in Bereichen von jeweils rund 10 Höhenkilometern ungefähr konstant. Diese Übergangsbereiche tragen in ihrer Bezeichnung die Endung „Pause", sodass es die Tropopause, Stratopause und Mesopause gibt. Für die meisten Betrachtungen sind aber nur die beiden erdnächsten Schichten Troposphäre und Stratosphäre relevant.

---

[10] *Englisch: World Meteorological Organization (WMO).*

© Der/die Herausgeber bzw. der/die Autor(en) 2020
V. Wittphal, *Klima*, https://doi.org/10.1007/978-3-662-62195-0_2

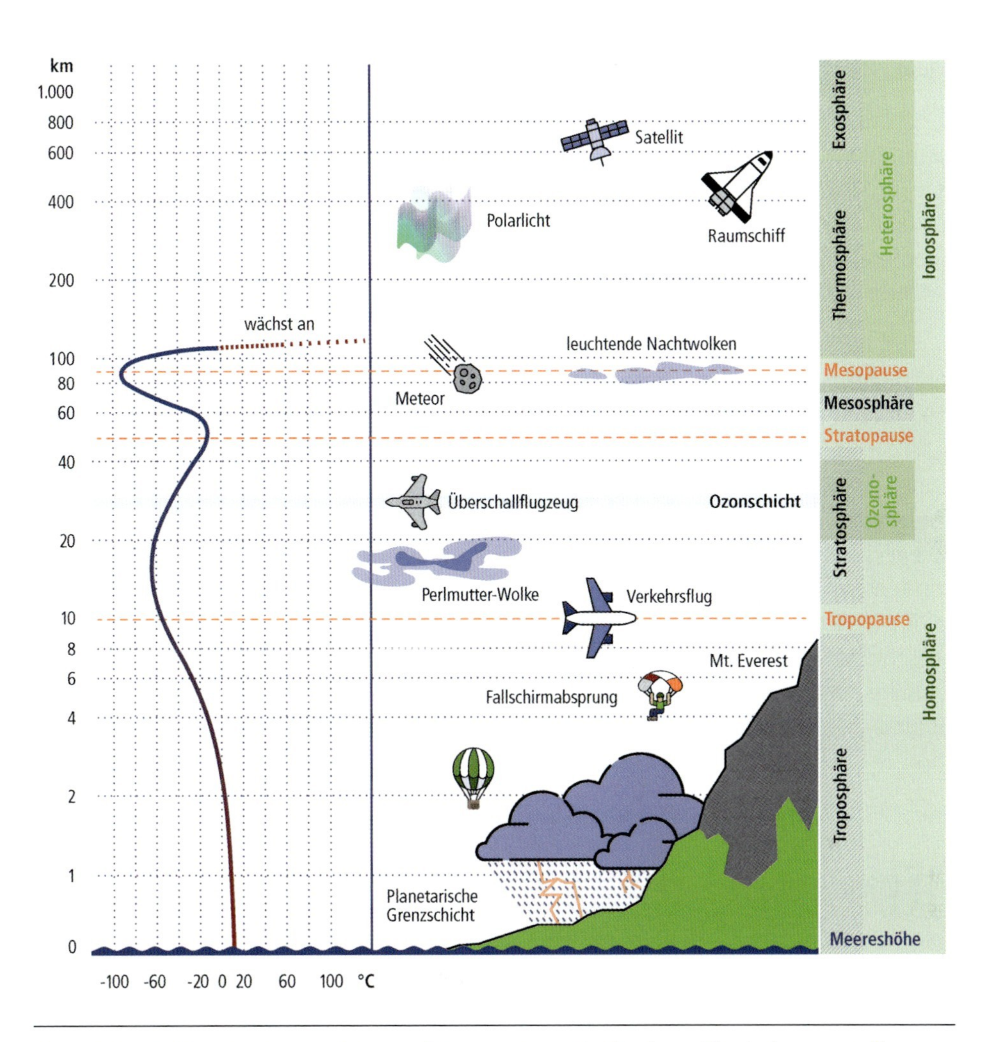

Abb. 2.1 Aufbau der Atmosphäre und Temperaturverlauf in logarithmischer Darstellung entlang der Höhe über dem Meeresspiegel. (Eigene Darstellung nach Klose 2016:16)

Für diese beiden Schichten gibt es Höhenabhängigkeiten für den Luftdruck, die Teilchenzahldichte und die Temperatur. Man sieht in Abb. 2.1, wie die Temperatur in den ersten Höhenkilometern linear abfällt und in der Tropopause ihren Tiefstwert von etwa 217 Kelvin (–56 Grad Celsius) erreicht. Verursacht wird diese adiabatische Abkühlung durch die Arbeit, welche das Gas leisten muss, wenn es gegen die Schwerkraft in die Höhe aufsteigt. Diese Energie entzieht sich der Bewegungsenergie der Gas-Teilchen, was sich als Temperaturabsenkung bemerkbar macht. Durch die Strahlungsheizung der Sonnenstrahlung steigt die Temperatur in der Stratosphäre wieder an, bis sie in der Stratopause ein relatives Temperaturmaximum von 271 Kelvin (–2 Grad Celsius) erreicht.

Während sich schwere Teilchen in der Regel am Boden ansammeln, wie zum Beispiel in Sedimenten, sorgt in der Atmosphäre der Effekt des turbulenten Transports für eine starke Durchmischung der Teilchen bis hinauf zu einer Höhe von circa 70 Kilometer über dem Meeresspiegel. Diese Durchmischung bedingt auch, dass die Teilchen in der Troposphäre eine mittlere Verweildauer von einigen Wochen haben.

In Abb. 2.2 sind die wichtigsten Bestandteile der Atmosphäre aufgeführt. Die Atmosphäre besteht zu 99 Prozent aus Stickstoff (N_2) und Sauerstoff (O_2) sowie zu 0,9 Prozent aus dem Edelgas Argon (Ar). Die restlichen 0,04 Prozent der Atmosphäre machen Spurengase aus. Das Spurengas Kohlendioxid (CO_2) hat inzwischen eine Konzentration von circa 410 ppm[11] erreicht und stellt den weitaus größten Anteil der Spurengase in der Atmosphäre (Umweltbundesamt 2020). Auch Wasserdampf (H_2O) ist ein relevantes Spurengas. Das H_2O steht dabei weniger für das in den Wolken kondensierende Wasser, sondern vielmehr für freie H_2O-Moleküle in der Atmosphäre. Im Gegensatz zu anderen Spurengasen weist Wasserdampf starke Konzentrationsschwankungen auf. In der oberen Troposphäre und der Stratosphäre finden sich typische Konzentrationen um die 3 ppm, während sich in der unteren Troposphäre Gebiete finden lassen, in denen die Konzentration auf bis zu 3 Prozent ansteigen kann.

Etwa 75 Prozent der Luftmasse ist in der Troposphäre enthalten, die im Verhältnis zum Erddurchmesser von 12.700 Kilometer und mit ihrer Höhe von rund 10 Kilometern nur eine sehr dünne Schicht auf dem Planeten Erde bildet.

Die Energiebilanz in der Erdatmosphäre

Treibhauseffekt

Der allgemein verwendete Begriff „Treibhauseffekt" beschreibt die Vorgänge in der Erdatmosphäre, die zu einer Erwärmung der Atmosphäre führen, ist aber eher missverständlich. Die physikalischen Zusammenhänge verdeutlicht eine einfache Modellbetrachtung. Zum Verständnis des Einflusses von Einstrahlung und Abstrahlung auf die Atmosphäre wird zunächst ein kugelförmiger Himmelskörper ohne Lufthülle angenommen. Die Einstrahlung von der Sonne beträgt 1,368 kW/m^2. Die sonnenabgewandte Halbkugel des Himmelskörpers liegt im Schatten und wird nicht bestrahlt, während auf der beleuchteten Halbkugel zu ihren Polen die Einstrahlung in einem

[11] *Teile pro Million Teilchen (Englisch: parts per million; ppm).*

	Gas, chem. Formel	Volumenanteil (2016)	Volumenanteil (2018)
	Stickstoff, N_2	78,08 %	
99,96 %	Sauerstoff, O_2	20,95 %	
	Argon, Ar	0,93 %	
	Kohlendioxid, CO_2	0,036 % (386 ppm)	407,8 ± 0,1 ppm
	Neon, Ne	18,2 ppm	
	Helium, He	5,2 ppm	
	Methan, CH_4	1,8 ppm	1,869 ± 000,2 ppm
	Krypton, Kr	1,1 ppm	
	Wasserstoff, H_2	0,5 ppm	
	Lachgas, N_2O	0,3 ppm	331,1 ±0,1 ppb
0,04 %	Xenon, Xe	0,09 ppm (90 ppb)	
	Ozon, O_3	15–50 ppb	
	Stickoxide, NO_x	0,5–5 ppb	
	Schwefeldioxid, SO_2	0,2–4 ppb	
	Ammoniak, NH_3	0,1–5 ppb	
	FCKW-12, CF_2Cl_2	~ 0,5 ppb	
	FCKW-11, $CFCl_3$	~ 0,3 ppb	
	FCKW-22, $CHClF_2$	~ 0,1 ppb	

Abb. 2.2 Zusammensetzung der Atmosphäre. Die Konzentration ist angegeben in Prozent sowie ppm (Englisch: parts per million = 10^{-6}) und ppb (Englisch: parts per billion = 10^{-9}), die Werte für das Jahr 2016 wurden entnommen aus (Klose 2016:17/18), die für das Jahr 2018 gemessenen Werte stammen aus (WMO 2019).

flacher werdenden Winkel erfolgt, sodass je Quadratmeter Oberfläche immer weniger Energie auftrifft.

Um die Energie auf der Oberfläche des Himmelskörpers zu bestimmen, berechnet man die aufgenommene Gesamtenergie über die Querschnittsfläche Q. Die Fläche ist genauso groß wie der Schatten des Himmelskörpers: $Q = \pi \cdot r^2$, wobei r für den Radius des Himmelskörpers steht. Das Verhältnis von Q zur Oberfläche A des Himmelskörpers ($A = 4 \cdot \pi \cdot r^2$) beträgt ein Viertel. Damit ergibt sich für die mittlere Sonneneinstrahlung S_0:

$$S_0 = 1{,}368 \cdot 0{,}25\,\mathrm{kW/m^2} = 342\,\mathrm{W/m^2}$$

Körper strahlen Energie in Form von Wärme ab. Abhängig von der Oberflächentemperatur eines Körpers ergeben sich unterschiedliche Abstrahlspektren. Daher muss die kurzwellige Einstrahlung der Sonne als langwellige Wärmestrahlung, das heißt Infrarot-Strahlung (IR), in den Weltraum zurückgestrahlt werden. Für die Abstrahlung I gilt das Stefan-Boltzmann-Gesetz für einen schwarzen Körper:

$$I = \varepsilon \cdot \sigma \cdot T^4$$

mit der Stefan-Boltzmann-Konstante $\sigma = 5{,}67 \cdot 10^{-8}$ $Wm^{-2}K^{-4}$ und der Emissivität ε, die für eine Abschätzung mit $\varepsilon = 1$ angesetzt wird.

Um nun die mittlere Einstrahlung I_S an der Oberfläche des Himmelskörpers durch die Sonne zu ermitteln, muss der Anteil des reflektierten Sonnenlichts von der mittleren Sonneneinstrahlung S_0 abgezogen werden. Über die Albedo[12] mit α für Felsgestein von 30 Prozent, was der Albedo der Erde entspricht, lässt sich die aufgenommene Leistung bestimmen.

Es ergibt sich für die mittlere Einstrahlung I_S:

$$I_S = (1 - \alpha) \cdot S_0 = (1 - \alpha) \cdot 342\,\mathrm{W/m^2} = 239\,\mathrm{W/m^2}$$

Die mittlere Abstrahlung I_A ist gleich groß:

$$I_S = I_A = \varepsilon \cdot \sigma \cdot T^4$$

Wenn man diese Gleichung nach T auflöst und $\varepsilon = 1$ setzt, erhält man:

$$T = \sqrt[4]{\frac{(1-\alpha) \cdot I_S}{\varepsilon \cdot \sigma}} = \sqrt[4]{\frac{239}{5{,}7 \cdot 10^{-8}}} = 255\,\mathrm{K}$$

Ob eine Atmosphäre vorhanden ist oder nicht, spielt keine Rolle, solange die Atmosphäre für die Strahlung „durchsichtig" ist und keine Strahlung in ihr absorbiert wird. Die drei Hauptgase Stickstoff (N_2), Sauerstoff (O_2) und Argon (Ar) machen 99,96 Prozent der Erdatmosphäre aus, absorbieren aber kein Infrarotlicht. Hierdurch ist es möglich, dass die Erde den Großteil der von der Sonne aufgenommenen Strahlung wieder in den Weltraum abstrahlt. Dafür absorbieren aber alle Spurengase infrarote Strahlung bei unterschiedlichen diskreten Wellenlängen und sind trotz ihrer sehr geringen Konzentration von großer Bedeutung für das Klima.

---

[12] *Albedo beschreibt das Maß für die Reflexionsstrahlung, das heißt für das Rückstrahlvermögen nicht selbst leuchtender, diffus reflektierender Oberflächen und wird oft in Prozent angegeben. So ist die Albedo für schneebedeckte Oberflächen höher als für Böden oder Ozeane. Die Albedo variiert auf der Erde wegen Änderungen der Bodenbedeckung und unterschiedlicher Bewölkung, Schnee-, Eis- und Laubbedeckungen.*

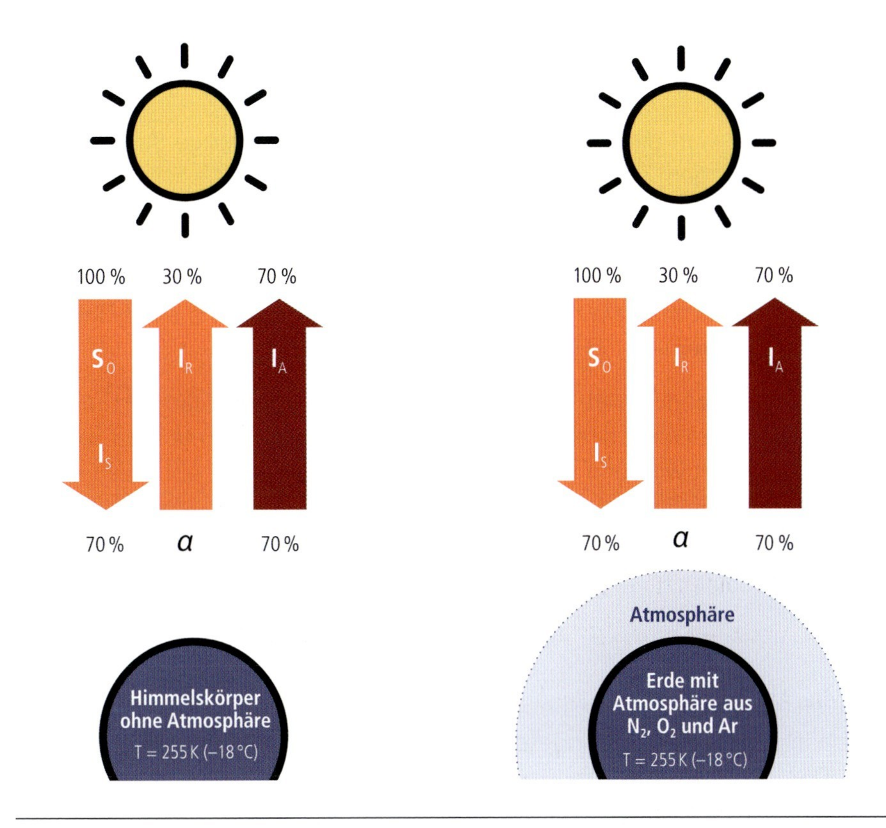

Abb. 2.3 Einfaches Modell für die Strahlungsbilanz. Links ist das Modell für einen Himmelskörper ohne Atmosphäre gegeben. Rechts ist das Modell für eine Erde mit einer Atmosphäre aus N_2, O_2 und Ar gegeben. Die orangen Pfeile repräsentieren die kurzwellige Sonnenstrahlung, die roten Pfeile langwellige Wärmestrahlung.

Wie Abb. 2.3 zeigt, würde die Erde demnach auch eine mittlere Oberflächentemperatur von 255 Kelvin (–18 Grad Celsius) besitzen, wenn ihre Atmosphäre nur aus N_2, O_2 und Ar bestehen würde und keinerlei Spurengase besäße oder sie komplett atmosphärenlos wäre. In beiden Fällen wäre die Erde allerdings ein Eisplanet.

Um den Einfluss der Spurengase in die Modellbildung der Energiebilanz einzubauen, lässt sich die Beschreibung der Erde hin zu einem kugelförmigen „Treibhaus" erweitern. In der Modellvorstellung wird die Erdatmosphäre dabei um eine Scheibe aus „Spezialglas" ergänzt, die die Erde kugelförmig umschließt. Das „Spezialglas" repräsentiert eine sehr hohe Konzentration von CO_2, H_2O und weiterer Spurengase. Durch die Eigenschaft des „Spezialglases" lässt die Scheibe das sichtbare, kurzwellige Sonnenlicht passieren und absorbiert die langwellige, infrarote Wärmeabstrahlung vollständig.

In der Konsequenz wird die Glasscheibe nicht durch die kurzwellige Strahlung des Sonnenlichtes I_S, sondern durch die Erdabstrahlung I_E erwärmt. Die Scheibe unserer Treibhaus-Kugel erhitzt sich und strahlt ihrerseits Wärme ab. Diese Abstrahlung erfolgt über die gesamte Oberfläche der Scheibe, das heißt über die „Innenseite" als Gegenstrahlung I_{GE} zurück zur Erde und über die „Außenseite" in den Weltraum als I_{GW}. Auch ohne Berechnung wird nun klar, dass die Erdoberfläche einen Teil ihrer Abstrahlung I_E zurückerhält und sich dadurch erwärmt.

Setzt man die einfallende solare Strahlung S_0 mit 342 W/m² als Startwert mit 100 Prozent an, so ergibt sich der direkt diffus reflektierte kurzwellige Anteil, der nicht an der Scheibe absorbiert wird und in den Weltraum zurückgestrahlt, entsprechend als I_R = 103 W/m² bzw. 30 Prozent.

Folglich ergibt sich als absorbierter Anteil I_{abs} für die Erdoberfläche 70 Prozent gemäß:

$$I_{abs} = (1 - \alpha) = 239\,\mathrm{W/m^2}$$

Zur weiteren Vereinfachung der Betrachtung wird davon ausgegangen, dass sich das System in den Endzustand eingeschwungen hat bzw. im Gleichgewichtszustand befindet. Dies bedeutet, dass die Glasscheibe sich soweit aufgeheizt hat, dass die gesamte Abstrahlbilanz in den Weltraum der Einstrahlung S_0 durch die Sonne entspricht:

$$S_0 = I_R + I_{GW}$$

Daraus ergibt sich, dass die langwellige Abstrahlung I_{GW} entsprechend 70 Prozent von S_0 ist, was einem Wert I_{GW} von 239 W/m² entspricht. Da diese Abstrahlung zu beiden Seiten der Scheibe, also Richtung Erdoberfläche (I_{GE}) und Richtung Weltall (I_{GW}), gleich groß ist, ergibt sich für die Abstrahlung der gesamten Scheibenoberfläche:

$$I_{GW} + I_{GE} = 2 \cdot I_{GW} = 478\,\mathrm{W/m^2}$$

Zum Ausgleich der Strahlungsbilanz muss die Abstrahlung von der erwärmten Erdoberfläche ausgeglichen werden und beträgt demnach

$$I_E = 478\,\mathrm{W/m^2}$$

Obwohl dieser Wert doppelt so groß ist wie die direkt von der Oberfläche absorbierte Sonneneinstrahlung von $(1 - \alpha)\, S_0$ = 239 W/m², lässt sich das Ergebnis widerspruchsfrei erklären. Die Einstrahlung der Sonne treibt einen mächtigen Energiestrom an, der zwischen der Erdoberfläche und der Scheibe die Erde umkreist. In diesem vereinfachten Modell für die Atmosphäre muss er sogar höher sein als die gesamte absorbierte Einstrahlung von 239 W/m^2, da der einzige Verlustmechanismus die Abstrahlung in den Weltraum ist. Solange die Reibungsverluste die Antriebsleistung nicht ausgleichen, wird die kinetische Energie ständig zunehmen. Wie ein atmosphärisches vertikales Zirkulationsrad schaukelt sich diese „Strahlungszirkulation" auf, da die direkte Wärmeabstrahlung von der Erdoberfläche ins All in der sehr vereinfachten Betrachtung vollständig unterbunden wurde. Nur die Glasscheibe wirkt hier als Abstrahlschicht mit einer charakteristischen Temperatur T_S. An der Scheibe gibt es jedoch zwei Oberflächen, die nach dem Stefan-Boltzmann-Gesetz abstrahlen, wobei nur eine ins All abstrahlen kann und die andere zur Erde gewandt ist. Da die Abstrahlung ins Weltall I_{GW} = 239 W/m^2 mit der vierten Potenz einhergeht, ergibt sich für die Temperatur T_S der Glasscheibe:

$$T_S = \sqrt[4]{\frac{239}{5{,}7 \cdot 10^{-8}}} = 255\,\text{K}$$

Damit entspricht die Temperatur T_S der Glasscheibe der Temperatur der atmosphärenlosen Erde von 255 Kelvin (–18 Grad Celsius), während sich für die Erdoberfläche durch die Abstrahlung von 478 W/m^2 eine um $\sqrt[4]{2} = 1{,}189$ höhere Temperatur T_E mit dem Wert von 303 Kelvin (30 Grad Celsius) ergibt. Durch die Glasplatte wird in dem Modell eine so kräftige Rückstrahlung erzeugt, dass die Oberflächentemperatur T_E um 48 Grad Celsius ansteigt. Das Modell ist in der Mitte von Abb. 2.4 gegeben. Seine Vereinfachung repräsentiert die allgemein beschriebene Funktion des Treibhauseffekts. Zusätzlich sind in Abb. 2.4 noch die Strahlungsspektren am Erdboden sowie in der oberen Atmosphäre angegeben, links für die kurz- und rechts die langwellige Strahlung. Die Spektren verdeutlichen den Einfluss der Spurengase.

Der natürliche Treibhauseffekt aufgrund der Konzentration der Spurengase führt zu einer Erwärmung der Erdoberfläche um rund 33 Grad Celsius, das heißt von 255 Kelvin (–18 Grad Celsius) auf ca. 288 Kelvin (15 Grad Celsius). Das vereinfachte Modell hat somit einen zu großen Treibhauseffekt, was dadurch bedingt ist, dass die durch die Glasscheibe repräsentierte Atmosphäre die Wärmeabgabe der Erdoberfläche vollständig absorbiert und danach zur Hälfte von dort wieder zurückgestrahlt wird.

Um das Modell der Realität anzupassen, müssen noch weitere Faktoren in die Beschreibung eingefügt werden. So ist die Atmosphäre durch die Spurengase für die langwellige Strahlung nicht zu 100 Prozent strahlungsundurchlässig. Auch müsste man mehrere Scheiben im Modell hintereinander anordnen, um das Temperaturprofil der Atmosphäre nachzubilden, und diese noch durch die einfallende Sonneneinstrahlung erwärmen lassen. Zudem sind da noch Wasserdampf und Wolken wie auch Schmutzpartikel in der Luft, die in die Modellbildung einfließen.

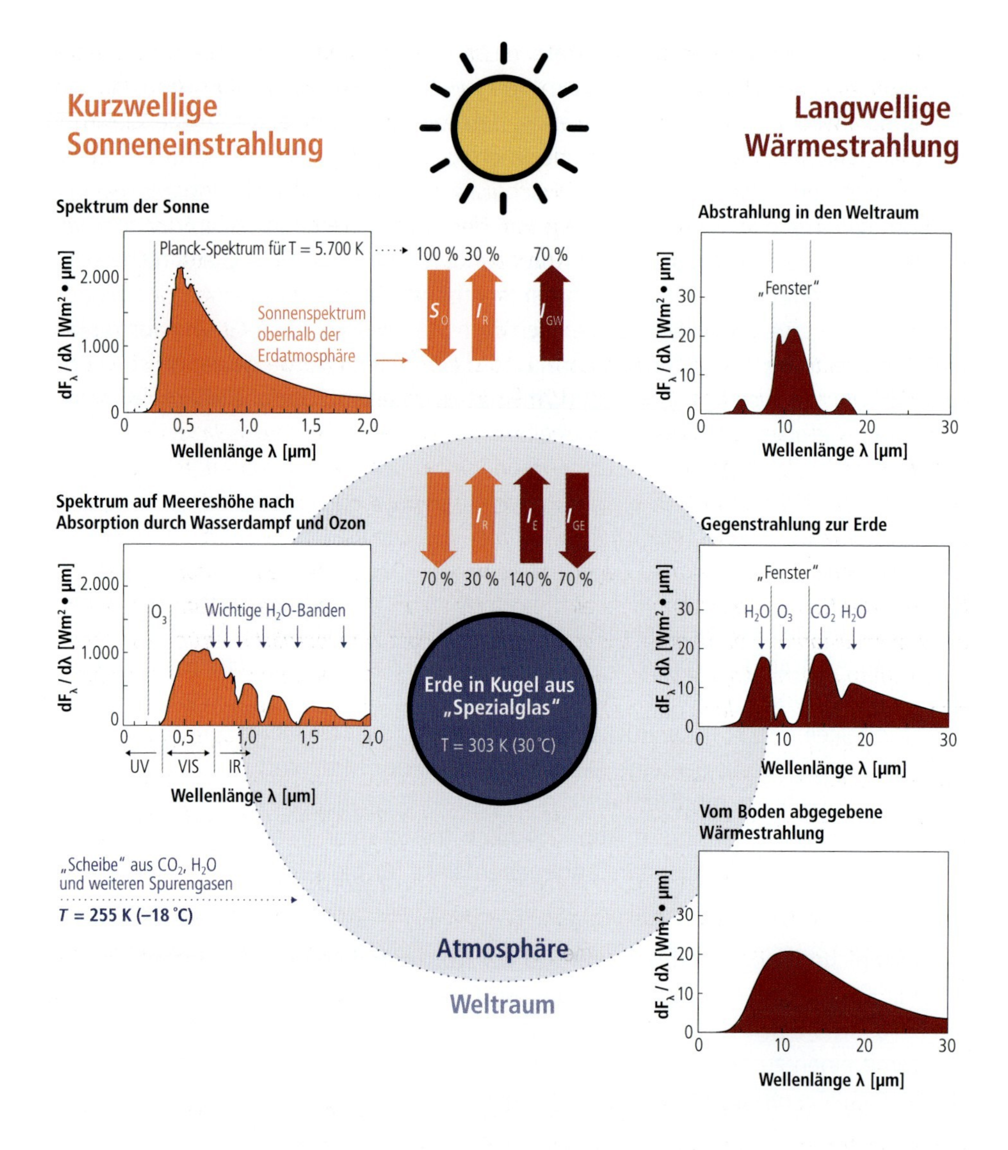

Kurzwellige Sonneneinstrahlung
Langwellige Wärmestrahlung
Spektrum der Sonne
Planck-Spektrum für T = 5.700 K
Sonnenspektrum oberhalb der Erdatmosphäre
dFλ / dλ [Wm² • µm]
Wellenlänge λ [µm]
100 % 30 % 70 %
S O
I R
I GW
Abstrahlung in den Weltraum
„Fenster"
Spektrum auf Meereshöhe nach Absorption durch Wasserdampf und Ozon
O3
Wichtige H2O-Banden
UV VIS IR
70 % 30 % 140 % 70 %
I R
I E
I GE
Gegenstrahlung zur Erde
H2O O3 CO2 H2O
Erde in Kugel aus „Spezialglas"
T = 303 K (30 °C)
„Scheibe" aus CO2, H2O und weiteren Spurengasen
T = 255 K (–18 °C)
Atmosphäre
Weltraum
Vom Boden abgegebene Wärmestrahlung

◄ *Abb. 2.4 Vereinfachte Beschreibung des Treibhauseffekts und Strahlungsspektren. In der Mitte sieht man das Modell der Treibhaus-Kugel mit den berechneten Austauschströmen. Die Atmosphäre wird dabei begrenzt durch eine Scheibe in Höhe der Stratopause, die für das sichtbare Licht transparent ist und wie eine Glasplatte wirkt, die aber für infrarote Strahlung (IR) intransparent ist und wie eine Wand wirkt. Zusätzlich sind im Bild die Strahlungsspektren am Erdboden und in der Atmosphäre gegeben. Links oben ist vereinfacht das Spektrum des einfallenden Sonnenlichts gegeben. Die Kurve der Spektralverteilung an der Atmosphären-Obergrenze zeigt, dass sich die Messung sehr gut mit der Planck-Funktion (gepunktete Kurve) unter der Annahme einer Sonnenoberflächentemperatur von 5700 Kelvin beschreiben lässt. Das Spektrum deckt den Bereich von 0,2 bis 3 µm ab und reicht von ultravioletten Bereich (UV) über das sichtbare Spektrum (VIS) bis in den infraroten Bereich (IR). Im Diagramm unten links ist die Spektralverteilung zu sehen, die am Boden ankommt. In ihr ist der UV-Anteil für die Wellenlängen $\lambda < 0{,}4$ µm aufgrund der Absorption durch Ozonmoleküle (O_3) stark reduziert und die Einbrüche im Infrarotbereich ($0{,}8 < \lambda < 2$ µm) sind auf die Absorption an Wassermolekülen (H_2O) zurückzuführen. Unten rechts in ein Diagramm mit dem vom Boden ausgehenden IR-Spektrum gegeben. Die mittlere Oberflächentemperatur der Erde liegt bei 288 Kelvin und strahlt im Bereich von 3 bis 60 µm Wellenlänge IR-Wärmestrahlung ab. In dem Diagramm darüber ist das von der Atmosphäre zur Oberfläche zurückgestrahlte IR-Spektrum angegeben, die sogenannte Gegenstrahlung. Das Maximum bei $\lambda = 7$ µm lässt sich auf die Gegenstrahlung durch H_2O-Moleküle und das Maximum bei $\lambda = 13$ µm auf die Gegenstrahlung von CO_2-Molekülen zurückführen. Oberhalb von $\lambda = 20$ µm ist die Gegenstrahlung durch Wassermoleküle auch sehr intensiv. Das Diagramm rechts oben zeigt das IR-Spektrum, das bei wolkenlosem Himmel in den Weltraum abgestrahlt wird. Es stellt die Differenz der Spektren aus den darunter befindlichen Diagrammen dar. Steigt die Konzentration der CO_2-Moleküle, so wird der Fensterbereich von der rechten Seite beschnitten und verengt sich, wodurch weniger abgestrahlte Leistung in den Weltraum gelangen kann. Die Verläufe der Spektren in den Diagrammen sind qualitativ dargestellt. (Eigene Darstellung der Spektren nach Roedel 2000)*

Wie aus der Modellbetrachtung hervorgeht, ist eine genaue Ermittlung der Energiebilanz für die Atmosphäre von vielen Faktoren abhängig. Hinzu kommt, dass räumliche und zeitliche Schwankungen der Abstrahlung der Erde eine zuverlässige Messung der Strahlungsbilanz äußerst schwierig machen. So sind etwa die Einflüsse von Wolken, Aerosolen und städtischen Gebieten erheblich.

Strahlungsbilanz

Die Berechnung der Energiebilanz über zusätzliche Austauschströme erweitert das Modell der Treibhaus-Kugel und ist in Abb. 2.5 dargestellt. Die Zahlen stehen für globale Mittelwerte der einzelnen Energieflüsse, die eine insgesamt ausgeglichene

Energiebilanz beschreiben. Auch wenn die Energieflüsse einen quantitativen Einblick in die wesentlichen Komponenten der Energiebilanz der Erde geben, gibt es regional große Unterschiede. Diese stehen in Zusammenhang mit vielen Faktoren, die das Klima der Erde bestimmen, wie die Neigung der Erdachse, die Verteilung der Wasserflächen oder die atmosphärische und ozeanische Zirkulation.

Man sieht, dass etwa 31 Prozent der einfallenden Strahlung S_0 von Aerosolen in der Atmosphäre, Wassertropfen in den Wolken und der Erdoberfläche direkt ins Weltall reflektiert werden. Die Albedo des Treibhaus-Kugel Modells stellt mit 103 W/m^2 eine gute Näherung dar. Knapp 20 Prozent der Einstrahlung werden direkt von der Atmosphäre absorbiert und erwärmen die Luft. Um die 50 Prozent der Sonneneinstrahlung, 168 W/m^2, erwärmen die Erdoberfläche, was 20 Prozent weniger ist als im Modell der Treibhaus-Kugel. Die Erde gibt ihre Wärme in Form von Wärmeleitung, Konvektion, Verdunstung und langwelliger Abstrahlung in die Atmosphäre ab. Lediglich ein geringer Teil von 8,8 Prozent wird direkt ins Weltall reflektiert. Damit gibt das Modell der Treibhaus-Kugel eine gut funktionierende Vorstellung von den physikalischen Zusammenhängen und verdeutlicht, warum die Zusammensetzung der realen Atmosphäre so entscheiden ist für die Abstrahlung in den Weltraum.

Die Rückstrahlung zur Erdoberfläche weicht gegenüber dem vereinfachten Modell der Treibhaus-Kugel ab. Hier kommt zum Tragen, dass die Glasscheibe nur eine feste Temperatur besitzt während die Lufttemperatur mit zunehmender Höhe stark abnimmt. Die bisherige Modellbetrachtung ging davon aus, dass sich die Energiebilanz zwischen dem eingestrahlten Sonnenlicht und den von der Erde zurückgestrahlten Spektrum vollständig im Gleichgewicht befindet, das heißt die Erde strahlt genauso viel Energie in den Weltraum zurück, wie sie aufgenommen hat. Dies ist jedoch nicht der Fall, wie Satellitenbilder und Klimamodelle zeigen. Dieses Ungleichgewicht wird mit Hilfe des Strahlungsantriebs beschrieben.

Strahlungsantrieb

Der Strahlungsantrieb bzw. im Englischen *Radiative Forcing* (RF) gilt als Maßzahl für die Stärke eines natürlichen oder anthropogenen Faktors auf die Veränderung des Strahlungshaushalts der Atmosphäre und wird in W/m^2 angegeben. Er wird berechnet über die Änderung der Nettoeinstrahlung an der Tropopause als Differenz von Einstrahlung von der Sonne abzüglich der Abstrahlung durch die Erde. Der Strahlungsantrieb kann die durch Treiber verursachte Änderung des Energieflusses quantifizieren. Positive RF-Werte stehen für eine Erwärmung der Erde, da mehr Energie in der Atmosphäre verbleibt als eingestrahlt wird, negative RF-Werte führen zu einer Abkühlung der Erdoberfläche. Der RF kann herangezogen werden, um Störungen durch Konzentrationsänderungen von Treibhausgasen zum Beispiel zwischen dem heutigen Zustand und der vorindustriellen Zeit oder einer in der näheren Zukunft erwarteten Konzentration zu ermitteln.

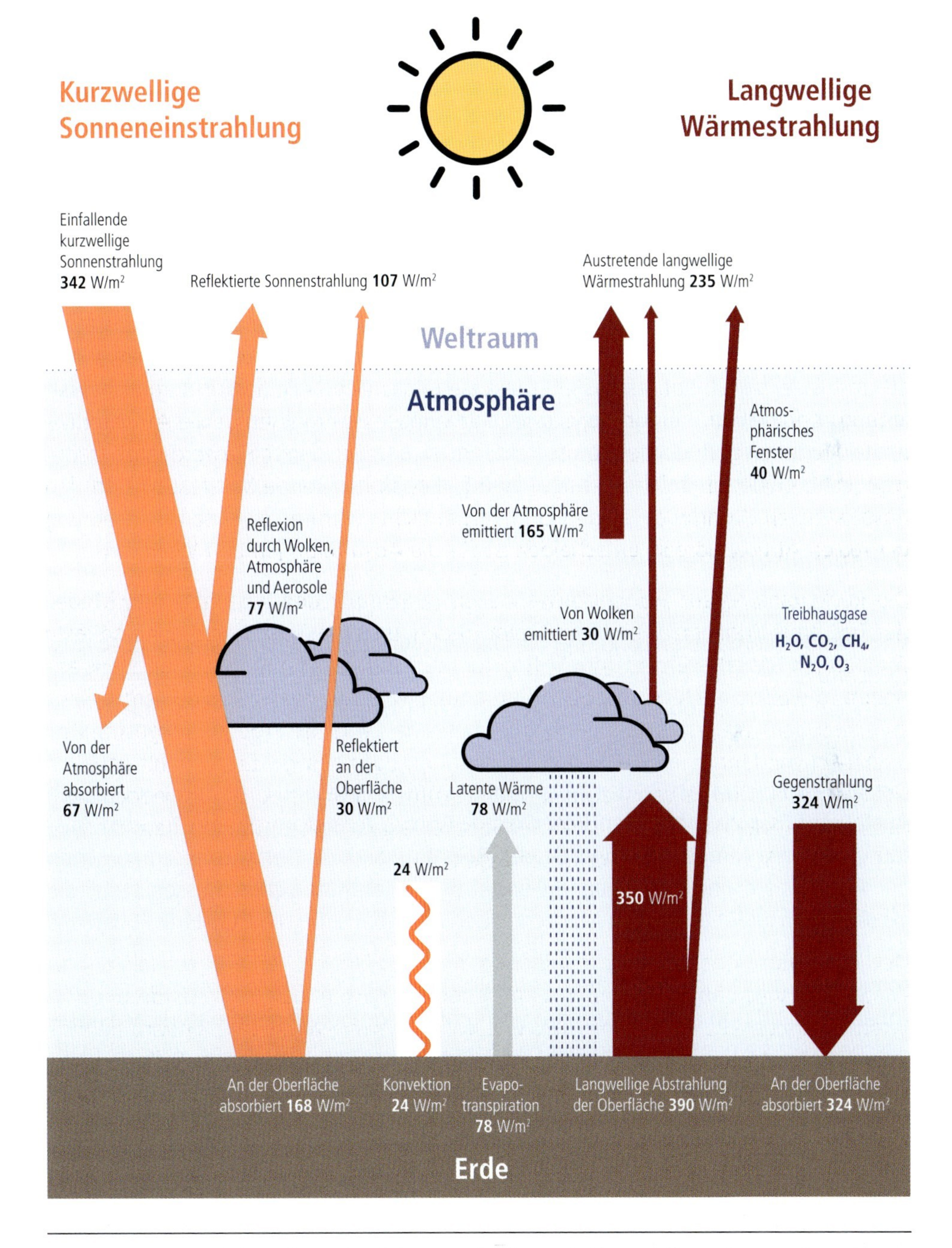

Abb. 2.5 Energiebilanz der Erde: Links sind die Flüsse der kurzwelligen Sonneneinstrahlung, rechts die der langewelligen Wärmestrahlung. Die Werte sind gegeben für die mittlere jährliche und globale Energiebilanz der Erde. (Eigene Darstellung nach ZAMG 2020)

Schaut man sich die CO_2-Konzentration an, so lag sie bis zum Jahr 1800 etwa bei 280 ppm und die Erde befand sich in einem Strahlungsgleichgewicht ($I_{ein} = I_{aus}$). Eine Störung, zum Beispiel durch eine Verdoppelung der CO_2-Konzentration von 280 ppm auf 560 ppm verringert die abgestrahlte Infrarotstrahlung I_{aus}, was einer Erhöhung der eingestrahlten Sonnenleistung (ΔI_{ein} = RF) von RF = 3,7 W/m² äquivalent ist.

Der Internationale Klimarat (IPCC) bezieht die Änderung des Energieflusses auf das vorindustrielle Jahr 1750. Der globale RF-Wert bezogen auf 1750 beträgt für das Jahr 2019 RF = 3,14 W/m² (NOAA 2020). Eine Übersicht über wesentliche Treiber des natürlichen wie auch durch den Menschen verursachten Strahlungsantriebs für exemplarische Jahre gibt Abb. 2.6. Laut IPCC hat der Anstieg der CO_2-Konzentration seit 1750 den größten Beitrag zum gesamten Strahlungsantrieb verursacht (IPCC 2013:WGI-11). Man hat festgestellt, dass die tatsächliche Klimaänderung größer ist, als aufgrund des Strahlungsantriebs der Spurengase zu erwarten gewesen wäre. Ursache hierfür sind Rückkopplungseffekte, zum Beispiel durch Wasserdampf in der Atmosphäre oder durch eine Eis-Albedo-Rückkopplung (Brasseur et al. 2017:10).

Der Kohlenstoff-Kreislauf

Drei Hauptreservoire auf der Erde speichern Kohlendioxid. Neben der Atmosphäre sind dies die Biomasse an Land und die Ozeane. Alle drei Reservoire stehen über Austauschflüsse in einer Wechselwirkung miteinander. Der Austausch zwischen diesen Systemen wird als globaler Kohlenstoff-Kreislauf bezeichnet und ist in Abb. 2.7 in vereinfachter Form dargestellt.

Die CO_2-Konzentration in der Atmosphäre wird im Wesentlichen bestimmt durch Austauschflüsse zwischen den Reservoiren. Abb. 2.7 zeigt im oberen Teil den Austausch mit der Atmosphäre und dessen Beeinflussbarkeit. Der Austausch zwischen der Atmosphäre und den Ozeanen findet in großen natürlichen Flüssen statt, die aktuell kaum direkt durch den Menschen beeinflussbar sind. Die CO_2-Emissionen aus der Nutzung fossiler Energieträger sind durch den Menschen verursachte Flüsse und somit auch durch den Menschen kontrollierbar. Die CO_2-Flüsse zwischen der Biosphäre an Land und der Atmosphäre sind große und überwiegend natürliche Flüsse, welche nur zu einem geringen Teil von Menschen beeinflussbar sind, hierbei maßgeblich durch Landnutzungsänderungen bzw. -management. Die Aufteilung von Zu- und Abflüssen zwischen Atmosphäre und Biosphäre an Land lässt sich durch die Ausgestaltung der Landnutzung verschieben, wenn auch in Grenzen. Hierbei ergriffene Maßnahmen sind meist reversibel.

Um den Kohlenstoff-Kreislauf auch quantitativ zu beschreiben, sind Werte aus der Literatur für die Jahre 2006 und 2012 in Abb. 2.7 eingetragen. Hierzu sind die Reser-

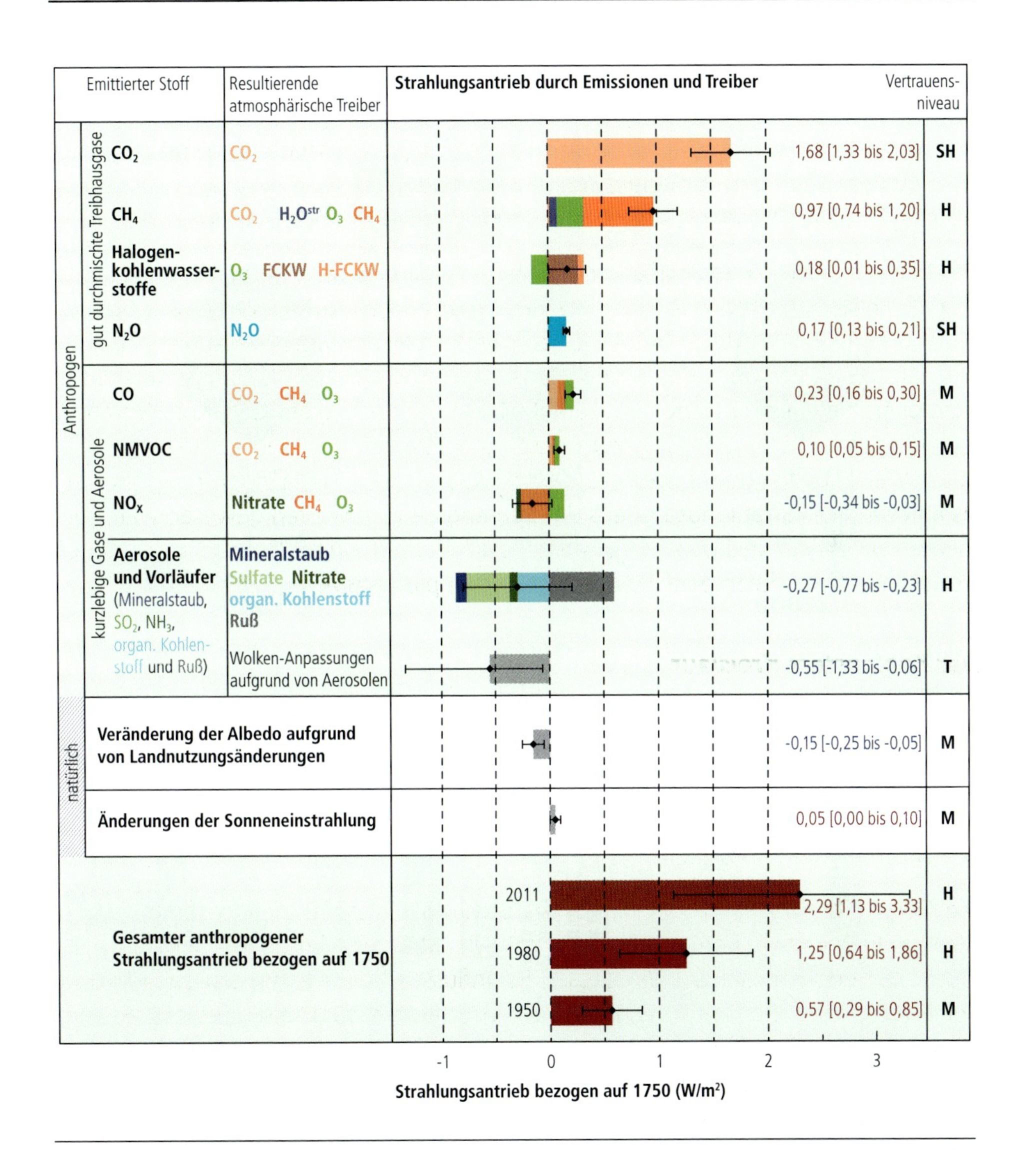

Abb. 2.6 Strahlungsantrieb für unterschiedliche Treiber und Emissionen. Die Abbildung stellt Schätzwerte für das globale Mittel des Strahlungsantriebs (RF) dar. Die Werte sind aus dem Jahr 2011 bezogen auf das Jahr 1750 sowie kumulative Unsicherheiten für die Haupttreiber des Klimawandels. Die schwarzen Rhomben entsprechen den besten Schätzungen mit den entsprechenden Unsicherheitsbereichen. Unten in der Abbildung ist bezogen auf das Jahr 1750 der gesamte anthropogene Strahlungsantrieb für drei exemplarische Jahre gegeben. Rechts findet sich das Vertrauensniveau des Nettoantriebs (SH – sehr hoch, H – hoch, M – mittel, G – gering, SG – sehr gering). (Eigene Darstellung nach IPCC 2013:WGI-12)

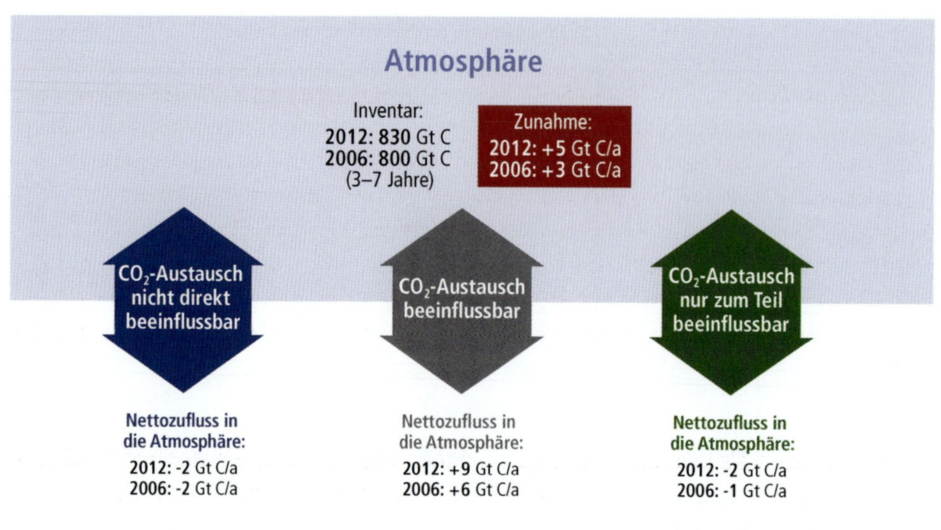
Atmosphäre
Inventar:
2012: 830 Gt C
2006: 800 Gt C
(3–7 Jahre)
Zunahme:
2012: +5 Gt C/a
2006: +3 Gt C/a
CO2-Austausch nicht direkt beeinflussbar
CO2-Austausch beeinflussbar
CO2-Austausch nur zum Teil beeinflussbar
Nettozufluss in die Atmosphäre:
2012: -2 Gt C/a
2006: -2 Gt C/a
Nettozufluss in die Atmosphäre:
2012: +9 Gt C/a
2006: +6 Gt C/a
Nettozufluss in die Atmosphäre:
2012: -2 Gt C/a
2006: -1 Gt C/a

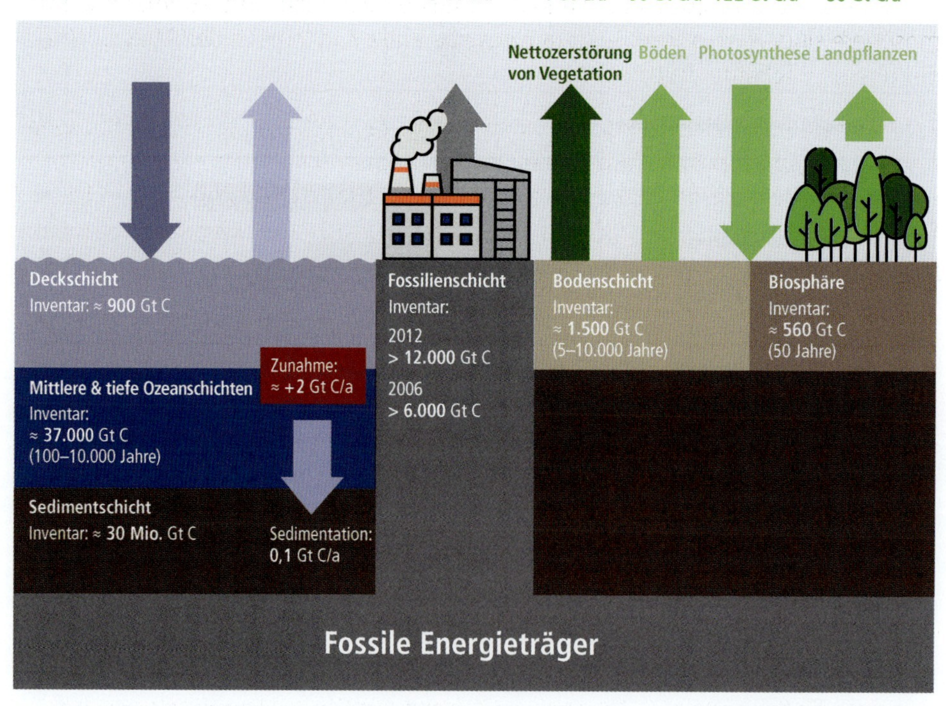
Ozeane
Land
2012 92 Gt C/a 90 Gt C/a 9 Gt C/a 1 Gt C/a 60 Gt C/a 123 Gt C/a 60 Gt C/a
2006 92 Gt C/a 90 Gt C/a 6 Gt C/a 1 Gt C/a 60 Gt C/a 122 Gt C/a 60 Gt C/a
Nettozerstörung von Vegetation
Böden
Photosynthese
Landpflanzen
Deckschicht
Inventar: ≈ 900 Gt C
Mittlere & tiefe Ozeanschichten
Inventar:
≈ 37.000 Gt C
(100–10.000 Jahre)
Zunahme:
≈ +2 Gt C/a
Sedimentschicht
Inventar: ≈ 30 Mio. Gt C
Sedimentation:
0,1 Gt C/a
Fossilienschicht
Inventar:
2012
> 12.000 Gt C
2006
> 6.000 Gt C
Bodenschicht
Inventar:
≈ 1.500 Gt C
(5–10.000 Jahre)
Biosphäre
Inventar:
≈ 560 Gt C
(50 Jahre)
Fossile Energieträger

◄ *Abb. 2.7 Vereinfachte Darstellung des Kohlenstoff-Kreislaufs. Man sieht in der oberen Bildhälfte die drei Hauptreservoire für Kohlenstoff: Atmosphäre, Ozeane und Land sowie ihre Austauschflüsse inklusive deren Beeinflussbarkeit. In der unteren Bildhälfte sind die Austauschflüsse wie auch die Hauptreservoire weiter unterteilt und mit Werten für die Jahre 2006 und 2012 versehen. Die Werte für die Kohlenstoff-Reservoire sind als Inventare in Gigatonnen Kohlenstoff (Gt C) und die Austauschflüsse in Gt pro Jahr (Gt C/a) angegeben. Die mittlere Verweildauer ist jeweils in Klammern angegeben. Durch die Angaben aus 2006 und 2012 lassen sich die Änderungen im Kohlenstoff-Kreislauf und die Zunahme in der Atmosphäre nachvollziehen. Der Wert von 830 Gt C in der Atmosphäre entspricht einer CO_2-Konzentration von 390 ppm. (Eigene Darstellung nach WBGU 2006:67 und WBGU 2013:38)*

voir-Kapazitäten als Inventare der verschiedenen Reservoire in Gigatonnen[13] Kohlenstoff (C) mit fett gedruckten Zahlen angegeben; in runden Klammern die mittlere Verweildauer im Reservoir.

Die Austauschflüsse sind in der unteren Bildhälfte weiter aufgegliedert und geben mit Pfeilen ihre Mengenangaben in Gigatonnen Kohlenstoff pro Jahr (Gt C/a) für die Jahre 2006 und 2012 an. Die sich hieraus ergebenden Nettoströme in die Atmosphäre sind ebenso wie die hieraus resultierende Zunahme in der Atmosphäre in der oberen Bildhälfte ersichtlich.

Zum besseren Modellverständnis werden die Austauschflüsse zwischen Atmosphäre und Land und nochmal in die Reservoire Biosphäre und Bodenschicht unterteilt, um die unterschiedliche Verweildauer des CO_2 im Hauptreservoir Land abzubilden. Das Reservoir der Biosphäre umfasst Pflanzen und Wälder, das Reservoir der Bodenschicht Gräser, Moore oder Permafrostböden.

Die Inventare betragen für die Biosphäre 560 Gt und für die Bodenschicht 1500 Gt.

An das Land grenzt nach unten zusätzlich noch die Fossilienschicht, die sich aus den Lagerstätten von Kohle, Öl und Gas zusammensetzt und somit eine reine Teilchenquelle ist, aus der vom Menschen CO_2 direkt in die Atmosphäre befördert wird.

---

[13] *1 Gigatonne = 1 Gt = 1 Milliarde Tonnen = 10^{12} kg. Das ist als Wassermenge ein Würfel mit 1 km Kantenlänge.*
Es sind zwei verschiedene Mengenangaben üblich Gt (C) oder Gt (CO_2). Da die Molekülmassen für Kohlenstoff C = 12 g/mol und Kohlendioxid CO_2 = 44 g/mol betragen, gilt, dass 1 Gt (CO_2) 12/44 Gt (C) = 0,272 Gt (C) enthält. Somit entspricht der Betrag von 1 Gt (C) einem Betrag von 3,667 Gt (CO_2).

Das Hauptreservoir der Ozeane lässt sich in eine Deckschicht mit darunterliegender Tiefenschicht unterteilen. Ein Abfluss in die am Meeresgrund befindlichen Sedimentschichten ist eine dauerhafte Möglichkeit, CO_2 aus dem Gesamtkreislauf zu entfernen. Die Inventare der Ozeane betragen für die Deckschicht 900 Gt, für die ozeanischen Tiefenschichten 37.000 Gt und für die darunterliegenden maritimen Sedimentschichten 30 Millionen Gt – sie sind das größte CO_2-Reservoir der Erde.

Die Bilanz an der Ozeanoberfläche mit einem Abfluss von 90 Gt Kohlenstoff in der Äquatorzone und einem Zufluss von 92 Gigatonnen Kohlenstoff vornehmlich in den äquatorfernen Zonen macht den Ozean zu einer CO_2-Senke mit zwei Gt Kohlenstoff pro Jahr. Diese reicht jedoch nicht aus, um den Beitrag der Verbrennung von fossilen Energieträgern durch den Menschen pro Jahr zu kompensieren. Zieht man in die Betrachtung noch die Pflanzen an Land mit ein, so wandeln sie über Photosynthese CO_2 in O_2 und Glucose, wozu sie aber Wasser und Sonnenlicht benötigen, sodass sie über Nacht kein O_2 produzieren, sondern Sauerstoff für die Zellatmung nutzen und CO_2 ausstoßen. So erklärt sich der Eintrag von je 60 Gt C pro Jahr in die Atmosphäre und eine Aufnahme von 122 Gt C in 2006 bzw. 123 Gigatonnen C in 2012. Berücksichtigt man den Eintrag von einer Gigatonne C pro Jahr durch Waldbrände und andere Naturzerstörungen, so bleiben eine bzw. zwei Gigatonnen C pro Jahr, die der Atmosphäre durch das Reservoir Land entzogen wurden.

Deutlich wird auch die Veränderung der Inventare und Austauschflüsse zwischen 2006 und 2012, die den kontinuierlichen Anstieg der CO_2-Konzentration in der Atmosphäre nachvollziehbar machen. So erhöhte sich in diesem Zeitraum das Inventar für die Atmosphäre von 800 Gt auf 830 Gt. Die Menschen bedingte Emission durch Verbrennung fossiler Energieträger stieg von 6 Gt auf 9 Gt an. Davon wurden von den Reservoiren Land und Ozeane in Summe 3 bzw. 4 Gt aufgenommen, sodass der jährliche Nettozufluss in die Atmosphäre von 3 Gt/a auf 5 Gt/a anstieg.

Wurden im Jahr 2012 noch fünf Gigatonnen Kohlenstoff pro Jahr durch das Handeln der Menschen zusätzlich in die Atmosphäre eingebracht, so werden es im Jahr 2019 zusätzlich etwa sieben Gigatonnen gewesen sein, sofern sich die Austauschflüsse der Atmosphäre mit den Ozeanen und dem Land seither nicht verändert haben.

Auch wenn sich die Kapazitäten der Reservoire nur grob ermitteln lassen, so sind die CO_2-Konzentrationen in der Atmosphäre recht genau bekannt. Über die Konzentration der Spurengase in der Vergangenheit geben Messungen an Eisbohrkernen exakt Auskunft. Diese bis zu 3600 Meter langen Eisstangen wurden in Grönland und in der Antarktis aus dem Gletschereis gebohrt. Sie enthalten Gasbläschen, die Auskunft geben über die Zusammensetzung der Erdatmosphäre in unterschiedlichen Epochen der Erdgeschichte. In Abb. 2.8 ist dies anhand von Messungen der Forschungsstation „Wostok" nachzuvollziehen. Man sieht, dass die CO_2-Konzentration über den Zeitraum von 400.000 Jahren nie den Wert von 300 ppm überschritten hat.

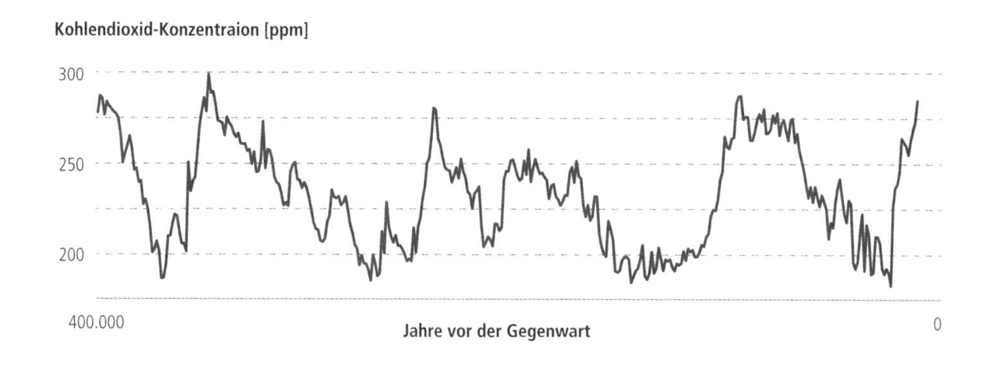

Abb. 2.8 Daten zur CO_2-Konzentration in der Atmosphäre über die vergangenen 400.000 Jahre, die anhand eines Eisbohrkerns von der russischen Forschungsstation „Wostok" gewonnen wurden. (Eigene Darstellung nach Barnola 2003)

Ein Beleg für den Einfluss von CO_2 auf das Klima ist überdies, dass während der Eiszeiten die CO_2-Konzentration auf 180 ppm absank und somit wesentlich niedriger war als in den Warmzeiten.

Seit dem Jahr 1959 wird die CO_2-Konzentration in der Atmosphäre systematisch gemessen. Die Monatsmittel (Abb. 2.9) zeigen, dass die Konzentration von 315 ppm im Jahr 1958 auf über 410 ppm angestiegen ist (Umweltbundesamt 2020). Man sieht außerdem im Verlauf der jährlichen Monatsmittel Schwankungen um den Mittelwert, die etwa 3 ppm betragen. Aufgrund der pflanzlichen Photosynthese verringert sich im Sommer auf der nördlichen Halbkugel die CO_2-Konzentration um etwa 1,5 ppm, was sich durch die größeren Landmassen der nördlichen Hemisphäre erklären lässt.

Fazit

Es ist deutlich, dass die Spurengase in der Atmosphäre maßgeblich für das Klima und seine Veränderung verantwortlich sind. Die Energiebilanz der Erdatmosphäre ist derzeit nicht ausgeglichen. Der Strahlungsantrieb RF als Maß für das Ungleichgewicht ist seit Jahren schon positiv, das heißt die Atmosphäre heizt sich weiter auf. Ein maßgeblicher Treiber ist die jährliche Nettozunahme von Kohlendioxid in der Atmosphäre, die in den vergangenen Jahren kontinuierlich gestiegen ist. Die Ursache für den kontinuierlichen Anstieg liegt darin, dass die von den Menschen jährlich verursachten CO_2-Emissionen um ein Vielfaches größer sind als die Kapazitäten der natürlichen CO_2-Senken an Land und in den Ozeanen.

Was dies bedeutet, macht eine einfache Überschlagsrechnung klar: Angenommen es gelänge, die jährlichen CO_2-Emissionen global sofort um 50 Prozent abzusenken.

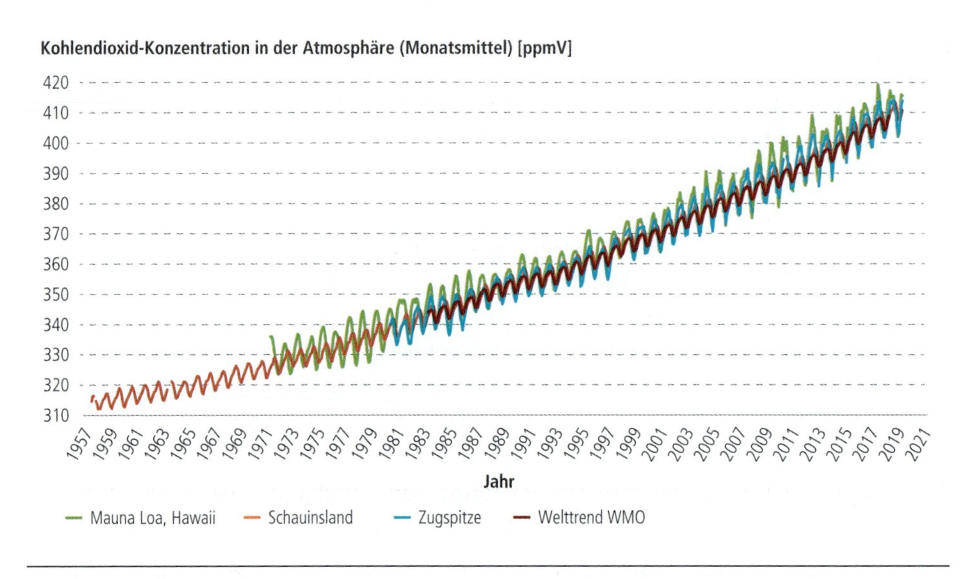

Abb. 2.9 Verlauf der Kohlendioxid-Konzentration für verschiedene Messstationen. Die Kohlendioxid-Konzentration ist angegeben als ppm bezogen auf das Volumen, d. h. 1 ppmV = 10^{-6} = 1 Teil pro Million = 0,0001, angegeben als Molenbruch. (Eigene Darstellung nach Umweltbundesamt 2020)

Auch in diesem Fall würde immer noch eine CO_2-Senke in der Größenordnung der gesamten Biosphäre fehlen, um die Nettozunahmen von CO_2 in der Atmosphäre auf den Wert Null zurückzuführen. Anders ausgedrückt: Wenn man die jährliche Zunahme der CO_2-Konzentration in der Atmosphäre bei gleichbleibender globaler CO_2-Emissionen auf den Wert null bringen möchte, so würde man aktuell vier weitere CO_2-Senken in der Größenordnung aller auf der Erde vorhandenen Ozeane benötigen.

Bei diesen Dimensionen wird ersichtlich, dass höchstwahrscheinlich auch in 2020er-Jahren die jährliche Nettozunahme der Atmosphäre mehrere Gigatonnen Kohlenstoff betragen wird – voraussichtlich verbunden mit einer weiteren Beschleunigung der Erderwärmung.

Literatur

Barnola, J.M. et al. (2003): Historical CO_2 Record from the Vostok Ice Core, Januar 2003. Verfügbar unter https://cdiac.ess-dive.lbl.gov/ftp/trends/co2/vostok.icecore.co2, zuletzt geprüft am 29.07.2020.

Brasseur, Guy P.; Jacob, Daniela; Schuck-Zöller; Susanne (2017): Klimawandel in Deutschland – Entwicklung, Folgen, Risiken und Perspektiven, Springer Verlag, ISBN 978-3-662-50396-6. Verfügbar unter https://link.springer.com/book/10.1007%2F978-3-662-50397-3, zuletzt geprüft am 22.07.2020.

IPCC (2013): KLIMAÄNDERUNG 2013 Naturwissenschaftliche Grundlagen, ISBN 978-3-891 00-048-9, Deutsche Übersetzung durch Deutsche IPCC-Koordinierungsstelle, Bonn, 2016. Verfügbar unter https://www.de-ipcc.de/media/content/AR5-WGI_SPM.pdf, zuletzt geprüft am 02.08.2020.

Klose, Brigitte (2016): Meteorologie: Eine interdisziplinäre Einführung in die Physik der Atmosphäre, 3. Auflage, Springer Verlag, ISBN 9783662436226

NOAA Butler, James H.; Montzka, Stephen A. (2020): THE NOAA ANNUAL GREENHOUSE GAS INDEX (AGGI), Frühjahr 2020 aktualisiert. Verfügbar unter https://www.esrl.noaa.gov/gmd/aggi/aggi.html, zuletzt geprüft am 29.07.2020.

Roedel, Walter (2000): Physik unserer Umwelt: Die Atmosphäre. 3. Auflage, Heidelberg, Springer Verlag, ISBN 3662093251

Umweltbundesamt (2020): Atmosphärische Treibhausgas-Konzentrationen. 24.06.2020. Verfügbar unter https://www.umweltbundesamt.de/daten/klima/atmosphaerische-treibhausgas-konzentrationen, zuletzt geprüft am 29.07.2020.

WBGU (2006): Schubert, Renate; Schellnhuber, Hans Joachim; Buchmann, Nina et al.: Die Zukunft der Meere – zu warm, zu hoch, zu sauer, März 2006, ISBN 3-936191-13-1, S. 67. Verfügbar unter https://www.wbgu.de/fileadmin/user_upload/wbgu/publikationen/archiv/wbgu_sn2006.pdf, zuletzt geprüft am 29.07.2020.

WBGU (2013): Schubert, Renate; Schellnhuber, Hans Joachim; Buchmann, Nina et al.: Die große Transformation. Klima – kriegen wir die Kurve? Verlagshaus Jacoby&Stuart, Berlin 2013, ISBN 3-941087-23-1, S. 38.

WMO (2019): WMO GREENHOUSE GAS BULLETIN, Nr. 15, 25. November 2019, ISSN 2078-0796. Verfügbar unter https://library.wmo.int/doc_num.php?explnum_id=10100, zuletzt geprüft am 26.07.2020.

ZAMG: Zentralanstalt für Meteorologie und Geodynamik (ZAMG), Energiebilanz der Erde. Verfügbar unter https://www.zamg.ac.at/cms/de/klima/informationsportal-klimawandel/klimasystem/umsetzungen/energiebilanz-der-erde, zuletzt geprüft am 30.07.2020.

Dieses Kapitel wird unter der Creative Commons Namensnennung 4.0 International Lizenz http://creativecommons.org/licenses/by/4.0/deed.de) veröffentlicht, welche die Nutzung, Vervielfältigung, Bearbeitung, Verbreitung und Wiedergabe in jeglichem Medium und Format erlaubt, sofern Sie den/die ursprünglichen Autor(en) und die Quelle ordnungsgemäß nennen, einen Link zur Creative Commons Lizenz beifügen und angeben, ob Änderungen vorgenommen wurden.

Die in diesem Kapitel enthaltenen Bilder und sonstiges Drittmaterial unterliegen ebenfalls der genannten Creative Commons Lizenz, sofern sich aus der Abbildungslegende nichts anderes ergibt. Sofern das betreffende Material nicht unter der genannten Creative Commons Lizenz steht und die betreffende Handlung nicht nach gesetzlichen Vorschriften erlaubt ist, ist für die oben aufgeführten Weiterverwendungen des Materials die Einwilligung des jeweiligen Rechteinhabers einzuholen.

3 Klimakonsequenzen für Natur und Mensch

Volker Wittpahl

Klimamodelle sind aktuell die besten Instrumente, um eine Prognose für die klimabedingten Veränderungen in den kommenden Jahren abzugeben. Wie schon bei der Bestimmung der Strahlungsbilanz und des Strahlungsantriebs (RF)[15] zu sehen ist, gibt es Grenzen der Modelle, deren man sich bewusst sein muss. Dennoch erlauben sie, hilfreiche Erkenntnisse zur Veränderung des Klimas zu gewinnen.

Um Prognosen zu erstellen, werden verschiedene Modelle zur Simulation und Beschreibung genutzt. Der Internationale Klimarat IPCC[16] hat für seinen Weltklimabericht aus dem Jahr 2014 auf Simulationen von 40 verschiedenen Erdsystemmodellen zurückgegriffen. Prinzipiell lassen sich aufgrund von Unsicherheiten in den Modellen systematische Fehler in den Berechnungen nicht ausschließen (Brasseur et al. 2017:10 f.).

Zur Beschreibung der Projektionen des Klimawandels wurden im fünften Sachstandsbericht des IPCC Szenarien als Repräsentative Konzentrationspfade (Englisch: Representative Concentration Pathways, RCP) definiert. Die RCP stellen Szenarien dar, die Zeitreihen von Emissionen und Konzentrationen von Treibhausgasen, Aerosolen und weiterer Gase wie die Landnutzung bzw. Landbedeckung berücksichtigen. Dabei steht das Wort „repräsentativ" in RCP für den Umstand, dass dieses Szenario nur eines von vielen möglichen ist, mit denen es zur Entwicklung der spezifischen Eigenschaften des Strahlungsantriebs kommt. Dass man die Szenarien Pfade genannt hat, soll zeigen, dass nicht nur das langfristig zu erreichende Konzentrationsniveau, sondern auch der dahin führende Weg über die Zeit von Interesse ist (IPCC 2014a:A-23). Die RCP zielen mit ihrer Projektion auf das Ende des Jahrhunderts (2080 bis 2100) und beziehen sich bei den Veränderungen auf den Zeitraum von 1986 bis 2005 (IPCC 2014a:WGI-17).

Den RCP-Szenarien sind für das Jahr 2100 Werte für die CO_2-Konzentrationen bzw. für die kombinierten CO_2-Äquivalente-Konzentrationen zugeordnet, wobei letztere die Konzentrationen von Methan (CH_4) und Lachgas (N_2O) mit einbeziehen. Änderungen natürlicher Treiber, wie des solaren oder durch Vulkane verursachten Antriebs wie auch natürliche Emissionen von CH_4 oder N_2O sind in den RCP nicht berücksichtigt (IPCC 2014a:WGI-28). Im fünften Sachbericht des IPCC wurden vier

[15] *Englisch: Radiative Forcing (RF).*

[16] *Englisch: Intergovernmental Panel on Climate Change (IPCC).*

© Der/die Herausgeber bzw. der/die Autor(en) 2020
V. Wittphal, *Klima*, https://doi.org/10.1007/978-3-662-62195-0_3

Szenarien für die RCP definiert und sind nach ihrem ungefähren RF-Wert für das Jahr 2100 benannt[17].

RCP2.6 stellt ein Minderungsszenario dar, das vor dem Jahr 2100 einen Strahlungsantrieb RF bei einem Höchststand von ca. 3 W/m^2 ausgeht und bis zum Jahr 2100 auf 2,6 W/m^2 abfällt.

RCP4.5 und RCP6.0 sind Stabilisierungsszenarien, in denen sich der Strahlungsantrieb RF nach dem Jahr 2100 auf etwa 4,5 W/m^2 und 6,0 W/m^2 stabilisiert.

RCP8.5 stellt ein Szenario mit sehr hohen Treibhausgas-Emissionen dar, in dem für das Jahr 2100 ein Strahlungsantrieb RF von größer 8,5 W/m^2 angenommen wird.

Eine Übersicht der RCP-Szenarien ist in Abb. 3.1 gegeben. Sie sind die Grundlage für die Klimaprognosen und -projektionen des fünften Sachberichts des IPCC und werden derzeit auch in der Literatur als Grundlage für Klima relevante Betrachtungen genutzt.

Aktuelle Prognosen und vereinfachte Annahmen zur beschleunigten Erderwärmung

Vergleicht man die Szenarien mit dem RF-Wert für das Jahr 2019 von 3,14 W/m^2 (NOAA 2020), so ist davon auszugehen, dass das Szenario RCP2.6 als nicht mehr wahrscheinlich für das Jahr 2100 anzusehen ist. Selbst der IPCC geht aktuell davon aus, dass zwischen 2030 und 2052 die globale Erwärmung um 1,5 Grad Celsius erreicht wird (IPCC 2018:8). Das globale Temperaturniveau wird bis zum Jahr 2024 mit einer Wahrscheinlichkeit von 20 Prozent im Mittel um 1,5 Grad Celsius angestiegen sein, prognostiziert die Weltorganisation für Meteorologie (WMO)[18] (WMO 2020).

Zum Redaktionsschluss haben Wissenschaftler:innen veröffentlicht, dass sich aufgrund der bisher kumulierten CO_2-Emissionen Entwicklungen für die Zukunft nur noch anhand des RCP-8.5-Szenarios darstellen lassen (Schwalm et al. 2020).

Da es für die kommenden Jahre noch keine Szenarien gibt, welche die aktuellen Werte berücksichtigen, soll hier versucht werden mit sehr groben Annahmen eine Abschätzung für die anstehende Entwicklung vorzunehmen. Dazu werden einige vereinfachende Annahmen getroffen.

Es wird davon ausgegangen, dass die CO_2-Konzentration auch über die nächsten Jahre kontinuierlich ansteigt. Der jährliche Zuwachs der CO_2-Konzentration in der Atmosphäre wird als linear und konstant mit einem Wert von 3 ppm[19] Zuwachs pro

---

[17] *Der Strahlungsantrieb ist dabei bezogen auf das Jahr 1750.*

[18] *Englisch: World Meteorological Organization (WMO).*

[19] *Teile pro Million Teilchen (Englisch: parts per million; ppm).*

CO_2Äq-Konzentrationen in 2100 (ppm CO_2Äq) Kategoriekennzeichnung (Konzentrationsbereich)	Unterkategorien	Relative Einordnung der RCP	Wahrscheinlichkeit im Verlauf des 21. Jahrhunderts unterhalb eines bestimmten Temperaturniveaus zu bleiben (bezogen auf 1850–1900)			
			1,5°C	2°C	3°C	4°C
450 (430 bis 480)	Gesamtbereich	RCP2.6				
500 (480 bis 530)	Kein Überschreiten von 530 ppm CO_2Äq					
	Überschreiten von 530 ppm CO_2Äq					
550 (530 bis 580)	Kein Überschreiten von 580 ppm CO_2Äq					
	Überschreiten von 580 ppm CO_2Äq					
(580 bis 650)	Gesamtbereich	RCP4.5				
(650 bis 720)	Gesamtbereich					
(720 bis 1000)	Gesamtbereich	RCP6.0				
> 1000	Gesamtbereich	RCP8.5				

■ Unwahrscheinlich ■ Eher unwahrscheinlich als wahrscheinlich
■ Etwa ebenso wahrscheinlich wie nicht ■ Eher wahrscheinlich als nicht ■ Wahrscheinlich

Abb. 3.1 Globale Veränderungen aus den RCP-Szenarien. (Eigene Darstellung nach IPCC 2014a:WGIII-8 und IPCC 2014b:12, 13, 64)

Jahr angenommen. Weiterhin wird angenommen, dass die sonstigen Bedingungen gleichbleiben, das heißt es gibt keine unvorhergesehenen Naturereignisse oder Rückkopplungen, und auch die CO_2-Senken bleiben konstant. Außer der gleichbleibenden Zunahme der CO_2-Konzentration werden keine anderen Einflüsse berücksichtigt.

Es handelt sich zwar um sehr stark vereinfachende Annahmen, aber sie erlauben grob zu ermitteln, wann welches Temperaturniveau aufgrund der CO_2-Konzentration erreicht wird. Hierzu wird die Differenz zwischen der aktuellen CO_2-Konzentration von etwa 410 ppm und den RPC-Szenarien zugeordneten CO_2-Konzentrationen aus der Tabelle in Abb. 3.1 gebildet und durch den Wert des jährlichen Zuwachses geteilt.

Nach dieser groben Überschlagsbetrachtung sind es bis zum Erreichen der unteren Schwelle des RPC-2.6-Szenarios, der die CO_2-Äquivalente-Konzentration von

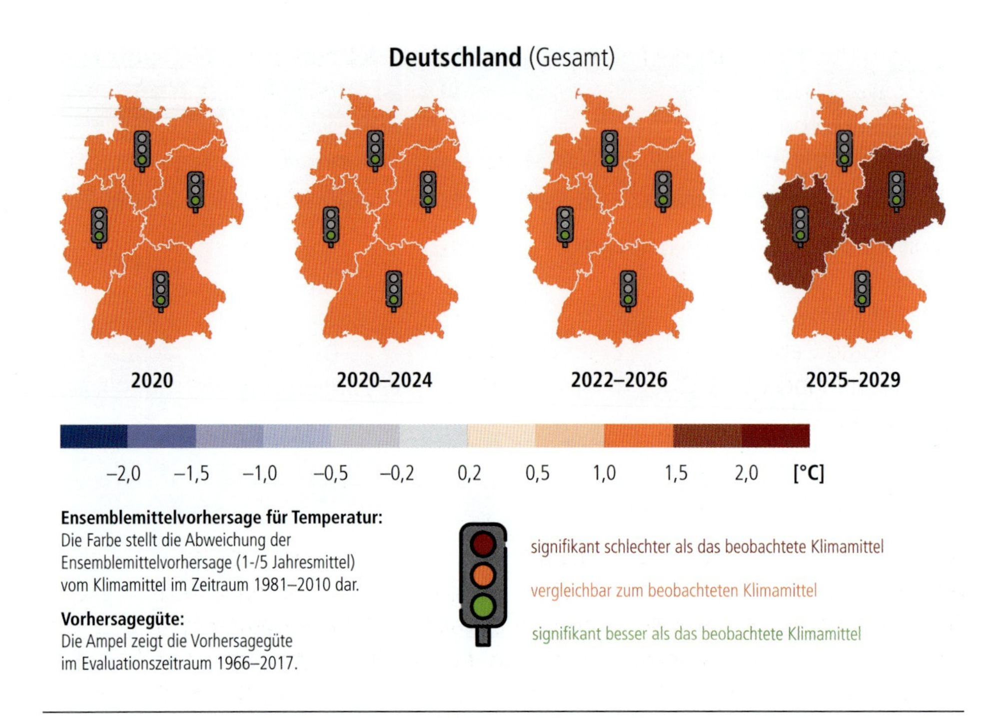

Abb. 3.2 Basisklimavorhersagen für Deutschland des DWD für den Zeitraum 2020 bis 2029. (Eigene Darstellung nach DWD 2020a)

430 ppm zugeordnet ist, noch etwa sieben Jahre. Bis zum Jahr 2030 würde die CO_2-Konzentration einen Wert von etwa 440 ppm erreichen. Vergleicht man diese grobe Abschätzung mit der Annahme der WMO, so sollte man davon ausgehen, dass spätestens zum Ende der Dekade eine 1,5 Grad Erwärmung eingetreten ist. Im Weiteren geht aus der Abschätzung hervor, dass in den 2030er Jahren mit dem Erreichen einer globalen 2 Grad Erwärmung zu rechnen ist. Nimmt man die Prognose des Deutschen Wetterdienstes (DWD) als Indikator für die globale Erwärmung, der für Deutschland schon 2030 eine Erwärmung um 2 Grad Celsius gegenüber dem Bezugszeitraum von 1981 bis 2010 vorhersagt (DWD 2020a), so ist die grobe Abschätzung für die 2030er Jahre nicht unwahrscheinlich.

Geht man davon aus, dass eine globale Erwärmung um 3 Grad Celsius bei einer CO_2-Konzentration um 500 ppm erreicht wird, so liegt dieser Wert um 90 ppm über dem heutigen, der nach den groben Vereinfachungen im Jahr 2050 erreicht werden würde. Natürlich gibt es Unsicherheiten. So ist nicht klar, ob der jährliche Zuwachs der CO_2-Konzentration über die nächsten Jahre ein lineares Verhalten aufweisen wird und wie sich der Zuwachs durch Emissionsreduktionen oder durch Rückkopplungen im Klimasystem ändert.

Für einen Überblick über die Entwicklung des Klimas in Deutschland bietet der DWD neben Basisklimavorhersagen für die aktuelle Dekade (siehe Abb. 3.2) auch interaktive Klimaprognosen bis zum Jahr 2100 über seinen deutschen Klimaatlas. Dort werden 21 verschiedene Klimamodelle berechnet, deren Ergebnisse man sich online anhand von Karten (siehe Abb. 3.3) oder als zeitlichen Verlauf anzeigen lassen kann.

Damit nun der beschleunigte Temperaturanstieg in weiteren Betrachtungen handhabbar ist, wird für die kommenden Jahre von folgenden Annahmen zur Erwärmung ausgegangen: Innerhalb der Dekade bis 2030 wird die globale Temperatur um 1,5 Grad Celsius ansteigen und in der Dekade nach 2030 wird eine globale Temperaturerhöhung von 2 Grad Celsius erreicht. Um das Jahr 2050 wird eine globale Erwärmung von 3 Grad Celsius angenommen.

Globale Klimakonsequenzen

Um die Entwicklungen in einer Phase der beschleunigten Erwärmung für die nächsten Jahre abschätzen zu können, ist es sinnvoll, sich Prognosen zu existierenden Erwärmungsszenarien anzuschauen und die aktuellen Veränderungen zu den vorhergesagten Effekten in Relation zu setzen. In Abb. 3.4 sind die globalen Klimafolgen für den Anstieg der globalen Durchschnittstemperatur um 1,5 Grad Celsius und 2 Grad Celsius gegenüber dem vorindustriellen Zeitalter aufgetragen. Die Abb. 3.5 gibt eine Übersicht zu Prognosen aus den RCP-Szenarien für das Ende des Jahrhunderts.

Den Einfluss der globalen Erwärmung auf verschiedene natürliche und menschliche Systeme beschreibt der IPCC über die sogenannten Gründe zur Besorgnis (Englisch: Reasons for Concern, RFC). Diese sind vom IPCC wie folgt definiert (IPCC 2018:15):

- *RFC1 Einzigartige und bedrohte Systeme*
  Hiermit sind ökologische und menschliche Systeme gemeint, deren begrenzte geografische Ausbreitung durch klimabedingte Umstände eingeschränkt ist. Diese Systeme weisen einen hohen Endemismus – also ein hohes Vorkommen von Tieren und Pflanzen in einem bestimmten, begrenzten Gebiet – oder andere einzigartige Eigenschaften auf. Beispiele hierfür sind Korallenriffe, Gebirgsgletscher oder die Arktis und ihre indigenen Einwohner:innen.

- *RFC2 Extremwetterereignisse*
  Hierzu zählen unter anderem Hitzewellen, Starkregen, Dürren und damit verbundene Wald- und Flächenbrände aber auch die Überflutung von Küstenregionen. Diese führen zu Risiken für die menschliche Gesundheit, Lebensgrundlagen, Vermögenswerte und Ökosysteme.

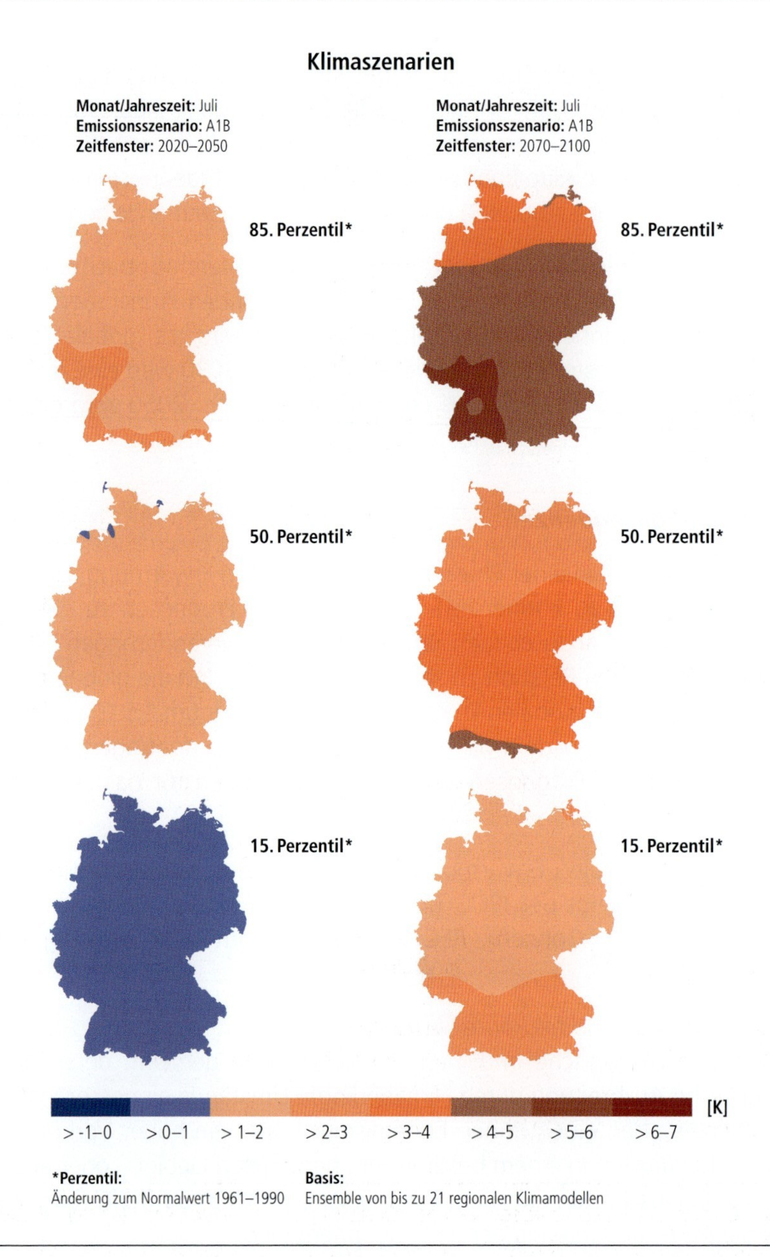

Abb. 3.3 Klimaszenarien zur Änderung der mittleren Jahrestemperatur in Kelvin für Deutschland aus dem deutschen Klimaatlas links für das Zeitfenster 2020 bis 2050 und rechts für das Zeitfenster 2070 bis 2100. Das 50.Perzentil gibt den Wert an, für den jeweils die Hälfte der Modellsimulationen höhere bzw. niedrigere Änderungen zeigen. 15 % aller Modellergebnisse liegen unterhalb des 15. Perzentils oder erreichen dieses gerade genau. Die übrigen 85 % der Modellsimulationen zeigen dagegen größere Änderungen. Entsprechend liegen 85 % unterhalb des 85. Perzentils oder erreichen dieses. Zwischen das 15. und 85. Perzentil fallen somit 70 % aller Modellergebnisse. (Eigene Darstellung nach DWD 2020b)

Bereich	Folgen		Temperaturanstieg um 1,5°C	Temperaturanstieg um 2°C
Süßwasser	Dürre	Zusätzliche Stadtbewohner, die schwerer Dürre ausgesetzt sind	Etwa 350 ± 159 Mio.	Etwa 411 ± 214 Mio.
	Hochwasser	Zunahme der von Flusshochwasser betroffenen Bevölkerung (Vergleich zu 1976 bis 2005)	100 %	170 %
Terrestrische Ökosysteme	Verlust an Biodiversität	Insekten, die mehr als die Hälfte ihres Lebensraums verlieren (Anteil)	Etwa 6 %	Etwa 18 %
		Pflanen, die mehr als die Hälfte ihres Lebensraums verlieren (Anteil)	Etwa 8 %	Etwa 16 %
		Wirbeltiere, die mehr als die Hälfte ihres Lebensraums verlieren (Anteil)	Etwa 4 %	Etwa 8 %
Ozeane	Meeresspiegelanstieg	Anstieg bis 2100	Um bis zu etwa 1 m*	Um etwa 10 cm höher als bei 1,5 °C
	Meereisfreie arktische Sommer	Häufigkeit	Etwa alle 100 Jahre	Etwa alle zehn Jahre
	Verlust an tropischen Korallenriffen	Verlorener Anteil	70–90 %	> 99 %
	Sinkende Fischbestände	Rückgang der jährlichen Meeresfischeeierträge	Etwa 1,5 Mio. t	> 3 Mio. t
Küstengebiete	Folgen von Meeresspiegelanstieg	Betroffene Anzahl an Menschen (ohne Schutzmaßnahmen)	Etwa 128–143 Mio.	Etwa 141–151 Mio.
	Zunehmende Stürme	Betroffene Anzahl an Menschen (mit Schutzmaßnahmen von 1995)	Jährlich etwa 2–28 Mio.	Jährlich etwa 15–52 Mio.

* Die Instabilität der polaren Eisschilde könnte außerdem einen Meeresspiegelanstieg um mehrere Meter über einen Zeitraum von hunderten bis tausenden Jahren zur Folge haben.

Abb. 3.4 Gegenüberstellung ausgewählter Klimafolgen bei einem Anstieg der globalen Durchschnittstemperatur im Vergleich zum vorindustriellen Niveau um 1,5 Grad Celsius und 2 Grad Celsius. (Eigene Darstellung nach BMU 2019:11)

- *RFC3 Verteilung der Folgen*
  Hiermit ist die unterschiedliche Verteilung von physischen Gefährdungen durch Klima, Exposition oder Verwundbarkeit gemeint, wodurch bestimmte Gruppen überproportional beeinträchtigt werden.

	RCP 2.6	RCP 4.5	RCP 6.0	RCP 8.5
Temperaturveränderung im Jahr 2100 im Vergleich zum Zeitraum 1850 bis1900	1,0–2,8°C	1,5–4,5°C	2,1–5,8°C	2,8–7,8°C
CO_2Äq-Konzentrationen in 2100 (ppm CO_2Äq)	430–480	580–720	720–1000	> 1000
Meeresspiegelanstieg 2081 bis 2100 bezogen auf 1986 bis 2005	0,25–0,55 m			0,45–0,82 m
Ozeanversauerung an der Meeresoberfläche 2081 bis 2100	15–17 %	38–41 %	58–62 %	100–109 %
Rückgang Gletschervolumen	15–55 %			35–85 %
Rückgang Permafrostfläche	37 %			81 %

Abb. 3.5 RCP-Klima-Szenarien des IPCC. (Eigene Darstellung nach IPCC 2014a:WGIII-8)

- *RFC4 Aggregierte globale Folgen*
  Hierunter fallen unter anderem Folgen in Form von globalen finanziellen Schäden, der Zerstörung und dem Verlust von Ökosystemen wie auch der biologischen Vielfalt in globalem Maßstab.

- *RFC5 Großräumige Singularitäten*
  Hiermit sind Ereignisse gemeint, die durch die globale Erwärmung relativ große, abrupte und bisweilen irreversible Änderungen in Systemen verursachen. Hierunter fallen prinzipiell auch Kipp-Punkte. Der Zerfall der Eisschilde Grönlands ist ein Beispiel für solche Singularitäten.

In Abb. 3.6 sind die fünf Gründe zur Besorgnis mit den verbundenen Folgen mit dem zugehörigen Risiko-Niveau angegeben.

Der IPCC erwartet, dass mit zunehmender Erwärmung Risiken inklusive kaskadenartiger Risiken zunehmend größer werden (IPCC 2019:15).

Für eine globale Erwärmung um etwa 1,5 Grad Celsius werden die folgenden Risiken als hoch eingestuft[20]: Wasserknappheit in Trockengebieten, Schäden durch Wald- und Flächenbrände, Permafrostabbau und Instabilitäten der Nahrungsmittelversorgung.

[20] *Die Einschätzung erfolgt mit einem mittleren Vertrauen (IPCC 2019:15).*

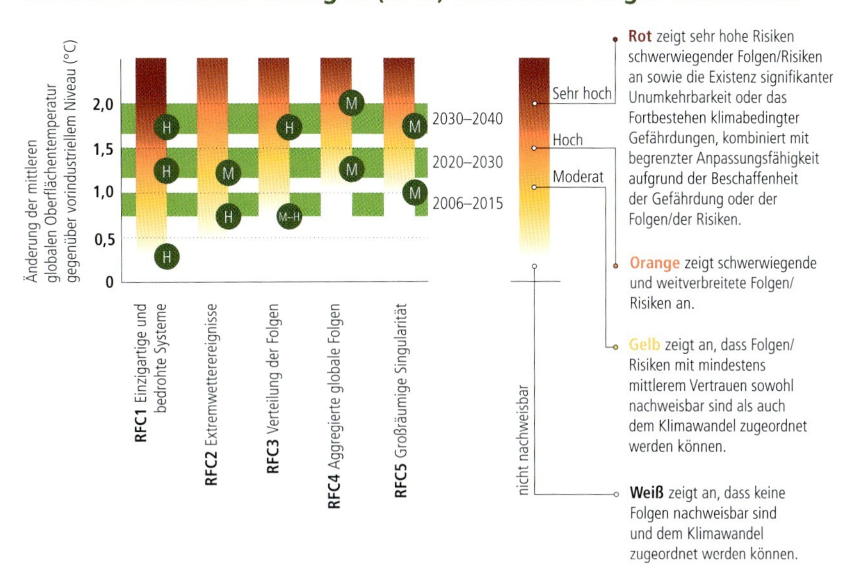

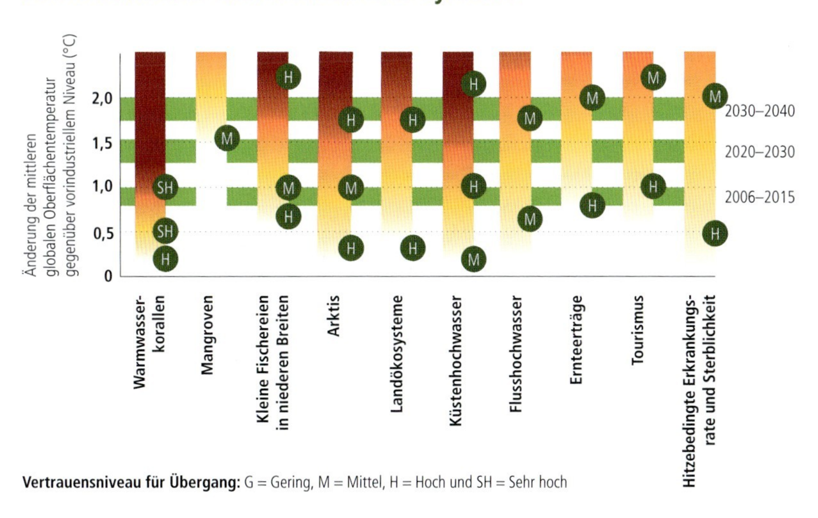

Abb. 3.6 Fünf Gründe zur Besorgnis (RFC) des IPCC. Das obere Diagramm zeigt eine Zusammenfassung von Schlüsselfolgen und -risiken über Sektoren und Regionen hinweg. Das untere Diagramm zeigt die Auswirkungen der globalen Erwärmung für ausgewählte Systeme. In den Diagrammen sind zusätzlich noch für Temperatur-Niveaus die abgeschätzten Zeiträume ihrer Erreichung aus diesem Beitrag eingetragen. (Eigene Darstellung nach IPCC 2018:15)

Für eine globale Erwärmung um etwa 2 Grad Celsius werden die folgenden Risiken als sehr hoch eingestuft[21]: Permafrostabbau und Instabilitäten der Nahrungsmittelversorgung.

Und bei einer weiteren globalen Erwärmung um 3 Grad Celsius werden die Risiken durch Vegetationsverlust, Schäden durch Wald- und Flächenbrände sowie Wasserknappheit in Trockengebieten ebenfalls als sehr hoch eingestuft[22].

Weiterhin nehmen für eine globale Erwärmung zwischen 1,5 und 3 Grad Celsius auch Risiken durch Dürren, Wasserstress, hitzebedingte Ereignisse wie Hitzewellen und Lebensraumschädigung zu[23].

Diese Veränderungen bringen zusätzliche Belastungen für Landsysteme mit sich. Hierdurch verschärfen sich schon bestehende Risiken für Lebensgrundlagen, die biologische Vielfalt, die Gesundheit von Mensch und Ökosystemen, Infrastruktur und Ernährungssysteme[24]. Die Ausprägung und die globale Verteilung der Risiken werden variieren, sodass einige Regionen mit höheren Risiken und andere mit nicht erwarteten Risiken konfrontiert werden, aber auch kaskadenartige Risiken mit Folgen für verschiedene Systeme und Sektoren werden regional unterschiedlich stark zum Tragen kommen[25].

Generell werden global mit zunehmender Erwärmung hitzebedingte Ereignisse einschließlich Hitzewellen in ihrer Häufigkeit, Intensität und Dauer zunehmen. Insbesondere werden Häufigkeit und Intensität von Dürren im Mittelmeerraum und im südlichen Afrika ansteigen und gleichzeitig Extremniederschläge für viele Regionen häufiger und intensiver auftreten[26]. Damit einhergehend wird erwartet, dass sich die Klimazonen der mittleren und hohen Breitengrade weiter polwärts verschieben und die Erwärmung in den hohen Breitengraden zu vermehrten Störungen in borealen Wäldern führen wird, was Dürren, Wald- und Flächenbrände sowie Schädlingsausbrüche einschließt[27].

Eine aktuelle Übersicht der globalen landbezogenen Risiken in Bezug auf die Bedrohung von menschlichen Systemen und Ökosystemen ist in Abb. 3.7 dargestellt.

[21] *Die Einschätzung erfolgt mit einem mittleren Vertrauen (IPCC 2019:15).*

[22] *Die Einschätzung erfolgt mit einem mittleren Vertrauen (IPCC 2019:15).*

[23] *Die Einschätzung erfolgt mit einem geringen Vertrauen (IPCC 2019:15).*

[24] *Die Einschätzung erfolgt mit einem hohen Vertrauen (IPCC 2019:15).*

[25] *Die Einschätzung erfolgt mit einem hohen Vertrauen (IPCC 2019:15).*

[26] *Die Einschätzung erfolgt mit einem hohen Vertrauen (IPCC 2019:15).*

[27] *Die Einschätzung erfolgt mit einem hohen Vertrauen (IPCC 2019:15).*

Globale Kipp-Punkte

Neben Aussagen zu den Auswirkungen des Anstiegs der mittleren globalen Oberflächentemperatur aus den RCP-Szenarien geben auch Vorhersagen zu globalen Kipp-Punkten, im Englischen *Tipping Points*, Hinweise auf zu erwartende Entwicklungen. Als Kipp-Punkte bezeichnet man Ereignisse, die mit einer bestimmten mittleren Erwärmung einsetzen, ohne dass sie sich danach stoppen oder umkehren lassen. Für abrupte und drastische Klimaänderungen besteht die Gefahr, dass sie die Anpassungsmöglichkeiten der menschlichen Gesellschaft übersteigen (Umweltbundesamt 2008:4).

Wichtig ist sich bewusst zu machen, dass alle Schwellenwerte, die für den Eintritt eines Kipp-Punkts angenommen werden, unsicher sind (Umweltbundesamt 2012:62). Vor diesem Hintergrund werden die globalen Kipp-Punkte, die in der Wissenschaft diskutiert werden, auch nur kurz aufgeführt (Umweltbundesamt 2008:4/5):

- Schmelzen des Meereises und Abnahme der Albedo in der Arktis
- Schmelzen des Grönländischen Eisschilds und Anstieg des Meeresspiegels
- Instabilität des westantarktischen Eisschilds und Anstieg des Meeresspiegels
- Störung der ozeanischen Zirkulation im Nordatlantik
- Zunahme und mögliche Persistenz des El-Niño-Phänomens
- Störung des indischen Monsunregimes
- Instabilität der Sahel-Zone in Afrika
- Austrocknung und Kollaps des Amazonas-Regenwaldes
- Kollaps der borealen Wälder
- Auftauen des Permafrostbodens unter Freisetzung von Methan und Kohlendioxid
- Schmelzen der Gletscher und Abnahme der Albedo im Himalaya
- Versauerung der Ozeane und Abnahme der Aufnahmekapazität für Kohlendioxid
- Freisetzung von Methan aus Meeresböden

Für eine globale Erwärmung gegenüber dem vorindustriellen Zeitalter um 1,5 bzw. 2 Grad Celsius wird das Passieren mehrerer Kipp-Punkte erwartet (Umweltbundesamt 2012:62), von denen hier folgend nur einige exemplarisch angeführt sind.

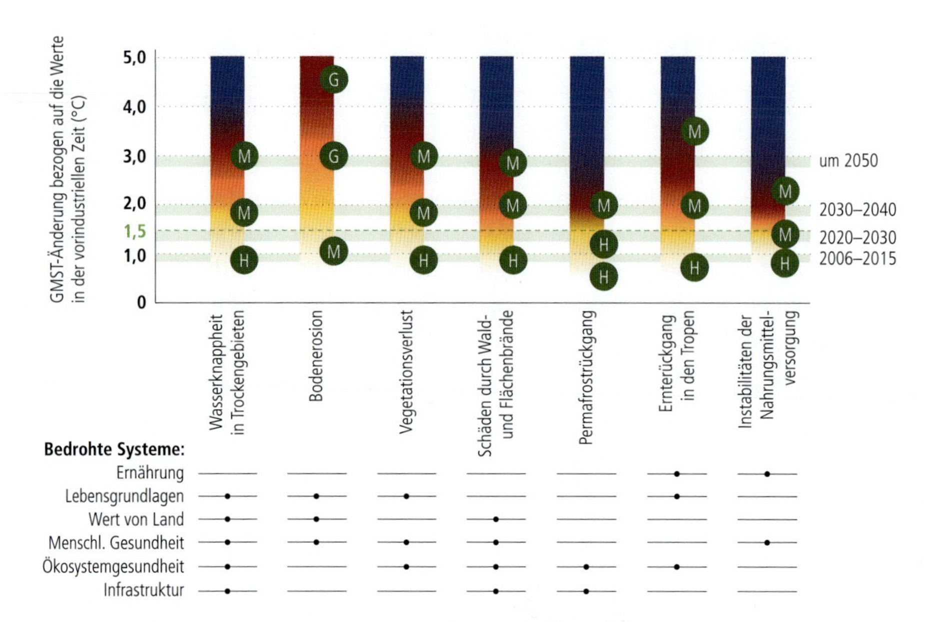

Veranschaulichendes Beispiel von Übergängen

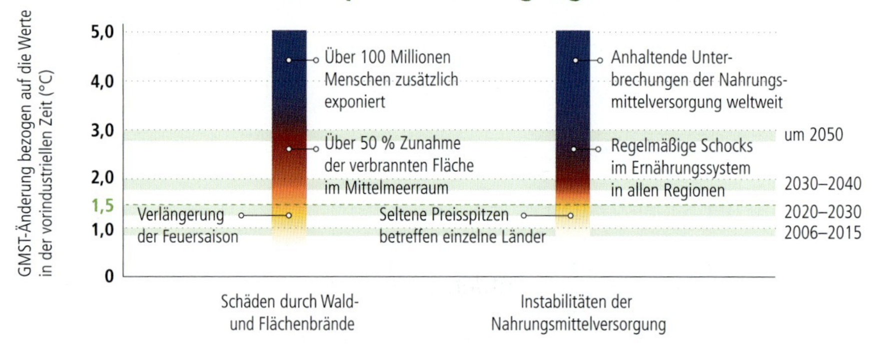

Legende: Folgen-/Risiken-Niveau

Blau Sehr hohe Wahrscheinlichkeit schwerwiegender Folgen/Risiken sowie die Existenz signifikanter Unumkehrbarkeit oder das Fortbestehen klimabedingter Gefährdungen, kombiniert mit begrenzter Anpassungsfähigkeit aufgrund der Beschaffenheit der Gefährdung oder der Folgen/der Risiken.

Rot Bedeutende und weitverbreitete Folgen/Risiken.

Orange Folgen/Risiken sind nachweisbar und können dem Klimawandel mit mindestens mittlerem Vertrauen zugeordnet werden können.

Weiß Risiken/Folgen sind nicht nachweisbar.

Vertrauensniveau für Übergang: G = Gering, M = Mittel, H = Hoch und SH = Sehr hoch

◀ *Abb. 3.7 Globale landbezogene Risiken für menschliche Systeme und Ökosysteme. Der Anstieg der mittleren globalen Oberflächentemperatur (Englisch: global mean surface temperature, GMST) gegenüber dem vorindustriellen Niveau hat Auswirkungen auf Prozesse, die beteiligt sind an Desertifikation (Wasserknappheit), Landdegradierung (Bodenerosion, Vegetationsverlust, Wald- und Flächenbrände, Tauen von Permafrost) und der Ernährungssicherheit (Instabilitäten von Ernteerträgen und Nahrungsmittelversorgung). Durch Veränderungen in diesen Prozessen entstehen Risiken für Ernährungssysteme, Lebensgrundlagen, Infrastruktur, den Wert von Land sowie die Gesundheit von Menschen und Ökosystemen. Je nach Region unterscheiden sich die Risiken in ihrem Zusammenspiel. In den Diagrammen sind zusätzlich noch für Temperatur-Niveaus die abgeschätzten Zeiträume ihrer Erreichung aus diesem Beitrag eingetragen. (Eigene Darstellung nach IPCC 2019:14)*

Aktuelle Erwärmung (Stand 2020):

- Beobachtung einer erhöhten Häufigkeit von Korallenriffbleichen aufgrund von thermischem Stress
- Beobachtung eines beschleunigten Eisverlustes an den Eisschilden der West-Antarktis und Grönlands (schneller als von Modellen vorhergesagt)
- Beobachtung einer schnellen Abnahme der sommerlichen arktischen Meereisfläche und -dicke (schneller als von Modellen vorhergesagt)

Erwärmung um 1,5 Grad Celsius gegenüber dem vorindustriellen Zeitalter:

- Korallenriffbleichen als ein halbjährliches bis jährliches Ereignis in der östlichen Karibik
- Risiko schwerer Bleichen alle fünf Jahre im indischen Ozean
- CO_2-Konzentrationen von etwa 350 ppm: Mögliche obere Schwelle der Lebensfähigkeit von Korallenriffen
- Gefahr des vollständigen Verlustes des sommerlichen Meereises in der Arktis mit weitreichenden negativen Auswirkungen auf Arten und eisbasierte Ökosysteme

Erwärmung um 2 Grad Celsius gegenüber dem vorindustriellen Zeitalter:

- Erwärmung um 1 bis 3 Grad Celsius: weit verbreitete Sterblichkeit der Korallenriffe, wobei das Risiko im Temperaturbereich von 1,5 bis 2 Grad Celsius rasch zunimmt
- CO_2-Konzentrationen um etwa 450 ppm: Korallenriffe stoppen ihr Wachstum aufgrund der Auswirkungen der Versauerung der Ozeane, die durch das steigende atmosphärische CO_2 verursacht wird

- Großes Risiko des Absterbens des Amazonas-Waldes unter der Annahme, dass kein nachhaltiger CO_2-Düngungseffekt eintritt
- Etwa 10 Prozent Wahrscheinlichkeit eines Zusammenbruchs der atlantischen meridionalen Umwälzzirkulation (Golfstrom)

Fazit

Die Klimasimulationen und die Prognosen der Wissenschafter:innen zeigen, dass gerade der Temperaturanstieg um 1,5 bzw. 2 Grad Celsius bezogen auf das Niveau des vorindustriellen Zeitalters mit sehr einschneidenden Veränderungen einhergeht. Leider haben die Schwellwerte für das Eintreten von Kipp-Punkten eine Unsicherheit, sodass sie auch schon früher eintreten können als erwartet.

Mit einer gewissen Wahrscheinlichkeit kann man davon ausgehen, dass eine Erwärmung um 1,5 Grad Celsius innerhalb der nächsten zehn Jahre erreicht wird und eine Erwärmung um 2 Grad Celsius gegenüber dem vorindustriellen Niveau sich im Laufe der 2030er-Jahre einstellt. Daher ist es sinnvoll, sich regelmäßig die aktualisierten Prognosen beispielsweise des DWD anzuschauen, um den Fortschritt der beschleunigten Erwärmung einschätzen zu können.

Für die Aus- und Wechselwirkungen einer beschleunigten Erwärmung in den nächsten Jahren gibt es noch keine Simulationen. Hilfreich ist es daher, die Vorhersagen für 1,5-Grad-Celsius-Erwärmungsszenarien für Planungen in der nächsten Dekade heranzuziehen und für die 2030er jene aus den Prognosen für ein 2-Grad-Celsius-Erwärmungsszenario.

Hierzu soll dieses Buch als Orientierungshilfe dienen. Die auf die physikalischen Zusammenhänge fokussierte Zusammenstellung in diesem Kapitel soll es auch Laien ermöglichen die Ergebnisse von Studien und Prognosen aus der Wissenschaft für Planungen im eigenen Umfeld besser einschätzen und nutzen zu können. Die folgenden Kapitel geben einen schlaglichtartigen Überblick zum aktuellen Stand der Klima-Diskussion mit Blick auf Politik und Green Deal, Technologie und Digitalisierung sowie Gesellschaft und Wirtschaft. Sie wollen dazu auffordern, mögliche Entwicklungen und Auswirkungen auf und durch den Klimawandel in den unterschiedlichen Sektoren zu erkennen und sich bewusst zu werden, wo die Chancen und die Grenzen des aktuellen Handelns liegen.

Literatur

BMU (2019): Klimaschutz in Zahlen, Fakten, Trends und Impulse deutscher Klimapolitik, 2019. Verfügbar unter https://www.bmu.de/fileadmin/Daten_BMU/Pools/Broschueren/klimaschutz_zahlen_2019_broschuere_bf.pdf, zuletzt geprüft am 03.08.2020.

Brasseur, Guy P.; Jacob, Daniela; Schuck-Zöller; Susanne (2017): Klimawandel in Deutschland – Entwicklung, Folgen, Risiken und Perspektiven, Springer Verlag. Verfügbar unter https://link.springer.com/book/10.1007%2F978-3-662-50397-3, zuletzt geprüft am 03.07.2020.

DWD (2020a): Basisklimavorhersagen: 1–10 Jahre (11. März 2020). Verfügbar unter https://www.dwd.de/DE/leistungen/klimavorhersagen/_node_basis_jahre.html, zuletzt geprüft am 03.08.2020.

DWD (2020b): Deutscher Klimaatlas. Verfügbar unter https://www.dwd.de/DE/klimaumwelt/klimaatlas/klimaatlas_node.html, zuletzt geprüft am 03.08.2020.

IPCC (2014a): Klimaänderung 2014: Zusammenfassungen für politische Entscheidungsträger (SPM) zum Fünften Sachstandsbericht des Zwischenstaatlichen Ausschusses für Klimaänderungen (IPCC) [Hauptautoren, Pachauri, Rajendra K und Meyer, Leo A (Hrsg.)]. IPCC, Genf, Schweiz. Deutsche Übersetzung durch Deutsche IPCC-Koordinierungsstelle, Bonn, 2016. Verfügbar unter https://www.de-ipcc.de/128.php, zuletzt geprüft am 03.07.2020.

IPCC (2014b): Klimaänderung 2014: Synthesebericht. Beitrag der Arbeitsgruppen I, II und III zum Fünften Sachstandsbericht des Zwischenstaatlichen Ausschusses für Klimaänderungen (IPCC) [Hauptautoren, Pachauri, Rajendra K und Meyer, Leo A (Hrsg.)]. IPCC, Genf, Schweiz. Deutsche Übersetzung durch Deutsche IPCC-Koordinierungsstelle, Bonn, 2016. Verfügbar unter https://www.de-ipcc.de/media/content/IPCC-AR5_SYR_barrierefrei.pdf, zuletzt geprüft am 03.07.2020.

IPCC (2018): 1,5 °C GLOBALE ERWÄRMUNG Zusammenfassung für politische Entscheidungsträger, ISBN: 978-3-89100-051-9, Deutsche Übersetzung durch Deutsche IPCC-Koordinierungsstelle, Bonn, 2018. Verfügbar unter https://www.ipcc.ch/site/assets/uploads/2019/03/SR1.5-SPM_de_barrierefrei-2.pdf, zuletzt geprüft am 03.07.2020.

IPCC (2019): Sonderbericht über Klimawandel und Landsysteme Zusammenfassung für politische Entscheidungsträger, ISBN 978-3-89100-053-3, Deutsche Übersetzung durch Deutsche IPCC-Koordinierungsstelle, Bonn, 2019. Verfügbar unter https://www.de-ipcc.de/media/content/SRCCL-SPM_de_barrierefrei.pdf, zuletzt geprüft am 02.08.2020.

NOAA Butler, James H.; Montzka, Stephen A (2020): THE NOAA ANNUAL GREENHOUSE GAS INDEX (AGGI), Frühjahr 2020 aktualisiert. Verfügbar unter https://www.esrl.noaa.gov/gmd/aggi/aggi.html, zuletzt geprüft am 29.07.2020.

Schwalm, Christopher R; Glendon, Spencer; Duffy, Philip B (2020): RCP8.5 tracks cumulative CO_2 emissions, PNAS, 03.08.2020. Verfügbar unter https://www.pnas.org/content/early/2020/07/30/2007117117, zuletzt geprüft am 10.08.2020.

Umweltbundesamt (2008): Hintergrundpapier KIPP-PUNKTE IM KLIMASYSTEM Welche Gefahren drohen?, Umweltbundesamt, Juli 2008. Verfügbar unter https://www.umweltbundesamt.de/sites/default/files/medien/publikation/long/3283.pdf, zuletzt geprüft am 03.08.2020.

Umweltbundesamt (2012): Risk-analysis of global climate tipping points, Umweltbundesamt, September 2012, ISSN 1862-4359. Verfügbar unter https://www.osti.gov/etdeweb/servlets/purl/22006133, zuletzt geprüft am 03.08.2020.

WMO (2020): New climate predictions assess global temperatures in coming five years, 08.07.2020. Verfügbar unter https://public.wmo.int/en/media/press-release/new-climate-predictions-assess-global-temperatures-coming-five-years, zuletzt geprüft am 29.07.2020.

Dieses Kapitel wird unter der Creative Commons Namensnennung 4.0 International Lizenz http://creativecommons.org/licenses/by/4.0/deed.de) veröffentlicht, welche die Nutzung, Vervielfältigung, Bearbeitung, Verbreitung und Wiedergabe in jeglichem Medium und Format erlaubt, sofern Sie den/die ursprünglichen Autor(en) und die Quelle ordnungsgemäß nennen, einen Link zur Creative Commons Lizenz beifügen und angeben, ob Änderungen vorgenommen wurden.

Die in diesem Kapitel enthaltenen Bilder und sonstiges Drittmaterial unterliegen ebenfalls der genannten Creative Commons Lizenz, sofern sich aus der Abbildungslegende nichts anderes ergibt. Sofern das betreffende Material nicht unter der genannten Creative Commons Lizenz steht und die betreffende Handlung nicht nach gesetzlichen Vorschriften erlaubt ist, ist für die oben aufgeführten Weiterverwendungen des Materials die Einwilligung des jeweiligen Rechteinhabers einzuholen.

Teil II

POLITIK & GREEN DEAL

European Green Deal: Hebel für internationale Klima- und Wirtschaftsallianzen

–

Klimafreundliche Kommunen

4 European Green Deal: Hebel für internationale Klima- und Wirtschaftsallianzen

Mischa Bechberger, Yannick Thiele, Kirsten Neumann

Um eine Stabilisierung des Erdklimas zu erreichen, müsste der Erdatmosphäre rund ein Viertel des in ihr enthaltenen Kohlendioxids, CO_2, entzogen werden. Eine gigantische, aber nicht unmögliche Aufgabe, zu deren Lösung es allerdings einer gemeinsamen internationalen Anstrengung aller Länder bedarf. Der European Green Deal bietet dabei eine nicht zu unterschätzende Gelegenheit für die Reaktivierung internationaler Klima-Diplomatie.

Die Verlegung des 25. Weltklimagipfels (COP) 2019 von Santiago de Chile nach Madrid und dessen ergebnisloser Ausgang verstärken die Kritik an der Notwendigkeit von Gipfel-Treffen in der internationalen Klima-Diplomatie. Überlegungen nach alternativen Formaten sind nötiger denn je und werden durch die seit der Corona-Krise zunehmenden Rufe nach einer Verlangsamung oder gar einem Aussetzen der nicht sehr verbindlichen Klimaschutzregelungen (Klimareporter 2020) verstärkt. Neue Impulse liefert die mit dem Amtsantritt der EU-Kommission Ende des Jahres 2019 initiierte und von der Mehrheit der EU-Mitgliedsstaaten gebilligte Klimaschutz-Roadmap in Form des European Green Deal. Dieser benennt klar innovative Ansätze der internationalen Klima-Diplomatie etwa durch entsprechende Kooperationen mit China und Afrika. Dass diese vor allem aus Klimaschutzgründen dringend geboten wären, wird daran deutlich, dass selbst die durch den European Green Deal angestrebte Klimaneutralität den Klimawandel nur verlangsamen kann. Somit stellt sich die Frage, wie dem Stillstand in der internationalen Klima-Diplomatie durch Governance-Ansätze in Form neuer strategischer Klimaallianzen begegnet werden kann. Hier bietet die aktuelle Corona-Krise die Chance, dem Klimaschutz im globalen Rahmen neue und beschleunigende Impulse zu geben, denn diese schärft als exponentiell wachsende kritische Lage, nach derzeitigem Stand nach den ersten Monaten, unser Bewusstsein für die ebenfalls exponentiell wachsende Klimakrise (Bals et al. 2020).

Exponentielle Krisenkurven verlangen demnach stets eine Doppelstrategie: Erstens muss die Kurve massiv abgeflacht werden, um das nicht zu Bewältigende zu vermeiden (Eindämmung) und Kipp-Punkte nicht zu überschreiten, die menschenwürdige Lösungen kaum noch möglich machen. Zweitens geht es darum, das Unvermeidbare in den Griff zu bekommen (Bekämpfung). Sobald es bei der Bekämpfung der Corona-Krise nicht mehr um die Stilllegung der Wirtschaft, sondern um ihre Ankurbelung

© Der/die Herausgeber bzw. der/die Autor(en) 2020
V. Wittphal, *Klima*, https://doi.org/10.1007/978-3-662-62195-0_4

gehe, müsse diese Strategie mit der Eindämmung der Klimakrise verzahnt werden (Bals et al. 2020:1).

In der aktuellen Lage bietet es sich an, die bereits aufgelegten und in Planung befindlichen Konjunkturpakete auf nationalstaatlicher und europäischer Ebene mit dem EU Green Deal intelligent zu verknüpfen. Dies forderte auch im Vorfeld des Petersberger Klimadialogs Ende April 2020 eine Allianz aus mehr als 60 Großunternehmen, darunter Thyssenkrupp, Allianz, Bayer, E.on, Puma und die Telekom (Stiftung 2° 2020). Ähnliche Forderungen formuliert das Beratungsgremium der Bundesregierung in Nachhaltigkeitsfragen, der Rat für Nachhaltige Entwicklung (RNE), in einem Positionspapier vom Mai 2020: „Für die Bewältigung der Pandemie-Folgen in Wirtschaft und Gesellschaft wird es entscheidend sein, dass die Weichen von Beginn an richtig im Sinne der globalen Nachhaltigkeitsziele gestellt werden" (RNE 2020:1).

Während entsprechende, an Nachhaltigkeitskriterien ausgerichtete Klima-Konjunkturprogramme nicht nur innerhalb der EU geboten sind, um die Doppelkrise zu bewältigen und mit einem innovativen Wirtschaftsmodell gestärkt aus ihnen hervorzugehen, scheint die Anwendung eines solchen Ansatzes für die Mehrzahl der Schwellen- und Entwicklungsländer dringend notwendig: Die Auswirkungen der Krise im Globalen Süden sind aktuell – Mitte 2020 – kaum abzusehen. Zwar ist die dortige Bevölkerung im Durchschnitt häufig jünger und somit offenbar nicht so gefährdet. Dem stehen jedoch erheblich schlechter entwickelte Gesundheitssysteme und Infrastrukturen gegenüber. Sinkende Rohstoffeinnahmen und ausbleibende Zahlungen von Familienangehörigen im Ausland erschweren die Situation weiter. Zudem sind die Gesundheitssysteme oft in einem schlechten Zustand, und die Krankenhäuser sind nicht hinreichend mit Intensivbetten ausgestattet. Die Situation verlangt es, seitens der G20-Staaten, des Internationalen Währungsfonds (IWF), der Entwicklungsbanken – jeweils unterstützt von der EU und ihren Einzelregierungen – eine entsprechende Strategie zu entwickeln (Bals et al. 2020:5).

Status der Treibhausgas-Emissionen

Ein hierfür prädestinierter Anknüpfungspunkt ist der im Europäischen Green Deal verankerte Leitsatz, durch die neue EU-Klima-Roadmap die Klimadiplomatie der EU zu stärken und wirkungsvoller zu machen. In diesem Zusammenhang ist zu klären, wie dieser neue Gesellschaftsvertrag und sein Wirtschaftsmodell mit einer Hebelwirkung den globalen Wandel hin zu einer möglichst weltweiten Klimaneutralität voranbringen könnte (Mathieu et al. 2020), insbesondere im Hinblick auf Klimaallianzen mit Afrika und China.

Laut Levin et al. 2019 und der Climate Watch Datenplattform des World Resources Institute sind die weltweiten Treibhausgas-Emissionen (THG) vom Jahr 2016 auf das

Jahr 2017 um weitere 1,1 Prozent auf 47,6 Gigatonnen (Gt) CO_2-Äquivalente angestiegen. In Bezug auf die globalen CO_2-Emissionen zeichnet sich ein ähnliches Bild ab: Nach einer leichten Seitwärtsentwicklung zwischen den Jahren 2014 und 2016 befindet sich der CO_2-Ausstoß seit 2017 wieder auf einem klaren Wachstumspfad. So stiegen die CO_2-Emissionen im Jahr 2017 um 1,6 Prozent, 2018 um 1,7 Prozent und erste Prognosen für 2019 sagen eine Zunahme um 0,6 Prozent voraus. Der Anteil Chinas (mit 9,3 Gigatonnen) betrug im Jahr 2017 28 Prozent und war damit mit Abstand größter CO_2-Emittent weltweit. Die damals noch 28 EU-Staaten (EU-28, inklusive dem Vereinigten Königreich von Großbritannien und Nordirland) kamen zum gleichen Zeitpunkt (mit 3,5 Gigatonnen) auf 10,6 Prozent und Afrika (mit 1,2 Gigatonnen) auf lediglich 3,6 Prozent der globalen CO_2-Emissionen.

Aufgrund des wachsenden Energiehungers baut China deutlich mehr Kraftwerkskapazitäten hinzu als alte abgeschaltet werden – insbesondere neue Kohlekraftwerke (KKW). Gleichzeitig wächst die Kohleförderung im Land nach wie vor an. Seinen Höchststand an KKW-Kapazität will China erst bei rund 1300 Gigawatt (GW) installierter Leistung etwa um das Jahr 2030 erreichen. Dies bedeutet, dass in den nächsten zehn Jahren nochmals rund 300 Gigawatt an KKW-Kapazität hinzukommen. Allein dieser Zubau entspricht der gesamten KKW-Kapazität der USA und Deutschlands zusammen. 2018 belief sich der Kohleverbrauch Chinas auf rund 3,8 Milliarden Tonnen (plus 3 Prozent gegenüber dem Vorjahr), was in etwa der Hälfte des weltweiten Verbrauchs entsprach (Dombrowski 2019:49 f).

Betrachtet man die THG-Emissionen jedoch pro Kopf, ergibt sich ein unterschiedliches Bild: Hier lagen im Jahr 2018 die chinesischen Pro-Kopf Emissionen an CO_2 mit 7 Tonnen nahezu gleichauf mit denen der EU-28 mit 6,7 Tonnen, während ein Mensch auf dem afrikanischen Kontinent im Durchschnitt lediglich 1,1 Tonnen an CO_2 im gleichen Jahr verbrauchte. Ein wiederum anderes Bild ergibt sich, wenn man die historisch akkumulierten CO_2-Emissionen in den Blick nimmt. Diese lagen zusammengerechnet bis einschließlich des Jahres 2017 für die EU-28 bei 353 Gigatonnen CO_2, was einem Anteil von 22 Prozent des global bis zu diesem Zeitraum emittierten CO_2 entsprach. China stieß bis Ende 2017 insgesamt 200 Gigatonnen CO_2 aus und erreichte damit einen globalen akkumulierten Anteil von 12,7 Prozent. Afrika kam hingegen nur auf 43 Gigatonnen CO_2 bzw. auf einen Anteil von nur 3 Prozent.

Diese Betrachtungsweise macht die globale Verantwortung der EU in Bezug auf die Reduzierung von Klimagasen deutlich. Afrika hingegen ist der Kontinent mit den niedrigsten Pro-Kopf-Emissionen, aber den höchsten Raten für Bevölkerungs- und Wirtschaftswachstum. Der globale Trend zur Urbanisierung ist in afrikanischen Städten besonders stark ausgeprägt. Aus diesen Gründen geht der World Energy Outlook davon aus, dass Afrikas steigender Erdölverbrauch bis zum Jahr 2040 stärker ausfallen wird als der Chinas und der afrikanische Kontinent somit ein deutliches Treibhausgaspotenzial birgt (Levin et al. 2019; World Resources Institute/Climate Watch 2020; IEA 2019; Ritchie et al. 2019; Global Carbon Atlas 2020).

European Green Deal – Europas „Mensch auf dem Mond"?

Der IWF hat im World Economic Outlook von April 2020 ein negatives Wirtschaftswachstum von minus 3 Prozent für das Jahr 2020 angegeben. Damit wurde die Schätzung von Januar 2020 um weitere 6,8 Prozentpunkte reduziert. Die Wachstumsaussichten sind nun deutlich niedriger als zur Finanzkrise 2008/2009. Allerdings gehen die Ökonomen davon aus, dass sich die Weltwirtschaft wieder erholen kann, wenn nationale sowie internationale politische und monetäre Maßnahmen wirken (IMF 2020).

Hierzu kann der am 11. Dezember 2019 von der EU-Kommission vorgestellte European Green Deal einen wesentlichen Teil beitragen. Denn er ist das erste politische Großprojekt von Kommissionpräsidentin Ursula von der Leyen, die den Green Deal als Europas „Mann-auf-dem-Mond-Moment" bezeichnete. Darin verankert ist das ehrgeizige Ziel, Europa bis zum Jahr 2050 zum ersten klimaneutralen Kontinent zu machen. Ein umfassender Maßnahmenkatalog sieht eine Umstrukturierung der Wirtschaft hin zu ökologischem Wachstum, eine Revision des EU-Emissionshandels, die Prüfung einer CO_2-Steuer für Importe, eine Neuausrichtung von Wertschöpfungsketten sowie Investitionen in grüne Technologien vor (Europäische Kommission 2020a).

Als ersten Schritt hat die Kommission am 4. März 2020 einen Entwurf für ein Europäisches Klimagesetz vorgelegt, das die Treibhausgasneutralität bis 2050 als rechtsverbindliches Ziel festschreibt. Demnach darf in der EU nur noch so viel CO_2 ausgestoßen werden, wie von der Natur wieder aufgenommen werden kann. Um dies zu erreichen, ist eine Neubewertung der Reduktionsvorgabe der EU für Treibhausgasemissionen bis 2030 vorgesehen. Auf der Grundlage einer umfassenden Folgenabschätzung und unter Berücksichtigung der integrierten nationalen Klima- und Energiepläne lotet die Kommission bis September 2020 die Option aus, die Emissionsreduktion auf 50 bis 55 Prozent gegenüber 1990 anzuheben und damit spürbar über das bisherige Reduktionsziel für 2030 in Höhe von 40 Prozent hinauszugehen (Europäische Kommission 2020b).

Weiterhin schlägt die Kommission vor, für den Zeitraum von 2030 bis 2050 einen EU-weiten Zielpfad für die Verringerung der Treibhausgasemissionen festzulegen. Dafür ist vorgesehen, bis September 2023 und danach alle fünf Jahre zu prüfen, ob die Maßnahmen der Mitgliedsstaaten mit dem Ziel der Klimaneutralität und dem Zielpfad im Einklang stehen.

Um die ambitionierten Zielsetzungen erreichen zu können, muss eine erhebliche Investitionslücke geschlossen werden. Die ursprüngliche Planung der Kommission

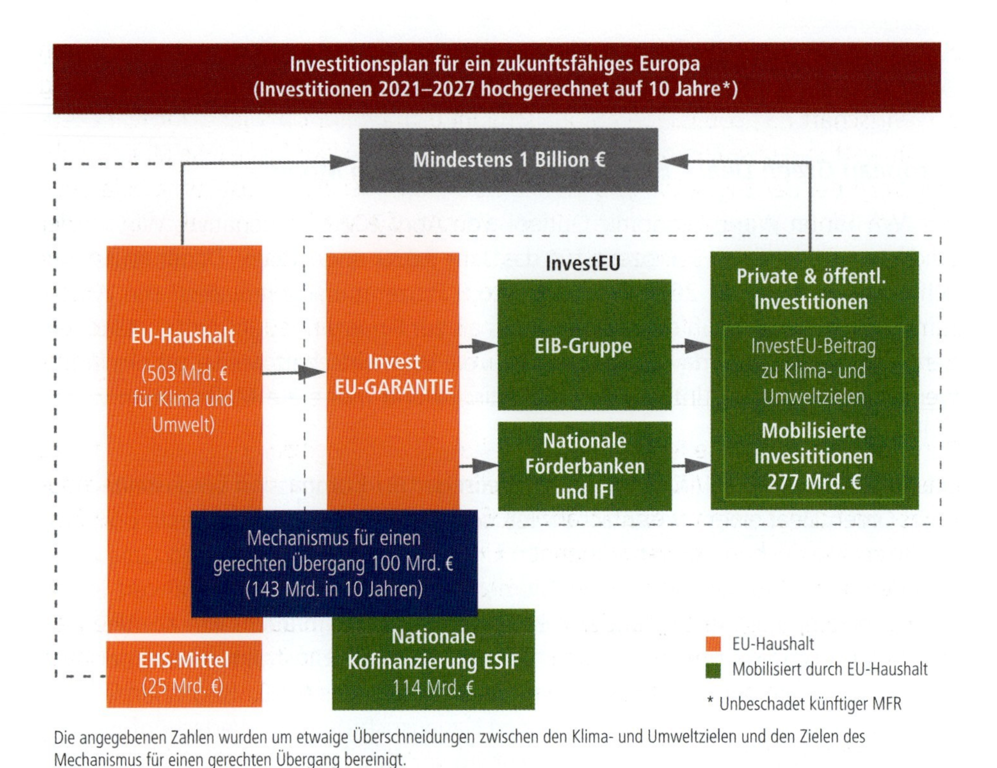

Abb. 4.1 Investitionsplan für ein zukunftsfähiges Europa. (Investitionen 2021–2027 hochgerechnet auf 10 Jahre, eigene Darstellung nach Europäische Kommission 2020c)

wurde im Januar 2020 in Form eines Investitionsplans für den europäischen Grünen Deal (IPEGD) vorgestellt (siehe Abb. 4.1). Dieser sieht Investitionen in Höhe von mindestens einer Billion Euro über die nächsten zehn Jahre vor. Werden alle Mittel zusammengenommen und von 7 auf 10 Jahre hochgerechnet, erreicht der Beitrag aus dem EU-Haushalt 503 Milliarden Euro, nationale Kofinanzierungen betragen 114 Milliarden Euro und private und öffentliche Klima- und Umweltinvestitionen über das Programm InvestEU rund 279 Milliarden Euro (Europäische Kommission 2020d). Allerdings sind die ursprünglich geplanten monetären Pläne des Green Deals vor dem Hintergrund der Corona-Pandemie keine Selbstverständlichkeit. Hohe finanzielle Mittel, die zur Bekämpfung der Corona-Ausbreitung und deren Folgen an die am stärksten betroffenen Staaten fließen, werden teilweise in der ursprünglichen Planung fehlen. Eine finale Festlegung finanzieller Maßnahmen bleibt deshalb abzuwarten. Allerdings dürfte schon jetzt klar sein, dass es nach der Pandemie nicht weitergeht wie zuvor. Tatsächlich sind zusätzliche Investitionen in saubere Technologien und Klimaschutz wahrscheinlich (TAZ 2020).

In direktem Bezug zum Green Deal steht die europäische Industriestrategie, die am 10. März 2020 veröffentlicht wurde. Sie stellt den Rahmen für die Umstrukturierung der Wirtschaft dar, sodass die europäische Industrie beim Übergang zur Klimaneutralität wettbewerbsfähig bleibt und europäische Firmen langfristig eine globale Führungsrolle bei der Digitalisierung einnehmen. Damit ist die Industriestrategie auch vor dem Hintergrund der Corona-Krise relevant, die verdeutlicht hat, dass in der EU Abhängigkeiten von außereuropäischen Lieferanten bestehen. Erklärtes Ziel der Industriestrategie ist es, die Größe und Integration des EU-Binnenmarktes als Hebel zu nutzen, um globale Standards zu setzen. Dadurch sollen europäische Werte verbreitet, strategische Autonomie gesichert und die Wettbewerbsfähigkeit der Industrie gestärkt werden (Europäische Kommission 2020e).

Der Green Deal und die Industriestrategie haben das Potenzial, den Wandel hin zu einer klimaneutralen Wirtschaft und Gesellschaft in Europa und über Wertschöpfungs- und Lieferketten weltweit anzustoßen. Weiterhin dürften europäische Zielvorgaben wie auch in der Vergangenheit Einfluss auf regulatorische Entscheidungen in anderen Staaten der Welt haben. Christoph Bals, politischer Geschäftsführer von Germanwatch, stellt fest: „Länder wie China und Indien brauchen eine frühe Zielankündigung der EU, um mit diesem Rückenwind ihre eigene Zielanhebung zu Hause und im Dialog mit der EU ausreichend diskutieren zu können" (Germanwatch 2020).

Gerade vor dem Hintergrund der Bewältigung der Corona-Pandemie bietet sich ein Handlungsfeld, um auf Schlüsselstaaten zuzugehen und unter Berücksichtigung der Klimaschutzziele sektorale Transformationen anzutreiben. Unter Berücksichtigung ethischer und Sicherheitsaspekte können in vielen Bereichen neue Kooperationsformate etwa mit China und afrikanischen Staaten initiiert werden. Denn das Kooperations- und Marktpotenzial in neuen und nachhaltigen Technologiefeldern ist enorm. Damit bieten der Green Deal und die Industriestrategie einen kraftvollen Hebel für Technologie-Kooperationen weltweit und können so zielgerichtet zur Verwirklichung der Klimaschutzziele beitragen.

China und Afrika zeigen, dass Handlungsbedarf besteht

Die Corona-Krise hat verdeutlicht, wie eng verflochten China und die Welt mittlerweile sind. Denn die wirtschaftliche Entwicklung Chinas, verbunden mit zunehmend globalisierten Lieferketten und umfassendem Personenverkehr, haben die schnelle Ausbreitung des Virus innerhalb und aus China heraus begünstigt. Die Pandemie konnte sich so aus der Stadt Wuhan in der Provinz Hubei nahezu weltweit ausbreiten (Johns Hopkins University 2020).

Um Abhängigkeiten bei Lieferketten etwa von Schutzausrüstung wie Beatmungsgeräten und Gesichtsmasken aus China zu reduzieren, wurden in Deutschland und anderen Staaten Überlegungen laut, die Produktion in diesen Bereichen aus China abzuziehen bzw. zu verlagern. Die japanische Regierung hat sogar ein Finanzierungspaket von 220 Milliarden Yen (1,87 Milliarden Euro) geschnürt, um japanische Unternehmen dazu zu bewegen, Teile der Produktion aus China in andere Länder zu verlagern. Auch in den USA gibt es derartige Überlegungen (Reynolds et al. 2020).

Allerdings können über Jahrzehnte gewachsene Clusterstrukturen für Produktion und Zulieferer in China nicht ohne Weiteres ersetzt werden. Vielmehr gilt es, die wirtschaftliche und Klima-Kooperation mit China neu zu justieren. Der Europäische Green Deal, die EU-Industriestrategie und die Integration des EU-Binnenmarkts bieten hierbei die Möglichkeit, dass Europa gegenüber China mit einer gemeinsamen Stimme spricht. Die Maßnahmen können als Hebel dienen, die Wettbewerbsfähigkeit der europäischen Industrie zu stärken, auf nachhaltige und umweltfreundliche Wirtschafts- und Klimapolitik in China hinzuwirken und dabei die strategische Autonomie in Europa zu gewährleisten.

Dabei hat China durchaus ein offenes Ohr für neue Kooperationsformate mit der EU. Denn das Land befindet sich in einem langwierigen Handelskonflikt mit den USA und ist auf Partner aus Europa angewiesen. Zudem hat die Corona-Pandemie noch einmal die Dringlichkeit zu handeln verdeutlicht: China hat gravierende ökologische Probleme, resultierend aus der rasanten Urbanisierung, der Verschmutzung von Luft, Böden und Gewässern, der Wasserknappheit und Desertifikation im Norden sowie den zunehmenden Naturkatastrophen im Süden. Mit der Ratifizierung des Pariser Klimaschutzabkommens 2015 hat sich China erstmalig auf verbindliche Klimaschutzziele eingelassen und einen nationalen Emissionshandel beschlossen. Den strategischen Rahmen für Chinas Klimaziele bieten der 13. Fünfjahresplan (2016–2020) und seine Unterpläne, die eine Restrukturierung der Wirtschaft hin zu einem langsameren und nachhaltigeren und innovativeren Wachstum fokussieren. So plant das Land, den Kohleverbrauch bis 2020 von 64 Prozent auf 58 Prozent zu reduzieren sowie den Anteil der Erneuerbaren auf 68 Prozent der neu installierten Kapazitäten zu steigern (GWEC o.J.).

Bei Klima-Kooperationen mit China sollten die EU-Staaten in der EU geltende Umweltstandards und Standards beim Emissionshandel als gemeinsame Grundlage für Verhandlungen nutzen. Dabei kann die seit 2005 bestehende Partnerschaft im Bereich Klimawandel ein Ausgangspunkt sein. In diesem Rahmen wurde bereits von 2014 bis 2017 ein Projekt zur Konzeption und Verwirklichung des Emissionshandels in China durchgeführt. Das Projekt diente in seiner ersten Phase der Unterstützung der sieben chinesischen Pilotsysteme für die Etablierung eines nationalen Emissionshandelssystems. In einer zweiten Phase von 2017 bis 2020 unterstützt das EU-chinesische Projekt China bei der konkreten Umsetzung des nationalen Emissionshandelssystems, das 2017 offiziell aufgesetzt wurde (EU-China Emissions Trading System 2020).

Die Zusammenarbeit mit China ist auch auf dem Gebiet der Biodiversität vielversprechend. Im Green Deal wird konkret die Kooperation in diesem Bereich auch im Hinblick auf die 15. Vertragsstaatenkonferenz (COP15) der Biodiversitätskonventionen angesprochen, deren aktualisiertes Datum aufgrund der Corona-Pandemie allerdings noch nicht feststeht.

Darüber hinaus kann auf bestehende bilaterale Formate zwischen Deutschland, weiteren europäischen Ländern und China aufgebaut werden. So befindet sich die deutsch-chinesische Klimapartnerschaft im Rahmen der Internationalen Klimaschutz-Initiative (IKI) des Bundesumweltministeriums derzeit in der dritten Phase (BMU 2020). Zudem werden unter dem Rahmenprogramm Forschung für Nachhaltige Entwicklung (FONA) des Bundesforschungsministeriums (BMBF 2019) erfolgreich Projekte im Bereich „Sauberes Wasser" gefördert, und im Oktober 2019 wurde die Förderung von Projekten im Bereich der Klimaforschung initiiert.

Der EU Green Deal bietet die Voraussetzungen, Kooperationen mit China in diesen Politikfeldern auf die europäische Ebene zu heben und auf weitere Bereiche auszuweiten. Dabei ist entscheidend, dass die Modalitäten für den Wissens- und Technologieaustausch vorab geklärt werden. Bei Kooperationsformaten in China gilt dies vor allem für die Bereiche geistiges Eigentum, Datenschutz und die Wahl der Rechtsform wie etwa der Joint-Venture-Zwang oder die Einstufung als Nichtregierungsorganisation. Von Vorteil ist sicherlich, dass bei Kooperationen im Umwelt- und Klimabereich die Anwendung von Technologien in ethisch und moralisch umstrittenen Bereichen eher unwahrscheinlich ist.

Neben China bietet sich für die EU auch mit Afrika eine potenziell für beide Seiten gewinnbringende Möglichkeit, im Zeichen der für beide Kontinente noch kaum abzuschätzenden sozialen, wirtschaftlichen und ökologischen Folgeschäden der Corona-Pandemie, gemeinsame klima- und konjunkturpolitische Anstrengungen anzustoßen.

Eine entsprechende Kooperation auf Augenhöhe wäre dabei in mehrfacher Hinsicht sinnvoll: Zum einen aufgrund der soziodemografischen Entwicklung Afrikas und den damit verbundenen Herausforderungen Bevölkerungswachstum und Beschäftigung. Die Bevölkerung Afrikas hat sich in den vergangenen 30 Jahren auf 1,25 Milliarden verdoppelt und wird sich bis 2050 voraussichtlich noch einmal auf 2,5 Milliarden verdoppeln. Rund 800 Millionen Frauen und Männer werden zwischen 2020 und 2050 ins Erwerbsleben eintreten – im Durchschnitt 27 Millionen Arbeitsuchende pro Jahr. Afrika wird somit drei Viertel der Zunahme in der globalen Erwerbsbevölkerung in diesen 30 Jahren ausmachen (Arnold 2019). Um diese Entwicklung aufzufangen, bedarf es einer Transformation der afrikanischen Wirtschaft hin zu einer nachhaltigen Entwicklung. Europa ist aufgrund der enormen ökonomischen Bedeutung für Afrika prädestiniert, eine solche ökologische Transformation partnerschaftlich zu begleiten, denn die EU ist Afrikas größer Handels- und Investitionspartner und mit einem Beitrag von 72,5 Millionen Euro bis Ende 2020 auch wichtigster Unterstützer der Afrikanischen kontinentalen Freihandelszone (AfCFTA). Im Jahr 2018 erreichte der Warenhandel zwischen den 27 EU-Mitgliedstaaten und Afrika einen Gesamtwert von 235 Milliarden Euro – dies entspricht 32 Prozent des gesamten Handelsvolumens von Afrika. Im Vergleich dazu erreichte der Handel zwischen Afrika und China einen Wert von 125 Milliarden Euro (17 Prozent) und mit den USA 46 Milliarden Euro (6 Prozent). Im Jahr 2017 belief sich der Bestand der ausländischen Direktinvestitionen der 27 EU-Mitgliedstaaten in Afrika auf 222 Milliarden Euro – mehr als das Fünffache der Investitionen der USA (42 Milliarden Euro) oder Chinas (38 Milliarden Euro) (Europäische Kommission 2020 f: 3).

Andererseits kann die EU mit einem entsprechenden Wissens- und Technologietransfer zur Entwicklung der afrikanischen Länder beitragen und gleichzeitig gewährleisten, dass die im Rahmen des EU Green Deal für Europa gesteckten Nachhaltigkeitsstandards, ähnlich wie in einer entsprechenden Kooperation mit China, auch in Afrika zum Tragen kommen und somit auch auf internationaler Ebene ihre Wirkung entfalten können.

Ein erster Schritt in diese Richtung ist die im März 2020 im Zeichen des EU Green Deals vorgestellte Mitteilung der EU-Kommission „Auf dem Weg zu einer umfassenden Strategie mit Afrika". Darin werden neue Wege der Zusammenarbeit vorgeschlagen, um die strategische Allianz der EU mit Afrika zu stärken und die wachsende Zahl an globalen Herausforderungen gemeinsam anzugehen, wobei die Auswirkungen des Klimawandels und der digitale Wandel an erster Stelle genannt werden. Diese beiden Themen sollen auch Schwerpunkte einer künftigen intensivierten Kooperation sein. Neben der grünen Wende, dem Energiezugang und dem digitalen Wandel wurden nachhaltiges Wachstum und nachhaltige Beschäftigung, Frieden und Governance sowie Migration und Mobilität als weitere zentrale Kooperationsfelder festgelegt.

Für jeden dieser Themenbereiche wird im Strategievorschlag dargelegt, wie die gemeinsamen Ziele erreicht werden können. Zudem wird betont, dass der Aufbau einer starken politischen und vertieften Zusammenarbeit in globalen und multilateralen Angelegenheiten im Mittelpunkt des gemeinsamen Handelns stehen soll.

Um diese Ziele zu verwirklichen, setzt sich die EU in der Partnerschaft mit Afrika für eine Maximierung des Nutzens der grünen Wende ein, wobei die Prioritäten gleichlautend wie im EU Green Deal gesetzt sind: Kreislaufwirtschaft, nachhaltige Wertschöpfungsketten und Lebensmittelsysteme, die Förderung erneuerbarer Energien, die Verringerung von Emissionen, der Schutz der biologischen Vielfalt und der Ökosysteme bis hin zur Förderung grüner und nachhaltiger Urbanisierungsmodelle (Europäische Kommission 2020 f).

Um die grüne Wende zu realisieren, setzt die EU auf Innovationen. Deshalb sollten notwendige Investitionen in nachhaltige Entwicklung darauf ausgerichtet sein, die wissenschaftlichen Kapazitäten in Afrika zu stärken, indem sie den Zugang zu und die lokale Anpassung an Technologien ermöglichen. Dies wird die afrikanischen Länder in die Lage versetzen, in einen kohlenstoffarmen, klimaresistenten und grünen Wachstumspfad zu investieren, der ineffiziente Technologien wie etwa Kohleverstromung vermeidet und stattdessen erneuerbare Energiequellen erschließt.

Um eine entsprechende grüne Wende in Afrika anzustoßen, empfiehlt die EU-Kommission insbesondere folgende Maßnahmen:

- Unterstützung bei der Umsetzung nationaler Klimaschutzziele (Englisch: nationally determinded contributions, NDCs) im Rahmen des Pariser Klimaschutzabkommens, bei der Ausarbeitung ehrgeiziger langfristiger Strategien zur Verringerung der THG-Emissionen sowie bei der Entwicklung von nationalen Anpassungsplänen.
- Einleitung einer „Green Energy"-Initiative, aufbauend auf den Empfehlungen der „High Level Platform for Sustainable Energy Investments in Africa" (SEI Platform) und der Allianz Afrika-Europa für nachhaltige Investitionen und Arbeitsplätze (Europäische Kommission 2020g).

Ausblick

Wie sich an den Beispielen China und Afrika zeigt, weist der EU Green Deal das Potenzial auf, Katalysator für neue Klimaallianzen und damit in erweiterter Konsequenz auch für eine Wiederbelebung der internationalen Klimadiplomatie zu sein. Hinsichtlich der notwendigen Verzahnung mit den Post-Corona-Konjunkturprogrammen stellen sich zwei grundlegende Fragen für die nähere Zukunft. Was sind die notwendigen nächsten Schritte

- in Bezug auf eine möglichst konsequente Umsetzung des EU Green Deals, vor allem in Bezug zur EU-Industrie-Strategie und zum Aktionsplan für eine Kreislaufwirtschaft (siehe Kap. 13 „Kreislaufwirtschaft als Säule des EU Green Deal" dieses Buches)
- für die Realisierung der angestrebten Klimaallianzen als Mechanismen zur Hebung der Synergien zur Bewältigung der Folgen der Corona-Krise und des Klimawandels?

Diesen beiden Fragestellungen übergeordnet stellt sich zudem die Frage, wie eine möglichst auf einer nachhaltigen Entwicklung basierende Verknüpfung von geplanten Aktivitäten innerhalb des EU Green Deals und der Corona-Konjunkturpakete tatsächlich gewährleistet werden kann.

Zunächst wäre sicherzustellen, dass Corona-Hilfspakete der EU möglichst an klimarelevante Bedingungen geknüpft werden. Bis Ende April 2020 wurden allein seitens der EU-Mitgliedsstaaten bis zu 1,8 Billionen Euro an nationalen Konjunkturprogrammen aufgelegt, die die EU-Kommission durchweg genehmigte. Weiterhin hat die EU selbst Anfang April 2020 zunächst 540 Milliarden Euro zur direkten Bekämpfung der coronabedingten wirtschaftlichen Schäden bereitgestellt. Auch die Europäische Zentralbank plant Anleihenkäufe für konjunkturbedingte Maßnahmen im Umfang von bis zu 870 Milliarden Euro, wobei diese nicht explizit nach klimafreundlichen Kriterien vergeben werden (Schulz 2020).

Umso wichtiger erscheint die Berücksichtigung derartiger Klimaschutz-Vergaberegeln für die spätere Erholungsphase, wie etwa die Technische Expertengruppe (TEG) der EU-Kommission zum Thema nachhaltige Finanzen in einer Ende April 2020 veröffentlichten Stellungnahme dringend empfiehlt. Insbesondere gilt dies für den von der EU-Kommission geplanten bis zu 1000 Milliarden Euro schweren Post-Corona-Wiederaufbauplan (Englisch: Roadmap to Recovery). Die TEG fordert, dass die Transformation hin zu einer klimaneutralen Wirtschaft zu einer Grundlage der Wiederaufbaupläne gemacht werden sollte. Eines der entscheidenden Vergabekriterien könnte dabei die grüne Taxonomie werden, auf die sich der Rat der Europäischen Union und das EU-Parlament bereits im Dezember 2019 geeinigt hatten. Bei der grünen Taxonomie handelt es sich um ein europaweit einheitliches Klassifikationssystem für nachhaltige Wirtschaftstätigkeiten. Die Taxonomie soll die Fragmentierung des Marktes an Nachhaltigkeitslabeln im Finanzbereich beseitigen und sogenanntes Greenwashing verhindern, bei dem gegenüber Anlegern Finanzprodukte als grüner – also umweltfreundlicher – beworben werden, als sie es nachweislich sind (ZIA 2020). Rechtlich bindend soll diese Taxonomie eigentlich erst Ende des Jahres 2021 sein.

Die TEG empfiehlt nun eine Integration der grünen Taxonomie bereits in den EU-Wiederaufbauplan ebenso wie die Anwendung der schon entwickelten TEG-Standards für grüne Anleihen (Englisch: Green Bonds Standards) und den Vergleichsmaßstab für den EU-Klimawandel anhand der Beschlüsse des Pariser Klimaabkommens als Maßstab (Englisch: Paris-Aligned and Climate Transition Benchmarks) (TEG 2020; Schulz 2020). Unterstützung erhält die TEG-Gruppe durch eine neue Studie der Universität Oxford. Deren wichtigste Schlussfolgerung: Mit klimafreundlichen Konjunkturprogrammen können Staaten die Wirtschaft nach der Corona-Krise wirksamer und langfristiger stärken als mit Programmen ohne Fokus auf Klimaschutz. Demnach schaffen grüne Anschubhilfen im Bereich erneuerbare Energien mehr Arbeitsplätze, liefern kurzfristig höhere Kapitalrenditen und führen zu höheren langfristigen Kostensenkungen als herkömmliche fiskalische Anreizprogramme. Geeignete Investitionsfelder sind Wind- und Solarenergie, energetische Gebäudesanierung, Forschung und Entwicklung (FuE) bei grünen Technologien, Bildung an sich sowie Ausbildung und – vor allem in Entwicklungsländern – nachhaltige Landwirtschaft (Schaudwet 2020a; Hepburn et al. 2020).

Wichtig wird sein, dass sich die aufgezeigten Instrumente für die Vergabe von Staatshilfen und die im EU Green Deal und der EU-Industriestrategie genannten prioritären Aktionsfelder und -instrumente nicht nur für die EU-Mitgliedsstaaten als neue Handlungsmaxime hinsichtlich der notwendigen Verzahnung der Bekämpfung der Klima- und der Corona-Krise herausbilden. Vielmehr sollten sie auf China, Afrika und weitere an einer nachhaltigen Klimapolitik in einer Post-Corona-Ära interessierte Staaten ausgedehnt werden.

Ein weiterer Ansatzpunkt zur Kooperation ist die konzertierte Nutzung der im EU Green Deal gegebenen Möglichkeit des CO_2-Grenzausgleichsmechanismus (Englisch: carbon border adjustment mechanism), mit dem ab dem Jahr 2021 Importe aus ausgewählten Branchen außerhalb der EU mit einem quasi CO_2-Preis belegt werden können, um das Risiko von sogenannter Kohlenstoffleckage (Englisch: carbon leakage), also der Abwanderung CO_2-intensiver Produktion in Länder mit weniger strikten Emissionsregularien, zu reduzieren. Verbunden mit dem durch die Corona-Pandemie gestärkten Bewusstsein für Produktionssicherheit am eigenen Standort könnte dieser Mechanismus einen Hebel bieten, internationale Klima-Kooperationen zum Einsatz von mehr erneuerbaren Energien voranzutreiben.

Zudem stellt auch der Rat für Nachhaltige Entwicklung fest, dass international transparente, an ökologischen und sozialen Standards ausgerichtete Lieferketten widerstandsfähiger gegen Krisen sind und die wirtschaftlichen Perspektiven von Schwellen- und Entwicklungsländern verbessern können (RNE 2020; Schaudwet 2020b). Sollte dies gelingen, könnte der EU Green Deal tatsächlich als ein neuer, nicht auf der Ausbeutung von Mensch und Umwelt basierender Gesellschaftsvertrag eine spürbare Hebelwirkung im globalen Wandel hin zur Klimaneutralität entfalten (Bals et al. 2020; Mathieu 2020).

Literatur

Arnold, Tom (2019): „Ländliches Afrika": Die Partnerschaft mit Europa braucht Impulse. Online verfügbar unter www.welthungerhilfe.de/welternaehrung/rubriken/agrar-ernaehrungspolitik/eu-partnerschaft-fuer-das-laendliche-afrika/, zuletzt geprüft am 12.5.2020.

Bals, Christoph; Mathieu, Audrey; Herzig, Linus (2020): Positionspapier – Corona- und Klimakrise: Europäischen Green Deal zur Bekämpfung der Doppelkrise nutzen. Online verfügbar unter www.germanwatch.org/de/18568, zuletzt geprüft am 11.5.2020.

Bundesministerium für Bildung und Forschung (BMBF) (2019): Deutsch-Chinesisches „Forschungs- und Innovationsprogramm Sauberes Wasser". Online verfügbar unter www.fona.de/de/massnahmen/internationales/deutsch-chinesisches-forschungs-und-innovationsprogramm-sauberes-wasser.php, zuletzt geprüft am 13.5.2020.

Bundesministerium für Umwelt, Naturschutz und nukleare Sicherheit (BMU) (2020): Deutsch-chinesische Klimapartnerschaft. Online verfügbar unter www.international-climate-initiative.com/de/details/project/deutschchinesische-klimapartnerschaft-11_I_137-165, zuletzt geprüft am 13.5.2020.

Carbon Tracker (2020): Political decisions, economic realities: The underlying operating cashflows of coal power during COVID-19. Online verfügbar unter https://carbontracker.org/reports/political-decisions-economic-realities, zuletzt geprüft am 12.5.2020.

Dombrowski, Katja (2019): Zu viele schwarze Schafe, in: Neue Energie, Nr. 11 / November 2019, S. 48–54.

EU-China Emissions Trading System (2020). Online verfügbar unter www.eu-chinaets.org/, zuletzt geprüft am 13.5.2020.

Europäische Kommission (2020a): European Green Deal. Online verfügbar unter https://eur-lex.europa.eu/legal-content/EN/TXT/?qid=1588580774040&uri=CELEX, zuletzt geprüft am 13.05.2020.

Europäische Kommission (2020b): Europäisches Klimagesetz, Vorschlag für eine Verordnung. Online verfügbar unter https://ec.europa.eu/info/law/better-regulation/have-your-say/initiatives/12108-Climate-Law, zuletzt geprüft am 13.5.2020.

Europäische Kommission (2020c): Mitteilung der Kommission an das Europäische Parlament, den Rat, den Europäischen Wirtschafts- und Sozialausschuss und den Ausschuss der Regionen – Investitionsplan für ein zukunftsfähiges Europa – Investitionsplan für den europäischen Grünen Deal. Online verfügbar unter https://ec.europa.eu/commission/presscorner/api/files/attachment/860464/Commission%20Communication%20on%20the%20European%20Green%20Deal%20Investment%20Plan_DE.pdf.pdf, zuletzt geprüft am 11.5.2020.

Europäische Kommission (2020d): Investitionsplan für den europäischen Grünen Deal (IPEGD). Online verfügbar unter https://ec.europa.eu/commission/presscorner/detail/de/qanda_20_24, zuletzt geprüft am 13.5.2020.

Europäische Kommission (2020e): Europäische Industriestrategie. Online verfügbar unter https://ec.europa.eu/info/strategy/priorities-2019-2024/europe-fit-digital-age/european-industrial-strategy_de, zuletzt geprüft am 13.5.2020.

Europäische Kommission (2020f): Fragen und Antworten: Auf dem Weg zu einer umfassenden Strategie mit Afrika. Online verfügbar unter https://ec.europa.eu/commission/presscorner/api/files/document/print/de/qanda_20_375/QANDA_20_375_DE.pdf, zuletzt geprüft am 12.5.2020.

Europäische Kommission (2020g): Joint Communication to the European Parliament and the Council – Towards a comprehensive strategy with Africa – Join(2020) 4 final. Online verfügbar unter https://ec.europa.eu/international-partnerships/system/files/communication-eu-africa-strategy-join-2020-4-final_en.pdf, zuletzt geprüft am 12.5.2020.

Germanwatch (2020): EU-Klimagesetz: Entwurf ist ein Meilenstein mit Nachbesserungsbedarf. Online verfügbar unter https://germanwatch.org/de/18346, zuletzt geprüft am 13.5.2020.

Global Carbon Atlas (2020): CO_2 Emissions. Online verfügbar unter www.globalcarbonatlas.org/en/CO2-emissions, zuletzt geprüft am 02.6.2020.

Global Wind Energy Council (GWEC) (o.J.): China's new Five-Year Energy Plan. Online verfügbar unter https://gwec.net/chinas-new-five-year-energy-plan/, zuletzt geprüft am 13.5.2020.

Hepburn, Cameron, O'Callaghan, Brian; Stern, Nicholas; Stiglitz, Joseph; Zenghelis, Dimitri (2020): Will COVID-19 fiscal recovery packages accelerate or retard progress on climate change?, Smith School Working Paper 20-02. Online verfügbar unter www.smithschool.ox.ac.uk/publications/wpapers/workingpaper20-02.pdf, zuletzt geprüft am 12.5.2020.

International Energy Agency (IEA) (2019): World Energy Outlook 2019 – Executive Summary. Online verfügbar unter https://iea.blob.core.windows.net/assets/1f6bf453-3317-4799-ae7b-9cc6429c81d8/English-WEO-2019-ES.pdf, zuletzt geprüft am 12.5.2020.

International Monetary Fund (IMF): Word Economic Outlook April 2020. Online verfügbar unter www.imf.org/en/Publications/WEO/Issues/2020/04/14/weo-april-2020, zuletzt geprüft am 13.5.2020.

Johns Hopkins University (2020): COVID-19 Dashboard. Online verfügbar unter https://gisanddata.maps.arcgis.com/apps/opsdashboard/index.html, zuletzt geprüft am 13.5.2020.

Klimareporter (2020): „Der Klimadiplomatie schadet die Verschiebung vielleicht nicht, dem Klima schon". Online verfügbar unter www.klimareporter.de/klimakonferenzen/der-klimadiplomatie-schadet-die-verschiebung-vielleicht-nicht-dem-klima-schon, zuletzt geprüft am 11.5.2020.

Levin, Kelly; Lebling, Katie (2019): CO2 Emissions Climb to an All-Time High (Again) in 2019: 6 Takeaways from the Latest Climate Data. Online verfügbar unter www.wri.org/blog/2019/12/co2-emissions-climb-all-time-high-again-2019-6-takeaways-latest-climate-data, zuletzt geprüft am 12.5.2020.

Mathieu, Audrey; Bals, Christoph (2020): Der Europäische Green Deal: Erneuerungsprojekt als Chance für Klima und Mensch. Online verfügbar unter www.germanwatch.org/de/18336, zuletzt geprüft am 11.5.2020.

Rat für Nachhaltige Entwicklung (RNE) (2020): Raus aus der Corona-Krise im Zeichen der Nachhaltigkeit. Online verfügbar unter www.nachhaltigkeitsrat.de/wp-content/uploads/2020/05/20200513_RNE_Empfehlung_Raus_aus_der_Krise_im_Zeichen_der_Nachhaltigkeit.pdf, zuletzt geprüft am 25.5.2020.

Reynolds, Isabel; Urabe, Emi (2020): Japan to Fund Firms to Shift Production Out of China. Online verfügbar unter www.bloomberg.com/news/articles/2020-04-08/japan-to-fund-firms-to-shift-production-out-of-china, zuletzt geprüft am 13.5.2020.

Ritchie, Hannah; Roser Max (2019): CO_2 and Greenhouse Gas Emissions. Veröffentlicht auf OurWorldInData.org. Online verfügbar unter https://ourworldindata.org/co2-and-other-greenhouse-gas-emissions, zuletzt geprüft am 12.5.2020.

Schaudwet, Christian (2020a): Grüne Hilfsprogramme helfen Wirtschaft mehr. Online verfügbar unter https://background.tagesspiegel.de/energie-klima/gruene-hilfsprogramme-helfen-wirtschaft-mehr, zuletzt geprüft am 12.5.2020.

Schaudwet, Christian (2020b): RNE: Klimaschutz aufweichen schadet Wirtschaft. Online verfügbar unter https://background.tagesspiegel.de/energie-klima/rne-klimaschutz-aufweichen-schadet-wirtschaft, zuletzt geprüft am 25.5.2020.

Schulz, Florence (2020): Wie die Coronahilfen der EU grün werden sollen. Online verfügbar unter https://background.tagesspiegel.de/energie-klima/wie-die-coronahilfen-der-eu-gruen-werden-sollen, zuletzt geprüft am 12.5.2020.

Stiftung 2 ° (2020): Mit Klima-Konjunkturprogramm Wirtschaft krisenfester machen – Unternehmen senden starkes Signal vor Petersberger Klimadialog. Online verfügbar unter www.stiftung2grad.de/wp-content/uploads/2020/04/PM-2%C2%B0-Klimakonjunkturprogramm-3.pdf, zuletzt geprüft am 11.5.2020.

TAZ (2020): EU bremst Green Deal. https://taz.de/Langsamer-Klimaschutz/, zuletzt geprüft am 13.5.2020.

(EU) Technical Expert Group on Sustainable Finance (TEG) (2020a): Sustainable recovery from the Covid-19 pandemic requires the right tools. Online verfügbar unter https://ec.europa.eu/info/sites/info/files/business_economy_euro/banking_and_finance/documents/200426-sustainable-finance-teg-statement-recovery_en.pdf, zuletzt geprüft am 12.5.2020.

World Resources Institute (2020): Climate Watch. Online verfügbar unter www.wri.org/our-work/project/climate-watch bzw. www.climatewatchdata.org, zuletzt geprüft am 12.5.2020.

Zentraler Immobilien Ausschuss (ZIA) (2020): Sustainable Finance. Online verfügbar unter www.zia-deutschland.de/themen/sustainable-finance/, zuletzt geprüft am 12.5.2020.

Dieses Kapitel wird unter der Creative Commons Namensnennung 4.0 International Lizenz http://creativecommons.org/licenses/by/4.0/deed.de) veröffentlicht, welche die Nutzung, Vervielfältigung, Bearbeitung, Verbreitung und Wiedergabe in jeglichem Medium und Format erlaubt, sofern Sie den/die ursprünglichen Autor(en) und die Quelle ordnungsgemäß nennen, einen Link zur Creative Commons Lizenz beifügen und angeben, ob Änderungen vorgenommen wurden.

Die in diesem Kapitel enthaltenen Bilder und sonstiges Drittmaterial unterliegen ebenfalls der genannten Creative Commons Lizenz, sofern sich aus der Abbildungslegende nichts anderes ergibt. Sofern das betreffende Material nicht unter der genannten Creative Commons Lizenz steht und die betreffende Handlung nicht nach gesetzlichen Vorschriften erlaubt ist, ist für die oben aufgeführten Weiterverwendungen des Materials die Einwilligung des jeweiligen Rechteinhabers einzuholen.

5 Klimafreundliche Kommunen

Angelika Frederking, Jan-Hinrich Gieschen, Maximilian Lindner, Doreen Richter

Kommunen sind die kleinste politische und administrative Einheit des Staates. Nah an der Bevölkerung haben sie auch die Aufgabe, globale Probleme auf die lokale Ebene zu übertragen und sich aufdrängende Fragen zu lösen. So müssen sich Kommunen an die schon spürbar manifesten Klimaänderungen anpassen, um zukunftsfähig wirtschaften und den Bürger:innen ein lebenswertes Umfeld mit funktionierenden Infrastrukturen bieten zu können.

Die Simulationen des Deutschen Wetterdienstes zeigen drastisch, dass Klimasignale wie Hitzewellen, Starkregen oder Trockenheit zunehmen werden[28]. Deshalb gilt es, sich bis hinunter zu den Kommunen auf allen Ebenen staatlicher Verwaltung vorausschauend auf die mit Klimaänderungen verbundenen Herausforderungen einzustellen.[29] Vor allem in den Kommunen erfahren die Menschen auf der Ebene der Wohn- und Arbeitsräume individuell die Auswirkungen der Klimaänderungen. Kommunen haben daher eine entscheidende Übersetzungsleistung zu verrichten: Sie übernehmen die Rolle des Überträgers eines globalen Problems auf die lokale Ebene. Sie übersetzen internationale wie nationale Problemformulierungen, Regulierungen und Gesetzgebungen, aber auch Wissen in spezifisches lokales Verhalten, lenken damit die Aufmerksamkeit auf den glokalen Problemcharakter[30] des Klimawandels und machen diesen für Bürger:innen nachvollziehbar (Engels et al. 2018; Nagorny-Koring 2018:51). Ob im Hinblick auf die Energiewende, die Verkehrswende oder die räumliche Umgestaltung, Kommunen sind häufig die wichtigsten Akteure für die Umsetzung in der Fläche (Piron 2020).

Neben dieser direkt gestaltenden Rolle sind Kommunen aber auch als Multiplikator und Moderator gefordert: Wenn sie relativ abstrakte politische Vorgaben der natio-

---

[28] *Siehe (Deutscher Wetterdienst 2020).*

[29] *Kommune und kommunal meinen hier die unterste politische Ebene, die von der subnationalen, nationalen und internationalen Ebene abgegrenzt werden kann: also Landkreise, Städte und Gemeinden.*

[30] *Der Begriff der Glokalisierung entstand Ende der 1980er-Jahre in der Umweltpolitik und zielt auf Handlungsprozesse in Kommunen ab, bei denen multinational sozialisierte Gesellschaften ihre Gestaltungsaufgaben in Wechselwirkung zwischen globalen und lokalen Phänomenen umsetzen (Seibert 2016:63).*

© Der/die Herausgeber bzw. der/die Autor(en) 2020
V. Wittphal, *Klima*, https://doi.org/10.1007/978-3-662-62195-0_5

nalen oder europäischen Ebene in funktionierende und für die Bürgerschaft nachvollziehbare Lösungen in ihrem Umfeld übersetzen, geht es um den aktiven Ausgleich politischer Konfliktlinien sowie um eine Vorbildfunktion für die Bürgerschaft. Somit sind Kommunen gleichermaßen Multiplikatoren und Moderatoren der Klimapolitik, wobei sie in unterschiedlichen Rollen auftreten: als Versorger, Gestalter, Umsetzer oder Konsument. In all ihren Rollen müssen sie Vorbild- und Vorläuferfunktionen für die Bürger:innen übernehmen.

Um Kommunen bei der Bewältigung der Herausforderungen durch den Klimawandel zu unterstützen, stellen EU, Bund und Länder im Rahmen europäischer und nationaler Förderprogramme entsprechende Mittel als Förderung oder Ergänzungsfinanzierung bereit. Auf diese Weise sind Kommunen bereits jetzt dazu in der Lage, einen wesentlichen Beitrag zum globalen Klimaschutz zu leisten. Entsprechende kommunale Maßnahmen finden unter anderem in den drei großen Bereichen Mobilität, Städtebau und Energiemanagement statt. Dabei ist zwischen Klimaschutz und Klimaanpassung zu unterscheiden.

Klimaschutz – eine Querschnittsaufgabe

Unter dem Begriff Klimaschutz subsumiert das Bundesministerium für Umwelt, Naturschutz und nukleare Sicherheit (BMU) Maßnahmen, die den Klimawandel verlangsamen (BMU 2017). Parallel dazu gibt es auch vorbeugende und präventive Maßnahmen, die unter Klimavorsorge oder Klimafolgenanpassung fallen. Zudem wird der Klimawandel über Klimaanalyse oder Klimafolgenmonitoring empirisch erfasst. Klimaschutz im Sinne von Milderung (Englisch: mitigation) schließt zum Beispiel die Vermeidung von Treibhausgasen ein. Klimaanpassung im Sinne von Adaption zielt darauf ab, Unvermeidbares oder bereits Eingetretenes zu entschärfen oder Schäden abzuwenden (Service- und Kompetenzzentrum: Kommunaler Klimaschutz 2015).

Einerseits sind Klimaschutz und Klimaanpassung in diesem Zusammenhang keine originären kommunalen Pflichtaufgaben und nahmen in der Vergangenheit auf dieser Ebene eine eher untergeordnete Stellung ein (Deutsches Institut für Urbanistik gGmbH [Difu], 2018).[31] Andererseits kann Klimaschutz sowohl bei kommunalen Mobilitätskonzepten, beim kommunalen Wohnungsbau, im kommunalen Energie-

[31] *Die Diskussion zur Übernahme in den Katalog der Pflichtaufgaben ist jedoch ein Dauerthema, Siehe beispielhafter Brief von drei Städtenetzwerken an Bundeskanzlerin Angela Merkel aus dem Juli 2019 (Wolter, Würzner, Horn und Sridharan 2019) versus Position des Deutschen Städte- und Gemeindebundes: „…ist eine Ausgestaltung von Klimaschutz als ‚kommunale Pflichtaufgabe' nicht zielführend und derartige Überlegungen sind abzulehnen", zitiert aus Deutscher Städte- und Gemeindebund [DStGB] 2016.*

management oder beim Erhalt und Ausbau von anderen kommunalen Infrastrukturen zum Beispiel als Teil einer nachhaltigen Siedlungsentwicklung nicht unberücksichtigt bleiben. Klimaschutz muss deshalb als Querschnittsaufgabe verstanden werden, in die verschiedene kommunale Verwaltungsfachbereiche, die kommunale Politik und weitere kommunale Akteure wie die kommunalen Energieversorger, Wasserwerke, Wohnungsbauunternehmen oder Verkehrsträger – und nicht zuletzt die Bürger:innen – einbezogen sind.

Doch nicht nur die Umsetzung von Maßnahmen an der physischen Infrastruktur ist wichtig. Die Partizipation der Bürger:innen und gegebenenfalls die Einbindung von Klimaschutz-Netzwerken setzt bei der Umsetzung kommunaler Maßnahmen Synergien frei: Kompetenzen lassen sich leichter bündeln, das Auf-den-Weg-bringen von Verhaltensänderungen sowie der Wissenstransfer und die Akzeptanz zu treffender Maßnahmen fallen leichter. Und auch steigende öffentliche Ausgaben für den Klimaschutz lassen sich gegenüber anderen Handlungsfeldern besser rechtfertigen.

Klimaschutz in den großen deutschen Förderprogrammen

In den vergangenen Jahren wurden auf Bundesebene eine Reihe von Programmen aufgelegt, um die nationalen Klimaschutzziele zu erreichen. Einer der größeren, seit langem etablierten Förderrahmen ist die Nationale Klimaschutzinitiative (NKI) des BMU. Seit dem Jahr 2008 werden hier unterschiedliche Fördermaßnahmen gebündelt, um Klimaschutzprojekte in ganz Deutschland (Diekelmann 2018:72) auf den Weg zu bringen. So wurden bis Ende des Jahres 2018 rund 14.400 Projekte in mehr als 3500 Kommunen mit einem Finanzvolumen von mehr als 605 Millionen Euro ausgeführt (Deutscher Städte- und Gemeindebund [DStGB] 2020:1). Die NKI zielt bei Kommunen, Unternehmen und Verbrauchern darauf ab, durch Beratung und Bewusstseinsbildung, durch Investitionszuschüsse und durch die beispielhafte Demonstration der Machbarkeit notwendiger Maßnahmen Hemmnisse zu überwinden und langfristig klimafreundliches Verhalten und klimafreundliche Investitionen zu bewirken.

Seit Beginn des Jahres 2020 greift die inhaltlich neu ausgerichtete Städtebauförderung im städtischen und ländlichen Raum explizit den Klimaschutz als eine thematische Säule und Querschnittsaufgabe auf; Klimaschutz-Vorhaben sind seither als eine notwendige Bedingung integriert. Das bedeutet, dass jeder Förderantrag auf Bundesgelder, die hierfür in einer Gesamthöhe von 790 Millionen Euro zur Verfügung stehen, Maßnahmen für mehr Klimaschutz vorsehen muss – sei es im Bereich Innenstadtentwicklung, Mobilität oder integrierte Energiekonzepte, interkommunale Kooperation oder Stadt- bzw. Umlandpartnerschaften. Neben „Lebendigen Zentren" (300 Millionen Euro) und „Sozialem Zusammenhalt" (200 Millionen Euro) ist „Wachstum und nachhaltige Erneuerung" (290 Millionen Euro) als neues städtebauliches Programm hinzugekommen. Innerhalb dieser drei Säulen sind neben „Ausweisung von Fördergebieten" und „integrierten Entwicklungskonzepten" nun auch die Kriterien „Klimaschutz" bzw. „Anpassung an den Klimawandel" Voraussetzung für eine Förderung. Da nunmehr klimabezogene Raumentwicklungsziele im Rahmen der kommunalen Strategien gleichberechtigt in allen kommunalen Planungs- und Entwicklungsprozessen aufzunehmen sind, kann von „klimawandelgerechtem Stadtumbau" (Bundesinstitut für Bau-, Stadt- und Raumforschung [BBSR] 2010:4) gesprochen werden.

In weiteren Fördermaßnahmen werden Kommunen in unterschiedlicher Art und Weise angesprochen und in unterschiedlichem Ausmaß beteiligt. Das Spektrum reicht von Maßnahmen, in denen Kommunen zentraler Akteur sind, und die einen essenziellen Beitrag zum Erhalt kommunaler Aufgaben haben, bis hin zu Maßnahmen, die zwar auch Kommunen betreffen können, aber die nicht ausschließlich auf Kommunen, sondern auch auf privatwirtschaftliche Akteure ausgerichtet sind. Dementsprechend unterschiedlich können auch die Auswirkungen auf kommunalen Klimaschutz sein.

Klimaschutz und Klimaanpassung

Bislang wurden Klimaschutz und Klimaanpassung relativ unabhängig voneinander betrachtet, und entsprechende Fördermaßnahmen zielten in der Vergangenheit jeweils auf den einen oder anderen Bereich (VDI Verein Deutscher Ingenieure e. V. [VDI] 2019). Grundsätzlich lässt sich feststellen, dass Klimaanpassung und demografische Entwicklung miteinander verknüpft sind. Die steigende Zahl älterer Bürger:innen, die gesundheitlich deutlich stärker als jüngere Bevölkerungsgruppen zum Beispiel von Hitzewellen betroffen sind, erzeugt einen verstärkten Handlungsdruck, den öffentlichen Raum mit Versorgungs-, Verkehrs- und Quartierskonzepten entsprechend anzupassen. Inzwischen spricht man in diesem Zusammenhang auch von klimaresilienter Gestaltung, deren Ziel es ist, Infrastrukturen widerstandfähig gegenüber klimatischen Extremereignissen zu gestalten (siehe Trapp et al. 2018). Der Begriff der klimaresilienten Gestaltung steht dabei für die Fähigkeit, Funktionen auch unter Störungen von außen aufrecht zu erhalten sowie für die Weiterentwicklung und Anpassungsfähigkeit von funktionalen Systemen an diese veränderten Umwelten (Hirschl et al. 2014:19). Mit digitalen Techniken ist es möglich, Flexibilitätspotenziale bei der Vernetzung von Infrastrukturen effektiv zu erkennen und beispielsweise Wetterdaten mit Verkehrs- oder Abwassersteuerung zu verknüpfen.

Mobilität – CO_2-Reduktion als Treiber des Klimaschutzes

Mobilität ist ein Grundbedürfnis des Menschen und trägt entscheidend dazu bei, Lebensqualität zu empfinden. Das Gewährleisten von Mobilität durch die Kommune ist deshalb eine zentrale Aufgabe der Daseinsvorsorge (BBSR 2017b:106). Als freiwillige Selbstverwaltungsaufgabe ist sie auch gesetzlich verankert, stellt allerdings besonders in dünn besiedelten ländlichen Räumen oder in strukturschwachen Gegenden einen verhältnismäßig großen Ausgabenposten für die öffentliche Hand dar, da es sich fast immer um ein Zuschussgeschäft aufgrund geringer Auslastung handelt. Die große Herausforderung, überhaupt ein Grundangebot sicherzustellen, steht dabei durchaus häufig in einem Spannungsverhältnis zur gewünschten klimafreundlichen und umweltschützenden Ausgestaltung der Mobilität.

Der aktuelle Hauptansatzpunkt einer klimafreundlichen Gestaltung kommunaler Mobilität ist die CO_2-Reduktion mit den Schwerpunkten Elektromobilität und neuen Mobilitätskonzepten. Anpassungen an den Klimawandel wie Robustheit oder die klimaresiliente Gestaltung von Verkehrsträgern und deren Infrastrukturen sind derzeit noch ein Nischenthema[32], das jedoch angesichts der prognostizierten vermehrt auftretenden Extremwetterereignisse absehbar eine hohe Relevanz erfahren wird.

Elektromobilität auf Basis erneuerbarer Energien

Die batterieelektrische Elektromobilität[33] ist die aktuell besonders prominent geförderte Form der regenerativen Energieverwendung[34]. Obwohl die Elektromobilität stetig weiterentwickelt wird, ist der erwartete Markthochlauf bislang noch ausgeblieben. Kommunen können als Hebel zur Förderung der Elektromobilität eine wichtige Rolle spielen. Dabei zeigt sich allerdings, dass es neben der Förderung von

---

[32] *Die Themen Klimaanpassung oder gar Klimamonitoring werden bislang so gut wie gar nicht in der Diskussion zur kommunalen Mobilität aufgegriffen (Service- und Kompetenzzentrum: Kommunaler Klimaschutz beim Deutschen Institut für Urbanistik gGmbH 2015); (vgl. Service- und Kompetenzzentrum: Kommunaler Klimaschutz beim Deutschen Institut für Urbanistik gGmbH [Difu] 2013).*

[33] *Andere Formen sind beispielsweise Wasserstoff- und Brennstoffzellenfahrzeuge oder über Stromschienen und Oberleitungen angetriebene Elektrofahrzeuge.*

[34] *Elektromobilität wird beispielsweise im gemeinsamen Förderprogramm des BMU und des Bundesministeriums für Wirtschaft und Energie (BMWi) „Forschung und Entwicklung im Bereich der Elektromobilität" (Bundesministerium für Wirtschaft und Energie [BMWi] 2017) oder der Förderrichtlinie „Elektromobilität" des Bundesministeriums für Verkehr und digitale Infrastruktur (BMVI) (Förderdatenbank 2020a) adressiert, aber auch in einzelnen Programmen auf Landesebene.*

Ladeinfrastrukturen oder Fahrzeugen auch auf die strategische Verknüpfung der unterschiedlichen Mobilitätskonzepte ankommt. Nur auf dieser Basis kann eine ganzheitliche Perspektive zur Umsetzung der Elektromobilität entwickelt werden (NOW GmbH 2019:36).

Zur Nutzung des Fahrrads motivieren

Gegenwärtig sind es fast ausschließlich Landesprogramme, die – häufig begleitet von einer entsprechenden Öffentlichkeitsarbeit (zum Beispiel in Hessen oder Sachsen-Anhalt, Förderdatenbank, 2020c; Förderdatenbank 2020f) – darauf abzielen, bei kürzeren Wegstrecken zum Umstieg von anderen Verkehrsträgern auf das Fahrrad zu motivieren[35]. Ansatzpunkte für kommunales Handeln sind hier etwa die Einrichtung gut ausgebauter und barrierefreier Radwege in und zwischen Kommunen, vor allem aber die Schaffung vielfältiger Erleichterungen, wie die Installation von Abstellbügeln in ausreichender Zahl oder die Bereitstellung von Fahrradparkhäusern. Eine diese Maßnahmen begleitende Kommunikationsstrategie mit dem Ziel, Bewusstsein für nachhaltige Mobilität zu schaffen, ist als wichtiger Erfolgsfaktor anzusehen (Diekelmann 2018:396 ff.).

Bedarfsgerechte Nahverkehrsangebote entwickeln

Um das Gesamtverkehrsaufkommen zu reduzieren, gilt es vor allem in ländlich geprägten Regionen oder Stadt-Umland-Regionen (sogenannte „Speckgürtel"), die Unabhängigkeit vom privaten Pkw zu unterstützen. Hier ist insbesondere die Einführung bedarfsgerechter Nahverkehrsangebote wie beispielsweise Bürger:innenbusse und Mitfahrgelegenheiten zielführend. Nur wenige Förderprogramme finanzieren den Betrieb von Bürger:innenbussen, die jedoch gut von der Bevölkerung angenommen und als erfolgreiche Maßnahme vielfach von Kommune zu Kommune übernommen werden (Wegweiser Kommune.de 2020). Bisherige Angebote setzen häufig auf ehrenamtliche Mitarbeiter:innen; die Finanzierung erfolgt beispielsweise über die Abrechnung pro Fahrt oder auch über Vereins- oder Mitgliedsgebühren.

Städtebau – Verbesserung des Lebensumfelds im Klimawandel

Klimaschutz und Klimaanpassung sind seit Jahren ein wichtiges Thema in der Stadtplanung und bei der Anpassung baulicher Strukturen in Kommunen. Veränderten Niederschlagsmustern, höheren Temperaturen und vermehrten Extremwetterereignissen muss mit einer entsprechenden Gestaltung des öffentlichen Raums begegnet werden. Unabhängig davon, ob es sich nun um eine präventive oder reaktive Maß-

[35] *Beispielsweise die Förderrichtlinie „Nahmobilität" des Landes Nordrhein-Westfalen.*

nahme zum Klimawandel und/oder Klimaschutz handelt – Lebens-, Aufenthalts- und auch Arbeitsqualität bedingen sehr oft einander und sind insgesamt der Referenzrahmen kommunaler Vorgehensweisen zur Verbesserung des Lebensumfelds der Menschen. In der Vielzahl der Maßnahmen, die kommunal realisiert werden, zeichnet sich ab, dass vor allem der Klimaschutz dominiert, während die Anpassung bislang zu kurz kommt (Transforming Cities 2019).

Um den öffentlichen Raum anhand klimatischer Faktoren zu gestalten, bedarf es eines entsprechenden Wissenstransfers, interdisziplinärer Zusammenarbeit, passender Kommunikationskonzepte sowie im besten Fall einer Koordinierungsstelle, wie laufende städtebauliche Maßnahmen nahelegen.

Grüne Infrastruktur schaffen, ausbauen und verfeinern

Gezielt mehr Stadtgrün auf Straßen, Plätzen und privaten Flächen anzulegen und vorhandene Bepflanzungen zu erhalten, ist eine häufig anzutreffende kommunale Maßnahme. Häufig wird bewusst darauf geachtet, Grünpflanzen mit hohen Verdunstungs- und Beschattungsleistungen, aber auch Widerstandsfähigkeit auszuwählen. Zudem wird im Allgemeinen Wert auf die Verwendung gebietsheimischer Sorten gelegt, um die heimische Natur zu erhalten und invasive Arten zurückzudrängen. Darüber hinaus trägt die Bepflanzung von Dachflächen und Fassaden zur Luftreinigung und Sauerstoffanreicherung bei. Dichtes Fassadengrün hat eine ähnliche Filterwirkung wie das Laub von Bäumen – bis zu 70 Prozent des in der Umgebungsluft vorhandenen Staubs bleibt daran hängen. Dichtes Laub auch an Fassaden kann zudem die Windgeschwindigkeit mindern. Pflanzen in der Stadt helfen sogar, die Kanalisation zu entlasten (NABU 2020).

Blaue Infrastruktur befördern und Speicher schaffen

Kleinere offene Wasserflächen in der Stadt sorgen einerseits für Aufenthalts- und Freizeitqualität und helfen andererseits, verstärkt auftretende Sturzregenwasser aufzunehmen und gemäß dem Konzept der Schwammstadt (Jorzik 2019) (Englisch: sponge city) Wasser zu speichern, statt abzuleiten. Derartige offen oder unterirdisch versteckt angebrachte Regenwasserspeicher wirken zudem als natürliche Kühlschränke oder etwa als Wasserreservoir für Gebäudegrün. Außerdem unterstützt der Staat in den Kommunen den Bau von Trinkwasserbrunnen als Teil einer nachhaltigen Wasserwirtschaft (BMU 2019).

Hitzevermeidung, Energieeffizienz und Versickerungsunterstützung bei Bauprojekten

Um ein Aufheizen durch Absorption von Sonnenstrahlung zu mindern, können vermehrt rückstrahlende hellere Materialien für Verkehrswege, Plätze oder Dächer verwendet werden (Albedo-Effekt) (BBSR 2017a:17). Weiterhin wird in den Kommunen konsequent auf Wärmedämmung etwa von Dächern und Fenstern gesetzt, um eine bessere Energieeffizienz zu erreichen. Beim Bau neuer Gebäude haben deren Ausrichtungen und Höhen Einfluss auf die Verschattung öffentlicher Räume – ein architektonisches Potenzial, das es zu nutzen gilt. Um eine bessere Versickerung von Starkregenfällen zu erreichen, setzen Kommunen immer häufiger auf alternative Wegpflasterungen wie zum Beispiel Rasengittersteine.

Angenehmes Klima durch Lüftungsschneisen schaffen

Angesichts steigender Temperaturen und vermehrt auftretenden Hitzewellen ist eine bessere Durchlüftung von dicht bebauten Stadtteilen und Quartieren notwendig. Hierzu gilt es, Kaltluftschneisen, Luftleitbahnen und Frischluftentstehungsgebiete freizuhalten oder zu schaffen.

Kommunales Energiemanagement – dezentral und nachhaltig

Die Zielsetzung des Bundes, den Anteil regenerativer und nachhaltiger Energiequellen zur Produktion von elektrischem Strom und Heizungswärme in Deutschland bis zum Jahr 2030 von derzeit knapp 43 Prozent auf 65 Prozent am Bruttostromverbrauch zu steigern, hat große Auswirkungen auf die kommunalen Energieversorger. Denn anders als bei dem bisherigen, auf die Verwendung fossiler Brennstoffe ausgerichteten zentralen Versorgungssystem bringt die Nutzung erneuerbarer Energiequellen quasi automatisch eine stärkere Dezentralisierung mit sich.

Einzelne Definitionen von kommunalem Energiemanagement sind entsprechend bereits komplett auf die Energiewende ausgerichtet: „Kommunales Energiemanagement bezeichnet die verschiedenen Tätigkeiten und Initiativen, um den Energieverbrauch in kommunalen Gebäuden und innerhalb einer Kommune zu senken und durch regionale und dezentrale Erzeugung, insbesondere durch Erneuerbare Energie, sicherzustellen." (KommunalWiki 2019). Die kommunalen Energieversorger werden somit zum Manager der Energiewende vor Ort (Bruckner 2017:3). So gelten denn auch die insgesamt 738 kommunalen Energieversorger (Statista 2020) aufgrund der stark dezentral orientierten Produktion erneuerbarer Energien als Gewinner der Energiewende. Der jetzt spürbare Trend zur Eigenversorgung einzelner Haushalte kann allerdings auch zu einer Gefahr für kommunale Energieversorger werden (Bruckner 2017:3). Chancen für die Kommune bestehen demgegenüber darin, sich eigene ambitionierte Klimaziele zu setzen, welche die Nutzung lokaler Ressourcen (Wind, Wasser, Sonne, Erdwärme, Biogas) und die lokale Speicherung (zum Beispiel Power-to-Gas) integrieren und so einen Mehrwert schaffen, der die Identifikation mit dem lokalen Anbieter erhöht. Ein weiterer Aspekt ist die Preiskontrolle in der Hand der Kommune, die meist auch Mehrheitsgesellschafter der örtlichen Energieunternehmen ist und so Einnahmen für die Kommune generieren kann.

Die Rolle als Gestalter der Energiewende nehmen die Kommunen in Deutschland bislang sehr unterschiedlich wahr: Während einige Städte und Gemeinden bereits seit mehr als zehn Jahren die Energiewende aktiv mitgestalten und vorantreiben, spielt diese Zielsetzung in einem Großteil der Kommunen nur eine untergeordnete oder sogar überhaupt keine Rolle (Baur et al. 2017:31). Die überwiegende Mehrheit – meist kleinere und mittlere Kommunen – hat sich bislang nur am Rande mit dem Thema beschäftigt oder ist an der Umsetzung von konkreten Maßnahmen gescheitert (Baur et al. 2017:56).

Vorreiterkommunen beim Energiemanagement in Deutschland

Als Vorreiter der Energiewende auf kommunaler Ebene gelten die Städte und Gemeinden der sogenannten 100ee-Regionen (Moser 2017). Anreiz- und Zertifizierungsmodelle sind der European Energy Award (EEA)[36] oder die Verleihung des Labels „Energie- und Klimaschutzregion" als europäische Gütezertifikate in Gold, Silber und Bronze. Sie entsprechen einem Zertifizierungsverfahren, über das Klimaschutzmaßnahmen identifiziert und umgesetzt werden (Baur et al. 2017:56 f.). In einigen Bundesländern (Baden-Württemberg, Nordrhein-Westfalen, Sachsen und Thüringen) wird die Teilnahme der Kommunen am EEA-Prozess gefördert.

Förderschwerpunkt ist die Steigerung der Energieeffizienz

Der Investitionsschwerpunkt der NKI-Förderung gilt der Dekarbonisierung. Im Zentrum stehen Maßnahmen zur Steigerung der Energieeffizienz durch innovative Beleuchtungstechnik, umweltschonende Klima- und Lüftungstechnik sowie energiearme Rechenzentren. Marktanreize für „Maßnahmen zur Nutzung erneuerbarer Energien im Wärmemarkt" (Förderdatenbank 2020e) fördert das Bundesministerium für Wirtschaft und Energie (BMWi) mit einem Fokus auf nachhaltige Anlagen zur Wärme- und Kältebereitstellung in kommunalen Liegenschaften. Ferner sind die einzelnen Programme der Kreditanstalt für Wiederaufbau (KfW) zu nennen, die entweder in Form von zinsgünstigen Darlehen oder direkten Zuschüssen eine Förderung von kommunalen Maßnahmen gewährleisten sollen: Viele Einzelprogramme kreisen

[36] *https://www.european-energy-award.de.*

um das Thema „Energieeffizientes Bauen und Sanieren" (beispielsweise KfW-Programme 151, 152 und 430). Aber auch die Errichtung neuer EEG-Anlagen (Gesetz für den Ausbau erneuerbarer Energien, kurz Erneuerbare-Energien-Gesetz, EEG) wird über das KfW-Programm Erneuerbare Energien in den Versionen Standard und Premium durch ein zinsgünstiges Darlehen sowie teilweise einen Tilgungszuschuss gefördert (Bayerische Energieagenturen e. V. 2020:22).

Kommunen als nachhaltige Energie- und Wärmekonsumenten fördern

Ein Großteil der Länder, unter anderem Baden-Württemberg (Förderdatenbank, 2020d), Brandenburg (Förderdatenbank 2020g) und Niedersachsen (Förderdatenbank 2020b), unterstützt Kommunen dabei, ihre Rolle als Energie- und Wärmekonsument nachhaltiger wahrzunehmen, indem sie sie stärker auf die Modernisierung der Gebäudetechnik (Heizung, Belüftung, Beleuchtung etc.) ausrichten. Zugleich fördern die Länder umfangreich die Erstellung von kommunalen Energiekonzepten und Energienutzungsplänen (Bayern Innovativ GmbH 2020). Ein wichtiger Baustein sind hier die in allen Ländern öffentlich geförderten Landesenergieagenturen (Föderal Erneuerbar 2020). Weniger verbreitet ist auf Landesebene dagegen die direkte Förderung von Kommunen zur selbstständigen Errichtung von Anlagen zur Produktion erneuerbarer Energien im Gemeindegebiet. Ausnahmen sind hier unter anderem das Zukunftsenergieprogramm (Förderdatenbank 2020h) im Saarland oder die Klimaschutzförderrichtlinie Kommunen des Landes Mecklenburg-Vorpommern (Ministerium für Energie, Infrastruktur und Landesentwicklung Mecklenburg-Vorpommern 2020), die neben Effizienzmaßnahmen auch direkt die Erzeugung von erneuerbaren Energien fördert.

Integrierte Entwicklung- und Handlungskonzepte sind für ein kommunales Energiemanagement essenziell. Um die Effekte der Maßnahmen zu optimieren, können zum einen die hier genannten Bereiche nicht unabhängig voneinander betrachtet, sondern müssen als Bestandteil integrierter Entwicklungs- und Handlungskonzepte auf kommunaler Ebene bewertet werden. Zum anderen können die Folgen des Klimawandels effektiver in Angriff genommen werden, wenn Entscheidungshoheiten und Expertenwissen über Verwaltungsgrenzen hinweg koordiniert und kohärente Strategien in Zusammenarbeit entwickelt werden (Deutsche Gesellschaft für Internationale Zusammenarbeit [GIZ] GmbH 2018).

Kommunale Kooperationsmodelle, Vernetzung und Partnerschaften

Kommunale Kooperationen, Netzwerke und strategische Partnerschaften sind ein wirksames Instrument für den erfolgreichen Klimaschutz. Daher erfordert die kommunale Querschnittsaufgabe Klimaschutz von Beginn an die ressortübergreifende Zusammenarbeit innerhalb der kommunalen Verwaltung sowie die Einbindung der relevanten lokalen Akteure und der möglichen Betroffenen bis hin zu interkommunalen oder internationalen Kooperationen.

Je nach Einbindungsintensität lassen sich unterschiedliche Vernetzungs- und Kooperationsformate wie beispielsweise klassische Verbundvorhaben, kommunale Zusammenschlüsse und Zweckverbände, Klimaverbünde und -partnerschaften (national/international), Gemeindeverbände aber auch intrakommunale Netzwerke, Kooperationen und partizipative Beteiligungsformate unterscheiden.

Der für Vernetzung, Kooperation und Kommunikation anfallende Aufwand ist selten konkreter Ausschreibungsgegenstand bei der Förderung des Klimaschutzes auf kommunaler Ebene. Zum Abruf von Finanzmitteln etwa von Vernetzungsaktivitäten stehen Kommunen nur wenige Möglichkeiten offen. Austausch, Vernetzung und Kooperation werden allerdings als inhärente Bestandteile einer Vielzahl thematisch fokussierter Förderrichtlinien unterstützt.

Generell unterliegen die Programme zur Förderung des Klimaschutzes jeweils unterschiedlichen rechtlichen Rahmenbedingungen und unterscheiden sich sowohl hinsichtlich ihrer Fördermodalitäten als auch der Antragstellung sowie der Anforderungen an die Umsetzung. Eine projektbasierte Förderung und Umsetzung von kommunalen Klimaschutzaktivitäten kann den langfristigen Aufbau kontinuierlich nutzbarer Netzwerksstrukturen und Partnerschaften erschweren, da diese häufig an einzelne Personalressourcen gebunden sind. Hier besteht die Gefahr, dass sich zum Ende eines Förderzeitraums die tragenden Personen eines Projekts beispielsweise anderen Aufgaben zuwenden und die Kontinuität eines Vorhabens gefährdet ist.

Handlungsempfehlungen

Angesichts knapper Kassen zahlreicher Kommunen und der Konkurrenz des Klimaschutzes mit anderen haushaltsrelevanten Themen muss klar sein: Einen „Wohlfühl-Klimaschutz" zum Nulltarif gibt es nicht (DStGB 2020). Andererseits ist der Handlungsdruck aufgrund der Klimaveränderung hoch und kein vorübergehendes Phänomen. Nicht nur der Schutz des Klimas, sondern auch der Schutz des Menschen vor den Auswirkungen des Klimawandels sind die zwei Seiten einer Medaille, die auf kommunaler Ebene zugleich sichtbar sind. Unter Beachtung dieses inneren Zusammenhangs lassen sich Empfehlungen für Kommunen, aber auch Fördergeber ableiten wie in Abb. 5.1 zusammengestellt.

Handlungsempfehlungen für kommunale Akteure

Akzeptanz

- Klimaschutz kostet zusätzliches Geld und ist mit Belastungen für alle verbunden, der Schwerpunkt sollte trotz Handlungszwang auf einen „gewollten" Wandel gelegt werden
- Effekte von Klimaschutzmaßnahmen als Standortfaktor herausarbeiten
- Erfahrbar machen, dass Klimaschutz keinen Verzicht bedeutet, sondern ein Mehr an Lebensqualität für alle bietet
- Ökonomische Vorteile herausarbeiten und gezielt strategisch einbringen
- Beim Klimaschutz ist die soziale Balance zu wahren, nur dann wird dieser Akzeptanz finden
- Relevanz klimaresilienter Strukturen in den Haushaltsdiskussionen hervorheben

Synergien

- Als Antragsteller:in die Verknüpfung von Infrastruktur- und Klimamaßnahmen in der Förderung nutzen
- Klimaschutz und Klimaanpassung zusammen betrachten
- Auf Chancen neuer digitaler Technologien für den Klimaschutz setzen
- Lernen von ähnlichen Problemlagen anderer Kommunen
- Kapazitäten und Mittel mehrerer Kommunen für Maßnahmen bündeln

Handlungsempfehlungen für Förderer

Fördermodi

- Mindestförderhöhe absenken um schneller kleine Maßnahmen umsetzen zu können
- Fördermöglichkeiten für eine kleine Einzelmaßnahme ebenso wie für das große übergeordnete Konzept anbieten
- Flexible und ansatzoffene Ausschreibungsformate entwickeln

Vernetzung

- Zusammenbringen von Kommunen mit ähnlich gelagerten Problemen
- Antragstellung mehrerer Kommunen befördern
- Investitionsvorranggesetze für Projekte, die dem Klimawandel gelten
- Anreize für Investitionen in erneuerbare Energien setzen

Abb. 5.1 Handlungsempfehlungen für kommunale Akteure und Förderer

Literatur

Baur, Frank; Currin, Anna; Noll, Florian; Rau, Irina; Wern, Bernhard; Boenigk, Nils et al. (2017): Kommunen als Impulsgeber, Gestalter und Moderator der Energiewende. Elemente energienachhaltiger Governance. EnGovernance Abschlussbericht (IZES gGmbH & Agentur für Erneuerbare Energien e. V., Hrsg.). Saarbrücken. Online verfügbar unter http://www.izes.de/sites/default/files/publikationen/ST_13_082_Endbericht.pdf, zuletzt geprüft am 05.08.2020.

Bayerische Energieagenturen e. V. (Hrsg.) (2020): Förderkompass Energie. München. Online verfügbar unter https://energieagenturen.bayern/filesystem%2FD40035ca1X15ba3c80c38X5945%2Ffoerderkompass.pdf%26nocache%3Dtrue, zuletzt geprüft am 05.08.2020.

Bayern Innovativ GmbH (Hrsg.) (2020): Bayerisches Förderprogramm Energiekonzepte und kommunale Energienutzungspläne. Online verfügbar unter https://www.bayern-innovativ.de/beratung/ptb/seite/foerderung-energiekonzepte, zuletzt geprüft am 05.08.2020.

Bruckner, Thomas (2017): Kommunale Energieversorger: Gewinner oder Verlierer der Energiewende? (Friedrich-Ebert-Stiftung, Hrsg.) (WISO Diskurs 04/2017). Bonn. Online verfügbar unter http://library.fes.de/pdf-files/wiso/13361.pdf, zuletzt geprüft am 05.08.2020.

Bundesinstitut für Bau-, Stadt- und Raumforschung (Hrsg.) (2010): Informationen aus der Forschung des BBSR. Informationen aus dem BBSR: 4. Online verfügbar unter https://www.bbsr.bund.de/BBSR/DE/Veroeffentlichungen/BBSRInfo/2009_2010/DL_4_2010.pdf?__blob=publicationFile&v=3, zuletzt geprüft am 05.08.2020.

Bundesinstitut für Bau-, Stadt- und Raumforschung (Hrsg.) (2017a): Klimaresilienter Stadtumbau. Bilanz und Transfer von StadtKlimaExWoSt (1. Auflage), Bonn: Bundesinstitut für Bau- Stadt- und Raumforschung (BBSR) im Bundesamt für Bauwesen und Raumordnung (BBR). Zuletzt geprüft am 24.06.2020.

Bundesinstitut für Bau-, Stadt- und Raumforschung (Hrsg.) (2017b): Raumordnungsbericht 2017. Daseinsvorsorge sichern (Sonderveröffentlichung). Bonn. Online verfügbar unter www.bbsr.bund.de/BBSR/DE/Veroeffentlichungen/Sonderveroeffentlichungen/2017/rob-2017.html?nn=412686, zuletzt geprüft am 05.08.2020.

Bundesministerium für Umwelt, Naturschutz und nukleare Sicherheit (Hrsg.) (2017): Klimaschutz – Worum geht es? Online verfügbar unter https://www.bmu.de/themen/klima-energie/klimaschutz/klimaschutz-worum-geht-es/, zuletzt geprüft am 05.08.2020.

Bundesministerium für Umwelt, Naturschutz und nukleare Sicherheit (2019): Bundesumweltministerium fördert klimafreundliche Trinkwasser-Quartiere. Berlin (Pressemitteilung Nr. 057/19). Online verfügbar unter https://www.bmu.de/pressemitteilung/bundes-umweltministerium-foerdert-klimafreundliche-trinkwasser-quartiere/, zuletzt geprüft am 24.06.2020.

Bundesministerium für Wirtschaft und Energie (2017): Richtlinie zu einer gemeinsamen Förderinitiative zur Förderung von Forschung und Entwicklung im Bereich der Elektromobilität (Bundesministerium der Justiz und für Verbraucherschutz (BMJV), Hrsg.) (Bundesanzeiger AT 15.12.2017 B4).

Deutsche Gesellschaft für Internationale Zusammenarbeit (GIZ) GmbH (Hrsg.) (2018): Multi-Level Climate Governance Supporting Local Action. Instruments enhancing climate change mitigation and adaptation at the local level. Im Auftrag des Bundesministeriums für Umwelt, Naturschutz und nukleare Sicherheit. Bonn.

Deutscher Städte- und Gemeindebund (2016): Klimaschutzplan 2050: Offizieller Entwurf berücksichtigt kommunale Forderungen nicht. Online verfügbar unter https://www.dstgb.de/dstgb/Homepage/Aktuelles/Archiv/Archiv%202016/Klimaschutzplan%202050%3A%20Offizieller%20Entwurf%20ber%C3%BCcksichtigt%20kommunale%20Forderungen%20nicht/, zuletzt geprüft am 05.08.2020.

Deutscher Städte- und Gemeindebund (Hrsg.) (2020): Masterplan Klimaschutz. Kommunen schützen Klima! Berlin. Online verfügbar unter https://www.dstgb.de/dstgb/Homepage/Schwerpunkte/Klimaschutz/Aktuelles/DStGB%20legt%20Masterplan%20Klimaschutz%20vor/Masterplan%20Klimaschutz_M%C3%A4rz%202020.pdf, zuletzt geprüft am 05.08.2020.

Deutscher Wetterdienst (2020): Klimawandel – ein Überblick. Berlin. Online verfügbar unter https://www.dwd.de/DE/klimaumwelt/klimawandel/ueberblick/ueberblick_node.html, zuletzt geprüft am 04.08.2020.

Deutsches Institut für Urbanistik gGmbH (2018): OB-Barometer 2018. Berlin. Online verfügbar unter https://difu.de/sites/difu.de/files/archiv/projekte/ob-barometer-2018.pdf, zuletzt geprüft am 05.08.2020.

Diekelmann, Patrick (Hrsg.) (2018): Klimaschutz in Kommunen. Praxisleitfaden (Service & Kompetenzzentrum Kommunaler Klimaschutz, SK, 3., aktualisierte und erweiterte Auflage). Berlin: Deutsches Institut für Urbanistik (Difu). Online verfügbar unter http://leitfaden.kommunaler-klimaschutz.de/, zuletzt geprüft am 05.08.2020.

Engels, Anita; Wickel, Martin; Knieling, Jörg; Kretschmann, Nancy; Walz, Kerstin (2018): Lokale Klima-Governance im Mehrebenensystem: formale und informelle Regelungsformen. In: Storch, Hanns von; Meinke, Insa; Claussen, Martin (Hrsg.): Hamburger Klimabericht. Wissen über Klima, Klimawandel und Auswirkungen in Hamburg und Norddeutschland. Berlin, Heidelberg: Springer Berlin Heidelberg.

Föderal Erneuerbar (Agentur für Erneuerbare Energien, Hrsg.) (2020): Bundesländer-Übersicht zu Erneuerbaren Energien. Online verfügbar unter https://www.foederal-erneuerbar.de/uebersicht/bundeslaender/BW%7CBY%7CB%7CBB%7CHB%7CHH%7CHE%7CMV%7CNI%7CNRW%7CRLP%7CSL%7CSN%7CST%7CSH%7CTH%7CD/kategorie/politik/auswahl/312-landesenergieagentur/, zuletzt geprüft am 05.08.2020.

Förderdatenbank (Bundesministerium für Wirtschaft und Energie (BMWi), Hrsg.) (2020a): Förderprogramm „Förderrichtlinie Elektromobilität". Online verfügbar unter https://www.foerderdatenbank.de/FDB/Content/DE/Foerderprogramm/Bund/BMVI/elektromobilitaet-bund.html, zuletzt geprüft am 24.04.2020.

Förderdatenbank (BMWi, Hrsg.) (2020b): Förderprogramm „Energieeinsparung und Energieeffizienz bei öffentlichen Trägern sowie Kultureinrichtungen". Online verfügbar unter https://www.foerderdatenbank.de/FDB/Content/DE/Foerderprogramm/Land/Niedersachsen/energieeinsparung-effizienz-oeffentliche-traeger.html, zuletzt geprüft am 05.08.2020.

Förderdatenbank (BMWi, Hrsg.) (2020c): Förderprogramm „Förderung der Nahmobilität". Online verfügbar unter https://www.foerderdatenbank.de/FDB/Content/DE/Foerderprogramm/Land/Hessen/foerderung-der-nahmobilitaet.html, zuletzt geprüft am 05.08.2020.

Förderdatenbank (BMWi, Hrsg.) (2020d): Förderprogramm „Klimaschutz-Plus". Online verfügbar unter https://www.foerderdatenbank.de/FDB/Content/DE/Foerderprogramm/Land/Baden-Wuerttemberg/klimaschutz-plus.html, zuletzt geprüft am 05.08.2020.

Förderdatenbank (BMWi, Hrsg.) (2020e): Förderprogramm „Maßnahmen zur Nutzung Erneuerbarer Energien im Wärmemarkt". Online verfügbar unter https://www.foerderdatenbank.de/FDB/Content/DE/Foerderprogramm/Bund/BMWi/nutzung-erneuerbare-energien-waerme.html, zuletzt geprüft am 05.08.2020.

Förderdatenbank (BMWi, Hrsg.) (2020f): Förderprogramm „Nachhaltige Mobilität – Radverkehrsanlagen und -infrastruktur". Online verfügbar unter https://www.foerderdatenbank.de/FDB/Content/DE/Foerderprogramm/Land/Sachsen-Anhalt/nachhaltige-mobilitaet-radverkehrsanlagen.html, zuletzt geprüft am 05.08.2020.

Förderdatenbank (BMWi, Hrsg.) (2020g): Förderprogramm „Städtebauförderungsrichtlinien (StBauFR)". Online verfügbar unter https://www.foerderdatenbank.de/FDB/Content/DE/Foerderprogramm/Land/Brandenburg/staedebaufoerderungsrichtlinie-brandenburg.html, zuletzt geprüft am 05.08.2020.

Förderdatenbank (BMWi, Hrsg.) (2020h): Förderprogramm „Zukunftsenergieprogramm kommunal (ZEP-kommunal)". Online verfügbar unter https://www.foerderdatenbank.de/FDB/Content/DE/Foerderprogramm/Land/Saarland/zukunftsenergieprogramm-kommunal.html, zuletzt geprüft am 05.08.2020.

Hirschl, Bernd; Rupp, Johannes; Knieling, J.; Stieß, Immanuel; Müller, Klaus-Dieter; Löchtefeld, Stefan (2014): Deutschland im Klimawandel: Anpassungskapazität und Wege in eine klimarobuste Gesellschaft 2050. Abschlussbericht (Umweltbundesamt (UBA), Hrsg.). Dessau-Roßlau: Institut für ökologische Wirtschaftsforschung (IÖW); HafenCity Hamburg; Institut für sozial-ökologische Forschung (ISOE) gGmbH (ISOE); Climate Media Factory UG; e-fect dialog evaluation consulting eG, Online verfügbar unter https://www.bmu.de/fileadmin/Daten_BMU/Pools/Forschungsdatenbank/fkz_3711_41_102_klimawandel_bedingungen_anpassungspolitik_bf.pdf, zuletzt geprüft am 05.08.2020.

Jorzik, Oliver (Helmholtz-Zentrum Potsdam – Deutsches GeoForschungsZentrum GFZ, Hrsg.) (2019): Schwammstädte helfen bei Starkregen. Die durchlässige Sponge City wird zum Vorbild, Earth System Knowledge Platform. Online verfügbar unter https://themenspezial.eskp.de/metropolen-unter-druck/vor-naturgefahren-schuetzen/schwammstaedte-helfen-bei-starkregen-93779/, zuletzt geprüft am 05.08.2020.

Heinrich-Böll-Stiftung (KommunalWiki, Hrsg.) (2019): Kommunales Energiemanagement. Online verfügbar unter http://kommunalwiki.boell.de/w/index.php?title=Kommunales_Energiemanagement&oldid=14495, zuletzt geprüft am 05.08.2020.

Ministerium für Energie, Infrastruktur und Landesentwicklung Mecklenburg-Vorpommern (Dienstleistungsportal M-V, Hrsg.) (2020): Richtlinie für die Gewährung von Zuwendungen des Landes Mecklenburg-Vorpommern zur Umsetzung von Klimaschutz-Projekten in nicht wirtschaftlich tätigen Organisationen (Klimaschutzförderrichtlinie Kommunen – KliFöKommRL M-V). Verwaltungsvorschrift des Ministeriums für Energie, Infrastruktur und Landesentwicklung. Vom 27. Oktober 2014 – VIII 310-591-00042-2012/007-010 –. Online verfügbar unter http://www.landesrecht-mv.de/jportal/portal/page/bsmvprod.psml?doc.id=VVMV-VVMV000007553&st=vv&doctyp=vvmv&showdoccase=1¶m-fromHL=true, zuletzt geprüft am 05.08.2020.

Moser, Peter (2017): Regionen mit Visionen: 100 % Erneuerbare-Energie-Regionen. Europäische Klima-Bündniskonferenz, Essen. Online verfügbar unter https://www.klimabuendnis.org/fileadmin/Inhalte/6_Events/2017/2017_Int_Conference_Essen/ISS-3_100ee_PeterMoser_okay.pdf, zuletzt geprüft am 05.08.2020.

NABU (Hrsg.) (2020): Gutes Klima durch Grün am Haus. Fassaden- und Dachbegrünung als Beitrag zum ökologischen Bauen. Online verfügbar unter https://www.nabu.de/umwelt-und-ressourcen/oekologisch-leben/balkon-und-garten/grundlagen/dach-wand/index.html, zuletzt geprüft am 05.08.2020.

Nagorny-Koring, Nanja (2018): Kommunen im Klimawandel (Urban Studies). Dissertation. https://doi.org/10.14361/9783839446270.

NOW GmbH (2019): Elektromobilität in deutschen Kommunen. Eine Bestandaufnahme (Bundesministerium für Verkehr und digitale Infrastruktur (BMVI), Hrsg.). Karlsruhe. Online verfügbar unter https://www.now-gmbh.de/content/4-bundesfoerderung-elektromobilitaet-vor-ort/5-begleitforschung/broschuere_staedtebefragung2019_web.pdf, zuletzt geprüft am 10.10.2019.

Piron, Rebecca (Landsberg, G. & Habbel, F.-R., Hrsg.) (2020): Wie die Energiewende gelingen kann. Kommunen als Vorreiter. KOMMUNAL. Online verfügbar unter https://kommunal.de/energiewende-kommunen, zuletzt geprüft am 05.08.2020.

Seibert, Barbara (2016): Glokalisierung. Ein Begriff reflektiert gesellschaftliche Realitäten: Einstieg und Debattenbeiträge (Neue Wege der Demokratie, Band 7). Berlin: LIT.

Service- und Kompetenzzentrum: Kommunaler Klimaschutz beim Deutschen Institut für Urbanistik gGmbH (Hrsg.) (2013): Klimaschutz & Mobilität. Beispiele aus der kommunalen Praxis und Forschung – so lässt sich was bewegen. Köln. Online verfügbar unter https://repository.difu.de/jspui/handle/difu/211075, zuletzt geprüft am 24.04.2020.

Service- und Kompetenzzentrum: Kommunaler Klimaschutz beim Deutschen Institut für Urbanistik gGmbH (2015): Klimaschutz & Klimaanpassung. Wie begegnen Kommunen dem Klimawandel? Beispiele aus der kommunalen Praxis. Köln. Online verfügbar unter https://repository.difu.de/jspui/handle/difu/211159, zuletzt geprüft am 05.08.2020.

Statista (Hrsg.) (2020): Anzahl kommunaler Unternehmen in Deutschland nach Betriebszweig 2018. Online verfügbar unter https://de.statista.com/statistik/daten/studie/486912/umfrage/anzahl-kommunaler-unternehmen-nach/, zuletzt geprüft am 05.08.2020.

Transforming Cities (Hrsg.) (2019): Stadtentwicklung im Klimawandel. VDI-Expertenforum am 5. Juni 2019in Frankfurt am Main stellt neue Richtlinie VDI 3787 Blatt 8 vor und zeigt Best-Practice-Beispiele. Online verfügbar unter https://www.transforming-cities.de/stadtentwicklung-im-klimawandel/, zuletzt geprüft am 05.08.2020.

Trapp, Jan Hendrik; Petschow, Ulrich; Libbe, Jens; Birkmann, Jörn; Goris, Anna (2018): Notwendigkeiten und Ansatzpunkte einer klimaresilienten und zukunftsfähigen Ausgestaltung von Infrastrukturen – Rückschlüsse aus Extremereignisanalysen und aktuellen Infrastrukturplanungen (Umweltbundesamt (UBA), Hrsg.). Dessau-Roßlau: Deutsches Institut für Urbanistik gGmbH (Difu); Institut für ökologische Wirtschaftsforschung (IÖW); Universität Stuttgart, Institut für Raumordnung und Entwicklungsplanung. Online verfügbar unter https://www.bmu.de/fileadmin/Daten_BMU/Pools/Forschungsdatenbank/fkz_3714_48_101_anpassung_klimawandel_teil_2_bf.pdf, zuletzt geprüft am 05.08.2020.

VDI Verein Deutscher Ingenieure e. V. (Hrsg.) (2019): Stadtentwicklung im Klimawandel. Neue Richtlinie VDI 3787 Blatt 8. VDI-Expertenforum am 05.06.2019. Zugriff am 24.06.2020.

Wegweiser Kommune.de (Bertelsmann Stiftung, Hrsg.) (2020): Olfen – Bedarfsgesteuerter Bürgerbus für mehr Mobilität auf dem Land. Kommunale Projekte. Online verfügbar unter https://www.wegweiser-kommune.de/projekte/kommunal/olfen-bedarfsgesteuerter-burgerbus-fur-mehr-mobilitat-auf-dem-land, zuletzt geprüft am 05.08.2020.

Wolter, Andreas; Würzner, Eckart; Horn, Martin; Sridharan, Ashok (Das Klima-Bündnis, Energy Cities & ICLEI, Hrsg.) (2019): Städte und Gemeinden für den Klimaschutz. Brief an die Bundeskanzlerin Frau Dr. Angela Merkel. Online verfügbar unter https://www.klimabuendnis.org/fileadmin/Inhalte/4_Activities/EU_policy_papers/2019-07-11_brief_merkel__final.pdf, zuletzt geprüft am 05.08.2020.

Dieses Kapitel wird unter der Creative Commons Namensnennung 4.0 International Lizenz http://creativecommons.org/licenses/by/4.0/deed.de) veröffentlicht, welche die Nutzung, Vervielfältigung, Bearbeitung, Verbreitung und Wiedergabe in jeglichem Medium und Format erlaubt, sofern Sie den/die ursprünglichen Autor(en) und die Quelle ordnungsgemäß nennen, einen Link zur Creative Commons Lizenz beifügen und angeben, ob Änderungen vorgenommen wurden.

Die in diesem Kapitel enthaltenen Bilder und sonstiges Drittmaterial unterliegen ebenfalls der genannten Creative Commons Lizenz, sofern sich aus der Abbildungslegende nichts anderes ergibt. Sofern das betreffende Material nicht unter der genannten Creative Commons Lizenz steht und die betreffende Handlung nicht nach gesetzlichen Vorschriften erlaubt ist, ist für die oben aufgeführten Weiterverwendungen des Materials die Einwilligung des jeweiligen Rechteinhabers einzuholen.

Teil III

TECHNOLOGIE & DIGITALISIERUNG

Vom Klimagas zum Wertstoff: CO_2

–

Auf dem Weg zu einer nachhaltigen Mobilität

–

Herausforderungen einer klimafreundlichen Energieversorgung

–

Wie Industrieproduktion nachhaltig gestaltet werden kann

–

Digitalisierung – Segen oder Fluch für den Klimaschutz?

6 Vom Klimagas zum Wertstoff: CO_2

Kirsten Neumann, Martin Richter, Lukas Rohleder

Es befindet sich zu viel Kohlendioxid, CO_2, in der Atmosphäre. So ist die CO_2-Konzentration seit Beginn der Industrialisierung von einem über Jahrtausende hinweg gleichbleibenden Wert von 280 ppm (parts per million, gemessen an Eisbohrkernen) auf fast 408 ppm (gemessen in der Atmosphäre an verschiedenen Messstationen) gestiegen. Derzeit werden verschiedene Möglichkeiten zur Rückführung von CO_2 aus der Atmosphäre diskutiert. Dazu zählen zum Beispiel Aufforstung, Wiedervernässung von Mooren, CO_2-Abscheidung, Ozeandüngung, Biokohle, oder Filter, mit denen CO_2 der Umgebungsluft in chemischen Prozessen entzogen wird.

Zur Eindämmung des Klimawandels wurde im Rahmen der internationalen Klimaverhandlungen in Paris vereinbart, die weltweite Temperaturerhöhung auf „deutlich unter 2 Grad Celsius, möglichst auf 1,5 Grad Celsius" (Klimarahmenkonvention 2015) zu begrenzen. Allerdings werden diese freiwilligen Zusagen nicht ausreichen, um die Kohlendioxid (CO_2)-Emissionen nachhaltig zu reduzieren (IEA 2018). Bis heute entwickeln die im Zuge der Industrialisierung zusätzlich in die Atmosphäre gelangten 128 ppm CO_2 eine Heizwirkung von 2 Watt pro Quadratmeter Erdoberfläche, was sich in einer Erderwärmung von rund 1 Grad Celsius manifestiert (Rahmstorf 2020).

Der Trend ist weit davon entfernt sich umzukehren. Zwar wurden zur Energieerzeugung im Jahr 2019 wieder mehr erneuerbare Energiekapazitäten zugebaut als fossile, trotzdem wird auch die Nutzung fossiler Energieträger global stark vorangetrieben (REN21 2020). Damit wird auf absehbare Zeit pro Jahr mehr CO_2 emittiert, als für die Erhaltung bzw. Wiederherstellung eines globalen Energiegleichgewichts notwendig wäre. Um das 1,5-Grad-Ziel noch erreichen zu können, verbleiben uns global noch etwa 420 Gigatonnen an Emissionen ab 2017.[37] Wir produzieren jedoch gegenwärtig weltweit bereits 42 Gigatonnen Emissionen pro Jahr (Gt/Jahr), und somit verblieben uns rechnerisch nur noch fünf Jahre, um CO_2 auf aktuellem Niveau emittieren zu können.

[37] *Berechnet 2018 durch das IPCC in seinem 2018er Sonderbericht mit 420 Gigatonnen ab 2017, wenn das 1,5-Grad-Ziel mit 66 Prozent Wahrscheinlichkeit erreicht werden soll.*

© Der/die Herausgeber bzw. der/die Autor(en) 2020
V. Wittphal, *Klima*, https://doi.org/10.1007/978-3-662-62195-0_6

Wälder und feuchte Moore, ebenso wie Permafrostböden (dauerhaft gefrorene Böden auf der nördlichen Nordhalbkugel) binden bzw. speichern CO_2 und CH_4 (Methan) und dienen somit als sogenannte natürliche Treibhausgassenken. Um jedoch die gesteigerte Menge an CO_2 zu binden, reichen natürliche CO_2-Senken nicht mehr aus. Gleichzeitig verschwinden natürliche CO_2-Senken zusehends.

Permafrostböden, die laut Schätzungen des internationalen Klimarates 455 Gigatonnen CO_2 und damit 25 Prozent des weltweiten Bodenkohlenstoffs speichern (IPCC 2001), schrumpfen verstärkt aufgrund höherer Durchschnittstemperaturen. „Das Auftauen des Permafrostes wird sich voraussichtlich auf 10 bis 20 Prozent des heutigen Permafrostgebietes ausdehnen." (UBA 2006:17). Wenn Permafrostböden tauen, wird der darin gespeicherte Kohlenstoff als CO_2 in die Atmosphäre entlassen.

Wälder sind ein großer CO_2-Speicher der Erde. Am effektivsten sind die globalen Regenwälder. Allerdings vergrößert sich der jährliche Verlust gerade dieser Wälder von Jahr zu Jahr – mit gravierenden Folgen. Rund 1,3 Millionen Hektar Regenwald verschwinden in den Tropen jährlich. Dies verursacht rund 12 Prozent der jährlichen CO_2-Emissionen, da der gespeicherte Kohlenstoff wieder freigesetzt wird. 2018 wurde eine Fläche von der Größe Englands zerstört; pro Minute verschwindet Wald in der Größe von 30 Fußballfeldern. Zugleich ist die Verdunstung aus den Regenwäldern für rund 30 Prozent des jährlichen lokalen Niederschlags verantwortlich. Eine Reduktion der Wälder bedeutet somit auch eine Reduktion der Niederschlagsmenge und damit der Regenerationsfähigkeit der Wälder. Gleichzeitig führt ein durchschnittlicher Temperaturanstieg von 3 bis 4 Grad zu einer Verlängerung der Trockenzeiten und dazu, dass die Regenwälder sich nicht mehr regenerieren können.

Auch Moore speichern Kohlendioxid. Sie bestehen zu 95 Prozent aus Wasser und leisten einen Beitrag zum Klimaschutz, der weltweit doppelt so groß ist wie der von Wäldern. Moore binden das in ihrer Vegetation enthaltene CO_2, wenn diese Pflanzen, ohne zu verrotten, im Wasser schichtweise eingeschlossen werden. Moore bedecken rund 3 Prozent der Erdoberfläche, speichern aber „20 bis 30 Prozent des erdgebundenen Kohlenstoffs" und damit „viermal mehr als die Tropenwälder" (Bundesregierung 2020). Wenn sie austrocknen, entlassen sie somit große Mengen CO_2 in die Atmosphäre. „Allein in den Torfwäldern der indonesischen Provinz Zentral-Kalimantans auf Borneo sind aktuell noch 6,4 Gigatonnen Kohlenstoff gespeichert. Das ist 23 mal mehr als die jährlichen CO_2-Emmissionen Deutschlands." (Bundesregierung 2020). Moore werden zwar in Deutschland teilweise renaturiert, aber es werden jährlich in Deutschland noch immer 4 Millionen Kubikmeter Torf abgebaut. In anderen Regionen der Welt werden Moore abgeholzt und etwa für den Reisanbau trockengelegt.

Bei steigenden Emissionen und schrumpfenden natürlichen Senken wird CO_2 sich in der Atmosphäre anreichern. Verbleibt CO_2 jedoch in der bisherigen beziehungs-

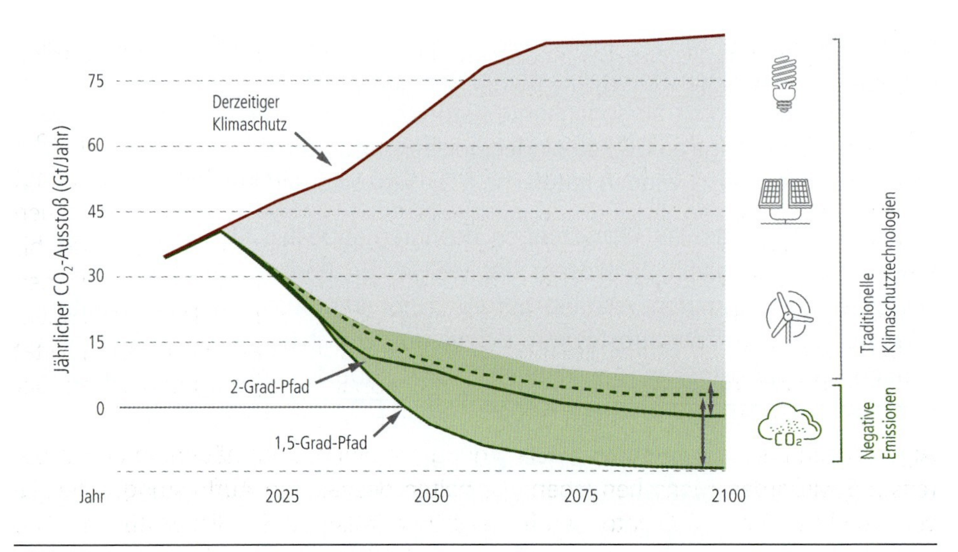

Abb. 6.1 Wie die globale Erwärmung auf 1,5 Grad Celsius oder 2 Grad Celsius zu begrenzen ist (eigene Darstellung nach MCC 2016). Es befindet sich zu viel CO_2 in der Atmosphäre: Bei aktuellem Stand und bei Stopp künftiger Emissionen muss rund ein Viertel des in der Atmosphäre vorhandenen CO_2 wieder aus ihr herausgeholt werden.

weise prognostizierten Menge in der Atmosphäre, wird die Erderwärmung weiter voranschreiten. Deshalb bedarf es, laut Weltklimarat IPCC, sogenannter Negativemissionen, um die globale Erwärmung auf 2 Grad Celsius zu begrenzen. Ansonsten sind bis 2050 weite Gebiete der Erde aufgrund eines zu hohen Temperaturniveaus unbewohnbar. Davon werden um das Jahr 2050 zwischen einer und drei Milliarden Menschen – hauptsächlich in Entwicklungs- und Schwellenländern – betroffen sein (Xu et.al 2020). Nach Berechnungen des Mercator Research Institute on Global Commons and Climate Change muss die Nullemission in den kommenden Jahren umgesetzt sein, damit das 2-Grad-Ziel noch erreicht werden kann, wie die Abb. 6.1 zeigt.

CO_2 lässt sich zurückholen

Ein Weg, CO_2 zu speichern, ist die Aufforstung. Einer Schweizer Studie zufolge (Bastin et al. 2019) lässt sich damit eine Reduktion der vom Menschen verursachten CO_2-Emissionen um zwei Drittel erreichen. In der Studie haben die Autoren – nach Abzug bereits vorhandener Wälder und in Nutzung befindlicher Flächen – aufgrund der durch Satellitenbilder identifizierten möglichen Anbaufläche ein zur Aufforstung nutzbares Gebiet von der Größe der USA (900 Millionen Hektar) identifiziert. Diese Flächen befinden sich hauptsächlich in Russland, den USA, Kanada, Australien, Brasilien und China. Ausgewachsen könnten diese zusätzlichen Wälder 205 Milliarden

Tonnen CO_2 und damit zwei Drittel der seit dem Beginn der industriellen Revolution emittierten 300 Milliarden Tonnen CO_2 speichern.

Allerdings ist hierbei die Zeitspanne zu beachten, bis eine Aufforstung ihr volles Potenzial entfalten könnte: Dies würde 50 bis 100 Jahre dauern. Gleichzeitig hängt die Kapazität von Bäumen, CO_2 zu speichern, auch vom Klima ab. Bäume in den Tropen verzeichnen das höchste Potenzial. Zudem verringert der Klimawandel bis 2050 selbst die potenziell in Frage kommende Anbaufläche um bis zu 200 Millionen Hektar (Böck 2019). Forscher der Universität Bonn geben bei der Betrachtung zudem zu bedenken, dass die Studie beispielsweise die Bodenbeschaffenheit und -qualität außer Acht lässt, etwa die Tatsache, dass ein Großteil nicht (mehr) bewaldeter Gebiete bereits erodiert ist. Weiter führen sie an, dass die in der Studie verwendeten Algorithmen auch Gebiete in die Berechnung mit einbezogen hätten, in denen bereits 2,5 Milliarden Menschen leben. Sie halten deshalb ein Aufforstungspotenzial von lediglich 20 bis 30 Gigatonnen für realistisch (MDR 2019). Hinzuzufügen wäre, dass ein Aufforstungsprogramm letztlich wenig Wirkung zeigen wird, wenn die kontinuierliche illegale Abholzung globaler Wälder nicht gestoppt werden kann.

Eine weitere natürliche und zudem sehr kostengünstige und effiziente Art der CO_2-Speicherung ist die Wiedervernässung von Mooren. Zur Wiederherstellung ihrer CO_2-Speicherfähigkeit genügen zumeist einfache Holzdämme. Würden 300.000 Hektar Moorböden in Deutschland wieder vernässt, könnten „volkswirtschaftliche Schäden von 217 Millionen Euro pro Jahr" (Bundesregierung 2020) vermieden werden. Auch übersteigt der volkswirtschaftliche Schaden aus trockengelegten Mooren den landwirtschaftlichen Gewinn um ein Vielfaches. Allerdings werden weiterhin Moore entwässert, zur Landwirtschaft genutzt oder liefern Torf als Brennmaterial oder Gartenerde.

Um die Entwicklung natürlicher Senken zu unterstützen, könnte an digitalen Systemen gearbeitet werden, die zeitnahe Analysen ermöglichen und die Leistung natürlicher Senken im Ökosystem widerspiegeln. Darauf aufbauend könnten etwa Alternativen zum gegenwärtigen Nahrungsmittelanbau gefunden werden. Auch alternative Investitionsmöglichkeiten in die Entwicklung natürlicher Senken beispielsweise über Venture Philanthropy, unterstützend begleitet etwa von staatlicher wirtschaftlicher Zusammenarbeit, sind denkbar. Überwachung und Identifikation von Instandhaltungsnotwendigkeiten natürlicher Senken könnten digital über Drohnen und gestützt durch Künstliche Intelligenz vereinfacht und automatisiert werden.

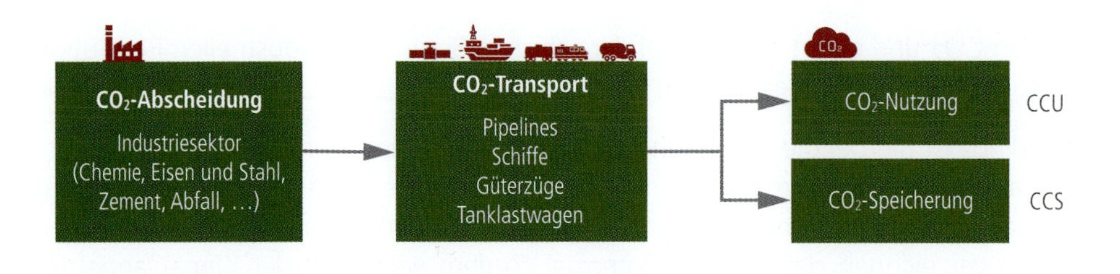

Abb. 6.2 Stationen von CCU und CCS. (Eigene Darstellung nach ACATECH 2018)

Techniken der CO_2-Abscheidung

Obwohl Aufforstung und Erhalt sowie Wiedervernässung von Mooren naheliegende Maßnahmen sind, reichen sie insbesondere vor dem Hintergrund der rapiden Erosion natürlicher Treibhausgassenken nicht aus, um die oben angeführten notwendigen Negativemissionen zu erreichen. Deshalb müssen verstärkt auch technologische Lösungen zur CO_2-Abscheidung und -Speicherung beziehungsweise -Nutzung untersucht und vorangetrieben werden (siehe Abb. 6.2).

Carbon Capturing and Utilization (CCU)

Technologien und Verfahren zum Carbon Capturing and Utilization (CCU) haben zum Ziel, CO_2 aus der Abluft von industriellen Prozessen oder direkt aus der Umgebungsluft zurückzugewinnen und als Rohstoff zur Herstellung anderer Produkte zu verwenden. CCU kann perspektivisch eine große Rolle spielen – zur Absicherung der Energieversorgung, zur Bereitstellung von Kohlenstoffressourcen in verschiedenen Industriezweigen (z. B. Chemie-, Pharma-, Baustoff-, Kunststoffindustrie), zur Treibhausgasneutralität der energieintensiven Industrie, zur Treibstoffherstellung für den Verkehrssektor (vgl. Raffaele et al. 2016: 2). Raffaele et al. merken aber kritisch an, dass das eingefangene Kohlenstoffdioxid oft nur eine kurze Bindungszeit aufweist und in der Regel nicht permanent in den jeweiligen Prozessprodukten gebunden bleibt (vgl. Raffaele et al. 2016: 2): Das CO_2 wird häufig wieder freigesetzt, sobald ein Produkt sein Lebenszyklusende erreicht hat und thermisch verwertet wird. Auch die Verfahren und Prozesse, die beim CCU zum Einsatz kommen, sind in der Regel sehr energieintensiv und nur klimaunschädlich, wenn man auf erneuerbare Energien zurückgreifen würde (vgl. WWF 2018: 5). Deshalb ist unbedingt darauf zu achten, dass CCU wirklich CO_2-neutral ist, das heißt, dass der Strom aus erneuerbaren Quellen stammt.

Carbon Capture and Storage (CCS)

Carbon Capture and Storage (CCS) – also CO_2-Abscheidung, beziehungsweise das Auffangen von CO_2 und dessen Speicherung – ist eine weitere Option, um der Atmosphäre CO_2 zu entziehen. Theoretisch kann CCS überall dort angewendet werden, wo CO_2 in großen Mengen und konzentriert entsteht, also etwa bei der Verbrennung von Biomasse oder fossilen Energieträgern, in der Petrochemie und bei der Herstellung verschiedener chemischer Produkte wie Bioalkohol oder Düngemittel. Dabei wird das CO_2 abgetrennt, gereinigt, konzentriert, komprimiert und unterirdisch verpresst beziehungsweise gespeichert. Bei der CCS-Speicherung verbleibt das CO_2, im Gegensatz zur CCU-Nutzung, möglichst dauerhaft am jeweiligen Speicherort. Wie CCU basiert auch CCS auf der Entwicklung von Verfahren, mit denen sich CO_2 direkt aus der Atmosphäre oder aus Emissionsquellen abscheiden lässt. Um schließlich das so gewonnene CO_2 dauerhaft an einem sicheren Ort zu speichern, wird meist daran gedacht, das CO_2 untertage zu verbringen – also an jenen Ort, aus dem zuvor der Kohlenstoff in Form fossiler Energieträger gefördert wurde.

CO_2-Abscheidung aus Biomasse-Kraftwerken

Eine für die Generierung von negativen Emissionen sehr vielversprechende und effiziente Technologie ist Bioenergie-CCS (BECCS), also die Verbrennung von per se CO_2-neutraler Biomasse, um Wärme und Strom zu erzeugen. Bei dem Verfahren wird CO_2 abgeschieden und unterirdisch in Kavernen gespeichert. So kann der durch die Pflanzen gespeicherte Kohlenstoff nicht als CO_2 wieder entweichen. Diese Methode wird vom IPCC als sehr vielversprechend angesehen. Allerdings ist sie sehr flächenintensiv, da die genutzte Biomasse zuerst angebaut werden muss und sich hier unter Umständen eine Konkurrenz zum Anbau von Nahrungsmitteln ergeben kann.

CO_2-Abscheidung aus der Luft

Bei der Methode der Direct Air Carbon Capture and Storage (DACCS) wird Umgebungsluft mit großen Ventilatoren durch einen Filter geleitet, der mithilfe von Lösungsmitteln wie Natriumhydroxid als Absorptionsmittel das CO_2 aus der Luft filtert. Danach kann es dann direkt in den Untergrund verbracht werden. Diese Anlagen werden auch „künstliche Bäume" genannt; seit 2010 hat die Technologie eine rapide Steigerung ihrer Wirtschaftlichkeit erfahren, allerdings abhängig von der jeweils angewandten Methode. Neben der Verwendung von Aminoaustauschpolymerharz als Absorptionsmittel kommen auch bedenkliche Chemikalien als Lösungsmittel zum Einsatz, die jedoch weitgehend recycelt werden. Dabei wird das in den Lösungsmitteln gebundene CO_2 mittels Temperatureintrag verdampft und wieder aufgefangen. Diese Methode hat ein hohes Potenzial für negative Emissionen, ist jedoch nicht ausgereift, sodass noch ein hoher Forschungs- und Entwicklungsbedarf besteht.

CO_2-Abscheidung aus fossilen Kraftwerken

Zur Abscheidung von CO_2 aus fossilen Kraftwerken stehen verschiedene Techniken mit unterschiedlichem Erderwärmungsreduktionspotenzial (Global Warming Reduction Potential) und unterschiedlichen Umweltimplikationen zur Verfügung. Zum Beispiel das Pre-Combustion-Verfahren, das Oxyfuel-Verfahren und das Post-Combustion-Verfahren, bei dem Wasserstoff (H_2) als Produkt entsteht.

Pre-Combustion-Verfahren

Dieses Verfahren setzt schon vor der Verbrennung von Kohle an, wobei in einem Vergaser CO_2 zu Kohlenmonoxid und Wasserstoff, dem Energieträger, umgewandelt wird. Dieser Wasserstoff kann entweder zur Energiegewinnung CO_2-neutral verbrannt, aber etwa auch zu synthetischem Methangas als Chemierohstoff weiterverarbeitet werden. Zudem kann der Wasserstoff im Erdgasnetz gespeichert oder zum Betrieb von Brennstoffzellen verwendet werden. Das im Prozess anfallende Kohlenmonoxid wird mit Wasserdampf wieder zu Kohlendioxid umgewandelt.

Oxyfuel-Verfahren

Hierbei wird Kohle in reinem Sauerstoff verbrannt. Der Wasserdampf wird abgeleitet und gesondert gesammelt und abgekühlt. Im Ergebnis steht hoch konzentriertes (bis zu 90 Prozent) CO_2 zur Weiterverarbeitung (z. B. Verflüssigung) zur Verfügung.

Post-Combustion-Verfahren

In Post-Combustion-Verfahren wird das CO_2 in einem chemischen Prozess aus den Rauchgasen herausgewaschen. Diese Technik ist bisher am besten erforscht (Schrader 2018).

Alle diese Technologien haben jedoch Folgendes gemeinsam: Sie

- setzen den Wirkungsgrad von Kohlekraftwerken um durchschnittlich 10 Prozent herab auf durchschnittlich 20 bis 30 Prozent (UBA 2020),
- sind enorm energieaufwendig,
- befinden sich bestenfalls in der Erprobung in Pilotphasen und
- liefern nur eingeschränkt reines CO_2.

CO_2-Abscheidung aus Biogasanlagen

Die Biogastechnologie ist ein etabliertes Verfahren zur energetischen Verwertung von Energiepflanzen sowie von organischen Rest- und Abfallstoffen; der erneuerbare Energieträger Biogas wird durch die anaerobe Vergärung des biogenen Materials gewonnen. Abhängig vom eingesetzten Ausgangsmaterial sowie der jeweiligen Biogastechnologie setzt sich das generierte Biogas aus 50 bis 75 Prozent Methangas (CH_4) sowie 25 bis 50 Prozent CO_2 und einigen Spurengasen wie Schwefelwasserstoff (H_2S), Ammoniak (NH_3) oder Stickstoff (N_2) zusammen.

Das Biogas wird heutzutage in der Regel in einem Blockheizkraftwerk (BHKW) mit einem Gasmotor verbrannt, um Strom und Wärme zu erzeugen. Der eigentliche Energieträger ist Methan (CH_4); CO_2 ist hierbei eine „Störgröße". Bei der Mehrzahl der Biogasanlagen, die ein BHKW zur energetischen Nutzung des Biogases nachgeschaltet haben, wird das CO_2 vor allem aus wirtschaftlichen Gründen momentan noch nicht abgetrennt, um es als Wertstoff zu verwenden.

Aus größeren Anlagen wird Biogas auch ins Erdgasnetz eingespeist oder als Treibstoff für Fahrzeuge eingesetzt. Diese Anwendungen erfordern hohe Methangehalte von in der Regel mehr als 90 Prozent und geringe CO_2-Gehalte im niedrigen einstelligen Bereich. Daher ist bei diesen Biomethan-Anwendungen eine weitergehende Aufreinigung des Biogases und eine Abtrennung von CO_2 in jedem Fall erforderlich. Für die Aufbereitung sind bereits verschiedene Verfahren am Markt verfügbar wie Druckwechseladsorption, Druckwasserwäschen, Aminwäschen sowie Membrantechnologien und kryogene Verfahren[38]. In der Regel wird hierbei das CO_2 jedoch ebenfalls nicht als Wertstoff gewonnen. Nur bei einigen wenigen Verfahren lässt sich CO_2 separieren und etwa in Gewächshäusern oder in Form von CO_2-Pellets weiterverwenden.

CO_2-Transport

Nach der Gewinnung muss das Gas CO_2 sowohl zur weiteren Nutzung als auch zur Speicherung komprimiert und zum jeweiligen Nutzungs- bzw. Speicherort transportiert werden. Hierfür stehen unterschiedliche Möglichkeiten zur Verfügung, wie in Abb. 6.3 dargestellt. Die Abbildung gibt einen Aufschluss über diese Alternativen im Vergleich zueinander; insgesamt sollte jedoch auf eine möglichst CO_2-neutrale Transportmethode geachtet werden.

[38] *Eine ausführliche Übersicht und Erläuterung der marktgängigen Verfahren findet sich in Fachagentur Nachwachsende Rohstoffe e. V. 2014, in Viebahn et al. 2018 und in Fröhlich et al. 2019.*

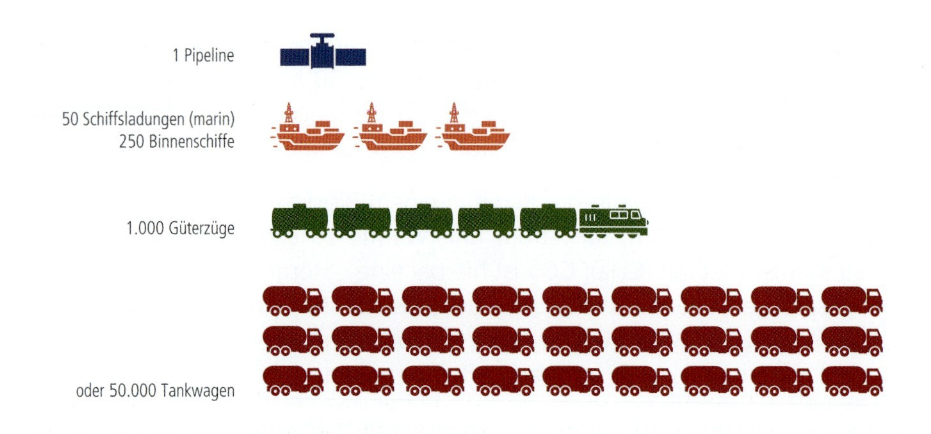

Abb. 6.3 Vergleich des Transportaufwands für eine Million Tonnen CO_2 per Pipeline, Schiff, Bahn oder Tankwagen. (Eigene Darstellung nach ACATECH 2018)

CO_2-Storage

Kohlendioxid ist ab einer Konzentration von 10 Prozent in der Atemluft giftig. Außerdem ist es ein unsichtbares, flüchtiges Gas mit einer höheren Dichte als Luft und sinkt deshalb zu Boden. Ein Entweichen aus Behältnissen kann somit gefährlich sein. Die Speicherung von CO_2 geschieht deshalb gemeinhin unterirdisch in ausgebeuteten Öl- und Gasfeldern, Kohleflözen oder Salzwasserschichten (salinen Aquiferen). Alternativ kann eine Speicherung auch unter dem Meeresboden erfolgen. Eine interessante und bereits genutzte Technologie sind Porenspeicher ehemaliger Erdgaslagerstätten, in denen Sandsteine als Speicherorte und Tone als Barrieren dienen. Untersuchungen zufolge könnten in der Norwegischen See in geleerten Erdgasfeldern 113 Milliarden Tonnen CO_2 gespeichert werden (ACATECH 2018). Die Bundesanstalt für Geowissenschaften und Rohstoffe schätzt das Speicherpotenzial in Deutschland auf 20 bis 115 Gigatonnen, hauptsächlich unter der Nordsee gelegen (Wettengel 2020).

Möglichkeiten der CO_2-Nutzung

CO_2 lässt sich beispielsweise in Verbrennungsprozessen nutzen, etwa im Rahmen von Konversionen wie

- Elektrische-Energie-zu-Flüssigkeit (Power-to-Liquid) oder
- Elektrische-Energie-zu-Gas (Power-to-Gas).

Dabei ist CO_2 zwar ein treibhausgasneutraler Treibstoff, stellt aber keine Negativemissionen bereit. Zudem gibt es viele weitere Möglichkeiten der CO_2-Nutzung, hier kursorisch aufgezählt und im Folgenden teilweise näher erläutert:

- Herstellung chemischer Produkte wie zum Beispiel Düngemittel, Ammoniak oder Methanol – dies hat das höchste Erderwärmungsreduktionspotenzial;
- Verwendung in Treibhäusern zur Pflanzenzucht, wie in den Niederlanden schon vielfach praktiziert;
- Kultivierung von Mikroalgen, die wiederum als Ausgangsstoff zur Herstellung von Nahrungsmitteln, Textilien oder Kunststoffen verwendet werden können;
- als Ausgangsstoff zur Herstellung flüssiger oder gasförmiger Treibstoffe im Verkehr, insbesondere im Flug-, Schiffs- und Schwerlastverkehr;
- Anwendungen in der Industrie wie zum Beispiel zur Härtung von Zement, zur Bauxitbehandlung in der Aluminiumindustrie oder als Ausgangsstoff in der chemischen Industrie etwa zur Herstellung von Düngemitteln;
- Erschließung von fast erschöpften Erdölvorkommen, indem CO_2 in die Vorkommen gepumpt wird, um das Erdöl an die Oberfläche zu drücken. Hierbei verbleiben etwa 50 Prozent des CO_2 in den Speichern, der Rest entweicht mit dem geförderten Rohstoff.

Biologische Methanisierung von H_2 mit CO_2

Die biologische Methanisierung nutzt den natürlichen Stoffwechsel von Mikroorganismen zur Herstellung von synthetischem Methan aus CO_2 und Wasserstoff (H). Dabei wird der benötigte Wasserstoff durch Aufspaltung von Wasser mittels Elektrolyse erzeugt. Um das synthetische Methan (CH_4) klimafreundlich und nachhaltig zu produzieren, muss die Wasserstoffelektrolyse selbstverständlich durch Nutzung erneuerbarer Energiequellen erfolgen. Als CO_2-Quelle bietet sich bei diesem Verfahren zum Beispiel Biogas beziehungsweise Klärgas an. Als weitere mögliche Quellen sind aber auch anaerobe Fermentationsprozesse, wie die Bioethanolproduktion, industrielle Verbrennungsprozesse und die Umgebungsluft geeignet (vgl. Kretschmar 2017:10). Das am Ende so produzierte synthetische CH_4 kann dann in das Erdgasnetz eingespeist werden.

Bei der biologischen Methanisierung unterscheidet man zwei verfahrenstechnische Konzepte. Zum einen die sogenannte in-situ-Methanisierung und zum anderen die Methanisierung in externen Reaktorsystemen (vgl. Kretschmar 2017:10 ff). Während bei der in-situ-Methanisierung der Wasserstoff direkt in den Biogasprozess eingespeist wird, wo dann die biochemische Umwandlung in Methan erfolgt, wird beim zweiten verfahrenstechnischen Konzept dieser Umwandlungsprozess in gesonderten Reaktoren durchgeführt, in die H_2 und CO_2 gezielt zugeführt werden. Der Vorteil der in-situ-Lösung ist, dass sie gut in bestehende Anlagensysteme integriert werden kann. Das Konzept mit den externen Reaktoren hat den Vorteil, sowohl die Prozessführung als auch die Mikrobiologie sehr genau auf den Methanisierungsprozess auszurichten zu können.

Bisher sind jedoch noch keine serienreifen Anlagensysteme verfügbar, es existieren einige wenige Demonstrations- und Pilotanlagen. Es besteht weiterhin großer Forschungs- und Entwicklungsbedarf, etwa bei der H_2-Einbringung in den Reaktor und bei der allgemeinen Prozessführung (vgl. Kretschmar 2017:8). Der Zeitpunkt der Umsetzung einer marktfähigen, wirtschaftlichen Lösung ist noch nicht absehbar.

Power-to-Gas und Power-to-Liquid im Verkehrssektor

Im Güterstraßenfernverkehr ist der Dieselmotor weiterhin das Maß aller Dinge. Lkw alternativ mit verflüssigtem Erdgas (LNG, Liquified Natural Gas) zu betreiben, ermöglicht nur geringe Treibhausgasminderungen und hat daher langfristig keine Perspektive. Versuche mit Oberleitungs-Lkw scheitern bisher an der komplexen und kostenintensiven Infrastruktur. Batterieangetriebene Lkw werden sich auch bei deutlich niedrigeren Batteriekosten nicht flächendeckend durchsetzen, da deren Nutzlast aufgrund des Gewichts und des Raumbedarfs der Batterien drastisch reduziert wird. Folglich werden im Güterstraßenverkehr langfristig wohl Brennstoffzellenantriebe zum Einsatz kommen. Im Lkw-Fernverkehr bieten zudem strombasierte Flüssigkraftstoffe (Power-to-Liquids[PTL]-Kraftstoffe) eine schnelle Erfolgschance. Während Tankinfrastruktur und Antriebstechnologie der Diesel-Lkw unverändert weiter genutzt werden können, sind diese Kraftstoffe in der Bilanz CO_2-neutral. Ihr Einsatz ist heute allein durch die hohen Herstellungskosten limitiert, welche durch Skalierung der Produktion und regulatorische Rahmenbedingungen schnell gesenkt werden könnten.

Die Dekarbonisierung von Luft- und Seeschifffahrt weist zahlreiche Besonderheiten auf, welche synthetische Kraftstoffe wie PtL zu einer zielführenden Option machen. Verkehrsflugzeuge und Seeschiffe sind langlebige Wirtschaftsgüter. Demnach sollten diese auch in Jahrzehnten noch genutzt werden können, was PtL ermöglicht. Gleiches gilt für die Tankinfrastruktur. Zentraler Punkt ist jedoch, dass für beide Verkehrsträger eine internationale Harmonisierung erforderlich ist. Daher arbeiten die International Maritime Organization und die International Civil Aviation Organization seit langem intensiv an global tragfähigen Klimaschutzlösungen.

In der Seeschifffahrt sind PtL-Kraftstoffe auch aufgrund ihrer hohen Energiedichte prädestiniert. Die Kostendifferenz im Vergleich zum heute genutzten schwerölbasierten Schiffskraftstoff ist immens, stellt allerdings keine technische Herausforderung dar. PtL-Kraftstoffe würden als Mitteldestillat genutzt, zum Beispiel als synthetischer Diesel, und könnten unmittelbar in heutigen Schiffsmotoren verwendet werden. LNG könnte eine Brückentechnologie sein; der Vorteil wäre hier allerdings im Wesentlichen nur eine verbesserte Luftqualität durch die nahezu vollständige Reduzierung von Stickoxiden, Feinstaub und Schwefeloxiden. Aus Sicht des Klimaschutzes sind die CO_2-Einsparungen aus der LNG-Verbrennung mit rund 20 Prozent recht gering.

Im Luftverkehr führen die hohen Sicherheitsanforderungen und die langen Entwicklungszeiten neuartiger Antriebe dazu, dass auch langfristig klimaneutrale, alternative, flüssige Flugkraftstoffe eingesetzt werden. Die Branche hat daher sechs Herstellungsverfahren für synthetische Flugkraftstoffe von der internationalen Normungsgesellschaft ASTM zertifizieren lassen. Damit ist gewährleistet, dass eine Beimischung dieser Kraftstofftypen zu herkömmlichem fossilen Flugkraftstoff (Jet A 1) die Sicherheitsstandards des Luftverkehrs erfüllt.

Herstellung von Power-to-Gas und Power-to-Liquid

Bereits seit 2009 darf synthetischer Kraftstoff, der über das Fischer-Tropsch-Verfahren (FT) aus einem Synthesegas, bestehend aus Wasserstoff und Kohlenmonoxid, gewonnen wurde, zu 50 Prozent beigemischt werden. Das FT-Verfahren wurde ursprünglich zur Kohleverflüssigung erfunden, ist aber in der Lage, eine große Anzahl an Einsatzstoffen zu verarbeiten. PtL-Kraftstoffe werden ebenfalls mittels FT-Verfahren hergestellt. Der Wasserstoff wird dabei über Elektrolyse aus Wasser unter Nutzung von erneuerbarem Strom („grüner Wasserstoff") erzeugt. Ein sinkender Preis für erneuerbaren Strom ist deshalb die wesentliche Voraussetzung für sinkende PtL-Kraftstoffpreise.

Eine Herausforderung ist die Kohlenstoffquelle: Abgasquellen aus fossiler Verbrennung, wie Kohlekraftwerke oder klassische Stahlwerke, werden langfristig nicht zur Verfügung stehen und sind allenfalls bilanziell klimaneutral, wenn die CO_2-Emission dem Verbrennungsprozess zugerechnet wird. Nachhaltig ist es, biogene Kohlenstoffquellen etwa aus Biogasanlagen zu verwenden oder CO_2 direkt durch Luftzerlegung aus der Atmosphäre zu gewinnen.

CO_2-Verwendung in der chemischen Industrie

CCU und CCS werden gemeinhin als Möglichkeit wahrgenommen, den Klimaschutz in der Industrie voranzutreiben. CO_2 kann hier für verschiedene Prozesse als Rohstoff dienen. CO_2 kann etwa zur Betonhärtung in der Baustoffherstellung und zur Bauxit-Behandlung in der Aluminiumindustrie verwendet werden. Beide Prozesse sind sehr energieintensiv und könnten mit abgeschiedenem CO_2 karbonneutral gestaltet werden. Für die Stahlherstellung und Bearbeitung käme Wasserstoff in Frage. In der chemischen Industrie dient CO_2 als Ausgangsstoff für Flüssigtreibstoffe, Polymere, Düngemittel, Karbonate, Methanol, Methan, Essigsäure, Karbonfasern, Backsoda und Bio-Ethanol (siehe Kap. 9 „Wie Industrieproduktion nachhaltig gestaltet werden kann").

CCS- und CCU-Anwendungen

Viele der CCS- und CCU-Technologien befinden sich bereits im Pilotmaßstab und auch schon regulär in der Anwendung. So wurden in Norwegen im Feld Sleipner in der Nordsee bereits etwa 17 Millionen Tonnen CO_2 im Meeresboden gespeichert (Norwegische Botschaft 2019). In den Niederlanden werden Gewächshauspflanzen mit CO_2 gedüngt, das über Carbon Capture gewonnen wird. Im Braunkohlekraftwerk Estevan in Kanada wird das CO_2 aus einem der Kohlemeiler fast vollständig ausgewaschen, über eine Strecke von 60 Kilometern weitergeleitet und schließlich unterirdisch verpresst. Bis Ende 2019 wurden so fast drei Millionen Tonnen CO_2 eingefangen (SaskPower 2019). Allerdings wird das CO_2 in dieser Anwendung dazu genutzt, die letzten Ölvorkommen in der Nachbarprovinz zu fördern. Somit gelangen etwa 30 Prozent des verpressten CO_2 zusammen mit dem geförderten Öl wieder an die Oberfläche.

In China befinden sich Kohlekraftwerke mit CCS-Technologie im Bau. Auch in den USA gibt es ein Kraftwerk in Houston, Texas, dessen CO_2 jedoch ebenfalls zur Ölförderung genutzt wird. In Großbritannien wurden 800 Millionen Pfund an zwei Standorten in CCS-Kohlekraftwerke investiert, die bis 2030 in Betrieb gehen sollen (Bloomberg News 2020). In Norwegen soll ein CCS-Projekt verwirklicht werden, um die CO_2-Emissionen einer Zementfabrik in Brevik zu entfernen. Es sollen jährlich 400.000 Tonnen CO_2 eingefangen, verflüssigt und offshore gespeichert werden (Smart Grid Observer 2020). Microsoft will klimanegativ werden und plant, sämtliches seit 1975 emittiertes CO_2 wieder aus der Atmosphäre zu holen, und zwar mit Waldschutz und Aufforstung sowie CCS aus Biomasse (BECCS) (The Guardian 2020).

Die Schweizer Firma Climeworks vermarktet Direct-Air-Capture-Lösungen an Kund:innen aus der Lebensmittelherstellung und Pflanzenaufzucht in Gewächshäusern. Kürzlich kündigte sie eine Kooperation mit dem kanadischen Unternehmen Svante an, das seinerseits CO_2-intensiven Industriebereichen kommerziell rentable Carbon-Capture-Lösungen anbietet. Climeworks wird die Abwärme von Svante zur Trocknung seiner CO_2-Filter nutzen (Climeworks 2020).

Laut Statusreport des Global CCS Institute befanden sich 2019 insgesamt 19 CCS-Großanlagen weltweit im Betrieb. Diese speicherten 25 Millionen Tonnen CO_2 aus dem Elektrizitäts- und Industriesektor. Vier weitere Anlagen befanden sich im Bau, zehn Anlagen im fortgeschrittenen Planungsstatus und 18 Anlagen in der frühen Planung. Die Kapazität wird somit im Laufe eines Jahres auf 41 Millionen Tonnen CO_2 anwachsen. Dazu hinzuzuzählen sind noch 39 Pilot- und Demonstrationsanlagen (Global CCS Institute 2019).

Diskussion und Ausblick

Um die Klimaschutzziele zu erreichen, schätzt das IPCC (IPCC 2018), dass bis zum Jahr 2100 bis 1200 Gigatonnen CO_2 gespeichert werden müssten. Die Internationale Energie Agentur (IEA) (IEA 2017a) sieht voraus, dass bis 2060 jedes Jahr 2,3 Gigatonnen CO_2 gespeichert werden müssen. Weiter geht das Greenhouse Gas Research and Development Program der IEA (2017b) davon aus, dass hierfür 30 bis 60 Lagerstätten pro Jahr bis 2050 erschlossen werden müssten.

Das Global CCS Institute sieht CCS als wesentliche Technologie an, um langfristige Klimaziele wirtschaftlich zu erreichen, Risiken, etwa der Produktion von sauberem Wasserstoff in großem Maßstab, zu mindern und CO_2 langfristig zu speichern und auf diese Weise negative Emissionen zu ermöglichen. Auch sei CCS in der Lage, Arbeitsplätze zu schaffen, da eine Null-Emissions-Industrie Wirtschaftswachstum und Innovationsausstrahlungseffekte (Spillover) ermöglicht (Global CCS Institute 2020).

Auch die Deutsche Akademie der Technikwissenschaften (acatech) sieht CCU und CCS als wichtige Bausteine für den Klimaschutz in der Industrie. Allerdings gestaltet sich die Akzeptanz der CCS-Technologie in Deutschland eher schwierig, zumal, wenn das CO_2 aus Kohlekraftwerken stammt. Ein Abscheiden des CO_2 aus Kohlekraftwerken, so fürchten viele, legitimiere eine klimaschädliche Technologie und führe dazu, dass sich der Kohleausstieg letztendlich noch weiter verzögere und dadurch Investitionen in klimaneutrale erneuerbare Energien behindere. Bis 2018 wurden mehrere Pilotprojekte durch Bürgerinitiativen gestoppt.

Die Nutzung von abgeschiedenem CO_2 für eine effizientere Förderung fast ausgebeuteter Erdölvorkommen (Enhanced Oil Recovery) stellt eine reale Reboundgefahr für CCS dar. Zum einen entweichen 50 Prozent des eingeleiteten CO_2 mit dem geförderten Erdöl. Zum anderen wird dadurch mehr Erdöl gefördert. Ein Vergleich von zwei Szenarien mit und ohne CCS ergab, dass mit CCS mehr Erdöl gefördert würde als ohne (vgl. Budinis et.al. 2018). Folglich ist die Erdöl- und Erdgasbranche sehr daran interessiert, CCS voranzutreiben. So betont die International Association of Oil and Gas Producers, dass CCS im Jahr 2050 150.000 Arbeitsplätze generieren wird (IOGP 2019). Letztendlich ist CCS eine derzeit teure Technologie, für die es wenig Geschäftsmodelle gibt, solange die Emission von CO_2 keinen adäquaten Preis hat. Im Jahr 2019 kostete CO_2 im europäischen Emissionshandel rund 25 Euro pro Tonne. Emissionen durch den Verkehr und durch die Wärmeproduktion waren bislang davon ausgenommen. Für Letztere wurde in Deutschland als Maßnahme des Klimaschutzprogramms 2030 ein stetig steigender CO_2-Preis festgesetzt.

Betreiber von Industrieanlagen und Kraftwerken benötigen eine langfristige Perspektive, um die Technologien und darauf aufbauende Geschäftsmodelle weiterzuentwickeln und zu investieren (Schrader 2018). Diese Rahmenbedingungen könnten sich unter anderem aufgrund der jüngsten Entwicklungen bei den Rückversicherern verbessern. So erklärte der Vorstandschef der Münchner Rück kürzlich: „*[…] Bis zum letzten Jahr gab es für die Versicherung von fossilen Energien keine Einschränkungen. […] Neue Kohlekraftwerke oder Kohleminen versichern wir im Einzelrisikogeschäft seit 2018 nicht mehr, da ihre Laufzeiten von erfahrungsgemäß mehr als 50 Jahren unseres Erachtens nicht mehr mit den Pariser Klimazielen bis 2050 vereinbar sind. Auf der Kapitalanlageseite hatten wir uns bereits vor längerer Zeit dazu verpflichtet, nicht in Unternehmen zu investieren, die mehr als 50 Prozent ihres Umsatzes mit Kohle erzielen. Im vergangenen Jahr haben wir diese Schwelle auf 30 Prozent gesenkt. […] Besser für alle ist, wenn technologischer Fortschritt in der erneuerbaren Energieversorgung einen dramatischen Klimawandel vermeidet. […]*" (Hölzle 2019).

Auch zeichnet sich bei CCS-Technologien eine Lernkurve ab, die sich – ähnlich der Entwicklung vor einigen Jahren in der Photovoltaik – in einer Kostendegression äußert. Innerhalb von drei Jahren ist ein Preisfall von 100 US-Dollar auf 65 US-Dollar pro abgeschiedener Tonne CO_2 zu verzeichnen. Schätzungen gehen von Preisen von 43 US-Dollar bis 33 US-Dollar pro Tonne CO_2 bis 2024 beziehungsweise 2028 aus (Global CCS Institute 2019).

Demgegenüber schlagen volkswirtschaftliche Schäden und Umweltschäden zu Buche, die vom deutschen Umweltbundesamt mit 180 Euro pro Tonne CO_2 berechnet werden. Gleichwohl ist das Potenzial für den Entzug von CO_2 aus der Atmosphäre laut EU-Kommission hoch. So könnten ab 2050 in Europa jährlich bis zu 250 Millionen Tonnen CO_2 über entsprechende Technologien entzogen werden[39]. Angesichts der momentanen CO_2-Emissionen von mehr als 4 Milliarden Tonnen scheinen diese 6,25 Prozent wenig. Allerdings muss die EU ihre Emissionen laut den Plänen im Green Deal bis 2050 auf nahe Null herunterfahren. 250 Millionen Tonnen wären dann fast reine Negativemissionen. Es kann festgehalten werden, dass CCS-Technologien einen Beitrag zum Klimaschutz und zur Treibhausgasneutralisierung energieintensiver Prozesse leisten, und Institute, die EU-Kommission und die Bundesregierung sind sich einig, dass diese Möglichkeit ausgeschöpft werden sollte.

Insgesamt befinden sich die CCS- und einige CCU-Technologien noch im Forschungs- und Entwicklungsstadium. Einige, wie das Carbon Capture, in einem frühen Anfangsstadium, andere, wie die Methanisierung von Wasserstoff in Biogasanlagen, bereits in einem eher höheren Technology-Readyness-Level. In diesem reiferen Entwicklungsstadium ist es notwendig, dass Pilotprojekte zur Erforschung des Verhaltens der Technologien in der Praxis und zur Senkung der Anfangskosten vorangebracht

[39] *Aussage von Artur Runge-Metzger von der Generaldirektion Klimapolitik der EU-Kommission bei dem EU-Event „EU 2050: Demystifying negative emission technologies" bei der COP 24 in Katowice im Dezember 2018.*

werden. Finanzierung von Forschung und Entwicklung sowie Raum für Pilotprojekte und die Ermöglichung von Reallaboren sind ebenso wesentlich wie eine Akzeptanzdiskussion und eine adäquate Kommunikation der Notwendigkeit dieser Technologien. Um die größten Potenziale unter den einzelnen Technologien für negative Emissionen allgemein und Nullemissionen im Industriebereich insbesondere (Global Warming Reduction Potential) zu erheben, sind auch vergleichende Untersuchungen zu den unterschiedlichen Technologien erforderlich.

Um die Potenziale von grünem Wasserstoff – hergestellt mit Strom aus erneuerbaren Quellen – insbesondere für den Verkehrssektor wirklich heben zu können, bedarf es einer Anpassung von Regulierungen und einer technischen Infrastruktur. Bislang ist eine Herstellung von Wasserstoff zu einem Nettopreis von 3 bis 4 Eurocent aufgrund von Netzentgelten, EEG-Umlagen und Stromsteuer nicht möglich. Eine Hebung dieser Barrieren ist notwendig, um Wasserstoff für Verkehr und Industrie wirtschaftlich produzieren zu können. Gleichzeitig ist das FT-Verfahren zur Herstellung flüssiger Treibstoffe bereits seit langem ausgereift und in der Anwendung. Hier bedürfte es einer Vorfahrts- oder einer Quotenregelung für erneuerbare Treibstoffe in Luftfahrt, Schwerlastfahrt und Schifffahrt.

Um den Ausbau von Technologien zur Entziehung des CO_2 aus der Atmosphäre voranzutreiben, sind letztlich der politische Wille und eine Regulierung unerlässlich, deren Fokus auf der Reduzierung der Beschleunigung der Erderwärmung liegt, statt auf der primär vorherrschenden Ausrichtung auf ökonomische Effizienz. Dies gilt umso mehr angesichts der gigantischen Kosten, die die Folgen des Klimawandels verursachen werden.

Literatur

ACATECH (2018): acatech – Deutsche Akademie der Technikwissenschaften: CCU und CCS – Bausteine für den Klimaschutz in der Industrie: Analyse, Handlungsoptionen und Empfehlungen.

Budinis, Sara et al. (2018): An assessment of CCS costs, barriers and potential. in: Energy Strategy Reviews 22; 61–81.

Bastin, J. F. et al. (2019): The global tree restoration potential, Science, 5 July 2019, https://doi.org/10.1126/science.aax0848, siehe: https://ethz.ch/de/news-und-veranstaltungen/eth-news/news/2019/07/wie-baeume-das-klima-retten-koennten.html, zuletzt geprüft am 20.05.2020.

Bloomberg News (2020): UK boost carbon capture and electric cars. www.bloomberg.com/news/articles/2020-03-11/u-k-boosts-carbon-capture-and-electric-cars-in-green-push, zuletzt geprüft am 15.05.2020.

Böck, Hanno (2019): Bäume als Bewahrer des Weltklimas, Klimareporter. www.klimareporter.de/erdsystem/baeume-als-bewahrer-des-weltklimas, zuletzt geprüft am 29.05.2020.

Bundesregierung (2020): Moore die natürlichen Filter. www.bundesregierung.de/breg-de/aktuelles/moore-die-natuerlichen-filter-399710, zuletzt geprüft am 25.05.2020.

Climeworks (2020): Pressemitteilung. www.climeworks.com/wp-content/uploads/2020/01/Press-release-Svante-and-Climeworks-collaboration.pdf, zuletzt geprüft am 26.05.2020.

Hölzle, Sebastian (2019): Rückversicherer Munich Re warnt vor Klimawandel – „Klimaschutz muss weh tun im Geldbeutel". www.merkur.de/wirtschaft/muenchen-klimawandel-rueckversicherer-munich-re-warnt-folgen-energie-katastrophen-13356307.html, zuletzt geprüft am 29.05.2020.

Fachagentur Nachwachsende Rohstoffe e. V. (FNR) (Hrsg.) (2014): Leitfaden Biogasaufbereitung und -einspeisung, Gülzow-Prüzen: Fachagentur Nachwachsende Rohstoffe e. V. (FNR)

Fröhlich, Thomas; Blömer, Sebastian; Münter, Daniel; Brischke, Lars-Arvid (2019): CO2-Quellen für die PtX-Herstellung in Deutschland – Technologien, Umweltwirkung, Verfügbarkeit. ifeu paper 03/2019. Heidelberg.

Global CCS Institute (2019): Global CCS Status Report 2019; www.globalccsinstitute.com/wp-content/uploads/2019/12/GCC_GLOBAL_STATUS_REPORT_2019.pdf, zuletzt geprüft am 26.05.2020.

Global CCS Institute (2020): The Value of Carbon Capture and Storage (CCS). www.globalccsinstitute.com/wp-content/uploads/2020/05/Thought-Leadership-The-Value-of-CCS-2.pdf, zuletzt geprüft am 26.05.2020.

IEA (2017a): International Energy Agency: Energy Technology Perspectives 2017, OECD/INTERNATIONAL ENERGY AGENCY, Paris. https://www.iea.org/topics/energy-technology-perspectives, zuletzt geprüft am 29.05.2020.

IEA (2017b): International Energy Agency Greenhouse Gas R&D Programme, CCS Industry Build-out rates – Comparison with industry analogues, 2014/TR6, zuletzt geprüft am 29.05.2020.

IEA (2018), World Energy Outlook 2018, IEA, Paris. www.iea.org/reports/world-energy-outlook-2018 zuletzt geprüft am 20.05.2020.

IOGP (2019): The potential for CCS and CCU in Europe. Report to the thirty second meeting of the European Gas Regulatory Forum 5–6 June 2019. https://ec.europa.eu/info/sites/info/files/iogp_-_report_-_ccs_ccu.pdf zuletzt geprüft am 29.05.2020.

IPCC (2001): Climate Change 2001: The Scientific Basis. Contribution of Working Group I to the Third Assessment Report of the Intergovernmental Panel on Climate Change [Houghton, Ding, Griggs, No-guer, van der Linden, Dai, Maskell and Johnson (eds.)]. Cambridge University Press, Cambridge, UK and New York, NY, USA, 881p.

IPCC (2018): Global warming of 1.5 °C. An IPCC Special Report on the impacts of global warming of 1.5 °C above pre-industrial levels and related global greenhouse gas emission pathways, in the context of strengthening the global response to the threat of climate change. www.ipcc.ch/sr15/, zuletzt geprüft am 29.05.2020.

Klimarahmenkonvention (2015): Paris Agreement. Hg. v. United Nations Framework Convention on Climate Change, UNFCCC. https://unfccc.int/sites/default/files/english_paris_agreement.pdf, zuletzt geprüft am 15.05.2020.

Kretzschmar, Jörg (2017): Technologiebericht 4.2b Power-to-gas (Methanisierung biologisch). In: Wuppertal Institut, ISI, IZES (Hrsg.): Technologien für die Energiewende. Teilbericht 2 an das Bundesministerium für Wirtschaft und Energie (BMWi). Wuppertal, Karlsruhe, Saarbrücken.

MCC (2016): MCC-Kurzdossier: Vorsicht beim Wetten auf Negative Emissionen, Nr. 2 November 2016. https://www.mcc-berlin.net/forschung/kurzdossiers/negativeemissionen.html, zuletzt geprüft am 29.05.2020.

MDR (2019): Heftige Kritik an Schweizer Aufforstungsstudie. www.mdr.de/wissen/kritik-an-studie-zur-wiederaufforstung-100.html, zuletzt geprüft am 20.05.2020.

Norwegische Botschaft (2019): Weltweit erste CO_2-Lagerstätte feiert Jubiläum – und weist in die Zukunft. www.norway.no/de/germany/norwegen-germany/aktuelles-veranstaltungen/aktuelles/weltweit-erste-co2-lagerstatte-feiert-jubilaum--und-weist-in-die-zukunft/, zuletzt geprüft am 29.05.2020.

Raffaele, Piria; Naims, Henriette; Lorente Lafuente, Ana Maria (2016): Carbon Capture and Utilization (CCU): Klimapolitische und innovationspolitische Bewertung, Berlin / Potsdam: adelphi, IASS.

Rahmstorf, Stefan (2017): Der globale CO_2-Anstieg: die Fakten und die Bauernfängertricks.https://scilogs.spektrum.de/klimalounge/der-globale-co2-anstieg-die-fakten-und-die-bauernfaengertricks/, zuletzt geprüft am 25.05.2020.

REN21 (2020): Renewables 2019 – global status report. www.ren21.net/gsr-2019/ zuletzt geprüft am 19.04.2020.

SaskPower (2019): Press Release: CCS Facility Achieves Milestone with 3 Million Tonnes of CO2 Captured. www.saskpower.com/about-us/media-information/news-releases/saskpower-ccs-facility-achieves-milestone-with-3-million-tonnes-of-co2-captured, zuletzt geprüft am 26.05.2020.

Schrader, Christofer (2018): Wie steht es um die Einlagerung von Kohlendioxid? www.spektrum.de/news/wie-steht-es-um-die-einlagerung-von-kohlendioxid/1549421, zuletzt geprüft am 06.05.2020.

Smart Grid Observer (2020): DNV GL Approves Carbon Capture Technology. www.environmental-expert.com/news/dnv-gl-approves-carbon-capture-technology-985747, zuletzt geprüft am 15.05.2020.

The Guardian (2020): Could Microsoft's climate crisis 'moonshot' plan really work? www.theguardian.com/environment/2020/apr/23/microsoft-climate-crisis-moonshot-plan, zuletzt geprüft am 15.05.2020.

UBA (2006): Umweltbundesamt, UBA-Hintergrundpapier, Klimagefahr durch tauenden Permafrost? www.umweltbundesamt.de/sites/default/files/medien/357/dokumente/klimagefahr_durch_tauenden_permafrost.pdf, zuletzt geprüft am 25.05.2020.

UBA (2020): Umweltbundesamt, Entwicklung des durchschnittlichen Bruttowirkungsgrades fossiler Kraftwerke. www.umweltbundesamt.de/daten/energie/konventionelle-kraftwerke-erneuerbare-energien, zuletzt geprüft am 29.05.2020.

Viebahn, Peter; Horst, Juri; Scholz, Alexander; Zelt, Ole (2018): Technologiebericht 4.4 Verfahren der CO_2-Abtrennung aus Faulgasen und Umgebungsluft. In: Wuppertal Institut, ISI, IZES (Hrsg.): Technologien für die Energiewende. Teilbericht 2 an das Bundesministerium für Wirtschaft und Energie (BMWi). Wuppertal, Karlsruhe, Saarbrücken.

Wettengel, Julian (2020): Quest for climate neutrality puts CCS back on the table in Germany. www.cleanenergywire.org/factsheets/quest-climate-neutrality-puts-ccs-back-table-germany, zuletzt geprüft am 26.05.2020.

WWF Deutschland (Hrsg.) (2018): Wie klimaneutral ist CO_2 als Rohstoff wirklich? WWF Position zu Carbon Capture and Utilization (CCU), Berlin: WWF Deutschland.

Xu et.al (2020): Future of the human climate niche, in: PNAS, 26.052020, https://doi.org/10.1073/pnas.1910114117, zuletzt geprüft am 15.05.2020.

Dieses Kapitel wird unter der Creative Commons Namensnennung 4.0 International Lizenz http://creativecommons.org/licenses/by/4.0/deed.de) veröffentlicht, welche die Nutzung, Vervielfältigung, Bearbeitung, Verbreitung und Wiedergabe in jeglichem Medium und Format erlaubt, sofern Sie den/die ursprünglichen Autor(en) und die Quelle ordnungsgemäß nennen, einen Link zur Creative Commons Lizenz beifügen und angeben, ob Änderungen vorgenommen wurden.

Die in diesem Kapitel enthaltenen Bilder und sonstiges Drittmaterial unterliegen ebenfalls der genannten Creative Commons Lizenz, sofern sich aus der Abbildungslegende nichts anderes ergibt. Sofern das betreffende Material nicht unter der genannten Creative Commons Lizenz steht und die betreffende Handlung nicht nach gesetzlichen Vorschriften erlaubt ist, ist für die oben aufgeführten Weiterverwendungen des Materials die Einwilligung des jeweiligen Rechteinhabers einzuholen.

7 Auf dem Weg zu einer nachhaltigen Mobilität

Carolin Zachäus, Benjamin Wilsch, Eyk Bösche, Martin Martens, Annette Randhahn

Mit der Entwicklung emissionsarmer alternativer Antriebstechnologien sowie einer zunehmenden Automatisierung und Digitalisierung der Fahrzeuge und Verkehrssysteme bestehen die technischen Möglichkeiten, eine nahtlose, nachhaltige Mobilität gleichzeitig sozial, ökologisch und ökonomisch gerecht umzusetzen. Jetzt gilt es, einzelne Mobilitätsangebote in einem effizienten Mobilitätssystem zusammenzuführen, das nicht nur die vielfältigen Anforderungen der Nutzer:innen möglichst gut bedienen kann, sondern vor allem ein Erreichen der Nachhaltigkeitsziele ermöglicht und vorantreibt.

Der Verkehr trägt zu einem Viertel an den CO_2-Emissionen in Europa bei. Insbesondere der Straßenverkehr ist zudem Ursache für hohe lokale Luftverschmutzungen in Städten mit direkten Auswirkungen auf die Gesundheit und Lebensqualität der meisten EU-Bürger:innen. Der EU Green Deal der Europäischen Kommission sieht eine Einsparung von 90 Prozent der verkehrsbedingten CO_2-Emissionen bis 2050 vor. In Deutschland liegt das Ziel für 2030 bei 98 Millionen Tonnen CO_2-Äquivalenten pro Jahr (Bundesministerium für Umwelt, Naturschutz und nukleare Sicherheit 2018). Der Anstieg der Emissionen im Verkehrsbereich nach 1990 ist vor allem Resultat der voranschreitenden Globalisierung, des Bevölkerungswachstums, aber auch der Urbanisierung, die in vielen Ländern von einem erweiterten Zugang zu verschiedenen Mobilitätsformen begleitet wurde. Damit einher ging eine Steigerung der Mobilität jedes Einzelnen sowie des Güterverkehrs (Intraplan Consult GmbH 2014; Nobis et al. 2019).

Zwar konnte im Zuge der Verkehrsentwicklung seit Mitte des 20. Jahrhunderts weltweit die individuelle Mobilität verbessert werden, allerdings wurden die Auswirkungen auf Gesellschaft und Klima nicht ausreichend berücksichtigt. Eine allgemein gestiegene Mobilitätsnachfrage führte zusammen mit einer anhaltend dominierenden Autonutzung[40] unvermeidbar zu einer Überbeanspruchung des Verkehrsraums und damit zu stetig steigenden Umweltbelastungen. Neben CO_2-Emissionen müssen allerdings auch weitere Kriterien wie Lärm- und Schadstoffbelastung (Stickoxide: NO_x, Feinstaub), Verkehrsunfälle und -tote, Infrastruktur- und Betriebskosten, Reisezeit,

[40] *58 Prozent der in 2017 in Deutschland zurückgelegten Wege war motorisierter Individualverkehr (Nobis und Kuhnimhof 2018).*

© Der/die Herausgeber bzw. der/die Autor(en) 2020
V. Wittphal, *Klima*, https://doi.org/10.1007/978-3-662-62195-0_7

Vernichtung von Lebens- und Erholungsräumen durch erhöhte Raumnutzung, Inklusion sowie der Gesundheitsnutzen in die Betrachtung verschiedener Mobilitätsformen einfließen (Umweltbundesamt 2019a, 2019b; Statistisches Bundesamt 2019). Beispielsweise ergeben sich im gesamtwirtschaftlichen Vergleich für den Radverkehr geringere Gesamtkosten und ein externer Nutzen, während der Pkw-Verkehr externe Kosten verursacht[41]. Nicht nur der Personenverkehr, sondern auch der Güterverkehr trägt zu einem großen Teil der NO_X-Emissionen (zum Beispiel 31 Prozent in Berlin) und zu 20 Prozent der tödlichen Verkehrsunfälle 2017 in Deutschland bei (Agora Verkehrswende 2019a). Insgesamt werden in Deutschland durch den Straßenverkehr Umweltkosten in Höhe von 52 Milliarden Euro im Jahr verursacht (Umweltbundesamt 2016).

Die Anforderungen an die Mobilität lassen sich anhand vieler Kriterien differenzieren – beispielsweise nach Land und Entwicklungsstand, nach Alter oder Einkommen – und können sehr unterschiedlich ausfallen. Das Zusammenleben vieler Menschen in Städten sorgt für eine besonders hohe gesundheitliche Belastung durch Schadstoffe (Krzyzanowski und Kuna-Dibbert 2005; Wu et al. 2020), und Lärm sowie der Platzbedarf für Mobilitätsformen wirken sich direkt auf die Lebensqualität in urbanen Räumen aus. Da diese Lebensqualität aber auch eng mit der individuellen Mobilität verknüpft ist, muss eine nachhaltige Mobilität möglichst gesundheits- und klimaschonend sowie inklusiv sein. Die deutlichen Unterschiede in den Gesamtnutzungskosten der unterschiedlichen Mobilitätsformen führt bereits dazu, dass das Angebot für jeden Einzelnen zunächst von seinem Wohlstand abhängt.

Um eine gleichzeitig sozial und ökologisch gerechte sowie ökonomisch tragfähige Umsetzung einer nahtlosen, nachhaltigen Mobilität zu erreichen, sind sowohl eine grundsätzliche Verkehrs- bzw. Mobilitätswende als auch die Ableitung spezifischer Lösungen für einzelne Gebiete und Regionen erforderlich. Eine erste Differenzierung kann für den urbanen und den ländlichen Raum erfolgen. Menschen in Städten leiden besonders unter den bereits angeführten Negativauswirkungen des Verkehrs. Im urbanen Verkehr werden allerdings schon Maßnahmen zur Stärkung der Elektromobilität sowie zur Nutzung alternativer Kraftstoffe, des öffentlichen Personennahverkehrs (ÖPNV) und des Fuß- und Radverkehrs ergriffen. Auch werden sie durch die Einführung und Umsetzung intelligenter digitaler Verkehrssysteme und zukünftig das automatisierte Fahren unterstützt. Für den ländlichen Raum und die besonderen Anforderungen der Menschen dort müssen aber ebenfalls geeignete Lösungen

---

[41] *Gesamtkosten 1,55 ct/Fahrrad-km und 98,38 ct/Pkw-km; externer Nutzen von 81,47 ct/ Fahrrad-km gegenüber externen Kosten von 4,35 ct/Pkw-km (Trunk 2010). Externe Kosten von 11 ct/Pkw-km und externer Nutzen von 18 ct/Fahrrad-km bzw. 37 ct/Fußweg-km (Gössling et al. 2019).*

gefunden werden – nicht zuletzt, um die möglichen positiven Auswirkungen der Digitalisierung und (Fahrzeug-)Automatisierung auf die Attraktivität dieser Gebiete vollständig zu erschließen. Erschwert wird der Einsatz digitaler Technologien im ländlichen Raum derzeit noch durch eine mangelhafte Netzabdeckung. Außerdem ist das Mobilitätsangebot auf dem Land insgesamt noch sehr begrenzt.

Im Folgenden werden die Potenziale emissionsarmer Antriebe sowie von Digitalisierungs- und Automatisierungsmaßnahmen zur Umsetzung einer nachhaltigen Mobilität am Beispiel Deutschland erläutert und bezüglich ihres Beitrages zum Klima- und Umweltschutz und zur Bewältigung offener Herausforderungen diskutiert sowie konkrete Umsetzungsbeispiele vorgestellt. Anschließend werden die Themenkreise im Hinblick auf Synergien miteinander und innerhalb des gesamten Verkehrssystems betrachtet. Es wird gezeigt, welche Voraussetzungen für die dauerhaft erfolgreiche Umsetzung einer nachhaltigen und gleichzeitig nutzungsfreundlichen Mobilität geschaffen werden müssen.

Elektrifizierung und alternative Kraftstoffe

Der Fahrzeugbestand in der Europäischen Union umfasste 2018 rund 268 Millionen Personenkraftwagen sowie 40 Millionen Nutzfahrzeuge, bei denen der Anteil alternativer Antriebe seit 2007 stetig steigt. Dieser Trend wird in den kommenden Jahren deutlich zunehmen, da die EU entsprechende Maßnahmen zur Reduzierung der CO_2-Emissionen ergriffen hat.

Die Neuregelung der EU für Pkw und leichte Nutzfahrzeuge soll dafür sorgen, dass Neuwagen ab 2030 durchschnittlich 37,5 Prozent weniger CO_2 im Vergleich zu 2021 ausstoßen (Europäische Kommission 2019a). Bei schweren Nutzfahrzeugen ist eine Reduktion der CO_2-Emissionen von neuzugelassenen Fahrzeugen bis 2030 um 30 Prozent gegenüber dem Stand von 2019 vorgesehen (Europäische Kommission 2019b).

Um die gesetzten Ziele zur CO_2-Minderung bei Pkw und leichten Nutzfahrzeugen zu erreichen, bedeutet dies gemäß einer Studie des McKinsey Center for Future Mobility, dass die jährlichen Neuzulassungen elektrisch aufladbarer Fahrzeuge (batterieelektrische Autos und Plug-in-Hybride) von rund 0,33 Millionen im Jahr 2018[42], bzw. 0,49 Millionen im Jahr 2019[43], auf bis zu 6,2 Millionen im Jahr 2030 ansteigen. Anders gesagt: Der Gesamtbestand von rund einer Million Fahrzeuge im Jahr 2018 müsste auf etwa 33 Millionen Fahrzeuge anwachsen (Cornet et al. 2019).

---

[42] *Davon circa 0,31 Millionen Pkw und circa 0,02 Millionen leichte Nutzfahrzeuge (ACEA).*

[43] *Davon circa 0,46 Millionen Pkw und circa 0,03 Millionen leichte Nutzfahrzeuge (ACEA).*

Die CO_2-Emissionen schwerer Nutzfahrzeuge und Busse machen in der EU rund 6 Prozent aller CO_2-Emissionen und rund 27 Prozent der CO_2-Emissionen des Straßenverkehrs aus (Rat der Europäischen Union 2019). Bei den schweren Nutzfahrzeugen lag der Anteil der mit Diesel betriebenen zugelassenen mittelschweren und schweren Lastkraftwagen (mehr als 3,5 Tonnen) in der EU bei 97,9 Prozent, während der Anteil benzinbetriebener bei nur 0,1 Prozent lag. Der Anteil alternativer Antriebe (APV) lag insgesamt bei 2 Prozent des EU-Marktes. Dabei machten elektrisch aufladbare Fahrzeuge (ECV[44]) 0,2 Prozent der gesamten Neuzulassungen aus. Die Neuzulassungen von ECV stiegen somit von 357 Lkw im Jahr 2018 auf 747 im Jahr 2019. Der überwiegende Anteil schwerer Nutzfahrzeuge mit alternativen Kraftstoffen entfällt auf Erdgas betriebene Fahrzeuge[45] (European Automobile Manufacturers' Association 2020b).

Im Bereich der Busse lag der Anteil der mit Diesel betriebenen zugelassenen mittelschweren und schweren Busse (über 3,5 Tonnen) in der EU bei 85 Prozent, während der Anteil benzinbetriebener bei nahe Null lag. APVs hatten insgesamt einen Anteil von 15 Prozent des EU-Marktes, wobei ECVs 4 Prozent der gesamten Neuzulassungen ausmachten. Die Neuzulassungen von ECVs stiegen somit von 594 Bussen im Jahr 2018 auf 1607 im Jahr 2019. Hybridbusse (HEV) hatten einen Marktanteil von 4,8 Prozent. Der verbleibende Anteil von 6,2 Prozent entfällt überwiegend auf erdgasbetriebene Busse (European Automobile Manufacturers' Association 2020a).

Dies bedeutet, dass im Verkehrssektor noch immer zu mehr als 90 Prozent Kraftstoffe aus Mineralöl verwendet werden. Biokraftstoffe und Strom spielen bislang nur eine untergeordnete Rolle.

Nachhaltigkeit alternativer Antriebstechnologien und Kraftstoffe

Es gibt inzwischen zahlreiche Werkzeuge, um CO_2-Emissionen im Straßenverkehr zu reduzieren; sie ermöglichen den Übergang zu emissionsarmen alternativen Antrieben ebenso wie eine weitere Steigerung der Effizienz konventioneller Fahrzeuge. In allen Fällen treibt Strom aus erneuerbaren Quellen die Autos entweder direkt oder indirekt an.

Mehrere Optionen zur direkten und indirekten Nutzung von Strom im Verkehr sind denkbar (Blanck et al. 2013):

- direkte Nutzung von Strom ohne Zwischenspeicherung (zum Beispiel über Oberleitungen) oder mit Zwischenspeicherung (zum Beispiel in Batterien von elektrisch betriebenen Fahrzeugen)

---

[44] *Elektrisch aufladbare Fahrzeuge (ECV) umfassen batterielektrische Elektrofahrzeuge, Brennstoffzellen-Elektrofahrzeuge, Fahrzeuge mit Range Extender und Plug-in-Hybride.*

[45] *98 Prozent davon waren mit Erdgas betriebene Fahrzeuge.*

- indirekte Nutzung von Strom zur Erzeugung von Kraftstoffen [zum Beispiel flüssige Kraftstoffe (Power-to-Liquid: PtL), gasförmige Kraftstoffe (Power-to-Gas: PtG) und Wasserstoff (Power-to-Hydrogen: PtH_2)].

Beide Entwicklungswege unterscheiden sich teilweise sehr hinsichtlich Nutzungsrestriktionen, Energieeffizienz, Entwicklungsstand der Anwendungstechnologien, benötigter Infrastruktur, Möglichkeiten zur Stromspeicherung und Kosten. Dies ist insofern von Bedeutung, dass der Verkehr nicht der einzige Sektor ist, der zur Erreichung der Klimaschutzziele von fossilen Brennstoffen, entweder flüssig oder gasförmig, auf erneuerbar erzeugten Strom umsteigen muss, entweder als Energieträger oder als Rohstoff zur Herstellung von Brennstoffen. Wegen des hohen spezifischen Stromverbrauchs für die Herstellung strombasierter Energieträger ist die Art und Weise der Stromerzeugung der entscheidende Faktor für die Treibhausgasemission. Der weitere Ausbau erneuerbarer Energiequellen verbessert nicht nur die Klimabilanz neuzugelassener batterieelektrischer Fahrzeuge, sondern verringert auch die Treibhausgasemissionen bei der Herstellung von PtL, PtG und PtH_2.

Letztendlich gilt der Grundsatz „Efficiency First". Technisch gesehen ist eine direkte Nutzung erneuerbarer Energiequellen oft effizienter und kostengünstiger als die indirekte Nutzung von Strom zur Erzeugung von Kraftstoffen wie PtL, PtG oder PtH_2. Bei der Stromumwandlung ist besonders auf die Stromherkunft zu achten. Der Unterschied zwischen den Optionen zur direkten und indirekten Nutzung von Strom im Verkehr kann beim Strombedarf mehrere Größenordnungen betragen (Transport & Environment 2018). Abb. 7.1 zeigt die Effizienz der Nutzung von erneuerbarem Strom im Pkw unter Berücksichtigung möglicher zukünftiger Effizienzgewinne.

Die Effizienz der Nutzung von Strom aus erneuerbaren Energiequellen spiegelt sich direkt in den Treibhausgasemissionen der verschiedenen Antriebstechnologien wider. So zeigt die Studie „Klimabilanz von strombasierten Antrieben und Kraftstoffen" (Agora Verkehrswende 2019b), dass ein Fahrzeug der Kompaktklasse mit Brennstoffzelle und elektrolytisch hergestelltem Wasserstoff aus deutschem Strommix (indirekte Nutzung von Strom) nach einer Fahrleistung von 150.000 Kilometern 75 Prozent mehr Treibhausgasemissionen verursacht als ein nur mit Batterie betriebener Pkw mit 35 kWh Batteriekapazität (direkte Nutzung von Strom mit Zwischenspeicherung). Im Vergleich zu einem Dieselfahrzeug liegen die Treibhausgasemissionen eines mit Wasserstoff betriebenen Fahrzeugs um rund 50 Prozent höher.

Ganz allgemein lässt sich der Vorteil von „Efficiency First", hier also einer direkten Stromnutzung gegenüber einer indirekten Stromnutzung, auch auf die weiteren Verkehrsträger auf der Straße übertragen. Die Realisierung von Energieeffizienzpotenzialen ist somit essenziell für eine Reduktion der Treibhausgase im Verkehr. Weitreichende Maßnahmen, basierend auf direkter oder indirekter Elektrifizierung, ermöglichen eine nachhaltige Mobilität (Wietschel et al. 2018). Im Personen- und

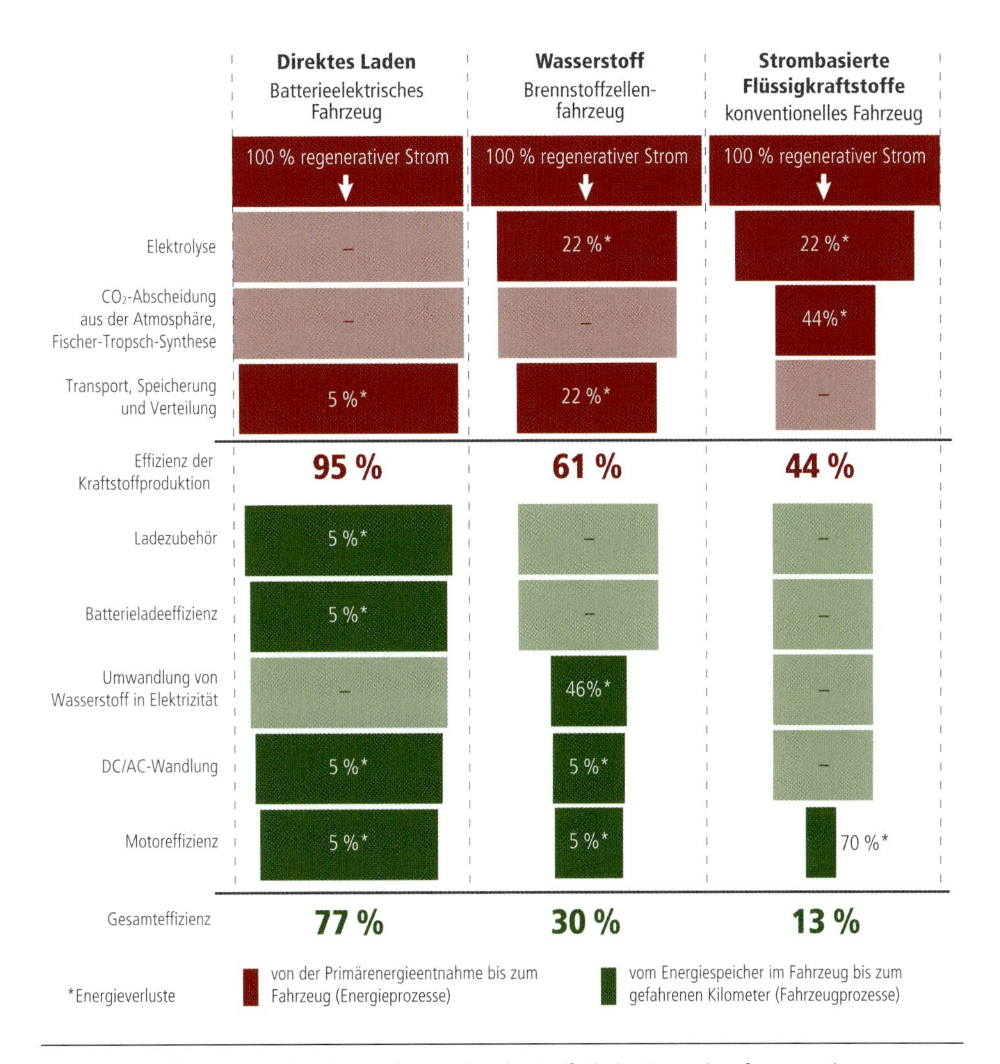

Abb. 7.1 Effizienz verschiedener Pkw-Technologiepfade basierend auf erneuerbar erzeugtem Strom. (Eigene Darstellung nach Transport & Environment 2018)

leichten Güterverkehr spielen vor allem batterieelektrische Fahrzeuge eine große Rolle (Ziel 2030: 10 bis 30 Prozent Pkw im Bestand, 2050: 30 bis 70 Prozent). Zudem kann der Schienenverkehr für bestimmte Technologien wie die Brennstoffzelle ein wichtiger Einstiegsmarkt sein. Im Bereich schwerer Nutzfahrzeuge bieten batterieelektrische Antriebe (Nahverkehr) und Oberleitung, Wasserstoff und synthetische Kraftstoffe (Personenfern- und Güterverkehr) die besten Einsatzmöglichkeiten (Wietschel et al. 2018).

Batterieelektrische Busse im ÖPNV

Auch wenn der straßengebundene ÖPNV an den gesamten Verkehrsemissionen nur einen geringen Anteil hat, so ist dieser in absoluten Zahlen nicht zu vernachlässigen. Zudem nimmt der Nahverkehrsbus mit 80 Gramm CO_2-Ausstoß pro Personenkilometer Platz drei im Vergleich aller Personenbeförderungsmittel nach Flugzeug und Pkw ein (Umweltbundesamt 2020). Darüber hinaus bestehen ÖPNV-Busflotten in Deutschland und Europa nicht unbedingt aus den neuesten modernen „EURO VI"-Dieselfahrzeugen. Bei einer üblichen Fahrzeugnutzungsdauer zwischen zehn und 15 Jahren sind auch heute noch ohne Weiteres „EURO II–V"-Fahrzeuge in den Nahverkehrsflotten zu finden, die nicht unwesentlich zur Belastung der Innenstädte mit NO_x und Feinstaub beitragen.

Deshalb lohnt sich ein genauerer Blick auf die Klima- und Umweltentlastungspotenziale von rein batterieelektrischen Bussen im ÖPNV. Unter der Annahme, dass ein moderner 12-Meter-Dieselbus im städtischen Nahverkehr rund 60.000 Kilometer zurücklegt und 40 Liter Treibstoff pro Kilometer verbraucht, kann dessen Ersatz mit einem rein batterieelektrisch betriebenen Bus etwa 61 Tonnen CO_2 pro Jahr einsparen.[46] Die gesamte Nahverkehrsbusflotte in Deutschland besteht aus rund 45.600 Fahrzeugen (Statistisches Bundesamt 2020). Würde nur die Hälfte elektrisch fahren, würde der CO_2-Ausstoß aus dem straßengebundenen ÖPNV um mehr als 1,4 Millionen Tonnen jährlich sinken. Dies gilt natürlich wie bei anderen Fahrzeugen auch nur dann, wenn der Strom für die Elektrobusse zu 100 Prozent aus erneuerbaren Energiequellen stammt.

Der Betrieb der Elektrobusse ist darüber hinaus lokal schadstoffemissionsfrei, vorausgesetzt es gibt keine mit fossilen Kraftstoffen betriebenen Nebenaggregate. Ein weiterer wesentlicher Vorteil ist der geräuschlose Elektromotor, der insbesondere bei der Anfahrt der Busse für eine bedeutende Lärmreduzierung sorgt. Insgesamt können Elektrobusse also vor allem in Ballungsräumen nicht nur zum Klimaschutz, sondern wesentlich zur Verbesserung der Lebensqualität beitragen.

Oberleitungsgebundene schwere Nutzfahrzeuge

Im Jahr 2018 hatte der Güterverkehr auf der Straße in Deutschland einen Anteil von über 70 Prozent an der Gesamttransportleistung (Allianz pro Schiene 2020). Zwar ist ein deutlicher Ausbau des Schienengüterverkehrs sowohl durch Erweiterung der Infrastruktur als auch durch Verdichtung des Verkehrs zu erwarten, doch dieser Effekt wird nach Prognosen des Umweltbundesamtes (Bergk et al. 2016) durch eine deutliche Zunahme des Gesamtgüterverkehrs weitestgehend kompensiert. Demnach

[46] *Umrechnungsfaktor 2,56 kg/Liter Diesel.*

werden selbst im optimalen Szenario im Jahr 2050 weiterhin mindestens 60 Prozent der Güter auf der Straße transportiert. Dies zeigt, dass auch im straßengebundenen Güterverkehr ein Wechsel von den bisher dominanten dieselbetriebenen Fahrzeugen hin zu alternativen Antrieben notwendig ist, um die Ziele der Bundesregierung zur Verringerung der CO_2-Emissionen von 42 Prozent im Vergleich zu 1990 bis 2030 erreichen zu können.

Wie bereits dargelegt, ist die direkte Nutzung von Strom aus erneuerbaren Energien deutlich effizienter als die indirekte Nutzung, wie bei PtL, PtG oder PtH_2. Begrenzte Reichweiten, lange Ladezeiten und hohes Gewicht von Batterien machen jedoch die Nutzung von batterieelektrischen Fahrzeugen in vielen Anwendungsszenarien für Speditionen unwirtschaftlich. Eine direkte Bereitstellung von Strom über Oberleitungen an den Fahrbahnen ermöglicht hingegen die effektive Nutzung von klimaneutralem Strom aus erneuerbaren Energien. Dafür werden im Fahrzeug auch nur vergleichsweise kleine Batterien benötigt.

Derzeit wird die Nutzung von Oberleitungen für den Güterverkehr auf zwei jeweils fünf Kilometer langen Teststrecken auf der A5 in Hessen (Hessen Mobil – Straßen- und Verkehrsmanagement 2020) sowie der A1 in Schleswig-Holstein (Forschungs- und Entwicklungszentrum Fachhochschule Kiel GmbH 2020) unter Realbedingungen erprobt. Eine weitere Teststrecke wird auf der B462 in Baden-Württemberg (Ministerium für Verkehr Baden-Württemberg 2020) voraussichtlich im Jahr 2020 fertiggestellt. Im Rahmen der vom Bundesministerium für Umwelt, Naturschutz und nukleare Sicherheit geförderten Forschungsprojekte nutzen Speditionen Oberleitungs-Hybrid-Lkw mit Dieselmotor. Die Fahrzeuge können mit einem Pantografen an die Oberleitung ankoppeln und elektrisch fahren sowie die Batterien laden. Nicht mit Oberleitungen ausgestattete Streckenabschnitte können entweder mit geladener Batterie oder mit dem Dieselantrieb überbrückt werden.

Denkbar sind je nach Anwendungsfall auch Hybridvarianten mit alternativen Antrieben wie Brennstoffzellen oder rein batterieelektrische Kombinationen aus Pantograf und Batterie mit größerer Kapazität sowie die Nutzung der Oberleitung durch weitere Fahrzeugklassen wie etwa Fernbusse. Erste Ergebnisse der Feldtests zeigen die Praxistauglichkeit des Systems. Entsprechend einer Studie des Öko-Instituts (Hacker et al. 2020) könnten durch die Elektrifizierung eines etwa 4000 Kilometer langen Kernnetzes der insgesamt 13.000 Kilometer Autobahn in Deutschland eine jährliche CO_2-Ersparnis von bis zu 6 Millionen Tonnen bis 2030 erreicht werden. Bis zum Jahr 2040 wird ein Minderungspotenzial von bis zu 12 Millionen Tonnen jährlich genannt, was mehr als ein Drittel der aktuellen Emissionen des schweren Straßengüterverkehrs wäre.

Digitalisierung und Automatisierung

Neben der Anwendung emissionsarmer und effizienter Antriebstechnologien lassen sich mit Hilfe von Digitalisierung und Automatisierung umfangreiche Potenziale einer nachhaltigeren Mobilität erschließen. Entsprechende Maßnahmen können sowohl die Wirkung emissionsarmer Antriebe verbessern – beispielsweise durch die Einführung und Optimierung der Elektrobuseinsatzplanung im Rahmen eines digitalen Betriebsmanagements – als auch die Nutzung umweltfreundlicher und geteilter Mobilitätsformen steigern.

Digitalisierung hat sich vor allem im Laufe der 2000er-Jahre als zentrales Modernisierungswerkzeug etabliert und die Wirksamkeit ist mit der Verfügbarkeit neuer Technologien stetig gestiegen – im Mittelpunkt steht dabei das mittlerweile omnipräsente Smartphone. Damit einher gehen scheinbar unendlichen Datenmengen, die wiederum durch entsprechende Hard- und Softwareentwicklungen, bis hin zu Methoden der Künstlichen Intelligenz (KI), zahlreiche neue Anwendungen ermöglicht haben.

Digitalisierung ist aber nicht zwangsläufig nachhaltig – welche Möglichkeiten Digitalisierungsmaßnahmen im Verkehrsbereich bieten und welche Besonderheiten bei der nachhaltigen Gestaltung beachtet werden müssen, kann anhand der folgenden Beispiele verdeutlicht werden:

Verkehrsmanagement

Dank einer weitreichenden Automatisierung der Verkehrsmengenerfassung verfügen insbesondere Städte zeitlich und örtlich über eine präzise Kenntnis der Verkehrslage. Zusammen mit der zunehmenden Vernetzung von Verkehrsinfrastruktur (vor allem Lichtsignalanlagen) und der Modernisierung von Verkehrsleitzentralen kann die Verkehrssteuerung (quasi-)instantan und anhand komplexer Verkehrsmodelle erfolgen. Die somit ermöglichte Verflüssigung des Verkehrs kann, ohne weitere Steuerungsparameter und -vorgaben, die Attraktivität des motorisierten Individualverkehrs steigern. Unter Berücksichtigung weiterer Umweltparameter (Meteorologie- und Luftqualitätsdaten) oder mittels der Bevorrechtigung des ÖPNV wird in vielen Städten jedoch bereits heute eine umweltsensitive Verkehrssteuerung umgesetzt, um sicherzustellen, dass die Verkehrsbelastung vor allem in begrenzten urbanen Räumen auf ein Minimum reduziert wird. Mit dem weiteren Ausbau einer Fahrzeug-zu-Fahrzeug- und Fahrzeug-zu-Infrastruktur-Vernetzung und der entsprechenden Fahrzeugautomatisierung lässt sich künftig eine noch höhere Koordination und Effizienz im Straßenverkehr erreichen.

Digitalisierung des ÖPNV

Als umweltfreundlichere und platzsparende Alternative zum motorisierten Individualverkehr (MIV) bietet der ÖPNV in Kommunen ein großes Potenzial als nachhaltige Mobilitätslösung. Viele Digitalisierungsmaßnahmen zielen auf die Steigerung der Attraktivität des ÖPNV ab, um Anreize für den Umstieg vom motorisierten Individualverkehr (MIV) zu setzen. Breite Anwendung finden inzwischen zum Beispiel „On-Demand"-Verkehre. Ein wesentlicher Nachteil des ÖPNV im Vergleich zum MIV beruht auf der mangelnden Abdeckung von „Door-to-door"-Reiserouten. Diese Lücke kann geschlossen werden, indem einzelne Wohnadressen oder ganze Bediengebiete mit Ruffahrzeugen angeschlossen werden. Solche mit dem Smartphone buchbaren Angebote werden bereits in vielen deutschen Städten erprobt und entweder als Zusatzangebot im Tarifverbund oder für eine geringe Nutzungspauschale bereitgestellt. Derartige Angebote können sowohl innerstädtischen Verkehr als auch Pendlerverkehr aus Randgebieten entlasten und zudem die Mobilität in ländlichen Regionen fördern. Nicht zuletzt für Bevölkerungsgruppen mit eingeschränkter Mobilität, wie Ältere oder Kranke, kann dies die Lebensqualität erheblich erhöhen. Der ökologische Mehrwert ist besonders groß, wenn Fahranfragen kombiniert werden und es somit zu einem „Ride Sharing" statt zum „Ride Hailing" kommt. On-Demand-Angebote können zudem zukünftig durch den Einsatz automatisierter Fahrzeuge deutlich erweitert werden, erprobt werden solche Angebote bereits an vielen Standorten (Verband Deutscher Verkehrsunternehmen 2020).

Fahrzeugautomatisierung

Im Zuge der Digitalisierung lässt sich auch die Automatisierung des Straßenverkehrs weiter vorantreiben (European Commission 2019). Die entsprechenden Themen in Forschung und Entwicklung reichen von der Sensorik und Verarbeitung der Datenflut mit Methoden der KI über Planung und Steuerung, Vernetzung, Sicherheit und Validierung bis hin zu rechtlichen, wirtschaftlichen, sozialen und ethischen Fragestellungen und schließlich zu grundsätzlichen Überlegungen zur Mensch-Maschine-Interaktion (COSMOS 2020). Zunächst leistet die Umstellung von konventionellen Fahrzeugen zu automatisierten Fahrzeugen – bis auf eventuelle Effizienzsteigerungen durch ein besseres Verkehrsmanagement – keinen signifikanten Beitrag zur Umweltverbesserung. Autonome Fahrzeuge, die immer und überall verfügbar sind, können sogar eine deutliche Zunahme des Straßenverkehrs und somit eine hinsichtlich der Nachhaltigkeitsziele konträre Entwicklung bewirken (Kellett et al. 2019). Allerdings birgt Automatisierung das Potenzial, die Gesamtzahl der Fahrzeuge signifikant zu verringern: Mit nur 3 Prozent der heute vorhandenen Fahrzeugflotte ließen sich die Mobilitätsbedürfnisse abdecken und somit Flächen- und Energieverbrauch sowie die Emissionen im Verkehr deutlich reduzieren. Dies setzt freilich voraus, die Fahrzeuge zu teilen und gemeinsam zu nutzen (Agora Verkehrswende 2017). Die Fahrzeugautomatisierung kann zudem dazu beitragen, Mobilität inklusiver zu gestalten, die Sicherheit im Straßenverkehr zu erhöhen und in der Folge die ökonomischen Kosten deutlich zu reduzieren sowie den Platzbedarf für den Verkehr effizienter zu gestalten (Wittpahl 2019).

Die angeführten Beispiele zeigen, dass Automatisierungs- und Digitalisierungsmaßnahmen für die Steigerung der Umweltverträglichkeit und des gesellschaftlichen Nutzens der Mobilität große Optimierungspotenziale bieten, zum Teil aber auch nicht nachhaltige Entwicklungen bewirken können. Für die Erreichung der Nachhaltigkeitsziele im Einklang mit der Erfüllung der Bedürfnisse der Nutzer:innen sowie zur Ableitung von Handlungsbedarfen und -empfehlungen ist daher eine Systembetrachtung erforderlich.

Multimodalität für ein Gesamtsystem Mobilität

Im vergangenen Jahrzehnt kam es auf Grundlage bezahlbarer Digitaltechnik geradezu zu einer Explosion von neuartigen Mobilitätsangeboten. Dazu zählen insbesondere Ride-, Car-, Bike- und Scooter-Sharing sowie elektrische Tretroller. In der Folge entstand ein multimodales Angebot, das den Kunden deutlich mehr Optionen als bislang für den Weg von A nach B bietet. Um nun unterschiedliche Verkehrsmittel zu kombinieren, werden zentrale Plattformen und spezielle Apps entwickelt, mit denen sich zukünftig dann anbieterübergreifend multimodale Routen planen, buchen und abrechnen lassen. Solche Plattformen eignen sich hervorragend dazu, umweltfreundliche Reiserouten durch geringe Nutzungskosten zu priorisieren – wenn es gelingt, die Preise der unterschiedlichen Mobilitätsformen an ihre gesamtwirtschaftlichen Kosten zu binden. In vielen Städten wird die Nutzung multimodaler Angebote schon durch die Bereitstellung von Umsteigepunkten unterstützt. Beispielsweise ermöglichen Mobilitäts-Hubs in Hamburg („switchh") und Berlin („Jelbi-Stationen") an Stationen des ÖPNV-Netzes den Umstieg zwischen ÖPNV und Sharing-Angeboten.

Laut der Studie Mobilität in Deutschland (Nobis 2019) benutzten im Jahr 2017 nur 36 Prozent der befragten Personengruppen mehr als ein Verkehrsmittel. Im Gegensatz dazu zeigt sich mit 45 Prozent auch hier eine klare Präferenz zur individuellen Autonutzung. Um diesem Trend entgegenzuwirken und ein nachhaltiges Mobilitätsverhalten zu fördern, ist eine Verschiebung weg vom Individualverkehr und somit hin zu einer Gesamtsystemlösung auf Basis von multimodalen Plattformen anstrebenswert. Dies eröffnet die Chance einer komfortablen, nahtlosen, Nutzer:innen-orientierten Nutzung verschiedener Mobilitätsformen (u. a. öffentliche Verkehrsmittel, Sharing-Dienste, aktive Verkehrsmodi) innerhalb eines Weges.

Besonders aktive Verkehrsmodi wie Gehen und Radfahren sind entscheidend für die Entwicklung einer nachhaltigen Mobilität. Tatsächlich gewinnen Pedelec und Lastenrad zunehmend an Interesse und erweitern sowohl den Nutzungsradius als auch den Nutzungszweck von konventionellen Fahrrädern (Nobis 2019). In einer „Stadt der kurzen Wege" mit Zonen statt linearer Infrastruktur, mit verbesserter Nahraumversorgung und stärkerer Nutzungsdurchmischung werden notwendige Verkehrsleistungen reduziert und aktive Verkehrsmodi besonders gefördert (Brunsing 1999). Neben Investitionen in alternative Verkehrsmittel durch ein verbessertes Angebot des öffentlichen Nahverkehrs, sichere und flächendeckende Radverkehrsnetze sowie Abstellinfrastruktur, Förderung von Sharing-Angeboten, die Vernetzung der Verkehrsmittel und die Schaffung attraktiver Fußwege (vgl. Agora Verkehrswende 2017:26 ff) muss die Politik eine an den Nachhaltigkeitszielen orientierte Mobilitätsnutzung fördern. Die Verschärfung von Umweltzonen und Fahrverboten, die Reduzierung von Parkplätzen und die Bepreisung von klimaschädlichem Verkehr sowie die Einführung von Tempolimits können bei einem Einsparungspotenzial von bis zu 25 Millionen Tonnen Treibhausgasen im Jahr 2030 die Verlagerung weg vom privaten Fahrzeug hin zur Multimodalität begünstigen (Agora Verkehrswende 2018, 2017).

Im Güterverkehr können urbane Umschlagflächen, gemeinsame Kurierplattformen sowie gemeinsamer Personen- und Warentransport, intermodale urbane Logistik, urbanes Parkraummanagement und innovative Lösungen für die letzte Meile[47] zu einer signifikanten Steigerung der Nachhaltigkeit führen (Mobility4EU 2017; Agora Verkehrswende 2019b). Um Multimodalität als wichtigen Schritt zur nachhaltigen Mobilität zu fördern, sollten aktive Modi in der Verkehrsführung mit Vorrang umgesetzt werden, gefolgt von öffentlichen Verkehrsmitteln, Lieferverkehr und an letzter Stelle dem privaten Fahrzeug (National Association of City Transportation Officials 2019). Die Priorisierung kann durch intelligente und vernetzte Verkehrssteuerung unterstützt und tageszeitenabhängig angepasst werden.

Umsetzungsperspektiven und Fazit

Das Gesamtsystem Mobilität – bestehend aus Elektrifizierung, Multimodalität (inkl. Sharing-Angeboten), Automatisierung und Digitalisierung (siehe Abb. 7.2) – kann nur im Zusammenspiel der Maßnahmen, durch Ausrichtung an gesellschaftlichen Zielen sowie unter Nutzung moderner Technologien effizient und nachhaltig betrieben werden. Notwendige und überwiegend bereits verfügbare Technologien sind digitale Plattformen zur Integration und zur Abwicklung von Buchungs- und Zahlungsvorgängen, intelligentes Verkehrsmanagement anhand positionsbasierter

---

[47] *Lieferung mit Drohnen, Lastenrädern oder Elektrofahrzeugen, Sharing-Optionen sowie die Nutzung öffentlicher Verkehrsmittel außerhalb der Stoßzeiten.*

Abb. 7.2 Digitalisierung, Vernetzung und Automatisierung sind die Schlüsseltechnologien für die Gestaltung einer nachhaltigen Mobilität. (Quelle: scusi/AdobeStock)

Informationen sowie der Einsatz von KI-Methoden zur adaptiven Steuerung und der intelligenten Energieerzeugung und -speicherung. Ein effizientes Gesamtsystem erfordert in der Regel ein Mindestmaß an Vernetzung zwischen den beteiligten Akteuren sowie gegebenenfalls mit der Infrastruktur und ermöglicht zudem die Nutzung der Vorteile von Automatisierungstechnologien.

Neben der Förderung entsprechender technologischer als auch physischer Infrastruktur[48] zur Umsetzung einer verlässlichen und nahtlosen „Tür-zu-Tür"-Mobilität[49] sind entschlossene politische Vorgaben und ein konsequentes Umdenken des bisherigen

[48] *Sensorik, Ladeinfrastruktur, Umsteigepunkte, multimodale Plattformen etc.*

[49] *Inklusive effizienter Routenplanung, transparenter Ticketkauf, Echtzeit-Reiseinformation, personalisierte On-Demand-Angebote etc.*

Emissionsverhaltens[50] notwendig. Weiterhin ist ein Paradigmenwechsel von „schnell und allein genutzt" hin zu „emissionsfrei, effizient, sicher, adaptiv, nahtlos, zugängig, ökonomisch nachhaltig, flexibel und verlässlich" Voraussetzung für die Umsetzung einer nachhaltigen Mobilität. Dieser Ansatz verabschiedet sich vom Streben nach individuellem Fahrzeugbesitz, betont kollektive Funktionen und zeichnet sich zudem durch eine multimodale und interoperable Durchlässigkeit zwischen den Verkehrsträgern aus und zwar sowohl im Personen- wie im Güterverkehr.

Ökonomische Steuerungsmechanismen wie dynamische Straßennutzungsgebühren, Parkraummanagement und höhere Steuern für Autobesitzer sowie Fahrverbote in Innenstädten und Tempo 30 als Regelgeschwindigkeit innerorts könnten eine wichtige Rolle bei der Förderung von „lebenswerten Städten" spielen (Randelhoff 2019; Agora Verkehrswende 2018) und somit zur besseren räumlichen und zeitlichen Verteilung der Verkehrsströme sowie einer Verlagerung auf andere Verkehrsmittel beitragen.

Der für die Preisgestaltung notwendige Vergleich der gesamtgesellschaftlichen Kosten kann in vielen Punkten direkt erfolgen, zum Beispiel beim Vergleich des urbanen Platzbedarfs eines Verkehrsmittels pro Nutzer:in. Aber auch indirekte Indikatoren, wie etwa die Bewertung der Gesundheitskosten, können zum Ansatz gebracht werden, denn ein nachhaltiges Mobilitätssystem sollte die ökonomischen, sozialen und ökologischen Anforderungen verschiedener Nutzungsgruppen berücksichtigen und im ökologisch vertretbaren Rahmen bestmöglich bedienen. Die Gestaltung des Mobilitätssystems sollte daher im Dialog zwischen allen beteiligten Gruppen und mit dem Ziel der Erreichung der Nachhaltigkeitsziele erfolgen. Und da die Lage eine abrupte Verkehrswende erfordert, sollte die Diskussion nicht am Status quo ausgerichtet sein und allen Gruppen eine gleichberechtigte Teilhabe ermöglichen. Kommunale Entscheidungsträger:innen müssen bereit sein, die notwendigen Schritte zur Stärkung nachhaltiger Mobilitätsformen einzuleiten.

Dass allerdings der Wandel eines über Jahrzehnte gewachsenen Verkehrssystems nicht ohne Weiteres über Nacht gelingt, zeigen die vielen Maßnahmen, die kurzfristig bei der Lockerung des gesellschaftlichen Stillstands während der Covid-19-Pandemie eingeleitet wurden (POLIS 2020; Laker 2020). Die Handlungsfähigkeit staatlicher Institutionen kann erhöht werden, wenn die freie Mobilitätsdatenverfügbarkeit sichergesellt ist. Als Vorbild kann zum Bespiel der vom Los Angeles Department of Transportation (LADOT) initiierte und von der kommunengestützten „Open

[50] *Bei der Stromerzeugung wurde beispielweise zunächst auf den (staatlichen) Ausbau erneuerbarer Energiequellen und, sobald ein Niedrigemissionsangebot geschaffen wurde, auf überwiegend nach wirtschaftlichen Gesichtspunkten getroffenen (Grundsatz-)Entscheidungen zur Energiewahl auf Nutzerseite gesetzt.*

Mobility Foundation" entwickelte Standard „Mobility Data Specification" (MDS) (Open Mobility Foundation 2018) für den Datenaustausch zwischen Stadtverwaltungen und Mobilitätsanbietern dienen. Erste Ansätze zur Nutzung sind auch bereits in Europa (speziell Deutschland) zu finden (Radforschung 2019). Freie Datenverfügbarkeit, aber auch freie (Open-Source-)Lizenzen für Software und Quellcode können einerseits durch die breite Beteiligung der Öffentlichkeit die Entwicklung neuer und nachhaltiger Mobilitätsangebote beschleunigen und andererseits das Risiko eines (privaten) Angebotsmonopols minimieren (Behrendt und Bormann 2020). Dieses Vorgehen kann politisch bestärkt werden, wenn die Förderung im Mobilitätsbereich an die freie Daten- und Quellcodebereitstellung gekoppelt wird (Kirschner 2020). In Europa strebt beispielsweise die „MaaS Alliance"[51] die Integration verschiedener Verkehrsmittel in ein übergeordnetes On-Demand-Mobilitätssystem unter Einbezug von Verkehrsunternehmen, Dienstleistern, Kommunen und Nutzer:innen an.

Aber nicht nur innerhalb des Verkehrssektors gilt es, Synergiepotenziale aufzuzeigen und zu nutzen. Sektorenkopplung ist ein wichtiger Faktor für die Senkung der Treibhausgasemissionen durch Substitution fossiler Energieträger mit (primär) erneuerbaren in den Sektoren Wärme, Mobilität und Industrie. Sekundäre Ziele der Sektorenkopplung können in der Nutzung von Freiheitsgraden der Optimierung innerhalb eines zunehmend und perspektivisch vollständig dekarbonisierten Energie- und Wirtschaftssystems sowie durch einen Beitrag zur Flexibilisierung und Energieeffizienzsteigerung entstehen (Winter 2018). Im Verkehrssektor gibt es die folgenden Sektorenkopplungsoptionen: direkte Nutzung von erneuerbarem Strom – mit und ohne Zwischenspeicherung, indirekte Nutzung von erneuerbarem Strom zur Erzeugung von Kraftstoffen (zum Beispiel PtL, PtG) und Wasserstoff (PtH_2) und Biomasse (Wietschel 2019). Zudem tragen Sektorenkopplungsoptionen zur Erhöhung der Energieeffizienz und durch ihr hohes Flexibilitätspotenzial zur Systemintegration von erneuerbaren Energien bei.

Nach einem halben Jahrhundert, in dem Mobilität von Globalisierung und Wachstum bestimmt und nicht (ausreichend) nachhaltig ausgerichtet wurde, bewirkt sie deutliche Klimaschäden, ist unzureichend inklusiv und verringert besonders in konzentrierten urbanen Räumen die Lebensqualität. Emissionsarme Antriebstechnologien sowie Digitalisierung und Automatisierung können, klug genutzt, zu einer nachhaltigen Mobilität beitragen.

[51] *https://maas-alliance.eu/.*

Literatur

Agora Verkehrswende (2017): Mit der Verkehrswende die Mobilität von morgen sichern. 12 Thesen zur Verkehrswende. Online verfügbar unter https://www.agora-verkehrswende.de/fileadmin/Projekte/2017/12_Thesen/Agora-Verkehrswende-12-Thesen_WEB.pdf, zuletzt geprüft am 10.05.2020.

Agora Verkehrswende (2018): Klimaschutz im Verkehr: Maßnahmen zur Erreichung des Sektorziels 2030. Online verfügbar unter https://www.agora-verkehrswende.de/fileadmin/Projekte/2017/Klimaschutzszenarien/Agora_Verkehswende_Klimaschutz_im_Verkehr_Massnahmen_zur_Erreichung_des_Sektorziels_2030.pdf, zuletzt geprüft am 10.05.2020.

Agora Verkehrswende (2019a): Ausgeliefert – wie die Waren zu den Menschen kommen. Zahlen und Fakten zum städtischen Güterverkehr. Online verfügbar unter https://www.agora-verkehrswende.de/fileadmin/Projekte/2019/Staedtischer-Gueterverkehr/Agora-Verkehrswende_staedtischer-Gueterverkehr_03.pdf, zuletzt geprüft am 10.05.2020.

Agora Verkehrswende (2019b): Klimabilanz von strombasierten Antrieben und Kraftstoffen. Online verfügbar unter https://www.agora-verkehrswende.de/veroeffentlichungen/klimabilanz-von-strombasierten-antrieben-und-kraftstoffen-1/, zuletzt geprüft am 30.04.2020.

Allianz pro Schiene (2020): Marktanteil der Eisenbahn am Güterverkehr in Deutschland. Online verfügbar unter https://www.allianz-pro-schiene.de/themen/gueterverkehr/marktanteile/, zuletzt aktualisiert am 11.05.2020, zuletzt geprüft am 11.05.2020.

Behrendt, Siegfried; Bormann, René (2020): Mobilitätsdienstleistungen gestalten. Beschäftigung, Verteilungsgerechtigkeit, Zugangschancen sichern. Bonn: Friedrich-Ebert-Stiftung, Abteilung Wirtschafts- und Sozialpolitik (WISO Diskurs, 04/2020).

Bergk, Fabian; Biemann, Kirsten; Heidt, Christoph; Ickert, Lutz; Knörr, Wolfram; Lambrecht, Udo et al. (2016): Klimaschutzbeitrag des Verkehrs bis 2050. Online verfügbar unter https://www.umweltbundesamt.de/sites/default/files/medien/1410/publikationen/texte_56_2016_klimaschutzbeitrag_des_verkehrs_2050_getagged.pdf, zuletzt geprüft am 10.05.2020.

Blanck, Ruth; Kasten, Peter; Hacker, Florian; Mottschall, Moritz (2013): Treibhausgasneutraler Verkehr 2050: Ein Szenario zur zunehmenden Elektrifizierung und dem Einsatz stromerzeugter Kraftstoffe im Verkehr. Online verfügbar unter https://www.oeko.de/publikationen/p-details/treibhausgasneutraler-verkehr-2050-ein-szenario-zur-zunehmenden-elektrifizierung-und-dem-einsatz-st, zuletzt geprüft am 30.04.2020.

Brunsing, Jürgen (Hg.) (1999): Stadt der kurzen Wege: zukunftsfähiges Leitbild oder planerische Utopie? Dortmund: IRPUD.

Bundesministerium für Umwelt, Naturschutz und nukleare Sicherheit (2018): Klimaschutz in Zahlen. Online verfügbar unter https://www.bmu.de/fileadmin/Daten_BMU/Pools/Broschueren/klimaschutz_in_zahlen_2018_bf.pdf, zuletzt geprüft am 10.05.2020.

Cornet et al. (2019): Report Race2050 – A Vision for the European automotive industry. McKinsey Center for Future Mobility.

COSMOS (2020): D3.2 – Prioritised list of R&D&I topics.

Europäische Kommission (2019a): EU-Mitgliedstaaten beschließen neue CO2-Grenzwerte für Autos – Deutschland – European Commission. Online verfügbar unter https://ec.europa.eu/germany/news/20190415-co2-grenzwerte_de, zuletzt aktualisiert am 15.04.2019+02:00, zuletzt geprüft am 11.05.2020.

Europäische Kommission (2019b): Parlament und EU-Staaten einigen sich auf erste CO2-Vorgaben für LKW – Deutschland – European Commission. Online verfügbar unter https://ec.europa.eu/germany/news/20190219-co2-vorgaben-lkw_de, zuletzt aktualisiert am 19.02.2019+01:00, zuletzt geprüft am 11.05.2020.

European Automobile Manufacturers' Association (2020a): Fuel types of new buses: diesel 85 %, hybrid 4.8 %, electric 4 %, alternative fuels 6.2 % share in 2019. Online verfügbar unter https://www.acea.be/press-releases/article/fuel-types-of-new-buses-diesel-85-hybrid-4.8-electric-4-alternative-fuels-6, zuletzt geprüft am 11.05.2020.

European Automobile Manufacturers' Association (2020b): Fuel types of new trucks: diesel 97.9 %, electric 0.2 %, hybrid 0.1 % market share in 2019. Online verfügbar unter https://www.acea.be/press-releases/article/fuel-types-of-new-trucks-diesel-97.9-electric-0.2-hybrid-0.1-market-share-i, zuletzt geprüft am 11.05.2020.

European Commission (2019): The European Green Deal. Online verfügbar unter https://eur-lex.europa.eu/legal-content/EN/TXT/?qid=1588580774040&uri=CELEX%3A52019DC0640, zuletzt geprüft am 10.05.2020.

Forschungs- und Entwicklungszentrum Fachhochschule Kiel GmbH (2020): Home – eHighway SH. Online verfügbar unter https://www.ehighway-sh.de/de/, zuletzt aktualisiert am 11.05.2020, zuletzt geprüft am 11.05.2020.

Gössling, Stefan; Choi, Andy; Dekker, Kaely; Metzler, Daniel (2019): The Social Cost of Automobility, Cycling and Walking in the European Union. In: *Ecological Economics* 158, S. 65–74. Online verfügbar unter https://doi.org/10.1016/j.ecolecon.2018.12.016, zuletzt geprüft am 10.05.2020.

Hacker, Florian; Blanck, Ruth; Görz, Wolf; Bernecker, Tobias; Speiser, Jonas; Röckle, Felix et al. (2020): StratON: Bewertung und Einführungsstrategien für oberleitungsgebundene schwere Nutzfahrzeuge. Online verfügbar unter https://www.oeko.de/fileadmin/oekodoc/StratON-O-Lkw-Endbericht.pdf.

Hessen Mobil – Straßen- und Verkehrsmanagement (2020): ELISA – eHighway Hessen. Online verfügbar unter https://ehighway.hessen.de//, zuletzt aktualisiert am 07.05.2020.000Z, zuletzt geprüft am 11.05.2020.

Intraplan Consult GmbH (2014): Verkehrsverflechtungsprognose 2030. Hg. v. Bundesministerium für Verkehr und digitale Infrastruktur (BMVI). Online verfügbar unter https://www.bmvi.de/SharedDocs/DE/Artikel/G/verkehrsverflechtungsprognose-2030.html, zuletzt geprüft am 23.09.2020.

Kellett, Jon; Barreto, Raul; van den Hengel, Anton; Vogiatzis, Nik (2019): How Might Autonomous Vehicles Impact the City? The Case of Commuting to Central Adelaide. In: Urban Policy and Research 37 (4), S. 442–457. DOI: https://doi.org/10.1080/08111146.2019.1674646.

Kirschner, Matthias (2020): Public Money – Public Code. Modernisierung der öffentlichen-Infrastruktur mit Freier Software. Hg. v. Free Software Foundation Europe und Kompetenzzentrum Öffentliche IT am Fraunhofer FOKUS. Berlin, Heidelberg. Online verfügbar unter https://download.fsfe.org/campaigns/pmpc/PMPC-Modernising-with-Free-Software.de.pdf, zuletzt geprüft am 10.05.2020.

Krzyzanowski, Michal; Kuna-Dibbert, Birgit (2005): Health effects of transport-related air pollution. Geneva: World Health Organization.

Laker, Laura (2020): World cities turn their streets over to walkers and cyclists. In: *The Guardian* 2020, 11.04.2020. Online verfügbar unter https://www.theguardian.com/world/2020/apr/11/world-cities-turn-their-streets-over-to-walkers-and-cyclists, zuletzt geprüft am 10.05.2020.

Ministerium für Verkehr Baden-Württemberg (2020): Was ist eWayBW? Online verfügbar unter https://ewaybw.de/html/content/ewaybw.html, zuletzt aktualisiert am 11.05.2020.000Z, zuletzt geprüft am 11.05.2020.

Mobility4EU (2017): Opportunity map for the future of mobility in Europe 2030. Online verfügbar unter https://www.mobility4eu.eu/resources/maps/, zuletzt geprüft am 10.05.2020.

National Association of City Transportation Officials (2019): Blueprint for autonomous urbanism. Online verfügbar unter https://nacto.org/publication/bau2/, zuletzt geprüft am 10.05.2020.

Nobis, Claudia (2019): Mobilität in Deutschland – MiD Analysen zum Radverkehr und Fußverkehr. Studie von infas, DLR, IVT und infas 360 im Auftrag des Bundesministeriums für Verkehr und digitale Infrastruktur. Bonn, Berlin. Online verfügbar unter http://www.mobilitaet-in-deutschland.de/pdf/MiD2017_Analyse_zum_Rad_und_Fussverkehr.pdf, zuletzt geprüft am 10.05.2020.

Nobis, Claudia; Kuhnimhof, Tobias (2018): Mobilität in Deutschland – MiD Ergebnisbericht. Studie von infas, DLR, IVT und infas 360 im Auftrag des Bundesministers für Verkehr und digitale Infrastruktur. Bonn, Berlin. Online verfügbar unter http://www.mobilitaet-in-deutschland.de/pdf/MiD2017_Ergebnisbericht.pdf, zuletzt geprüft am 10.05.2020.

Open Mobility Foundation (2018): Mobility Data Specification (MDS). A data standard to enable communication between mobility companies and local governments. Hg. v. Open Mobility Foundation, zuletzt aktualisiert am 2020, zuletzt geprüft am 10.05.2020.

POLIS (Hg.) (2020): COVID-19: Keeping Things Moving. POLIS. Online verfügbar unter https://www.polisnetwork.eu/document/covid-19-keeping-things-moving/, zuletzt aktualisiert am 10.05.2020, zuletzt geprüft am 10.05.2020.

Radforschung (2019): Mobility Data Specification für Kommunen, erklärt. Online verfügbar unter https://radforschung.org/log/mds-fuer-kommunen-erklaert/, zuletzt geprüft am 12.05.2020.

Randelhoff, Martin (2019): Elektro, Diesel, Muskelkraft – wie kommen wir in Münster voran?, 2019. Online verfügbar unter https://www.zukunft-mobilitaet.net/wp-content/

uploads/2019/05/randelhoff_vortrag_verkehr_und_klimaschutz.pdf, zuletzt geprüft am 10.05.2020.

Rat der Europäischen Union (2019): Emissionssenkung: Rat nimmt CO_2-Emissionsnormen für Lkw an. Online verfügbar unter https://www.consilium.europa.eu/de/press/press-releases/2019/06/13/cutting-emissions-council-adopts-co2-standards-for-trucks/, zuletzt geprüft am 11.05.2020.

Statistisches Bundesamt (2019): Unfälle und Verunglückte im Straßenverkehr, 2018. Online verfügbar unter https://www.destatis.de/DE/Themen/Gesellschaft-Umwelt/Verkehrsunfaelle/_inhalt.html#sprg230562, zuletzt geprüft am 10.05.2020.

Statistisches Bundesamt (2020): Fahrzeuge, Sitz-, Stehplätze (Personenverkehr mit Bussen und Bahnen): Bundesländer, Stichtag, Verkehrsart. Online verfügbar unter https://www-genesis.destatis.de/genesis/online?operation=abruftabelleBearbeiten&levelindex=-2&levelid=1589190746711&auswahloperation=abruftabelleAuspraegungAuswaehlen&auswahlverzeichnis=ordnungsstruktur&auswahlziel=werteabruf&code=46100-0021&auswahltext=&werteabruf=Werteabruf, zuletzt aktualisiert am 31.12.2014, zuletzt geprüft am 11.05.2020.

Transport & Environment (2018): Roadmap to decarbonising European cars. Online verfügbar unter https://www.transportenvironment.org/publications/roadmap-decarbonising-european-cars, zuletzt geprüft am 30.04.2020.

Trunk, Gegor (2010): Gesamtwirtschaftlicher Vergleich von Pkw- und Radverkehr. Ein Beitrag zur Nachhaltigkeitsdiskussion. Diplomarbeit. Wiener Universität für Bodenkultur, Wien. Institut für Verkehrswesen. Online verfügbar unter https://permalink.obvsg.at/AC08391042, zuletzt geprüft am 10.05.2020.

Umweltbundesamt (2016): Schwerpunkte 2016, Jahrespublikation des Umweltbundesamtes. Online verfügbar unter https://www.umweltbundesamt.de/sites/default/files/medien/2546/publikationen/sp2016_web.pdf, zuletzt geprüft am 10.05.2020.

Umweltbundesamt (2019a): Indikator: Landschaftszerschneidung. Online verfügbar unter https://www.umweltbundesamt.de/indikator-landschaftszerschneidung, zuletzt geprüft am 10.05.2020.

Umweltbundesamt (2019b): Umweltbelastung durch Verkehr. Online verfügbar unter https://www.umweltbundesamt.de/daten/verkehr/umweltbelastungen-durch-verkehr, zuletzt geprüft am 10.05.2020.

Umweltbundesamt (2020): Emissionsdaten im Personenverkehr. Online verfügbar unter https://www.umweltbundesamt.de/themen/verkehr-laerm/emissionsdaten, zuletzt geprüft am 11.05.2020.

Verband Deutscher Verkehrsunternehmen (2020): Autonome Shutte-Bus-Projekte in Deutschland. Online verfügbar unter https://www.vdv.de/liste-autonome-shuttle-bus-projekte.aspx, zuletzt geprüft am 11.05.2020.

Wietschel, Martin; Kluschke, Philipp; Oberle, Stella; Ashley-Belbin, Natalja (2018): Überblicksstudie: Auswertung von Studien und Szenarien der Energiesystemanalyse mit

Schwerpunkt „Mobilität". Online verfügbar unter http://publica.fraunhofer.de/dokumente/N-519698.html, zuletzt geprüft am 30.04.2020.

Wietschel, Martin et al. (2019): Integration erneuerbarer Energien durch Sektorkopplung: Analyse zu technischen Sektorkopplungsoptionen. Online verfügbar unter https://www.umweltbundesamt.de/sites/default/files/medien/1410/publikationen/2019-03-12_cc_03-2019_sektrokopplung.pdf, zuletzt geprüft am 30.04.2020.

Winter, Martin (2018): Effiziente Kopplung der Sektoren Energie und Verkehr.

Wittpahl, Volker (Hg.) (2019): Künstliche Intelligenz. Technologien – Anwendung – Gesellschaft. Berlin, Heidelberg: Springer Berlin Heidelberg.

Wu, Xiao; Nethery, Rachel C.; Sabath, Benjamin M.; Braun, Danielle; Dominici, Francesca (2020): Exposure to air pollution and COVID-19 mortality in the United States: A nationwide cross-sectional study.

Dieses Kapitel wird unter der Creative Commons Namensnennung 4.0 International Lizenz http://creativecommons.org/licenses/by/4.0/deed.de) veröffentlicht, welche die Nutzung, Vervielfältigung, Bearbeitung, Verbreitung und Wiedergabe in jeglichem Medium und Format erlaubt, sofern Sie den/die ursprünglichen Autor(en) und die Quelle ordnungsgemäß nennen, einen Link zur Creative Commons Lizenz beifügen und angeben, ob Änderungen vorgenommen wurden.

Die in diesem Kapitel enthaltenen Bilder und sonstiges Drittmaterial unterliegen ebenfalls der genannten Creative Commons Lizenz, sofern sich aus der Abbildungslegende nichts anderes ergibt. Sofern das betreffende Material nicht unter der genannten Creative Commons Lizenz steht und die betreffende Handlung nicht nach gesetzlichen Vorschriften erlaubt ist, ist für die oben aufgeführten Weiterverwendungen des Materials die Einwilligung des jeweiligen Rechteinhabers einzuholen.

8 Herausforderungen einer klimafreundlichen Energieversorgung

Janine Kleemann, Kirsten Neumann, Antje Zehm

Sucht man nachhaltige Lösungen zur Begrenzung des globalen, anthropogenen Temperaturanstiegs, ist eine kritische Auseinandersetzung mit der Energieversorgung unablässig. In Deutschland wurde in einem ersten Schritt der Energiewende der Ausbau erneuerbarer Energien massiv forciert. Es zeigt sich, dass mit einer Vielzahl ausgereifter Technologien die Versorgungssicherheit gewährleistet werden kann.

Um eine Vorstellung davon zu bekommen, welche enormen Veränderungen die Energiewende hin zur Nutzung nachhaltiger Energieträger mit sich bringt, lohnt sich der Blick auf den aktuellen Energieverbrauch. Dabei wird zwischen Primär-, End- beziehungsweise Nutzenergieverbrauch unterschieden. Unter dem Primärenergieverbrauch versteht man in der Energiewirtschaft jene Energiemenge, die durch die originären Energieträger (fossil, atomar oder erneuerbar) bereitgestellt und verbraucht wird, bevor eine technische Umwandlung erfolgt. Durch Umwandlung dieser Energieträger in technischen Anlagen sowie die Verteilung kommt es zu Verlusten. Die resultierenden Energieströme werden als Sekundärenergie (nach der technischen Umwandlung) oder Endenergie (bei den Endverbraucher:innen) bezeichnet. Zieht man davon schließlich die Verluste ab, die bei den Endverbraucher:innen entstehen, wie etwa Wärmeverluste einer Glühbirne, erhält man die Größe der Nutzenergie.

Energieverbrauch – ein Faktencheck

Der weltweite Primärenergieverbrauch lag im Jahr 2018 bei rund 590 Exajoule (EJ)[52] und setzte sich aus der Nutzung von Erdöl (circa 34 Prozent), Kohle (circa 27 Prozent), Erdgas (circa 24 Prozent) sowie Kernenergie und erneuerbaren Energien (jeweils circa 4 Prozent) zusammen (Breitkopf 2019). Die Zahlen zur Entwicklung des weltweiten Primärenergieverbrauchs steigen seit 1990 kontinuierlich an, von 1990 bis 2017 um rund 58 Prozent. Den größten Anteil am Primärenergiebedarf haben China (2017: circa 22 Prozent), die Vereinigten Staaten von Amerika (2017: circa 25 Prozent) und Europa (2017: circa 12 Prozent) (IEA 2020).

---

[52] *Exajoule (1 EJ = 10^{18} Joule).*

© Der/die Herausgeber bzw. der/die Autor(en) 2020
V. Wittphal, *Klima*, https://doi.org/10.1007/978-3-662-62195-0_8

Aus den Zahlen für Europa geht hervor, dass mit etwa 58 EJ im Jahr 2018 der Gesamtprimärenergieverbrauch im Vergleich zum Vorjahr um 0,71 Prozent gesunken ist, während der Endenergieverbrauch minimal im Vergleich zum Vorjahr anstieg (plus 0,02 Prozent) (Eurostat 2020). Zwölf EU-Mitgliedsstaaten weisen eine Zunahme des Primärenergieverbrauchs auf (größter Anstieg: Estland, plus 9 Prozent), während elf Staaten ihren Primärenergieverbrauch reduzieren konnten (größter Rückgang: Belgien, minus 5 Prozent). Positiv zu bewerten ist der weiterhin steigende Anteil an erneuerbaren Energien (Windkraft, Solarenergie, Wasserkraft, Biokraftstoffe) um circa 5 Prozent bezogen auf das Referenzjahr 2011, bezogen auf das Referenzjahr 1990 sogar um 12 Prozent.

In Deutschland leisten heute neben den fossilen Energieträgern Erdgas, Kohle und Erdöl erneuerbare Energieträger einen stetig steigenden Beitrag zur Deckung des Energiebedarfs. Insgesamt wurden im Jahr 2019 in Deutschland 12,8 EJ Primärenergie verbraucht, wobei eine rückläufige Tendenz feststellbar ist (2,1 Prozent im Vergleich zum Vorjahr) (AGEB e. V. 2020). Etwa ein Drittel dieser Energiemenge wird in Deutschland generiert, die weiteren zwei Drittel werden durch Importe abgedeckt. Kohle, Öl und Gas hatten einen Anteil von 78 Prozent am Primärenergiebedarf, der Anteil der Kernenergie betrug 6 Prozent, während die erneuerbaren Energien 15 Prozent des Primärenergieverbrauchs ausmachten. Vergleicht man diesen Wert der erneuerbaren Energien mit ihrem Anteil im Jahr 1990, zeigt sich eine signifikante Steigerung um 14 Prozent (UBA 2020). Der Endenergieverbrauch betrug im Jahr 2018 circa 9,0 EJ. Abb. 8.1 zeigt die Aufteilung auf die verschiedenen Energieträger: Es dominieren Kraftstoffe/Mineralöle (37 Prozent), Gase (24 Prozent) und Strom[53] (21 Prozent).

Der Endenergieverbrauch Deutschlands ist gegenüber 1990 nur leicht rückläufig (UBA 2020). Trotz steigender Energieeffizienz und der Einsparung von Energie in zahlreichen Anwendungen ist – bedingt durch Wirtschaftswachstum und Steigerung des Konsums – keine signifikante Reduktion des Endenergieverbrauchs festzustellen. Ein genauer Einblick lässt sich anhand einer Aufteilung des Endenergieverbrauchs auf die Sektoren Verkehr, Industrie, Gewerbe/Handel/Dienstleistungen sowie Privathaushalte gewinnen. Der Verkehr war der verbrauchsintensivste Sektor, mehr als 90 Prozent der Kraftstoffe stammen aus fossilen Energieträgern (Mineralölen). Zudem weist der Verkehrssektor seit 2010 fast durchgängig einen Anstieg des Endenergieverbrauchs auf. Grund dafür ist das zunehmende Verkehrsaufkommen auf der Straße, sowohl im Personen- als auch im Güterverkehr. Technische Effizienzsteigerungen in den Fahrzeugen konnten den Anstieg des Endenergieverbrauchs nicht kompensieren. Im industriellen Sektor ist demgegenüber ein Rückgang des Endener-

[53] *Einschließlich des Stroms, der mit erneuerbaren Energien erzeugt wurde.*

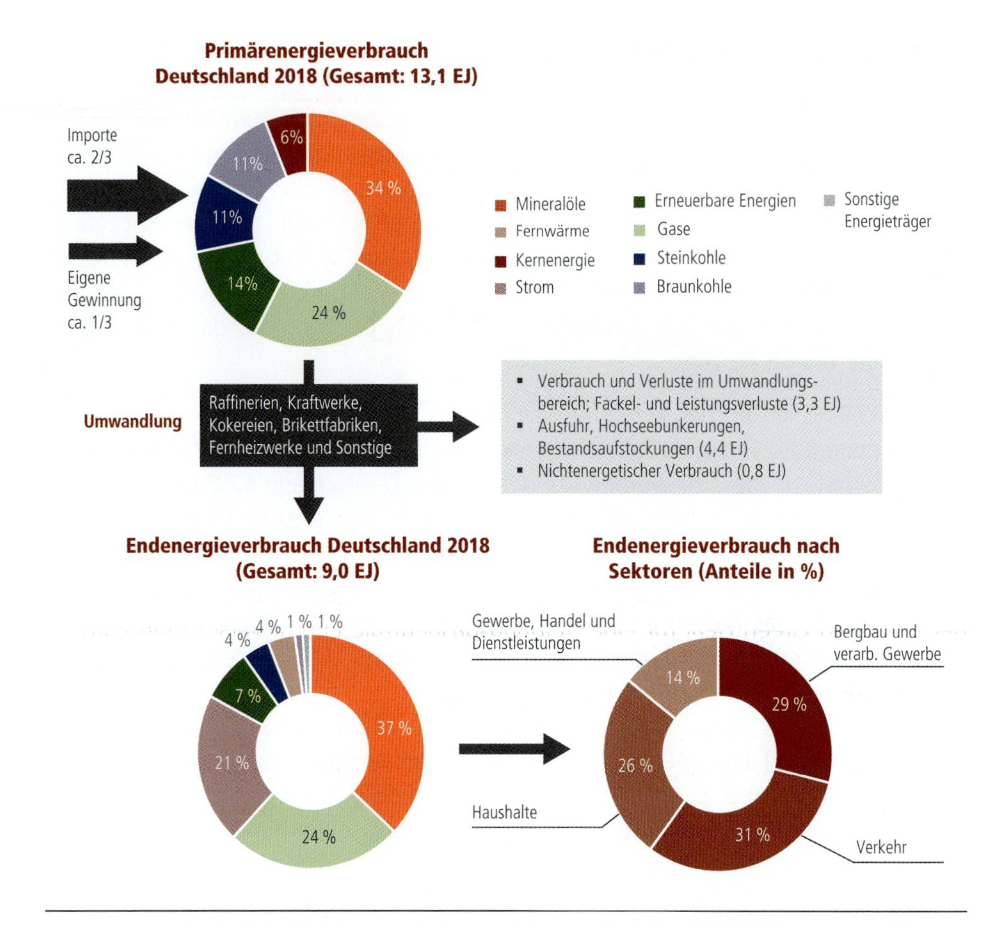

Abb. 8.1 Primär- und Endenergieverbrauch in Deutschland 2018 mit Umwandlungsverlusten und Endenergieverbrauch nach Sektoren, Grafik modifiziert aus Energieflussbildern. (Eigene Darstellung nach AGEB e. V. 2020)

gieverbrauchs (2,3 Prozent von 2017 zu 2018) zu verzeichnen, hier schlagen Fortschritte in der Energieeffizienz zu Buche (Destatis 2019). Bezogen auf die Nutzenergie werden in der Industrie zwei Drittel der Energie als Prozesswärme aufgerufen, ein Viertel als mechanische Energie (AGEB e. V. 2020). Auch im Sektor Privathaushalte ist ein leichter Rückgang des Endenergiebedarfs zu verzeichnen. Die Nutzenergiebilanz zeigt im Detail, dass hier drei Viertel der Energie zur Erzeugung von Raumwärme aufgewendet wird. Auch im Sektor Gewerbe, Handel, Dienstleistungen ist Raumwärme mit mehr als 50 Prozent der entscheidende Verbraucher.

Energiewende: Chancen und Herausforderungen

Um dem Klimawandel zu begegnen, hat die Bundesregierung geplant, die deutschen Treibhausgasemissionen gegenüber 1990 stetig zu reduzieren (um 35 Prozent bis 2020, um 40 Prozent bis 2030, um 70 Prozent bis 2040 und um 80 bis 95 Prozent bis 2050). Der vorliegende Green-Deal-Entwurf der EU-Kommission geht sogar weit darüber hinaus und sieht ein treibhausgasneutrales Europa bis 2050 vor (siehe auch Kap. 4 „European Green Deal: Hebel für internationale Klima- und Wirtschaftsallianzen"). Der Umgang mit und die Sichtweise auf Energie wird sich also ändern müssen, sollen die Ziele erreicht werden. So wird man in einer treibhausgasneutralen Zukunft nicht mehr in der Kategorie „Technologie" denken, sondern in der Kategorie „Funktionalität". Der Fokus verlagert sich auch in der Energieversorgung weg vom Energieträger hin zum Energieservice (Wärme, Strom, Mobilität) und dessen Bereitstellung.

Energiesparpotenziale

Der auf den ersten Blick einfachste und wirtschaftlichste Weg, die Treibhausgasemissionen zu senken, besteht darin, Energie einzusparen. Für den Verkehrssektor sieht der European Green Deal für eine treibhausgasneutrale Energieversorgung Europas Einsparungen von 90 Prozent vor (EU Kommission 2019). Diese Quote entspricht dem Anteil, welcher gegenwärtig durch fossile Brennstoffe gedeckt wird, sodass der Verkehrssektor nach dem aktuellen Stand auf alle Fahrzeuge mit Verbrennungsmotoren verzichten müsste. Vor dem Hintergrund, dass der Energiebedarf in diesem Sektor in Deutschland aktuell sogar zunimmt, ist die Erarbeitung politischer Maßnahmen für eine Verkehrswende unausweichlich und überaus dringend (siehe Kap. 7 „Auf dem Weg zu einer nachhaltigen Mobilität").

In den Sektoren Industrie und Privathaushalte wird Energie überwiegend für Wärme aufgewendet, sodass hier verstärkt Energieeinsparpotenziale identifiziert und genutzt werden müssen, mit dem Ziel, eine „Wärmewende" zu realisieren. Die vorgeschriebenen Standards für Neubauten liegen mit aktuell etwa 55 Kilowattstunden pro Quadratmeter und Jahr (KfW100-Standard) im Bereich dessen, was mit erneuerbaren Energien wie Solarenergie, Erdwärme oder durch Nahwärme[54] aufgebracht werden kann. Da im Gebäudealtbestand der Verbrauch besonders hoch ist, sollten mittelfristig Neubauten nur noch als Null- oder Plusenergiehäuser genehmigt werden, die in der Bilanz keine Energie benötigen bzw. sogar einen Überschuss erzeugen. Aktuell werden zwar Niedrigenergiehäuser gefördert, jedoch endet die Staf-

[54] *Abwärmenutzung zum Beispiel aus Rechenzentren, Industriebetrieben oder Mini-Blockheizkraftwerken.*

felung bei KfW40[55], sodass ein Plusenergiehaus keine höhere Förderung erhält als ein KfW40-Haus. Die im Nationalen Aktionsplan Energieeffizienz angedachten Einsparungen durch Sanierungen im Gebäudebestand setzen auf Freiwilligkeit. Bei besonders ineffizienten Gebäuden sollte jedoch zur Erreichung der Einsparziele geprüft werden, ob diese durch verpflichtende Maßnahmen zu ersetzen sind. Im Einzelfall wäre weiterhin zu prüfen, wann Sanierungen einem Abriss und Neubau vorzuziehen sind – auch vor dem Hintergrund, dass Beton ein sehr energieintensiver Baustoff ist.

Ausbau Erneuerbarer Energien

Im Zuge der Energiewende hat Deutschland sich gegenüber der Europäischen Union verpflichtet, den Anteil erneuerbarer Energien am Bruttoendenergieverbrauch bis 2020 auf 18 Prozent zu erhöhen (Bundesregierung 2020). Die politischen Ziele hinsichtlich des Anteils erneuerbarer Energien in der Stromversorgung sind bereits von der Realität überholt, da das Ziel von 40 bis 45 Prozent erneuerbarer Energien in der Stromversorgung bis zum Jahr 2025 bereits 2019 erreicht wurde. Im Hinblick auf den schnell fortschreitenden Klimawandel sollte deshalb der für Deutschland beschlossene Zeitplan zur Energiewende unter Einbeziehung der europäischen Zielsetzung überarbeitet und gestrafft werden.

Treibhausgasneutrale Energieerzeugung muss die Energiegewinnung aus fossilen Energieträgern durch erneuerbare Energiequellen wie Wind, Sonne, Erdwärme, Wasserkraft und Biogase ersetzen. Ein Weg, fossile Energieträger für eine CO_2-neutrale Energiegewinnung zu nutzen, ist die Kernenergie. Problematisch sind jedoch die Risiken der Uranspaltung, welche zuletzt beim Kraftwerksunglück von Fukushima im März 2011 sichtbar wurden und in dessen Folge Deutschland den Atomausstieg beschloss. Im europäischen Ausland wurden im selben Zug die Vorschriften zum Betrieb neuer Atomkraftwerke verschärft, sodass der Bau neuer Anlagen unwirtschaftlich wird[56]. Ungelöst für alle Kernspaltungstechnologien – insbesondere auch für die Idee eines Thorium-Reaktors – ist die Entsorgung der radioaktiven Zerfallsprodukte. Perspektivisch kann Kernfusion eine Alternative darstellen. Um die dafür nötigen extrem hohen Temperaturen, ähnlich dem Inneren der Sonne, zu erreichen, ist ein enormer technischer Aufwand nötig, welcher jedoch in aktuellen Forschungsreaktoren grundsätzlich als bewältigt gilt. Der erste Kraftwerksreaktor zur Energieversorgung ITER[57]

---

[55] *Der KfW40-Standard entspricht dem auf 40 Prozent des KfW100-Standards reduzierten Energieverbrauch.*

[56] *Wie geschehen im Fall des geplanten Reaktorblocks IV des Kraftwerks Olkiluoto/Finnland, dessen Baupläne gestoppt wurden, weil die Hersteller die Fertigstellung nicht mehr sicherstellen können.*

[57] *Lat. für „Weg".*

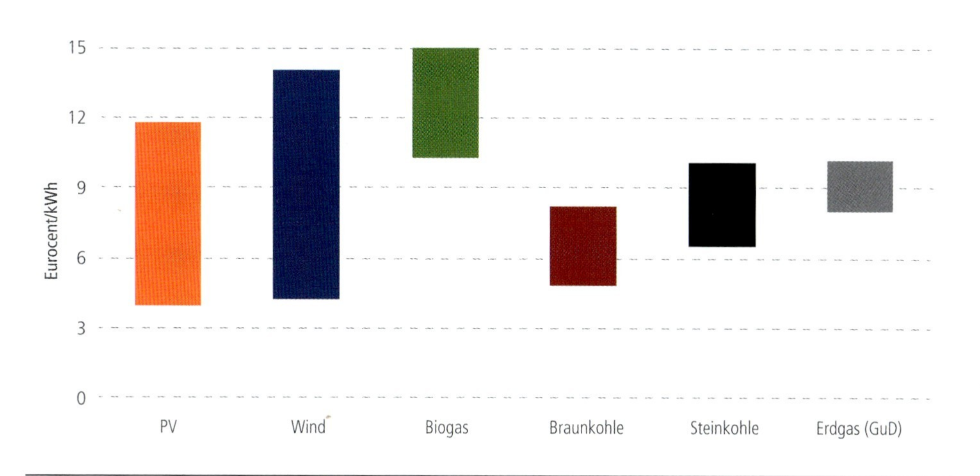

Abb. 8.2 Stromgestehungskosten in Eurocent pro Kilowattstunde (kWh) für die erneuerbaren und fossilen Energieträger Photovoltaik (PV), Wind, Biogas, Braun- und Steinkohle, Erdgas in Form von kombinierten Gas- und Dampfkraftwerken (GuD). (Eigene modifizierte Darstellung nach Fh-ISE 2020)

entsteht aktuell in Südfrankreich. Er soll 2025 erste Fusionen ermöglichen und 2035 sein volles Leistungspotenzial erreichen (ITER 2020). Im Gegensatz zur Kernspaltung hat die Kernfusion den Vorteil, dass weder die Gefahr einer ungebremsten Reaktion besteht noch langfristig radioaktiver Abfall entsteht, sodass sie – sofern verfügbar – ebenfalls als nachhaltige Energieform gelten und berücksichtigt werden kann.

Eine Umstellung auf erneuerbare Energieerzeugung ist aus wirtschaftlicher Sicht günstig. Abb. 8.2 zeigt eine Übersicht zu den Gestehungskosten für einzelne Energieträger. Zwar erreichen moderne fossile Kraftwerke Bruttowirkungsgrade[58] zwischen 39 Prozent in modernen Kohlekraftwerken und 47 Prozent in Gaskraftwerken (UBA 2020), allerdings erzeugen moderne Photovoltaik- und Windenergieanlagen an günstigen Standorten bereits seit Jahren Strom zu günstigeren Gestehungskosten (Fh-ISE 2018). Eine weitere Kostendegression ist für Wind und Solarstrom zu erwarten, während die Gestehungskosten für Kohle und Gas aufgrund der steigenden Preise für CO_2-Zertifikate steigen. Als Quelle großer Mengen an CO_2-Emissionen ist somit die Fortführung des Betriebs insbesondere alter fossiler Kraftwerke kaum zu rechtfertigen.

Die Investition in Photovoltaikanlagen kann sich für Endverbraucher ohne Umlagebefreiung insbesondere in Kombination mit stationären Batteriespeichern sehr schnell

[58] *Der Bruttowirkungsgrad berücksichtigt nicht den Eigenverbrauch der Kraftwerke.*

rentieren. Folglich steigen die Ausbauzahlen stetig: Aktuell sind Photovoltaikanlagen mit einer Spitzenleistung von rund 60 Gigawatt (GW) installiert. Das gesamte Ausbaupotenzial vorhandener Gebäudeflächen in sinnvoller Ausrichtung wurde in einer aktuellen Studie auf 800 GW geschätzt (Fh-ISE 2020).

Dass Windenergie längst wirtschaftlich ist, zeigt sich darin, dass Energieversorgungsunternehmen beginnen, große Offshore-Windparks auch ohne staatliche Förderung zu bauen (Handelsblatt 2019). An Land sind Windparks noch günstiger zu errichten. Aktuelle Studien zu den Möglichkeiten zur Nutzung der Windenergie an Land sind schwer zu finden, es ist jedoch davon auszugehen, dass mehr Potenzial vorhanden ist als für die Energiewende benötigt. Eine Studie des Umweltbundesamtes aus dem Jahr 2013 identifizierte in Deutschland ein Potenzial von 1228 GW Leistung für Windparks an Land (UBA 2013). Unter Berücksichtigung der Entwicklungen zum sogenannten Repowering, also dem Austausch alter Anlagen durch neue, effizientere Anlagen, ist außerdem davon auszugehen, dass tatsächlich aus heutiger Sicht eine sehr viel höhere Leistung möglich ist. Insgesamt wird für die Umstellung des Energiesystems ein Vielfaches der bisher installierten Leistung aus erneuerbaren Quellen (circa 125 GW) benötigt. Schätzungen hängen stark davon ab, wie viel Treibhausgasemissionen noch erlaubt sind. Beispielsweise wurde der Bedarf an installierter Leistung aus Sonne und Wind für eine Reduktion der Treibhausgase um 80 bis 90 Prozent bis zum Jahr 2050 auf 290 bis 540 GW geschätzt (Fh-ISE 2015). Auf diese Weise könnten etwa 50 bis 60 Prozent des Primärenergieaufkommens gedeckt werden.

Die Gestehungskosten für Biogas können aktuell nicht mit denen für fossiles Gas konkurrieren, sodass hier weiterhin Förderanreize notwendig sein werden. Auch ist die Nutzung biogenen Materials zur Verwendung in Biogasanlagen begrenzt, da die Konkurrenz zu Nahrungs- und Energiepflanzen zu vermeiden ist.

Wasser- beziehungsweise Fließkraftwerke sind zur Produktion nachhaltiger Energie eine seit vielen Jahrzehnten etablierte Technologie, deren Potenzial in Deutschland allerdings schon zu mehr als 80 Prozent ausgeschöpft ist. Die Stromgestehungskosten liegen zwischen 5 Eurocent pro Kilowattstunde für Großanlagen und bis zu 20 Eurocent pro Kilowattstunde für kleinere Anlagen (BMWi 2015). Das verbleibende Potenzial kann durch Modernisierungen oder die Reaktivierung von Kraftwerken an bestehenden Stauhaltungen nutzbar gemacht werden.

Auch weltweit gewinnen erneuerbare Energien zunehmend an Relevanz. Im Jahr 2018 wurden weltweit für erneuerbare Energien 65 Prozent an Kapazitäten zugebaut und damit mehr als für fossile Energien (REN21 2020). 2019 wurden weltweit 363,3 Milliarden US-Dollar in saubere Energielösungen investiert (BloombergNEF 2020). Nach einer Studie des Bundesumweltministeriums (BMU) steigt das globale Marktvolumen im Bereich „Umweltfreundliche Erzeugung, Speicherung und Verteilung von Energie" von 667 Milliarden Euro im Jahr 2016 auf 1164 Milliarden Euro im Jahr 2025 (BMU 2018). Angesichts dieses Wachstumsmarktes kann sich eine schnelle Energiewende für Deutschland auch wirtschaftlich lohnen, indem die Unternehmen aufgrund ihres technologischen Know-hows und ihrer systemischen Lösungskompetenz international eine Vorreiterrolle einnehmen.

Sektorenkopplung und Speicher

Die Herausforderungen bei der Nutzung erneuerbarer Energieträger ergeben sich aus dem Umstand, dass Wind und Sonne nicht immer gleichbleibend verfügbar sind. Windenergie- und Photovoltaikanlagen erzeugen direkt Strom, sodass sich Wetteränderungen sofort im Stromnetz auswirken. Fossil betriebene Kraftwerke hingegen erzeugen kontinuierlich Strom mittels Dampfturbinen und stabilisieren so das Stromnetz. Da der Strom im Stromnetz nicht gespeichert werden kann, besteht die Herausforderung darin, den Stromverbrauch zu jeder Zeit auf die jeweils erzeugte Menge durch erneuerbare Energien abzustimmen. Der Verbrauch (Lastkurve) muss deshalb mittel- und langfristig weitgehend der fluktuierenden Erzeugungskurve folgen. Dafür muss einerseits der Verbrauch flexibilisiert werden. Gleichzeitig können Speicher und Sektorenkopplung (Power-to-X-Technologien) als Puffer wirken. Insbesondere Wärme und Mobilität werden mit dem Stromsystem verbunden werden müssen, wo sie als Speicher fungieren. Dies kann direkt durch die Nutzung von Strom im Verkehr mit der Bahn beziehungsweise in Elektroautos oder zum Betrieb von Wärmepumpen beziehungsweise Elektrodenkesseln zur Erzeugung von Wärme erfolgen. Pumpspeicherkraftwerke eignen sich für den Ausgleich tageszeitlicher bis wöchentlicher Schwankungen von Sonne und Wind, wobei Umwandlungsverluste in Kauf genommen werden müssen. Andererseits kann Strom auch indirekt etwa zur Herstellung synthetischer Brenn- und Kraftstoffe (Power-to-Gas oder Power-to-Liquid) wie Wasserstoff verwendet werden. Hierbei treten Verluste im Bereich von 30 Prozent pro Umwandlungsstufe auf.

Biokraftstoffe werden demnach nicht für die Stromproduktion an sich benötigt, sondern für diejenigen Anwendungen, welche sich nicht mit Strom bewerkstelligen lassen, wie Hochtemperaturanwendungen in der Industrie (zum Beispiel zur Stahlproduktion) oder als Kraftstoff für Containerschiffe oder Flugzeuge. Eine wichtige Option, um CO_2 aus der Atmosphäre zu binden, ist die Methanisierung, bei der aus Wasserstoff unter Verwendung von CO_2 synthetisches Methan erzeugt wird. Das in Deutschland gut ausgebaute Erdgasnetz bietet zusätzlich die Möglichkeit, das Gas zu transportieren und zu speichern. Aufgrund des enormen Speicherbedarfs strebt die Bundesregierung im Rahmen der Wasserstoffstrategie eine großflächige Installation von Anlagen zur Herstellung synthetischer Energieträger (Wasserstoff, Methan oder flüssige Brenn-/Kraftstoffe) an, um erneuerbare Brennstoffe zu erzeugen und diese bei Bedarf auch wieder zu verstromen.

Zugleich gilt es, Maßnahmen zur Anpassung des Verbrauchs an die Stromerzeugung voranzutreiben. Dieser Zusammenhang wird über den Strommarkt geregelt: An der Strombörse in Leipzig wird viertelstundenweise Strom gehandelt. Dies erfolgt typischerweise am Spotmarkt bis zu einem Tag im Voraus, jedoch sind auch kurzfristig bis 30 Minuten vor der Lieferung noch Käufe am Intradaymarkt möglich. Dieses Strommarktdesign entspricht den Anforderungen eines Systems, in dem kontinuierlich Strom produziert wird. Bei zunehmender Volatilität ist jedoch eine Anpassung des Strommarktes notwendig, die eine erzeugungsgesteuerte Nutzung für Stromkund:innen ermöglicht. Alternativ dazu befinden sich vielversprechende Instrumente in praktischer Erprobung, mit denen sich Verbrauchskapazitäten ähnlich wie derzeit Strom handeln lassen (enera 2019). Zur Umsetzung solcher Maßnahmen und zur besseren Integration der Systeme gilt es, die Digitalisierung und die Verbreitung von Datensammelpunkten und Koppelstellen voranzutreiben.

Das Stromnetz – Rückgrat der Energiewende

Im Zuge einer treibhausgasneutralen Energieversorgung wird insbesondere der Energiebedarf der Sektoren Wärme und Verkehr zukünftig direkt oder indirekt (Power-to-Gas beziehungsweise Power-to-Liquid) mit Strom gedeckt werden müssen. Dies bedeutet nach aktuellen Schätzungen etwa eine Verdoppelung des Strombedarfs bis 2050 (acatech 2017). Demnach wird das Stromnetz für eine nachhaltige Energieversorgung in Zukunft erheblich mehr leisten müssen. Des Weiteren muss das Übertragungsnetz an die räumliche Verschiebung der Erzeugungsleistung von fossilen Kraftwerken in Süd- und Westdeutschland hin zu Offshore-Windanlagen in Norddeutschland angepasst werden, um Netzüberlastungen und damit das Risiko für Stromausfälle zu vermeiden. Gegenwärtig wird im Fall drohender Netzüberlast mit sogenannten Redispatch-Maßnahmen (Umplanung in den Kraftwerken) reagiert: meist durch Hochfahren lastnaher Kraftwerke oder das Herabregeln lastferner Erzeuger, typischerweise Windräder. So wurden 2020 im ersten Quartal 5,8 TWh mit Redispatch-Maßnahmen im Netz verschoben und Grünstrom, hauptsächlich Wind, in Höhe von 3,0 TWh aufgrund überlasteter Netze abgeregelt (BNetzA 2020). Aus diesem Grund werden aktuell schneller Höchstspannungsleitungen gemäß dem Netzausbaubeschleunigungsgesetz von 2019 gebaut, wobei überwiegend neuartige Hochspannungs-Gleichstrom-Übertragungsleitungen (HGÜ) zum Einsatz kommen. Auch um die Investitionskosten im Rahmen zu halten, ist ein gezielter Ausbau der nachhaltigen Energieversorgung unvermeidbar.

Im Zuge der Liberalisierung der Strommärkte wurden 1998 in Deutschland die Netze wirtschaftlich von den Stromversorgungsunternehmen getrennt, um die Versorgung unabhängig vom Stromhandel sicherzustellen. Die Übertragungsnetzbetreiber (ÜNB: 50Hertz, TenneT, Amprion und TransnetBW) sind seither für die Fernleitungen im Bereich der Höchstspannung zuständig und haben die Aufgabe, die eingespeisten und verbrauchten Energiemengen zu jeder Zeit ausgeglichen zu halten. Zu diesem Zweck kaufen sie der Situation entsprechend auch kurzfristig Strom am Regelenergiemarkt ein: Die Primärregelleistung, die sofort (für bis zu 15 Minuten) bereitgestellt werden muss, wird durch Kraftwerke (auch virtuelle) erbracht, die direkt vom Netzbetreiber gesteuert werden können. Sekundärregelleistung muss spätestens innerhalb von fünf Minuten abrufbar sein und wird ebenfalls automatisch vom Netzbetreiber gesteuert. Für die Minutenreserve, welche innerhalb einer Viertelstunde verfügbar sein muss, kommen Erzeugungseinheiten wie Pumpspeicherkraftwerke oder große, regelbare Lasten wie Stahl- oder Aluminiumwerke in Frage.

Im Zuge der Energiewende wird eine Steigerung der Regelenergiemengen notwendig sein: Mehr fluktuierende Erzeuger und Lasten im Stromnetz werden mehr Regelenergie erfordern, welche umso schneller bereitgestellt werden muss. Im Idealfall kann sich die Nachfrage durch steigende Preise selbst regeln. Die technischen und kommunikativen Anforderungen für Unternehmen, die flexible Energieleistungen anbieten, sind jedoch sehr hoch. Insbesondere die Kommunikation ist gerade bei dezentralen Anlagen ein Kostenfaktor, da ein Telefonanschluss „auf der grünen Wiese" oft nicht vorhanden und im ungünstigsten Fall auch keine Funkkommunikation möglich ist. In diesem Zusammenhang muss auch die strenge Auslegung der Entflechtungsregeln (Unbundling) für Stromanbieter, Netzbetreiber und Messstellenbetreiber kritisch betrachtet werden. Letztere haben am ehesten Zugang zu steuerbaren Lasten (über Netzanschluss und Zähler), dürfen jedoch keine Geschäftsmodelle zur Vermarktung der Flexibilität anbieten, auch wenn solche Lösungen technisch bereits erprobt werden.

Neben den Übertragungsnetzbetreibern gibt es ist Deutschland mehr als 900 Verteilnetzbetreiber für die Regionalversorgung im Bereich der Mittel- und Niederspannung. Mehr fluktuierende Energieerzeuger erfordern zusätzlich Verbesserungen in der Netzzustandserfassung insbesondere in der Mittelspannung, da aufgrund der kostspieligen Kommunikationsanbindung aktuell wenige Messstellen und automatisierte Schaltstellen vorhanden sind. Schaltvorgänge werden hier in der Regel per Telefon oder E-Mail anhand der Daten aus den Netzleitstellen ausgelöst. Die Automatisierung dieser Schalthandlungen ist im Rahmen einer Erweiterung der Leitsysteme in der Regel möglich, jedoch aufgrund der hohen Sicherheitsanforderungen auch kostspielig. Die Erfassung zusätzlicher Messdaten und die Möglichkeit einer automatisierten Steuerung sind außerdem Voraussetzung für den Einsatz von Netzoptimierungssoftware auch auf Basis von Methoden der Künstlichen Intelligenz etwa für das Blindleistungsmanagement[59]. Vor dem Hintergrund der Wirtschaftlichkeit wäre eine stärkere Zusammenarbeit zwischen Netzbetreibern und Kommunikationsanbietern wünschenswert, sie ist jedoch bisher eher selten, vermutlich aufgrund der großen Unterschiede in den Anforderungen an die Datensicherheit.

Auch die Steuerung in der Niederspannungsebene wird bei steigender Anzahl dezentraler Einspeiser und schwankender Last, wie etwa viele Ladevorgänge von Elektroautos, zunehmend zur Herausforderung. Hier ist in Ermangelung von Netzzustandsdaten so gut wie keine zentrale Steuerung „von oben" möglich. In diesem Zusammenhang wurde mit der Einführung der Smart Meter durch das Gesetz zur Digitalisierung der Energiewende 2015 das Ziel einer genaueren Erfassung von Netzzustandsdaten verfolgt, und zwar durch den Einbau digitaler Stromzähler mit Kommunikationsanbindung bei Einspeisern mit einer Einspeiseleistung über 7 Kilowatt (entsprechend einer größeren Solaranlage auf einer Scheune) oder bei größeren Verbrauchern oberhalb eines Jahresverbrauchs von 6000 Kilowattstunden. Der Einbau wird für die Messstellenbetreiber mit der Erklärung der Verfügbarkeit der Geräte im Januar 2020 nun innerhalb von acht Jahren verpflichtend. Praktisch hat sich gezeigt, dass die Kosten im Vergleich zum klassischen analogen, vor Ort ablesbaren Zähler oft hoch sind. Sie beinhalten die Entwicklung oder den Zukauf einer sehr sicheren Datenverschlüsselungssoftware, die Gerätekosten sowie die Installation der Kommunikationsanbindung. Kritisiert wird oft, dass der Nutzen der so ermittelten Daten für die Netzbetreiber aktuell gering ist, weil die Auslesezyklen nicht den sehr dynamischen Netzzustandsänderungen entsprechen und somit für die Netzführung kaum nennenswerte Hinweise geben. Eine Steuerung von Lasten oder Erzeugern, welche in den Geräten vorgesehen ist, ist – hauptsächlich wegen der Regeln zum Unbundling – derzeit nicht nutzbar. Dies sollte jedoch im Zuge der Netzdienlichkeit durch Angebote für die Regelleistung schnellstens ermöglicht werden.

Noch in der Entwicklung befinden sich Steuerungstechniken über sogenannte zelluläre Strukturen, wobei sich einzelne Netzabschnitte selbst regeln. Eine große Herausforderung ist dabei die Sicherheit von Daten sowie die Versorgungssicherheit. Die Autonomie derartiger Systeme reicht aktuell von netzversorgten Anlagen zur Optimierung der Stromkosten (wie bei einem Smarthome mit Solarstrom und einem Batteriespeicher) bis hin zu vollständig autonomen und isolierten Inselnetzen zur Selbstversorgung einzelner Einrichtungen. Wirtschaftlich getrieben durch den Wegfall der EEG-Umlage, bieten sie die Möglichkeit, die Versorgungssicherheit flexibel an die Bedürfnisse der Verbraucher:innen oder an veränderte Umgebungsbedingungen

---

[59] *Blindleistung, also nicht nutzbare Energieströme im Netz, die sich zwangsweise durch Transportverluste ergeben. Ein Blindleistungsmanagement optimiert also die im Netz transportierte Energie hinsichtlich der Transportverluste.*

anzupassen. Zudem haben Inselnetze größerer Industrieunternehmen das Potenzial, Teil der Lösung der Herausforderungen im Stromnetz insgesamt zu sein, indem sie das Versorgungsnetz entlasten. Auch für die Erzeugung und Speicherung von Biokraftstoffen und Wasserstoff werden sie an Bedeutung gewinnen.

Schließlich haben die im Zuge der Transformation der Energieversorgung zu implementierenden Technologien großen Einfluss auf die sogenannte Schwarzstartfähigkeit, also die Fähigkeit, nach einem Komplettausfall (Blackout) das Stromnetz in allen Spannungsebenen wieder aufzubauen. Übertragungs- und Verteilnetzbetreiber müssen für diesen Fall Konzepte zur Wiedererlangung der Stromversorgung vorhalten. Diese Konzepte können jedoch aufgrund der hohen Versorgungssicherheit schlecht erprobt werden und müssen gleichwohl ständig den Veränderungen im Netz durch zusätzliche Erzeugungseinheiten angepasst werden. Andererseits sind Erneuerbare-Energie(EE)-Anlagen wie Windräder viel besser als konventionelle Großkraftwerke in der Lage, nach einem Blackout wieder Strom zu liefern (der Wind weht weiter). Die Herausforderung liegt darin, die Spannungshaltung sicherzustellen, für die die EE-Anlagen per se nicht ausgestattet sind. In diesem Zusammenhang könnten Inselnetze, sofern sie für Notfälle schaltbar an das öffentliche Netz angeschlossen sind, die Schwarzstartfähigkeit der öffentlichen Netze unterstützen und eine Steuerung der Netze „von unten" anstoßen. Die damit verbundenen Herausforderungen lassen sich insgesamt den Fragen der Leistungselektronik für die Steuerung, der Kommunikationstechnik sowie der Entscheidungshoheit und der damit verbundenen Haftung (Autorität) zuordnen.

Aktuell wird in Deutschland etwa ein Fünftel der Energie über das Stromnetz bereitgestellt, wovon im April 2020 bezogen auf das Jahr etwa 56 Prozent, an manchen Tagen auch bis zu 80 Prozent, erneuerbaren Energien entstammt. Trotz des hohen Anteils volatiler erneuerbarer Energien ist die Versorgungssicherheit uneingeschränkt sehr hoch.

Zusammenfassung und Ausblick

Die Energiewende ist eine gesamtgesellschaftliche Aufgabe, zu deren Lösung eine Vielzahl ausgereifter Technologien zur Verfügung stehen, um die Versorgungssicherheit sicherzustellen. Die Herausforderung für die Politik und Wirtschaft besteht nun darin, die Transformation des Energiesystems hin zu einer CO_2-neutralen Versorgung möglichst auch wirtschaftlich nachhaltig zu erreichen. Im Folgenden sind die wichtigsten, teilweise kurzfristig umzusetzenden Maßnahmen zusammengefasst:

Senkung des Energieverbrauchs

- Maßnahmen zur Reduktion des Verkehrsaufkommens
- Förderung von verpflichtenden Energieeinsparmaßnahmen im Wärmebereich, zum Beispiel Nutzung von Abwärme und Solarthermie, Langzeitspeicherung von Wärme und Sanierungsmaßnahmen im Bestand

Nachhaltigkeit durch Umstellung auf erneuerbare Energieträger

- konsequenter Ausbau der Kapazitäten erneuerbarer Energien, insbesondere von Windenergie und Photovoltaik an den günstigsten Standorten
- Förderung der Sektorenkopplung durch Speicher: in erster Linie Batterien und Power-to-Heat, welche sehr effizient sind, aber auch Power-to-Gas zur Langzeitspeicherung und Versorgung nicht direkt elektrisch betreibbarer Verbraucher
- Reform des Strommarktes einerseits hinsichtlich eines größeren Handelsvolumens und andererseits hinsichtlich eines lokalen Handels von Strom und Lasten bis hin zum Stromkunden
- Reduktion der Anzahl von CO_2-Zertifikaten

Versorgungssicherheit durch Stärkung der Netze

- Fortführung des Netzausbaus im Bereich der Höchstspannung
- Potenziale der Digitalisierung in der Energiewirtschaft heben, zum Beispiel durch Ausbau von Kommunikationsanbindungen sowie Energiemanagementsoftware
- Stärkung der Regelenergiekapazitäten: Überprüfung der Entflechtungsregeln zwischen Netzbetreiber und Stromanbieter in Sinne von Geschäftsmodellen, welche die Smart Meter tatsächlich „smart" machen
- Unterstützung des Aufbaus von Inselnetzen bzw. autonomen Netzabschnitten, zum Beispiel durch Förderung der benötigten Leistungselektronik

Die staatlichen Investitionen durch die Transformation der Netze werden dem wissenschaftlichen Beirat des BMWi zufolge auf rund 52 Milliarden Euro bis 2030 geschätzt (BMWi 2020). Hinzu kommen Investitionskosten für Speicher und die Dekarbonisierung der Industrie, welche hauptsächlich durch Wirtschaft und Privathaushalte getragen werden. Diese Aufwendungen sind notwendig, um zum einen den Weg hin zur klimaneutralen Energieversorgung in Deutschland zu meistern, aber auch, um die Vorreiterrolle Deutschlands im globalen Wettbewerb und den vorhandenen Technologievorsprung zu nutzen und auszubauen. Nur wenn die Energiewende in Deutschland und Europa gelingt, werden auch wirtschaftlich schwächere Regionen der Welt dieses Ziel anstreben.

Literatur

acatech (2017): Deutsche Akademie der Technikwissenschaften: Sektorkopplung – Optionen für die nächste Phase der Energiewende – Kurzfassung der Stellungnahme. Online verfügbar unter www.acatech.de/publikation/sektorkopplung-optionen-fuer-die-naechste-phase-der-energiewende/, zuletzt geprüft am 18.06.2020.

AGEB e. V. (2020): Aktuelle Daten zu Primärenergieverbrauch, Energieflussbilder, Bilanzen 1990–2018. Online verfügbar unter https://ag-energiebilanzen.de, zuletzt geprüft am 18.06.2020.

BloombergNEF (2020): Clean Energy Investment Trends, 2019. Online verfügbar unter https://data.bloomberglp.com/professional/sites/24/BloombergNEF-Clean-Energy-Investment-Trends-2019.pdf, zuletzt geprüft am 18.06.2020.

BMWi (2015): Bundesministerium für Wirtschaft und Energie: Marktanalyse Wasserkraft. Online verfügbar unter www.erneuerbare-energien.de/EE/Redaktion/DE/Downloads/bmwi_de/marktanalysen-photovoltaik-wasserkraft.pdf, zuletzt geprüft am 18.06.2020.

BMWi (2020): Entwicklung und Stand der öffentlichen Investitionen und Qualität der Infrastruktur. Online verfügbar unter www.bmwi.de/Redaktion/DE/Publikationen/Ministerium/Veroeffentlichung-Wissenschaftlicher-Beirat/gutachten-oeffentliche-infrastruktur-in-deutschland.pdf?__blob=publicationFile&v=12, zuletzt geprüft am 04.08.2020.

BMU (2018): Bundesministerium für Umwelt, Naturschutz und nukleare Sicherheit: GreenTech made in Germany 2018 – Umwelttechnik-Atlas für Deutschland. Online verfügbar unter http://www.bmu.de/fileadmin/Daten_BMU/Pools/Broschueren/greentech_2018_bf.pdf, zuletzt geprüft am 04.08.2020.

BNetzA (2020): Bundesnetzagentur: Bericht zu Netz- und Systemsicherheitsmaßnahmen – 1. Quartal 2019. Online verfügbar unter www.bundesnetzagentur.de/SharedDocs/Mediathek/Berichte/2020/Quartalszahlen_Q1_2020.pdf?__blob=publicationFile&v=3, zuletzt geprüft am 22.09.2020.

Breitkopf, A. (2019): Weltweiter Primärenergieverbrauch in den Jahren von 1980 bis 2018. Online verfügbar unter https://de.statista.com/statistik/daten/studie/42226/umfrage/welt-insgesamt---verbrauch-an-primaerenergie-in-millionen-tonnen-oelaequivalent/, zuletzt geprüft am 18.06.2020.

Bundesregierung (2020): Aktuelle Zahlen zu Nachhaltigkeitspolitik und Energiewende. Bezahlbare und saubere Energie. Online verfügbar unter www.bundesregierung.de/breg-de/themen/, zuletzt geprüft am 18.06.2020.

Destatis (2019): Pressemitteilung vom 20.12.2019: Energieverbrauch in der Industrie 2018um 2,3 Prozent gegenüber dem Vorjahr gesunken. Online verfügbar unter www.destatis.de/DE/Presse/Pressemitteilungen/2019/12/PD19_502_435.html, zuletzt geprüft am 18.06.2020.

enera (2019): SINTEG-Projekt enera: Die EnergiePlattform: Eine marktbasierte Lösung zum nachweislichen Handeln und Fernwirken regionaler grüner Energie. Online verfügbar unter www.sinteg.de/fileadmin/media/Publikationen/Jahreskonferenz_2019/Praesentationen/05_Session3_Heitmann__Onnen.pdf, zuletzt geprüft am 19.06.2020.

Europäische Kommission (2019): Mitteilung der Kommission an das Europäische Parlament, den Europäischen Rat, den Rat, den Europäischen Wirtschafts- und Sozialausschuss und den Ausschuss der Regionen. Online verfügbar unter https://eur-lex.europa.eu/resource.html?uri=cellar:b828d165-1c22-11ea-8c1f-01aa75ed71a1.0021.02/DOC_1&format=PDF, zuletzt geprüft am 18.06.2020.

Eurostat (2020): Pressemitteilung vom 04.02.2020: Energieverbrauch im Jahr 2018. Online verfügbar unter https://ec.europa.eu/eurostat/documents/2995521/10341549/8-04022020-BP-DE.pdf/3e62b994-68fb-0ea8-7d29-f1769272bf5a, zuletzt geprüft am 18.06.2020.

Fh-ISE (2015): Fraunhofer-Institut für Solare Energiesysteme: Was kostet die Energiewende? – Wege zur Transformation des deutschen Energiesystems bis 2050. Online verfügbar unter www.ise.fraunhofer.de/content/dam/ise/de/documents/publications/studies/Fraunhofer-ISE-Studie-Was-kostet-die-Energiewende.pdf, zuletzt geprüft am 19.06.2020.

Fh-ISE (2018): Fraunhofer-Institut für Solare Energiesysteme: Stromgestehungskosten Erneuerbare Energien. Online verfügbar unter www.ise.fraunhofer.de/content/dam/ise/de/documents/ publications/studies/DE2018_ISE_Studie_Stromgestehungskosten_Erneuerbare_Energien.pdf, zuletzt geprüft am 18.06.2020.

Fh-ISE (2020): Fraunhofer-Institut für Solare Energiesysteme: Aktuelle Fakten zur Photovoltaik in Deutschland. Online verfügbar unter www.ise.fraunhofer.de/content/dam/ise/de/documents/publications/studies/aktuelle-fakten-zur-photovoltaik-in-deutschland.pdf, zuletzt geprüft am 19.06.2020.

Handelsblatt (2019): Orsted baut ersten Windpark auf See ohne Fördergelder. Online verfügbar unter www.handelsblatt.com/unternehmen/energie/erneuerbare-orsted-baut-ersten-windpark-auf-see-ohne-foerdergelder/25296420.html?ticket=ST-755843-Hant4jLq2iPj4fxYk0mB-ap4, zuletzt geprüft am 19.06.2020.

IEA (2020): International Energy Agency – Data and Statistics. Online verfügbar unter https://www.iea.org/data-and-statistics?country=WORLD&fuel=Energy%20supply&indicator=-Coal%20production%20by%20type, zuletzt geprüft am 18.06.2020.

ITER (2020): Aboout ITER. Online verfügbar unter www.iter.org, zuletzt geprüft am 19.06.2020.

REN21 (2020): Renewables 2019 – Global Status Report. Online verfügbar unter www.ren21.net/wp-content/uploads/2019/05/gsr_2019_full_report_en.pdf, zuletzt geprüft am 19.06.2020.

UBA (2013): Potenzial der Windenergie an Land. Online verfügbar unter www.umweltbundesamt.de/sites/default/files/medien/378/publikationen/potenzial_der_windenergie.pdf, zuletzt geprüft am 18.06.2020.

UBA (2020): Aktuelle Daten des Umweltbundesamtes u. a. zu Klima, Energie und Verkehr. Online verfügbar unter www.umweltbundesamt.de/daten, zuletzt geprüft am 18.06.2020.

Dieses Kapitel wird unter der Creative Commons Namensnennung 4.0 International Lizenz http://creativecommons.org/licenses/by/4.0/deed.de) veröffentlicht, welche die Nutzung, Vervielfältigung, Bearbeitung, Verbreitung und Wiedergabe in jeglichem Medium und Format erlaubt, sofern Sie den/die ursprünglichen Autor(en) und die Quelle ordnungsgemäß nennen, einen Link zur Creative Commons Lizenz beifügen und angeben, ob Änderungen vorgenommen wurden.

Die in diesem Kapitel enthaltenen Bilder und sonstiges Drittmaterial unterliegen ebenfalls der genannten Creative Commons Lizenz, sofern sich aus der Abbildungslegende nichts anderes ergibt. Sofern das betreffende Material nicht unter der genannten Creative Commons Lizenz steht und die betreffende Handlung nicht nach gesetzlichen Vorschriften erlaubt ist, ist für die oben aufgeführten Weiterverwendungen des Materials die Einwilligung des jeweiligen Rechteinhabers einzuholen.

9 Wie Industrieproduktion nachhaltig gestaltet werden kann

Stefan Wolf, Max Michael Jordan, Inessa Seifert, Marco Evertz, Roman Korzynietz

Auch wenn bereits Fortschritte hin zu einer nachhaltigeren Industrieproduktion erzielt wurden, so ist der Status quo noch weit von wirklicher Nachhaltigkeit entfernt. Um einen nachhaltigen Gleichgewichtszustand zu erreichen, muss die Emission von Treibhausgasen fossilen Ursprungs in die Atmosphäre gänzlich eingestellt werden. Dieses ist verbunden mit einer tiefgreifenden Transformation der Industrie.

Die industrielle Produktion von Gütern aller Art trägt in erheblichem Maße zur übermäßigen Ausbeutung natürlicher Ressourcen bei. Umweltauswirkungen aus der Extraktion und Weiterverarbeitung von Rohstoffen, aus der Veränderung von Lebensräumen und der Versiegelung von Flächen sowie aus der Emission von Lärm, Schadstoffen, Staub und Treibhausgasen spiegeln sich zumeist nicht im Preis der Industrieprodukte wider. Die entstehenden Schäden sind externalisiert; sie werden von der Gesellschaft getragen. Immer wieder mahnen spektakuläre Katastrophen vor Umweltzerstörungen durch industrielle Aktivitäten, wie etwa bei den Dammbrüchen im brasilianischen Brumadinho im Jahr 2019 oder im ungarischen Devecser im Jahr 2010. Beide Male überschwemmten Millionen Kubikmeter giftigen Schlamms zuvor intakte Ökosysteme. Gravierender sind aber die schleichenden Prozesse, bei denen die Umweltauswirkungen ihr schädliches Potenzial zeitlich oder örtlich entkoppelt entfalten, wie es beim Ausstoß von Treibhausgasen der Fall ist. Gegenwärtig werden rund 30 Prozent der globalen Treibhausgasemissionen von der Industrie verursacht (Intergovernmental Panel on Climate Change, 2014).

Um einen nachhaltigen Gleichgewichtszustand zu erreichen, ist es unabdingbar, die weitere Emission von Treibhausgasen fossilen Ursprungs in die Atmosphäre gänzlich einzustellen. Dies erfordert auch in der Industrie eine tiefgreifende Transformation aller Prozesse. Es handelt sich dabei um keine leicht zu lösende Aufgabe in einem Spannungsfeld, in dem es gilt, Kunden mit preiswerten Produkten zu versorgen, regulatorische Rahmenbedingungen einzuhalten, die Umwelt zu schonen und zugleich Gewinne zu erwirtschaften. All diese Aspekte miteinander zu vereinen, stellt ein komplexes Optimierungsproblem dar, das nicht von der Industrie allein gelöst werden kann. Es gilt, den Nutzen industrieller Produkte mit den Umweltauswirkungen ins Verhältnis zu setzen und zu entscheiden, welche Folgen im Sinne einer nachhaltigen

© Der/die Herausgeber bzw. der/die Autor(en) 2020
V. Wittphal, *Klima*, https://doi.org/10.1007/978-3-662-62195-0_9

Entwicklung in Kauf genommen werden können und welche nicht. Die Moderation dieses Optimierungsprozesses obliegt der Politik, denn sowohl die Vermessung des Nutzens als auch die Definition von Nachhaltigkeitsgrenzen müssen gesellschaftlich verhandelt werden. Im Rahmen dieses Optimierungsprozesses muss wiederum die Politik die neuen Rahmenbedingungen definieren und setzen, an denen sich wirtschaftliches Handeln und industrielle Produktion künftig ausrichten.

Zur Etablierung einer nachhaltigen und zugleich wettbewerbsfähigen Industrieproduktion müssen die folgenden drei Fragen beantwortet werden:

1. Welche Technologien können die Transformation hin zu einer nachhaltigen Industrieproduktion unterstützen?
2. Wie müssen die Rahmenbedingungen für eine industrielle Produktion im Rahmen der Nachhaltigkeitsgrenzen gestaltet sein?
3. Wie können faire Wettbewerbsbedingungen hergestellt und die Abwanderung von Industrieproduktion vermieden werden?

Umweltauswirkungen der Industrieproduktion

Dass politische Maßnahmen zur Verbesserung der Nachhaltigkeit von Produktionsverfahren und Produkten beitragen können, zeigt der Erfolg des Montreal-Protokolls. In Folge des Verbots von ozonschädigenden Substanzen schrumpfte das Ozonloch über der Antarktis im Vergleich zum Rekordjahr 2006 bis zum Jahr 2017 um rund 25 Prozent. Ebenso ist bei den Schwefeldioxidemissionen der Industrie in Deutschland eine deutliche und stetige Reduktion um fast 90 Prozent von 1990 bis 2017 festzustellen (Umweltbundesamt, 2019b). Die Beobachtung des Waldsterbens in den 1980er-Jahren, maßgeblich hervorgerufen durch sauren Regen aufgrund von Schwefeldioxidemissionen, war Ausgangspunkt für dieses Gegensteuern der Politik. Die Wasserentnahme für die Nutzung in industriellen Prozessen sowie im Bergbau ist in Deutschland seit 1990 um 47 Prozent zurückgegangen. Neben Treibhausgasemissionen ist die Industrie in Deutschland mit einem Anteil von 43 Prozent auch die Hauptquelle für Feinstaubemissionen der Partikelgröße 10 Mikrometer. Nach anfänglich deutlichen Reduktionen ist hier in der letzten Dekade ebenfalls eine Stagnation zu beobachten. Gleiches gilt für die Emissionen gröberen Staubes, bei denen der Anteil der Industrie sogar 52 Prozent beträgt.

Ungeachtet einiger Erfolge stagnieren die Fortschritte bei einigen wichtigen Nachhaltigkeitsparametern. So sind zum Beispiel in Deutschland die Treibhausgasemissionen der Industrie von 284 Millionen Tonnen CO_2-Äquivalenten im Referenzjahr 1990 auf 196 Millionen Tonnen CO_2-Äquivalente im Jahr 2018 gesunken. Dies entspricht einer Reduktion um 31 Prozent. Bis zum Jahr 2030 sieht der Klimaschutzplan 2050

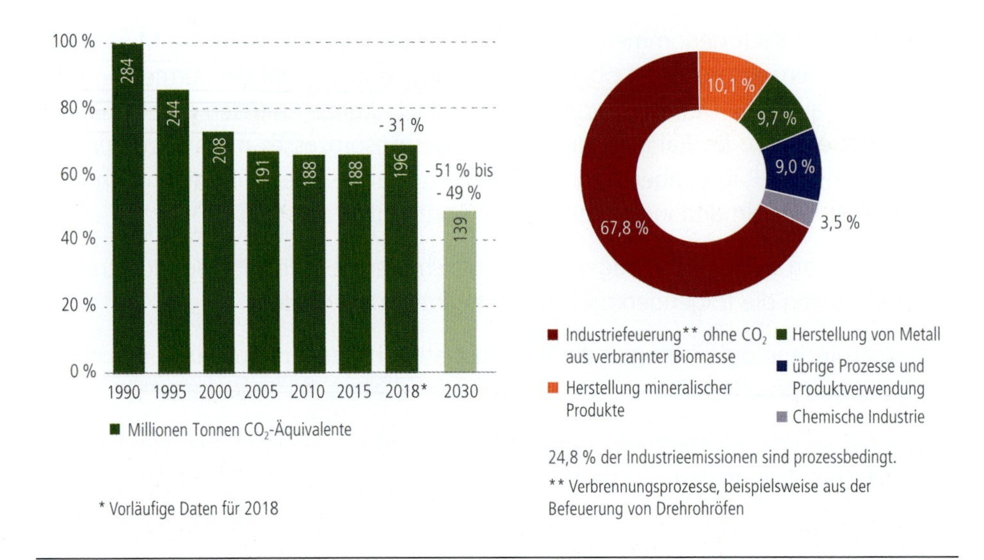

Abb. 9.1 Treibhausgasemissionen der Industrie in Deutschland. (Eigene Darstellung nach BMU 2019)

der Bundesregierung eine Reduktion um 49 bis 51 Prozent vor. Wie Abb. 9.1 zeigt, stagnieren die Emissionen seit dem Jahr 2005 (BMU, 2019). Die starke Reduktion in den 1990er-Jahren ist zudem wesentlich auf den Niedergang der ostdeutschen Schwerindustrie zurückzuführen. Entsprechend groß ist somit die Gefahr, dass die Klimaziele im Jahr 2030 verfehlt werden, wenn nicht gehandelt wird.

Die größten industriellen Quellen von Treibhausgasen sind Industriefeuerungen im Allgemeinen sowie die Prozesse der Petrochemie, der Metallerzeugung und der übrigen chemischen Industrie. Hier bestehen die größten Hebel für zusätzliche industrie- und klimapolitische Ansätze.

Der Klimawandel ist nicht das einzige, wohl aber das zurzeit drängendste Nachhaltigkeitsproblem. Bei einem gleichbleibenden Niveau an Treibhausgasemissionen ist das für Deutschland verbleibende Emissionsbudget zur Einhaltung des globalen 1,5-Grad-Ziels aus dem Pariser Klimaabkommen in weniger als zehn Jahren aufgebraucht (Hausfather, 2018). Einige Studien gehen sogar davon aus, dass dieses Budget bereits heute ausgeschöpft ist. Jede Tonne zusätzlicher Emissionen verstärkt das Risiko, dass unumkehrbare Prozesse wie das Abschmelzen der polaren Eiskappen ausgelöst werden. Damit die Erhaltung des Ökosystems Erde sichergestellt werden kann, muss auch die Industrie ihren Beitrag leisten.

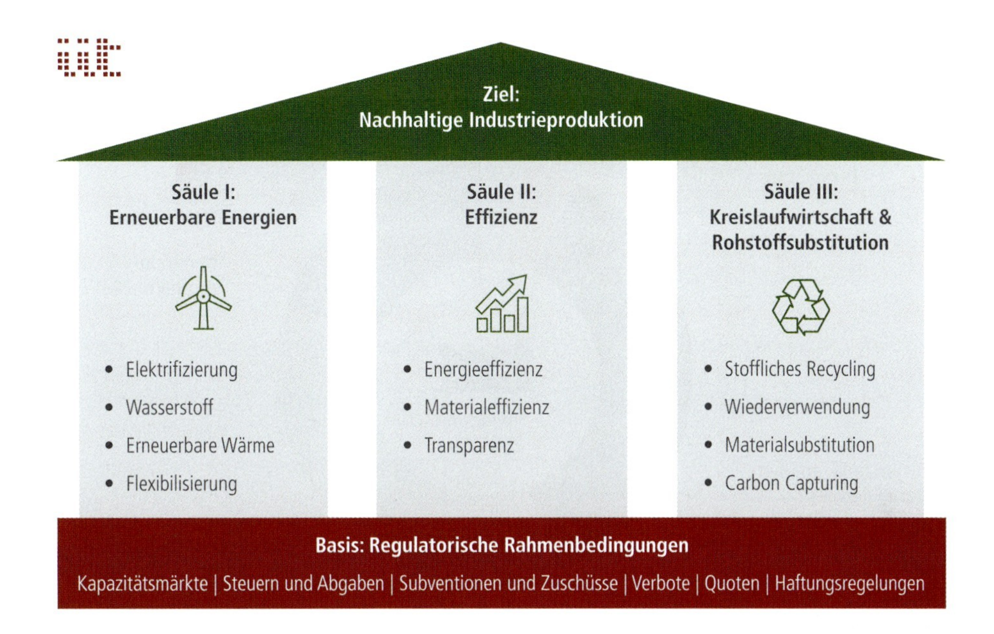

Abb. 9.2 Die drei Säulen einer nachhaltigeren Industrieproduktion. (Eigene Darstellung)

Die drei Säulen einer nachhaltigeren Industrieproduktion

Die Nachhaltigkeitstransformation der Industrie erfordert ein koordiniertes Vorgehen in den Technologiefeldern „Erneuerbare Energien" und „Effizienzsteigerung" sowie in der „Kreislaufwirtschaft und Rohstoffsubstitution" (siehe Abb. 9.2). Je weniger auf das eine Themenfeld gesetzt wird, desto größer müssen die Anstrengungen in den anderen ausfallen. Für den Erfolg unabdingbar ist die Gestaltung geeigneter regulatorischer Rahmenbedingungen durch die Politik.

Säule 1: Erneuerbare Energien

In der Industrie werden große Mengen an Energie für den Antrieb von Maschinen und die Erzeugung von Wärme benötigt. Rund 25 Prozent des gesamten Endenergieverbrauchs der Europäischen Union verursacht die Industrie (eurostat, 2019). In Deutschland sind es sogar rund 30 Prozent (Umweltbundesamt, 2020). Ein Blick auf die Zusammensetzung des industriellen Energiemixes in Abb. 9.3 verrät, dass vornehmlich fossile Energieträger wie Erdgas, Öl und Kohle genutzt werden. Die Umstellung der Energieversorgung auf erneuerbare Energien ist somit eine der wesentlichen Strategien hin zu einer nachhaltigeren Industrieproduktion.

Die verschiedenen Stromerzeugungstechnologien werden detailliert im Kap. 8 „Herausforderungen einer klimafreundlichen Energieversorgung" des Themenbands

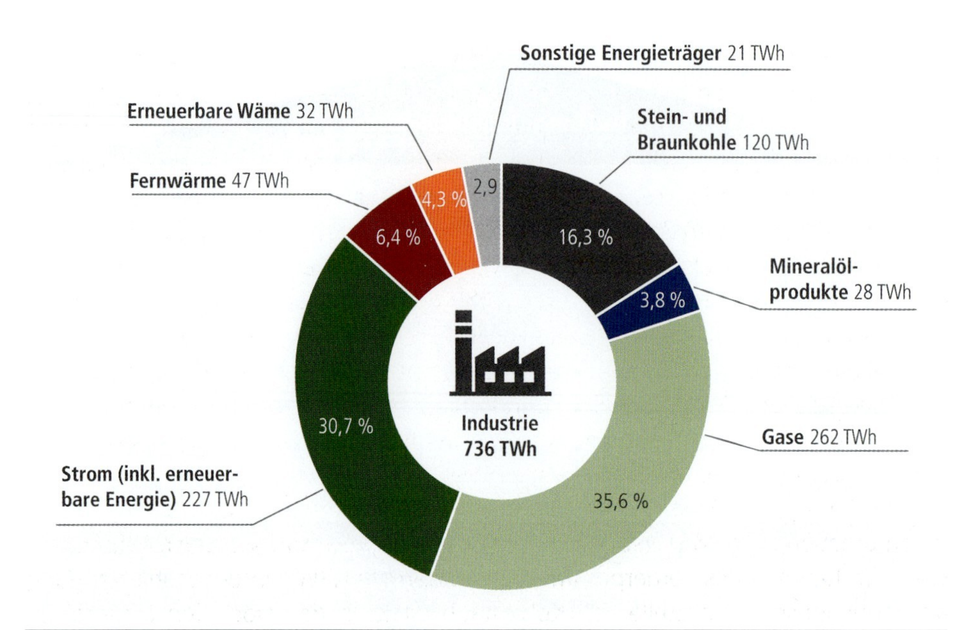

Abb. 9.3 Endenergieverbrauch der Industrie in Deutschland im Jahr 2018. (Eigene Darstellung nach Umweltbundesamt 2020)

beschrieben. An dieser Stelle wird der Fokus auf die Besonderheiten industrieller Produktionsprozesse gelegt. Das betrifft vor allem die Erzeugung von Prozesswärme, die in großen Mengen beispielsweise für die Herstellung von Stahl, Zement, Papier oder chemischen Erzeugnissen benötigt wird. Fast drei Viertel des industriellen Endenergieverbrauchs entfallen auf die Erzeugung von Wärme (Bundesministerium für Wirtschaft und Energie, 2020). Hier spielen erneuerbare Energien bisher kaum eine Rolle. Werden sie doch einmal genutzt, handelt es sich meist um die Verbrennung von biogenen Reststoffen aus der Produktion. In der Industrie besteht ein dringender Bedarf an Lösungen für die Umstellung auf eine nachhaltige und klimaverträgliche Wärmeerzeugung.

Eine Option für eine nachhaltigere Energieversorgung ist die direkte Nutzung erneuerbaren Stroms. Der einfachste und sicherlich wichtigste erste Schritt der direkten Nutzung ist der Wechsel zu einem Ökostromanbieter. Ist dieser Schritt getan, kann die Elektrifizierung von Industrieprozessen zu weiteren Treibhausgaseinsparungen führen. Möglich ist dieses beispielsweise durch einen vermehrten Einsatz von Wärmepumpen und Elektrodenkesseln zur Warmwasser- und Dampferzeugung, von Lichtbogenöfen in der Metallerzeugung oder von UV-Desinfektion und Mikrowellenerwärmung in der Lebensmittelindustrie. Ferner kann Hochtemperaturabwärme mit Dampfprozessen im Organic Rankine Cycle (ORC) oder Kalinaverfahren verstromt werden.

Prozesse, bei denen eine Elektrifizierung nicht möglich ist, können durch die indirekte Nutzung erneuerbaren Stroms nachhaltiger werden. Hier wird erneuerbare Energie in einen chemischen Energieträger umgewandelt, der dann in Industrieprozessen genutzt werden kann. Dabei wird zunächst erneuerbarer Strom in Elektrolyseuren dazu verwendet, um Wasser in Wasserstoff und Sauerstoff zu spalten. Bei der Umwandlung erneuerbaren Stroms in chemische Energie geht allerdings nutzbare Energie verloren. Neue Elektrolysekonzepte versprechen diesen Nachteil zu verringern. Die Hochtemperatur-Elektrolyse ist beispielsweise in der Lage, unter idealen Bedingungen Wirkungsgrade von mehr als 80 Prozent zu erzielen (o.V., 2019b). Noch ist die Nutzung dieses mit erneuerbaren Energien erzeugten grünen Wasserstoffs vergleichsweise teuer. Das in Planung befindliche „Important Project of Common European Interest (IPCEI) on Hydrogen" und der deutsche Ideenwettbewerb „Reallabore der Energiewende" schaffen die Rahmenbedingungen für die Kommerzialisierung und Skalierung der Wasserstofftechnologie. Zudem können fossile Energieträger durch erneuerbaren Wasserstoff substituiert werden. So wird Wasserstoff beispielsweise im Rahmen des Förderprogramms „IN4climate.NRW" in der Stahlerzeugung als Reduktionsmittel anstelle von Kohlestaub direkt in den Hochofen eingeblasen (o. V., 2019b).

Weiterhin kann erneuerbare Wärme aus Quellen wie Geothermie (Stagge, 2019) und Solarthermie erzeugt werden, deren Potenzial bisher weder in Deutschland noch international in nennenswertem Maß ausgeschöpft ist. Die Verfahren sind technisch weit fortgeschritten. Solarthermische Parabolrinnen- oder Fresnelkollektoren werden zur Erzeugung von Prozessdampf in Regionen mit hoher direkter Sonneneinstrahlung eingesetzt. Dass auch Hochtemperaturprozesse bis zu 1000 Grad Celsius versorgt werden können, wurde zum Beispiel im SOLPART-Projekt demonstriert (o. V., 2019a). Auch bei der in Deutschland überwiegenden diffusen Sonneneinstrahlung können solarthermische Anlagen zur Warmwassererzeugung beispielsweise in der Lebensmittelindustrie genutzt werden. Hemmend wirken sich gegenwärtig noch vergleichsweise hohen Kosten sowie die aufwendigere Anlagenplanung und -installation aus.

Die Einbindung volatiler erneuerbarer Energien in die industrielle Energieversorgung erfordert die Mitwirkung und Flexibilisierung der Nachfrageseite. Lastmanagement ermöglicht die flexible Steuerung von Produktionskapazitäten und damit auch des Energiebedarfs. Damit werden Industrieunternehmen, nach erfolgreicher Präqualifizierung, zu Anbietern von Regelenergie und leisten einen Beitrag zur Stabilisierung des Energiesystems. Bei der Umsetzung ist eine Vielzahl von Faktoren zu berücksichtigen, damit es nicht zur Beeinträchtigung der Produktgüte, zu schnellerem Anlagenverschleiß, zu höheren Produktionskosten oder zu negativen sozialen Auswirkungen führt.

Säule 2: Effizienz

Effizienz ist die zweite Säule in der klimaneutralen und nachhaltigen Transformation der Industrie. Denn Ressourcen, die nicht extrahiert und verbraucht werden, entfalten keine negativen Umweltauswirkungen. Die Effizienz versteht sich dabei als Verhältnis des erreichten Nutzens zum Aufwand. So hat die Emission von Treibhausgasen bezogen auf die Bruttowertschöpfung der Industrie seit 1995 um 19 Prozent abgenommen. Die Gründe dafür sind die gestiegene Effizienz der Produktionsprozesse sowie auch die vermehrte Nutzung erneuerbarer Energien.

Die Steigerung der Energieeffizienz ist ein sehr wirksames Instrument zur Verbesserung der Nachhaltigkeit der industriellen Produktion, besonders gilt dies für die energieintensive Prozessindustrie. Hier sind bereits energetische Optimierungsverfahren wie die Pinch-Analyse etabliert. Mit bereits verfügbaren Technologien können allein in der energieintensiven Prozessindustrie in Deutschland bis zu 18 Prozent des Energiebedarfs eingespart werden (Brunke, 2017). Große Potenziale zur Effizienzsteigerung bestehen vor allem in der Wärmerückgewinnung. Zur systematischen Optimierung des Energiebedarfs können Energiemanagementsysteme (EnMS) eingesetzt werden. Die Einführung eines EnMS führt zu Einsparungen von 2,5 bis 15 Prozent (Matteini et al., 2018). Unterstützt durch Sensorik, Kommunikationstechnologie, intelligente Datenverarbeitung und Künstliche Intelligenz (KI) können EnMS einen wesentlichen Beitrag zur flexiblen und effizienten Energienutzung in Industriebetrieben leisten (Zinke, 2019).

Ein nicht zu unterschätzender Beitrag zur Verbesserung der Nachhaltigkeit in der Industrieproduktion ist die Steigerung der Materialeffizienz. Ein geringerer Materialeinsatz hat unmittelbar einen reduzierten Bedarf an Rohstoffen zur Folge und damit auch einen geringeren Bedarf an deren Extraktion und Verarbeitung. Auf diese Weise entfallen vielfach gravierende Eingriffe in natürliche Ökosysteme.

Die wachsende Verfügbarkeit von Daten und Rechenleistung eröffnet ebenfalls neue Wege zur Steigerung der Materialeffizienz. Über cloudbasierte Internet-of-Things(IoT)- und Industrie-4.0-Plattformen erhalten auch kleine und mittelständische Unternehmen Zugang zu KI-basierten Services. Als eine von 16 Plattformen im Innovationswettbewerb „Künstliche Intelligenz als Treiber für volkswirtschaftlich relevante Ökosysteme" verspricht IIP-Ecosphere die Steigerung der Produktivität, Flexibilität, Robustheit und Effizienz von Produktionsprozessen. Die durch Digitalisierung erschließbaren Materialeinsparpotenziale sind in der deutschen Industrie längst nicht vollständig ausgeschöpft. So können mit Digitalisierungstechnologien und der Substitution umweltbelastender Rohstoffe durch nachhaltige Materialien 3 bis 4 Prozent des gesamten Materialverbrauchs eingespart werden. Der Wert dieser Einsparungen wird auf knapp zwei Milliarden Euro geschätzt (Neligan and Schmitz, 2017).

In globalisierten Wirtschaftsbeziehungen ist Transparenz eine wichtige Voraussetzung dafür, dass hohe Effizienz und Nachhaltigkeit entlang der gesamten Wertschöpfungskette erreicht werden können. Die Anwendung der Normen DIN EN ISO 50001 Energiemanagementsysteme, DIN EN ISO 14001 Umweltmanagementsysteme und die Zertifizierung nach dem Eco-Management and Audit Scheme (EMAS) bieten einen strukturierten Ansatz zur Abbildung von Nachhaltigkeitsbestrebungen in Unternehmensprozessen. Mit diesen Systemen werden unter anderem auch Kennzahlen erhoben, an denen Unternehmen ihre Fortschritte hin zu einer nachhaltigeren Produktion messen können.

Säule 3: Kreislaufwirtschaft und Rohstoffsubstitution

Ziel der Kreislaufwirtschaft ist es, Materialkreisläufe zu schließen, in denen nicht mehr benötigte Produkte wiederverwendet oder recycelt werden. Das geschieht beispielsweise in der Herstellung und dem stofflichen Recycling von Produkten der Hochleistungselektronik wie Smartphones, Laptops, Monitoren oder Fernsehern. Darin befinden sich häufig signifikante Mengen an Metallen wie Gold oder Seltenen Erden, zu denen insgesamt 17 chemische Elemente zählen. Seltenerdmetalle werden häufig unter ökologisch und ethisch kritischen Bedingungen in Schwellen- und Entwicklungsländern, meist in Afrika, gefördert. Allein die nicht mehr genutzten Smartphones in Deutschland, von ihren Besitzern in Schränken und Schubladen gehortet, haben einen Goldwert von rund 130 Millionen Euro (bei 3 Tonnen Gold) (o.V., 2020b). Derzeit gibt es keine europäische Regulierung zum Recycling dieser Produktklasse. Erste Ideen werden aber bereits diskutiert. Es könnte ein komplementäres System aufgebaut werden, wie einst bei den Blei-Akkumulatoren, die als Starterbatterie in Pkw verwendet werden. Wie Abb. 9.4 verdeutlicht, ist die Recyclingrate bei Blei-Akkumulatoren im Vergleich zu anderen Produktklassen überragend gut.

Die Batterien sind bei der Etablierung einer Kreislaufwirtschaft in zweierlei Hinsicht interessant. Sie sind einerseits Enabler einer nachhaltigeren Energieversorgung. Gleichzeitig sind sie aufgrund der material- und energieintensiven Herstellung Gegenstand von Nachhaltigkeitsdiskussionen. Die europäische Richtlinie zum Batteriezellenrecycling (2006/66/EG) aus dem Jahr 2006 befindet sich derzeit in der Überarbeitung, da damals die hohe Entwicklungsdynamik in der Batterietechnologie noch nicht abzusehen war. Bis zum Jahr 2030 wird ein Marktwachstum von über 600 Prozent erwartet (Michaelis et al., 2018). Um den Rohstoffbedarf in Grenzen zu halten, werden effiziente Recyclingverfahren benötigt. In einer modernen Fahrzeugbatterie mit 50 Kilowattstunden Kapazität stecken zum Beispiel 100 Kilogramm Kohlenstoff, 32 Kilogramm Nickel, 11 Kilogramm Kobalt und 6 Kilogramm Lithium (Rudschies, 2019). Im gegenwärtig genutzten pyrometallurgischen Recyclingverfahren können Metalle wie Lithium, Eisen und Aluminium sowie der Kohlenstoff und der Elektrolyt der Batterie nicht zurückgewonnen werden. Hydrometallurgische Recyclingverfahren

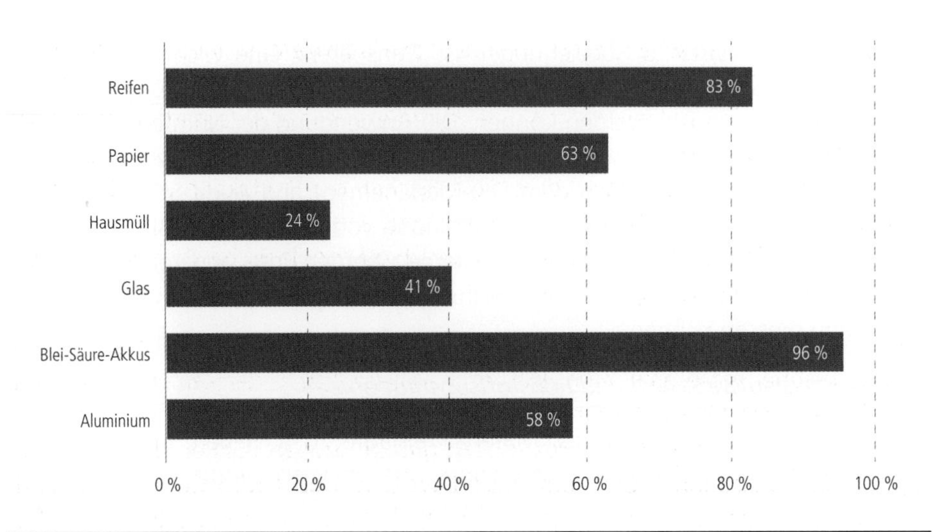

Abb. 9.4 Recyclingraten für unterschiedliche Materialien in den USA. (Aus Argonne National Laboratory Chicago, eigene Darstellung nach Prengaman and Mirza, 2017)

erreichen hingegen Recyclingquoten von bis zu 90 Prozent und können gleichzeitig den Energiebedarf und die CO_2-Emissionen deutlich verringern (Diekmann et al., 2018). Dieses Verfahren ist derzeit allerdings aufgrund geringer Rückläufe alter Lithium-Ionen-Batteriezellen, hoher Kosten und komplexer Prozessabläufe kaum wirtschaftlich umsetzbar.

Bevor jedoch überhaupt ein stoffliches Recycling in Erwägung gezogen wird, sollten Möglichkeiten zur Wiederverwendung ausgeschöpft werden, um ein Produkt einer erneuten Nutzung zuzuführen. Ein Beispiel dafür sind Pfandflaschen, die nach der Nutzung wieder gesammelt und erneut befüllt werden. Bei Batterien von Elektrofahrzeugen ist eine Wiederverwendung in einem anderen Nutzungskontext möglich. Der Großteil der Fahrzeughersteller garantiert nach acht Jahren bzw. 160.000 gefahrenen Kilometern eine Restkapazität von mindestens 70 Prozent (Harloff, 2019). Danach können Batterien in Anwendungen mit geringerer Batteriebelastung weiterverwendet werden. Beispielsweise setzt BMW Batteriezellen aus der Modellreihe des i3 in der Speicherfarm im Werk Leipzig als stationäre Stromspeicher ein (Müller, 2017).

Ein weiterer Weg zu nachhaltigeren Produktionsverfahren und Produkten ist die Materialsubstitution fossiler Rohstoffe durch biobasierte. So können Chemikalien, Kunst- und Brennstoffe unter Nutzung nachwachsender Rohstoffe auch biotechnologisch in Bioraffinerien hergestellt werden. Besonders ergiebig ist eine Umstellung von einer petrochemischen hin zu einer biobasierten Produktion in der Spezial- und Feinchemie. Lag der Anteil biobasierter Fein- und Spezialchemikalien im Jahr 2005 auf dem US-amerikanischen Markt noch bei etwa 4 Prozent, so wird erwartet, dass er bis zum Jahr 2025 auf 44 bis 50 Prozent ansteigen wird (Philp, Ritchie and Allan, 2013). Bioraffinerien nutzen meist Kohlenhydrate aus landwirtschaftlich angebauten Getreiden oder Feldfrüchten als Kohlenstoffquelle. Problematisch sind der hohe Flächenbedarf und der Umstand, dass diese Flächen der Produktion von Nahrungsmitteln entzogen werden. Damit verbundene Verdrängungseffekte bedrohen zudem tierische und pflanzliche Lebensräume. Neuere biotechnologische Verfahren nutzen daher Lignocellulose aus Agrarreststoffen.

Schließlich sind Produktionsverfahren eine große Herausforderung, die prozessbedingt Treibhausgase emittieren. Dies ist beispielsweise in der Zementherstellung der Fall, die allein für rund 8 Prozent der globalen Treibhausgasemissionen verantwortlich ist. Nicht vermeidbare prozessbedingte Emissionen können durch Carbon Capture and Utilization (CCU) kompensiert werden. Dabei wird CO_2 aus der Luft oder aus Rauchgasen abgeschieden und, meist in Verbindung mit Wasserstoff, für die Produktion kohlenstoffhaltiger Produkte genutzt. Die technologische Basis für die Bereitstellung des Wasserstoffs liefern Power-to-X-Verfahren, bei denen Stromüberschüsse aus erneuerbaren Energiequellen für die elektrolytische Produktion von Wasserstoff verwendet werden. In nachgelagerten oder teils auch kombinierten (bio) katalytischen Prozessen erfolgt dann die Reaktion des Wasserstoffs mit CO_2 zu Kohlenwasserstoffen, die entweder direkt verwendet oder als Intermediate weiter zu den spezifisch gewünschten Chemikalien umgesetzt werden. Ein Beispiel hierfür ist das Rheticus-II-Projekt von Siemens und Evonik. In Marl errichten die Unternehmen eine Demonstrationsanlage, bei der ein CO_2-Elektrolyseur mit einem Bioreaktor kombiniert wird, um in Industrieprozessen anfallendes CO_2 für die Produktion von Butanol und Hexanol zu nutzen (Ahrens, 2019). Auf diese Weise kann mit der Herstellung einer Tonne Butanol die Emission von drei Tonnen CO_2 vermieden werden (Weinhold, 2019). Prinzipiell können in derartigen Verfahren erzeugte Kohlenwasserstoffe nicht nur stofflich, sondern auch energetisch genutzt werden. Diese chemischen Energieträger können in großen Mengen und über lange Zeiträume gespeichert werden. Bedingt durch die unvermeidbaren Energieverluste bei der Stromkonversion werden synthetische Energieträger jedoch im Mittel teurer sein als regenerativ erzeugter Strom.

Regulatorische Maßnahmen bilden die Erfolgsgrundlage

Die Transformation der Industrie zu einer nachhaltigen Produktionsweise benötigt Regeln, die eine adäquate Abwägung von Ressourceninanspruchnahme und Umweltfolgen überhaupt erst ermöglichen. Diese Regeln müssen die Knappheit der natürlichen Ressourcen widerspiegeln. Das setzt einen gesellschaftlichen Abstimmungsprozess voraus, in dem ausgehandelt werden muss, welche Umweltauswirkungen im Zuge der industriellen Aktivität in Kauf genommen werden.

Ein zentrales Problem dabei ist die optimale Allokation der begrenzten Ressourcen. Eine marktorientierte Lösung können Kapazitätsmärkte bieten. Bei diesem Vorgehen werden die Obergrenzen der Ressourceninanspruchnahme vorgegeben und die Anteile meistbietend versteigert. Unzumutbaren Härten kann durch Zuteilung von Ressourcenbudgets begegnet werden. Der Vorteil solcher Kapazitätsmärkte ist die unbedingte Einhaltung der vereinbarten Ressourcenobergrenze.

Beispiel für dieses Prinzip ist das europäische Emissionshandelssystem, in dem 11.000 Anlagen und rund 40 Prozent der gesamten CO_2-Emissionen der 31 teilnehmenden Länder erfasst sind (Umweltbundesamt, 2019a). Die Zuteilung von Emissionsrechten erfolgt nach einem komplexen Verfahren, das die besonderen Erfordernisse der einzelnen Marktteilnehmer würdigt. Das verfügbare Emissionsbudget wird jährlich um 1,74 Prozent und ab 2021 um 2,2 Prozent reduziert (European Commission, 2015), was voraussichtlich einen steigenden CO_2-Preis zur Folge hat. Das deutsche Brennstoffemissionshandelsgesetz, auch CO_2-Steuer genannt, ist eine stark vereinfachte Version eines Kapazitätsmarkts, bei dem zunächst keine freie Preisbildung zugelassen ist.

Weiterhin können Steuern und Abgaben eine Lenkungsfunktion zur Einhaltung von Nachhaltigkeitsanforderungen entfalten. Die Einhaltung von Ressourcenobergrenzen kann allerdings nur durch ein fortlaufendes Monitoring mit ständiger Nachsteuerung sichergestellt werden. Damit sind nicht nur die Stellgrößen, sondern das Lenkungssystem aus Steuern und Abgaben selbst Gegenstand politischer Debatten. Das birgt die Gefahr, Nachhaltigkeitsansprüche kurzfristigen Vorteilen durch nicht nachhaltiges Handeln zu opfern. Der Vorteil liegt indes darin, dass auf Steuern und Abgaben basierende Lenkungssysteme im Vergleich zu Kapazitätsmärkten leichter zu entwickeln und umzusetzen sind. Ein Beispiel für die steuerliche Begünstigung nachhaltigen Handelns sind die Energiesteuer nach Energiesteuergesetz (EnergieStG) oder die Stromsteuer nach Stromsteuergesetz (StromStG).

Subventionen und Zuschüsse sind ein Instrument der positiven Anreizsetzung. Damit kompensiert der Staat Wettbewerbsverzerrungen oder andere finanzielle Nachteile, die durch nachhaltiges Verhalten entstehen können. Beispielsweise können stromintensive Industrien eine Strompreiskompensation erhalten, um indirekte Belastungen durch den europäischen Emissionshandel auszugleichen. Damit bleiben sowohl die Steuerungswirkung des Emissionshandels als auch die Wettbewerbsfähigkeit der stromintensiven Industrie erhalten.

Verbote können gesellschaftlich nicht akzeptierte Verhaltensweisen unterbinden. Allerdings: Verbote müssen kontrolliert und Fehlverhalten mit Strafen belegt werden. Strafen entfalten zum einen wirtschaftliche Anreize, Verbote einzuhalten, zum anderen ist der Erhalt einer Strafe aber auch mit einer gewissen Stigmatisierung verbunden. Dementsprechend üben Strafen auch einen gesellschaftlichen Druck aus, Regeln einzuhalten. Ein Beispiel für eine Verbotsregelung ist das Verbot ozonabbauender Substanzen gemäß der europäischen Umsetzung des Montreal-Protokolls (EG 1005/2009). Der Übergang zu einem Verbot kann auch durch ein Quotenmodell realisiert werden, wie es die Novelle der F-Gas-Verordnung (EU, 2014) mit einem Phase-Down für die Produktion fluorierter Treibhausgase vorsieht.

Quoten eigenen sich für die Einführung einer neuen Technologie oder einer neuen Handlungsweise. Mit zunächst niedrigen und dann steigenden Quoten können sich die betroffenen Unternehmen langsam an neue Realitäten gewöhnen. Aber auch Quoten erfordern eine ständige Überprüfung ihrer Einhaltung und sind daher mit bürokratischem Aufwand verbunden. Beispiele für ein Quotenmodell ist die Beimischung von Bioethanol zu Ottokraftstoffen entsprechend der Erneuerbare-Energien-Richtlinie (EU, 2009).

Ein weiteres Steuerungsinstrument sind Haftungsregelungen. Dabei wird die Verursachung von Schäden mit empfindlichen Strafen belegt. Somit besteht der Anreiz, Schäden möglichst zu vermeiden. Auf welche Weise dies geschieht, bleibt dabei den Unternehmen ebenso freigestellt wie die Abwägung des Risikos. Haftungsregelungen können vor allem dann eingesetzt werden, wenn zu erwartende Schadensfälle eindeutig bestimmten Verursachenden zugewiesen werden können. Das ist bei Umweltschäden häufig nicht eindeutig oder nur unter großem Aufwand zu gewährleisten. Daher sind Haftungsregelungen im Kontext der Nachhaltigkeit wenig geeignet.

Auch wenn bereits Fortschritte hin zu einer nachhaltigeren Industrieproduktion zu verzeichnen sind, so ist der Status quo noch weit von wirklicher Nachhaltigkeit entfernt. So übersteigt etwa der Ressourcenverbrauch in Deutschland die Regenerationsfähigkeit der Erde um das Dreifache (o.V., 2020a). Auch die Stagnation der Entwicklung hin zu mehr Nachhaltigkeit in den letzten Jahren gibt großen Anlass zur Sorge. Mit einer bloßen Fortschreibung des gegenwärtigen Handelns lässt sich die Nachhaltigkeitstransformation der Industrie nicht im erforderlichen Maße voranbringen. Dabei sind bereits viele nachhaltige Technologien verfügbar. Allzu oft sind die ökonomischen Rahmenbedingungen Grund für das Scheitern.

Die Quintessenz: Es besteht dringender Bedarf an geeigneten Rahmenbedingungen, die den Strukturwandel weiter beschleunigen und nachhaltiges Handeln auch wirtschaftlich attraktiv machen. Bei der Gestaltung dieser Rahmenbedingungen ist darauf zu achten, dass auch im internationalen Handel faire Wettbewerbsbedingungen gelten, damit Leakage-Effekte vermieden werden. Nimmt die Implementierung nachhaltiger Technologien dann Fahrt auf, werden entsprechende Fachkräfte benötigt.

Handlungsempfehlungen

Angesichts des voranschreitenden Klimawandels und der immer deutlicher werdenden katastrophalen Folgen der globalen Erwärmung besteht dringender Handlungsbedarf. Geeignete regulatorische Rahmenbedingungen sind die Voraussetzung für die Nachhaltigkeitstransformation der Industrie. Zunächst müssen langfristige, quantitative und spezifische Ziele vorgegeben werden. Für Treibhausgasemissionen sind im Klimaschutzplan 2050 bisher nur Sektorziele bis 2030 definiert. Für viele andere Nachhaltigkeitsfaktoren fehlen sektorspezifische Ziele. Darüber hinaus müssen Maßnahmen ergriffen werden, um nachhaltiges Handeln auch wirtschaftlich zu belohnen. Externalisierte Kosten für die Emission von CO_2 und anderen Stoffen mit schädlicher Wirkung müssen dem Emissionsverursacher angelastet werden. Der nationale Brennstoffemissionshandel ist bei den angestrebten Preisen ein erster, aber nicht ausreichender Schritt. Für den Aufbau einer funktionierenden Kreislaufwirtschaft müssen produkt- und branchenspezifische Lösungen gefunden werden. Recyclingquoten und Sammelsysteme haben sich hier als wirksam erwiesen.

Um Wettbewerbsverzerrungen zu vermeiden, müssen auch für Importgüter Nachhaltigkeitsanforderungen gelten. Die Diskussion über die Erhebung einer CO_2-Steuer auf Importgüter an den Grenzen des europäischen Wirtschaftsraums weist in die richtige Richtung. Die Umsetzung eines solchen Instruments ist indes hochkomplex und bedarf eines intensiven Austauschs mit den Betroffenen. Um schnelle Lernerfolge zu erzielen, sollten Instrumente wie Reallabore oder Wettbewerbe intensiver genutzt werden. Schnelle Erfolge sind insbesondere in der Flexibilisierung der Energieversorgung, der Elektrifizierung von Produktionsprozessen, dem Aufbau von Recyclingsystemen und der Entwicklung von Wasserstoff-, Kohlenwasserstoffsynthese- und Carbon-Capturing-Technologien erforderlich. Unternehmen sollten sich konstruktiv einbringen, Risiken eingehen und eine nachhaltige Zukunft mitgestalten.

Literatur

Ahrens, Ralph H. (2019): Nützliche Bakterien, VDI Nachrichten. Online verfügbar unter: https://www.vdi-nachrichten.com/fokus/nuetzliche-bakterien/, zuletzt geprüft am 23.05.2020.

BMU (2019): Klimaschutz in Zahlen : Der Sektor Gebäude. Online verfügbar unter: https://www.bmu.de/fileadmin/Daten_BMU/Download_PDF/Klimaschutz/klimaschutz_zahlen_2019_fs_industrie_de_bf.pdf, zuletzt geprüft am 23.05.2020.

Brunke, Jean Christian Ulf (2017): Energieeinsparpotenziale von energieintensiven Produktionsprozessen in Deutschland. University Stuttgart. Online verfügbar unter: https://elib.uni-stuttgart.de/bitstream/11682/9259/5/BRUNKE_ENERGIEEINSPARKOSTENKURVEN_209.pdf, zuletzt geprüft am 23.05.2020.

Bundesministerium für Wirtschaft und Energie (2020): Energiedaten, Bundesministerium für Wirtschaft und Energie. Online verfügbar unter: https://www.bmwi.de/Redaktion/DE/Binaer/Energiedaten/energiedaten-gesamt-xls.xlsx?__blob=publicationFile&v=121, zuletzt geprüft am 17.05.2020.

Diekmann, Jan et al. (2018): 'The LithoRec Process', in Sustainable Production, Life Cycle Engineering and Management. https://doi.org/10.1007/978-3-319-70572-9_2.

European Commission (2015): EU ETS Handbook, Climate Action. Online verfügbar unter: http://ec.europa.eu/clima/publications/docs/ets_handbook_en.pdf, zuletzt geprüft am 17.05.2020.

Europäische Union (2009): Richtlinie 2009/28/EG des Europäischen Parlaments und des Rates vom 23. April 2009 zur Förderung der Nutzung von Energie aus erneuerbaren Quellen und zur Änderung und anschließenden Aufhebung der Richtlinien 2001/77/EG und 2003/30/EG. Online verfügbar: https://eur-lex.europa.eu/legal-content/DE/TXT/?uri=CELEX%3A32009L0028, zuletzt geprüft am 21.09.2020.

Europäische Union (2014): VERORDNUNG (EU) Nr. 517/2014 DES EUROPÄISCHEN PARLAMENTS UND DES RATES vom 16. April 2014 über fluorierte Treibhausgase und zur Aufhebung der Verordnung (EG) Nr. 842/2006. Online verfügbar: https://eur-lex.europa.eu/legal-content/EN/TXT/?uri=CELEX%3A32014R0517, zuletzt geprüft am 21.09.2020.

eurostat (2019): Energy statistics – an overview, eurostat. Online verfügbar unter: https://ec.europa.eu/eurostat/statistics-explained/index.php/Energy_statistics_-_an_overview#Final_energy_consumption, zuletzt geprüft am 17.05.2020.

Harloff, Thomas (2019): Garantien bei Elektrofahrzeugen. Online verfügbar unter: https://www.auto-motor-und-sport.de/tech-zukunft/alternative-antriebe/diese-garantien-gewaehren-hersteller-bei-e-auto-akkus/, zuletzt geprüft am 23.05.2020.

Hausfather, Zeke (2018): 'Analysis: How much "carbon budget" is left to limit global warming to 1.5C?', Carbon Brief.

Intergovernmental Panel on Climate Change (2014): Climate Change 2014 Mitigation of Climate Change, Climate Change 2014 Mitigation of Climate Change. https://doi.org/10.1017/cbo9781107415416.

Matteini, Marco, Pasqualetto, Giorgia and Petrovska, Ana (2018): 'Cost-benefit analysis of energy management systems implementation at enterprise and programme level', in Eceee Industrial Summer Study Proceedings.

Michaelis, Dr. Sarah et al. (2018): Roadmap Batterieproduktionsmittel 2030. Frankfurt am Main. Online verfügbar unter: http://battprod.vdma.org, zuletzt geprüft am 17.05.2020.

Müller, Jochen (2017): BMW Group demonstriert Führungsrolle im Bereich Elektromobilität. Leipzig. Online verfügbar unter: https://www.bmwgroup.com/content/dam/grpw/websites/bmwgroup_com/responsibility/downloads/de/2018/171025-BMW-Group-Fuehrungsrolle-Elektromobilitaet.pdf, zuletzt geprüft am 17.05.2020.

Neligan, Adriana; and Schmitz, Edgar (2017): Digitale Strategien für mehr Materialeffizienz in der Industrie: Ergebnisse aus dem IW-Zukunftspanel. Online verfügbar unter: https://www.econstor.eu/bitstream/10419/157205/1/IW-Report-2017-03.pdf, zuletzt geprüft am 17.05.2020.

o. V. (2019a): No Title. Available at: https://www.solpart-project.eu, zuletzt geprüft am 17.05.2020.

o. V. (2019b): Sunfire entwickelt effizientere Hochtemperatur-Elektrolyse. Online verfügbar unter: https://www.chemietechnik.de/sunfire-entwickelt-effizientere-hochtemperatur-elektrolyse/, zuletzt geprüft am 23.05.2020.

o. V. (2020a): Country Overshoot Days. Online verfügbar unter: https://www.overshootday.org/newsroom/country-overshoot-days/, zuletzt geprüft am 23.05.2020.

o. V. (2020b): Rohstoffe in deutschen Schubladenhandys. Online verfügbar unter: https://www.informationszentrum-mobilfunk.de/mediathek/grafiken-bilder/rohstoffe-in-deutschen-schubladenhandys, zuletzt geprüft am 23.05.2020.

Philp, Jim C., Ritchie, Rachael J. and Allan, Jacqueline E. M. (2013): 'Biobased chemicals: The convergence of green chemistry with industrial biotechnology', Trends in Biotechnology. https://doi.org/10.1016/j.tibtech.2012.12.007.

Prengaman, R. David; Mirza, A. H. (2017): 'Recycling concepts for lead-acid batteries', in Lead-Acid Batteries for Future Automobiles. https://doi.org/10.1016/B978-0-444-63700-0.00020-9.

Rudschies, Wolfgang (2019): Elektroauto-Akkus: So funktioniert das Recycling. Online verfügbar unter: https://www.adac.de/rund-ums-fahrzeug/elektromobilitaet/info/elektroauto-akku-recycling/, zuletzt geprüft am 23.05.2020.

Stagge, Mark (2019): Pressemitteilung. Essen. Online verfügbar unter: https://www.thyssenkrupp-steel.com/media/content_1/unternehmen_3/nachhaltigkeit/hydrogen2steel/wasserstoff_phase_1.pdf, zuletzt geprüft am 17.05.2020.

Umweltbundesamt (2019a): Der Europäische Emissionshandel, Umweltbundesamt. Online verfügbar unter: https://www.umweltbundesamt.de/daten/klima/der-europaeische-emissionshandel, zuletzt geprüft am 23.05.2020.

Umweltbundesamt (2019b): Emission von Feinstaub der Partikelgröße PM-10, Umweltbundesamt. Online verfügbar unter: https://www.umweltbundesamt.de/daten/luft/luftschadstoff-emissionen-in-deutschland/emission-von-feinstaub-der-partikelgroesse-pm10, zuletzt geprüft am 23.05.2020.

Umweltbundesamt (2020): Energieverbrauch nach Energieträgern und Sektoren, Umweltbundesamt. Online verfügbar unter: https://www.umweltbundesamt.de/daten/energie/energieverbrauch-nach-energietraegern-sektoren, zuletzt geprüft am 18.05.2020.

Weinhold, Nicole (2019): Versuchsanlage aus Bioreaktor und Elektrolyseur, Erneuerbare Energien. Online verfügbar unter: https://www.erneuerbareenergien.de/versuchsanlage-aus-bioreaktor-und-elektrolyseur, zuletzt geprüft am 23.05.2020.

Zinke, Guido (2019): Anwendung künstlicher Intelligenz im Energiesektor. Online verfügbar unter: https://vdivde-it.de/de/anwendung-kuenstlicher-intelligenz-im-energiesektor, zuletzt geprüft am 23.05.2020.

Dieses Kapitel wird unter der Creative Commons Namensnennung 4.0 International Lizenz http://creativecommons.org/licenses/by/4.0/deed.de) veröffentlicht, welche die Nutzung, Vervielfältigung, Bearbeitung, Verbreitung und Wiedergabe in jeglichem Medium und Format erlaubt, sofern Sie den/die ursprünglichen Autor(en) und die Quelle ordnungsgemäß nennen, einen Link zur Creative Commons Lizenz beifügen und angeben, ob Änderungen vorgenommen wurden.

Die in diesem Kapitel enthaltenen Bilder und sonstiges Drittmaterial unterliegen ebenfalls der genannten Creative Commons Lizenz, sofern sich aus der Abbildungslegende nichts anderes ergibt. Sofern das betreffende Material nicht unter der genannten Creative Commons Lizenz steht und die betreffende Handlung nicht nach gesetzlichen Vorschriften erlaubt ist, ist für die oben aufgeführten Weiterverwendungen des Materials die Einwilligung des jeweiligen Rechteinhabers einzuholen.

10 Digitalisierung – Segen oder Fluch für den Klimaschutz?

Annette Randhahn, Jochen Kerbusch, Markus Gaaß, Martin Richter

Der Klimawandel und die Bedrohung unserer Lebensgrundlagen durch die voranschreitende Ausbeutung unserer natürlichen Ressourcen: Kann die Digitalisierung dabei helfen, diesen großen Herausforderungen der Menschheit entgegenzuwirken? Oder treibt sie den Klimawandel eher voran? Und falls ja, in welchen Aspekten? Ob wir die eine Entwicklung nutzen können und werden, um die andere abzubremsen oder gar aufzuhalten, hängt von zahlreichen Faktoren ab.

Es ist unbestritten, dass der Megatrend Digitalisierung den Klimawandel und seine Auswirkungen maßgeblich beeinflussen wird. Unklar ist allerdings, in welcher Art und Weise und auch in welchem Ausmaß eine Wirkung in die eine oder andere Richtung zu erwarten ist. Denn während Wissenschaftler die Effekte des menschengemachten Treibhauseffekts deutlich vorzeichnen (wenn wir A weitermachen, wird B passieren) und auch für Gesellschaft und Wirtschaft die realen Auswirkungen durch Wetterphänomene wie Dürren, Stürme und Temperaturschwankungen greifbarer werden, sind die mittel- und langfristigen ökonomischen, ökologischen und sozialen Auswirkungen der Digitalisierung bisher weniger Teil der öffentlichen Debatte.

Die Bedeutung der Digitalisierung spiegelt sich auch darin wider, dass sie zu den sechs Prioritäten im Rahmen der EU-Nachhaltigkeitspolitik zählt. Die Prioritäten wurden vor dem Hintergrund der Agenda 2030 unter Jean-Claude Juncker 2016 zunächst als zehn Schwerpunkte definiert und unter Ursula von der Leyen 2019 auf sechs zentrale Themen reduziert und aktualisiert, die bis 2024 Gültigkeit behalten (vgl. EU-KOM 2020).

Im Rahmen des European Green Deal ist die Digitalisierung einer der zentralen Bausteine zum Erreichen des Ziels, Europa bis 2050 zum ersten klimaneutralen Kontinent zu machen. Im ersten Schritt verabschiedete die Kommission im März 2020 hierzu eine neue Industriestrategie. Demnach muss Europas Industrie bei beständiger Wettbewerbsfähigkeit umweltfreundlicher, kreislauffähiger und digitaler werden. Ein zentrales Instrument ist die Schaffung von Allianzen aus Großunternehmen, kleinen und mittleren Unternehmen (KMU), Zulieferern, öffentlicher Hand sowie Hochschulen und Forschung (vgl. Europäische Kommission 2020:19).

© Der/die Herausgeber bzw. der/die Autor(en) 2020
V. Wittphal, *Klima*, https://doi.org/10.1007/978-3-662-62195-0_10

Ein weiterer Meilenstein zur Einbindung der Digitalisierung in den Green Deal ist die Initiative „Destination Earth" (Ziel Erde), die ab 2021 wissenschaftliche und industrielle Exzellenz zusammenbringen soll, um ein digitales Hochpräzisionsmodell der Erde (einen „digitalen Zwilling") zu entwickeln. Dieser digitale Zwilling soll künftig die europäischen Kompetenzen für die Umweltvorhersage sowie das Krisenmanagement und damit insbesondere die Klimafolgenforschung radikal verbessern (vgl. European Union 2020:2).

Zur Einbindung der Digitalisierung in die Kreislaufwirtschaftsstrategie der EU soll die Haltbarkeit elektronischer Geräte sowie deren Wartungs-, Demontage-, Wiederverwendungs- und Recyclingfähigkeit ab 2021 verbessert werden. Um etwa den Lebenszyklus der Geräte zu verlängern, soll den Nutzenden ein Recht auf Reparatur oder Aufrüstung gewährt werden. Daneben soll es einen „Produktpass" geben, der Informationen über Herkunft, Zusammensetzung und Recyclingfähigkeit bereithält (vgl. European Union 2020:2).

Angesichts eines steigenden Energiebedarfs durch digitale Technologien und Infrastrukturen sollen Rechenzentren und IKT-Infrastrukturen bis spätestens 2030 klimaneutral sein. Neben einer Erhöhung der Effizienz und des Anteils erneuerbarer Energien soll dabei auch für mehr Transparenz hinsichtlich des ökologischen Fußabdrucks von Telekommunikationsbetreibern gesorgt werden (vgl. European Union 2020:3).

Nicht zuletzt sollen auch im Verkehrsbereich intelligente Systeme und digitale Technologien dazu beitragen, in diesem Sektor die CO_2-Einsparpotenziale zu heben (vgl. European Union 2020:3).

Digitalisierung in der deutschen Nachhaltigkeitsstrategie

Die gesellschaftlichen und ökologischen Chancen der Digitalisierung sollen auch auf nationaler Ebene genutzt werden. Im Rahmen der aktuellen Deutschen Nachhaltigkeitsstrategie wird das Zielbild gezeichnet, die Potenziale der Digitalisierung zu nutzen und gleichzeitig den digitalen Wandel nachhaltig zu gestalten, etwa durch Anpassung politischer Rahmenbedingungen oder eine den Prozess begleitende Technikfolgenabschätzung (vgl. Bundesregierung 2018:18). Verankert sind diese Ziele auch in der Umsetzungsstrategie Digitalisierung der Bundesregierung, in der konkrete Handlungsfelder und Zuständigkeiten definiert sind. So befasst sich etwa das Bundesministerium für Ernährung und Landwirtschaft (BMEL) unter anderem mit der Umsetzung digitaler Experimentierfelder in der Landwirtschaft und treibt Innovationen für mehr Ressourceneffizienz in der Agrartechnik voran. Das Bundesumweltministerium (BMU) verantwortet im Rahmen der Umsetzungsstrategie insbesondere die Nutzung der Potenziale der Digitalisierung für Klimaschutz, nachhaltigen Konsum, umweltverträgliche Mobilität und Steigerung der Ressourceneffizienz (vgl.

Bundesregierung 2019:59 f). Einen wichtigen Meilenstein hat das BMU 2019 mit der Veröffentlichung einer Digitalagenda erreicht. In über 70 darin definierten Maßnahmen sollen die Weichen dafür gestellt werden, den wachsenden ökologischen Fußabdruck digitaler Technologien einzudämmen und zugleich deren umwelt- und klimapolitische Potenziale zu nutzen (vgl. BMU 2020:6).

Einer der Schwerpunkte liegt hier auf dem Beitrag digitaler Technologien zur Umsetzung der Energiewende. Neben dem voranschreitenden Ausbau erneuerbarer Energien ist die Energieeffizienz die zweite große Säule der Energiewende „made in Germany". Wärme und Strom müssen dringend effizienter genutzt werden, damit das klare Ziel der Bundesregierung, bis zum Jahr 2050 in Deutschland 50 Prozent weniger Primärenergie im Vergleich zum Basisjahr 2008 zu verbrauchen (vgl. BMWi 2010:5), auch erreicht wird. Hierfür wurden im Nationalen Aktionsplan Energieeffizienz (NAPE) vom Dezember 2014 Strategien, aber auch konkrete Sofortmaßnahmen aufgezeigt (vgl. BMWi 2014). Und auch wenn darin der Begriff „Digitalisierung" nicht direkt verwendet wird, sind im NAPE einige Maßnahmen beschrieben, die sich eindeutig dem Themenfeld Digitalisierung zuordnen lassen.

Ein Beispiel dafür ist das „Pilotprogramm Einsparzähler", in dem Geschäftsmodelle auf Basis einer exakten Energieverbrauchsdatenerfassung beispielsweise mittels Smart-Plugs oder Smart-Meter gefördert werden (vgl. BMWi 2014:31). Auch den Bedarf an umfassenden Energiemanagementsystemen, zu deren Umsetzung man auf digitale Lösungen zurückgreifen muss, stellt der NAPE deutlich heraus (vgl. BMWi 2014:14, 33–39). Allerdings spricht er auch an, dass vor allem im Bereich der Stromeffizienz bei Informations- und Kommunikationstechnologien (IKT) noch großer Nachholbedarf besteht (vgl. BMWi 2014:39).

Im Dezember 2019 verabschiedete die Bundesregierung die „Energieeffizienzstrategie 2050", deren Kernelemente ein neuer NAPE (NAPE 2.0), die Durchführung eines Dialogprozesses „Roadmap Energieeffizienz 2050" sowie vor allem auch ein neues Energieeffizienzziel für 2030 sind: Bis zum Jahr 2030 soll der Primärenergieverbrauch um 30 Prozent gegenüber dem Vergleichsjahr 2008 gesenkt werden (vgl. BMWi 2019:9). Auch hier wird das Thema „Energieeffizienz und Digitalisierung" direkt angesprochen. Zum einen bietet die fortschreitende Digitalisierung natürlich große Chancen, Verfahren, Prozesse, Anwendungen und Geschäftsmodelle energieeffizienter auszugestalten. Auf der anderen Seite bestünden jedoch große Herausforderungen darin, dass eine Ausweitung der Digitalisierung auch mit einem Anstieg der Energieverbräuche verbunden sei (vgl. BMWi 2019:24–25): Immer mehr Daten werden erfasst, transferiert, ausgewertet und gespeichert; der Bedarf an Rechenkapazitäten steigt kontinuierlich an; immer mehr elektronische Komponenten werden verbaut, um Daten zu erfassen. Wegen dieser Reboundeffekte (vgl. Abschnitt „Der Reboundeffekt – ein Exkurs" im vorliegenden Beitrag) wird das Thema „Digitalisierung" auch ein eigener Schwerpunkt im Dialogprozess „Roadmap Energieeffizienz 2050" sein (vgl. BMWi 2019:33 ff).

Zusammenfassend kann festgehalten werden, dass sowohl auf europäischer als auch auf nationaler Ebene digitale Technologien bei den Maßnahmen zur Eindämmung des Klimawandels zum Einsatz kommen. Dabei wird zunehmend darauf geachtet, dass die Digitalisierung echten Mehrwert erzeugt und nicht nur Selbstzweck ist.

Risiken und Chancen der Digitalisierung

Die Digitalisierung beeinflusst über vielfältige technologische Entwicklungen wie Informations- und Kommunikationstechnologien (IKT), Internet der Dinge (IoT) oder Künstliche Intelligenz (KI) alle wirtschaftlichen Sektoren und gesellschaftlichen Bereiche. Jedes der 17 UN-Nachhaltigkeitsziele ist in der einen oder anderen Weise betroffen – verbunden mit großen ökologischen Chancen. So lassen sich im Zuge der Digitalisierung Prozesse, Anlagen, Verfahren oder aber auch Geschäftsmodelle energieeffizienter gestalten. Grundlage dafür sind Daten. Sie zu erheben und auszuwerten sind entscheidende Schritte, um Energieeffizienzpotenziale zu ermitteln und schlussendlich auch zu heben. Dabei verläuft die Entwicklung neuer beziehungsweise die Weiterentwicklung bestehender Technologien, die für die Energieeffizienz relevant sind, weiterhin sehr rasant (zum Beispiel 5G, Blockchain). Ein schneller Zugang zu (Echtzeit-)Informationen kann somit künftig im Konsumbereich die Entscheidung für nachhaltigere Produkte und Dienstleistungen erleichtern. Und in der Landwirtschaft kann beispielsweise der Einsatz von Drohnen bei der präzisen Ausbringung von Pestiziden (sogenanntem Precision Farming) großflächige Schadstoffbelastung reduzieren. Alles in allem schätzt die EU, dass der globale CO_2-Ausstoß durch digitale Technologien um 15 Prozent gesenkt werden könnte (vgl. European Commission 2020:1).

Andererseits könnten digitale Technologien aber auch dafür sorgen, dass sich Klima- und Umweltprobleme in Zukunft noch verschärfen, denn die Prozesse und Komponenten der Digitalisierung benötigen selbst erhebliche Mengen an Energie für Herstellung und Betrieb. So hat zum Beispiel der französische Thinktank „The Shift Project" errechnet, dass die digitalen Technologien inzwischen für rund 4 Prozent des weltweiten CO_2-Ausstoßes verantwortlich sind und damit schon heute einen höheren Beitrag zum weltweiten CO_2-Aufkommen leisten als die zivile Luftfahrt (vgl. Martus 2020:5). Neben diesem den digitalen Technologien direkt zuzuschreibendem Energieverbrauch bergen auch mit deren Nutzung einhergehende Veränderungen im Verhalten ein nicht zu vernachlässigendes Risiko. Zusätzliche Energieverbräuche oder sich ändernde Verhaltensweisen, die zunächst durch positive Wirkungen von neuen Technologien ausgelöst werden, dann aber dafür sorgen, dass sich deren Effekt verringert, aufhebt oder gar ins Negative umkehrt, sind Spielarten des sogenannten Reboundeffekts.

Der Reboundeffekt – ein Exkurs

Obwohl bereits gegen Mitte des 19. Jahrhunderts (vgl. Jevons 1865) erste deutliche Anzeichen für eine Verbindung zwischen Energie-Produktivitätssteigerungen[60] und Energie-Mehrnachfrage erkannt wurden, wird diese Kopplung heute nur selten in der Energie- und Umweltpolitik berücksichtigt. So existieren auch nur wenige aktuelle veröffentlichte Studien zum Reboundeffekt. Die hier wiedergegebene Darstellung basiert auf zwei Veröffentlichungen, die Reboundeffekte auf unterschiedliche Weise kategorisieren.

Die 2011 mit Beteiligung des Berliner Ecologic-Instituts im Auftrag der EU-Kommission durchgeführte Studie unterscheidet drei Arten von Reboundeffekten: direkte, indirekte sowie ökonomieweite (vgl. Maxwell et al. 2011:5). Der in der Reihe „Impulse zur WachstumsWende" des Wuppertal-Instituts 2012 veröffentlichte Beitrag gruppiert wiederum die Reboundeffekte in finanzielle, materielle, psychologische und Cross-Faktor-Effekte (vgl. Santarius 2012:3 f).

Direkte beziehungsweise materielle und teilweise finanzielle Reboundeffekte sind dadurch gekennzeichnet, dass neue technische Geräte zwar energieeffizienter als ihre Vorgänger sind, aber größer oder leistungsfähiger[61] werden – oder zu ihrer Herstellung ein erhöhter Einsatz von Ressourcen notwendig ist.

Indirekte Reboundeffekte können finanziell oder psychologisch getrieben entstehen. Finanzielle Reboundeffekte beschreiben, dass das durch Energieeffizienz eingesparte Kapital in andere, also zusätzliche Produkte oder Dienstleistungen investiert wird, zu deren Herstellung beziehungsweise Angebot wiederum Energie und Ressourcen aufzuwenden sind. In die Kategorie psychologische Reboundeffekte fallen zum Beispiel Verhaltensänderungen, die ein Wechsel zu energieeffizienten Technologien nach sich ziehen kann. Auf diese Weise können mit einer neuen Technologie einhergehende Effizienzgewinne wieder verringert oder gar aufgehoben werden – beispielsweise wenn der Käufer eines „umweltfreundlichen" Fahrzeugs durch die Wahrnehmung, „etwas Gutes für die Umwelt zu tun", nun mit diesem Fahrzeug deutlich mehr Kilometer zurücklegt als mit dem alten.

Die letzte Kategorie, ökonomieweite bzw. Cross-Factor-Reboundeffekte, fasst zusammen, dass durch verbesserte Energieeffizienz zunächst der Energieverbrauch

---

[60] *Energie-Produktivität meint das Verhältnis von Produktionsergebnis (Output) und der an seiner Erstellung beteiligten Energie.*

[61] *Beispielsweise sind strombetriebene Haushaltsgeräte in den Jahren von 1985 bis 2008 um rund 37 Prozent effizienter geworden und dennoch ist in der gleichen Zeit der Stromverbrauch von Privathaushalten um 22 Prozent angestiegen.*

Abb. 10.1 Reboundeffekte kommen in den verschiedensten Ausprägungen vor und lassen sich in vier Kategorien gruppieren. Die Zitate sollen die Ausprägung plakativ veranschaulichen.

sinkt. Die geringere Nachfrage wiederum führt in der Regel zu sinkenden Energiepreisen, wodurch dann das gesamtwirtschaftliche Wachstum angekurbelt wird und Energie- und Ressourcenverbrauch wieder ansteigen. Ebenso sind in dieser Kategorie auch jene Effekte verortet, die aufgrund einer Steigerung der Arbeits- und Kapitalproduktivität durch energieverbrauchende Mechanisierung oder Automatisierung letztlich eine höhere Nachfrage nach Energie hervorrufen. In Abb. 10.1 werden die oben beschriebenen Kategorien noch einmal gegenübergestellt.

Während die grundsätzlichen Mechanismen dieser Reboundeffekte noch unmittelbar einleuchten, ist es offensichtlich nicht trivial, die Größe dieser Effekte zu bestimmen. Tilman Santarius ist der Ansicht, dass durch die großen Lücken, welche die quantitative Rebound-Forschung noch aufweist, das Ausmaß des Rebounds in bisherigen Modellrechnungen unterschätzt wird (vgl. Santarius 2012:4). Grund hierfür sei, dass in den mithilfe ökonometrischer Modelle oder anhand historischer Daten verfassten empirischen Studien bis auf wenige Ausnahmen nur Teilaspekte wie produkt- oder sektorspezifische Reboundeffekte bei den Endverbraucher:innen betrachtet würden. Demnach werden produktionsseitige oder gesamtwirtschaftliche Reboundeffekte bislang nicht erfasst. Gleiches gilt für psychologische Reboundeffekte (Santarius 2012:18). Der Sachverständigenrat für Umweltfragen in Deutschland zieht hinsichtlich des Ausmaßes von Reboundeffekten das Fazit: „Insgesamt deuten die verfügbaren wissenschaftlichen Erkenntnisse darauf hin, dass der langfristige gesamtwirtschaftliche Rebound-Effekt regelmäßig über 50 Prozent liegt und auch Werte von über 100 Prozent erreicht, das heißt die erzielten Einsparungen zur Hälfte bis vollständig ausgleichen könnte." (SRU 2011:230)

Zuverlässige quantitative Aussagen sind aber offensichtlich unerlässlich, um künftige Maßnahmen vorausschauend zu bewerten. Zudem sollten die tatsächlich erreichten (Netto-)Effizienzsteigerungen bisheriger Maßnahmen analysiert sowie die dafür verwendeten gesamtwirtschaftlichen Modelle kontinuierlich verfeinert werden. Nur so kann die Wahrscheinlichkeit erhöht werden, dass neue Technologien – gegebenenfalls von entsprechenden Maßnahmen flankiert – ihre positiven Effekte auch wirklich entfalten.

Elektronik – Wegbereiter der Digitalisierung

Nicht Geschäftsmodelle, Software und Algorithmen, sondern die Hardware, die Elektronik, ist Grundlage der Digitalisierung. Der Elektronik kommt deshalb gerade im Hinblick auf Nachhaltigkeit und Reduktion der CO_2-Emissionen eine zentrale Rolle zu – sie ist allerdings ambivalent zu betrachten. Fortschritte in der Elektronik haben mit der einhergehenden Miniaturisierung viele Anwendungen überhaupt erst ermöglicht. Über Jahrzehnte der Entwicklung hinweg fand eine enorme Verbesserung der Energieeffizienz von Bauelementen, der Komponenten und der Baugruppen bis hin zu ganzen Systemen statt.

In der Leistungselektronik verspricht die Einführung neuer Halbleitermaterialien[62] wie Siliziumcarbid (SiC) auch in Zukunft eine Steigerung der Wirkungsgrade. Durch höhere Schaltfrequenzen lassen sich in den Halbleiterbauelementen selbst sowie in den passiven Bauelementen Verluste verringern. Die Betriebstemperaturen dürfen deutlich höher sein als bei bisherigen Materialien mit der Folge, dass die Kühlleistung reduziert werden kann, was wiederum Baugröße und Gewicht zusätzlich mindert. In der Elektromobilität wirken sich diese Verbesserungen besonders deutlich aus. Neue Ansteuer- und Regelkonzepte auf Ebene der Baugruppen beziehungsweise Module ermöglichen darüber hinaus, die Arbeitsweise flexibel an die jeweilige Situation anzupassen. Auch dadurch wird der Energieverbrauch weiter reduziert.

[62] *Sogenannte Wide-Bandgap-Halbleiter (Halbleiter mit großer Bandlücke).*

Die Situation bei Energiemanagement und Energiespeicherung ist ebenfalls erfreulich. Energiesammler[63] wie Photovoltaikzellen, thermoelektrische Generatoren oder Generatoren, die Bewegungsenergie in elektrische Energie umwandeln (kinetische Harvester), haben heute eine hohe technische Reife und verrichten bereits in zahlreichen kommerziellen Anwendungen ihr Werk. Die Aufnahme und Speicherung von Strahlungsenergie aus Funknetzen wie LTE, 5G oder WLAN erlangt eine zunehmend höhere technische Reife und wird perspektivisch den autarken Betrieb von Sensorknoten überall dort ermöglichen, wo die Umgebungsbedingungen den Einsatz von Photovoltaik oder kinetischen Harvestern nicht zulassen.

Auch im Bereich der Mikroelektronik wurden erhebliche Fortschritte erzielt. Für jeden Menschen erkennbar ist die Leistungsfähigkeit moderner Mobilgeräte bei immer besserer Akkulaufzeit exponentiell angestiegen. Dies wurde nicht zuletzt durch immer energieeffizientere Halbleitertechnologien und Prozessorarchitekturen erreicht. Aber auch im industriellen Umfeld konnte der Energieverbrauch von Sensorknoten, Recheneinheiten und Kommunikationsmodulen drastisch gesenkt werden. Mittlerweile sind autarke Sensorknoten mit integrierter Datenvorverarbeitung und drahtloser Kommunikation mit Batterielebensdauern von bis zu zehn Jahren Stand der Technik. Energieeffizienz ist eines der wichtigsten Kriterien für den Erfolg einer Sensoriklösung im Kontext von Industrie 4.0.

Während diese Beispiele bereits verdeutlichen, dass bei der Energieeffizienz elektronischer Bauteile und Komponenten selbst große Fortschritte erzielt wurden, gibt es darüber hinaus eine Vielzahl neuer Anwendungen, die durch diese moderne Elektronik erst möglich werden und ebenfalls Nachhaltigkeit und Ressourcenschonung unterstützen können. Zu nennen sind hier insbesondere die Bereiche Landwirtschaft, Mobilität, Logistik und vor allem die industrielle Fertigung. So können drohnen- oder satellitengestützte Elektroniksysteme bereits heute Traktoren mit einer Genauigkeit von rund 2 Zentimetern lenken (vgl. BMEL 2018:11 f). Die Elektronik hilft somit, Dünge- und Pflanzenschutzmittel punktgenau und bedarfsgerecht auszubringen und ihren Einsatz insgesamt zu reduzieren, denn das Pflanzenwachstum wird durch die Drohnen und Satelliten genau überwacht. Innovative Anwendungen auf Grundlage energieeffizienter Elektronik mit einer ähnlich durchschlagenden Wirkung im Hinblick auf Nachhaltigkeit finden sich auch in den Bereichen intelligente Netze, erneuerbare Energien, Mobilität, Telemedizin oder Smart City.

Allerdings birgt die zunehmende Durchdringung aller Lebensbereiche durch Elektronik und Sensorik auch Probleme. Selbst wenn der Energieverbrauch jedes einzelnen Geräts stetig sinkt, so ist in Summe der wachsende Energieverbrauch nicht zu ver-

[63] *Stichwort „Energy Harvesting", d. h. die Sammlung verschiedenster Energieformen und deren Umwandlung in elektrische Energie.*

nachlässigen[64]. In Milliardenstückzahlen summieren sich die wenigen Wattstunden der Smartphone-Akkus zu gewaltigen Energiemengen, die täglich nachgeladen werden müssen. Zur Negativseite der Bilanz zählen auch elektronische Geräte, die wenig oder keinen gesellschaftlichen Nutzen haben. Seien es Reißverschlussanhänger mit bunter LED-Beleuchtung oder Schuhe mit blinkenden Lichtern in der Ferse. Solche Anwendungen brauchen ebenfalls in Summe eine Menge Energie. Und noch gravierender: Die Batterien sind in der Regel nicht austauschbar und halten nur wenige Betriebsstunden; Anhänger, Schuhe und andere Alltagsprodukte werden zum Elektroschrott.

Der Green Deal greift dieses Problem auf, indem explizit auf Elektronik als besonders ressourcenintensive Branche hingewiesen wird. Auch wenn Altgeräte in Deutschland zurückgenommen werden müssen, findet ein Recycling der Elektronikkomponenten der Geräte in aller Regel nicht in nennenswertem Umfang statt[65]. Gängige Leiterplatten zum Beispiel sind nicht recyclingfähig, sondern können nur thermisch verwertet werden. Die leitenden Materialien oder aufgelöteten Bauelemente zu separieren, ist meist zu aufwendig und zu teuer. Dabei sind diese Bauelemente häufig nicht defekt, sondern könnten ihre Funktion noch über Jahre hinweg erfüllen.

Die immer höhere Integrationsdichte der Bauelemente, die bei der Herstellung in Chips vergossen werden, verstärkt dieses Problem noch: Das Trennen der Chips in ihre einzelnen Materialien ist derzeit aus ökonomischer Sicht nicht darstellbar (vgl. Stobbe et al. 2015:49 f): In der modernen Chip-Fertigung werden nahezu alle Elemente des Periodensystems genutzt, und die daraus resultierende unendliche Vielzahl an Verbindungen ist kaum zu trennen. Weltweit werden nur rund 20 Prozent des anfallenden Elektroschrotts ordnungsgemäß recycelt (vgl. World Economic Forum 2019:12). Vom Rest wird ein großer Teil – nicht selten illegal – in Schwellenländer

---

[64] *Eine detaillierte Aufschlüsselung des Anteils des Energieverbrauchs durch Elektronik ist kaum möglich, da die verfügbaren Daten typischerweise nur Gesamtverbräuche in Branchen, Bereichen usw. enthalten. Deutlich wird dies zum Beispiel an der Industrie, wo zwischen der Erzeugung mechanischer Energie aus Strom und dem Verbrauch der Elektronik für Steuerungs- und Regelungsaufgaben nicht unterschieden wird. Nur für Informations- und Kommunikationstechnologie (IKT) gibt es dedizierte Zahlen, die jedoch deutlich zu kurz greifen. Schätzungen gehen im schlechtesten Fall von 51 Prozent des Gesamtbedarfs an elektrischem Strom im Jahr 2030 beziehungsweise 23 Prozent der weltweiten Emissionen von Treibhausgasen aus (vgl. Andrae et al. 2015:117 ff).*

[65] *Die Angaben zum Anteil am Recycling beziehen sich in aller Regel auf das Gesamtgewicht der Geräte. Unter anderem bei Haushaltsgeräten ist der Gewichtsanteil der Elektronik jedoch verschwindend gering im Vergleich zu den mechanischen Komponenten, die wesentlich einfacher dem Recycling zugeführt werden können.*

oder Länder der Dritten Welt exportiert und dort unter unzureichenden Sicherheitsmaßnahmen deponiert.

Neben den verwendeten Rohstoffen ist auch die Fertigung von Elektronikkomponenten hochgradig klimarelevant. Über den Lebenszyklus eines Smartphones[66] betrachtet, entfallen rund 84 Prozent des CO_2-Fußabdrucks auf die Produktion, nur rund 12 Prozent auf die tatsächliche Nutzung. Bei einem Gesamt-CO_2-Ausstoß von 57 Kilogramm entspricht das immerhin rund 48 Kilogramm CO_2, die der Produktion zugeordnet werden können (vgl. Apple 2020:2). Der Chiphersteller Samsung gibt für die Herstellung eines einzigen 512-Gigabyte-Speicherchips (UFS-3.0-Flash für Smartphones) einen CO_2-Fußabdruck von 13,4 Kilogramm an[67] (vgl. Windeck 2019). Auch wenn ein solcher Wert zunächst nicht sehr hoch erscheinen mag, ergibt sich über die Gesamtstückzahlen eine signifikante CO_2-Emission. Hinzu kommt, dass in der Elektronikfertigung nicht nur gewaltige Mengen an CO_2 ausgestoßen werden, sondern in den Herstellungsprozessen auch sehr viel Wasser aufgewendet werden muss. Angesichts von immer häufiger auftretenden Perioden mit deutlich unterdurchschnittlichen Niederschlagsmengen ist der umgerechnete Verbrauch von rund 900 Litern Wasser je Smartphone kritisch zu sehen[68] (vgl. Schulte 2016).

Somit wird deutlich, dass neben der Steigerung der Energieeffizienz in der Elektronik auch eine Verlängerung der Nutzungsdauer einen erheblichen Einfluss auf die Klimabilanz hat. Das heißt, dass die Weiternutzung eines funktionsfähigen Geräts, selbst wenn es nicht besonders effizient ist, nahezu immer einer Neuanschaffung vorzuziehen ist. Eine Verlängerung der Nutzungsdauer aller Smartphones in der EU um nur ein Jahr würde jährlich rund 2,1 Millionen Tonnen CO_2 einsparen (vgl. EU 2020:2). Um diese Menge CO_2 zu erzeugen, müsste ein Auto mit einem dem aktuellen Grenzwert von 95 Gramm CO_2 pro Kilometer entsprechenden CO_2-Ausstoß 22,1 Milliarden Kilometer zurücklegen. Dabei spricht wenig gegen eine längere Nutzung der Geräte, wie eine Umfrage ergab: 64 Prozent der Befragten würden Smartphones, Tablets und Co. tatsächlich gerne fünf bis zehn Jahre nutzen (vgl. EU 2020:2)! Modulare Bauweisen, wie sie bei PCs und Laptops bis vor wenigen Jahren Standard waren, und garantierte Software-Updates können helfen, über die längere Nutzungsdauer hinweg den technischen Anschluss nicht zu verlieren.

---

[66] *Am Beispiel des Apple iPhone SE (Modelljahr 2020, 64 Gigabyte Speicher), Gesamt-CO_2-Ausstoß rund 57 Kilogramm. (Apple 2020: 2) Die angenommene Nutzungsdauer des Erstbesitzers beträgt drei Jahre (Apple 2020: 8).*

[67] *Ausgehend vom seit 2020 geltenden Grenzwert für Pkw von 95 Gramm CO_2 je Kilometer entspricht das einer Fahrleistung von 141 Kilometern für den Speicherchip beziehungsweise 504 Kilometern für das Smartphone.*

[68] *Zum Vergleich: Ein Blatt Papier erfordert 10 Liter, eine Tasse Kaffee erfordert 140 Liter.*

Möglicher Kreislaufprozess für Elektronikwaren bzw. -schrott

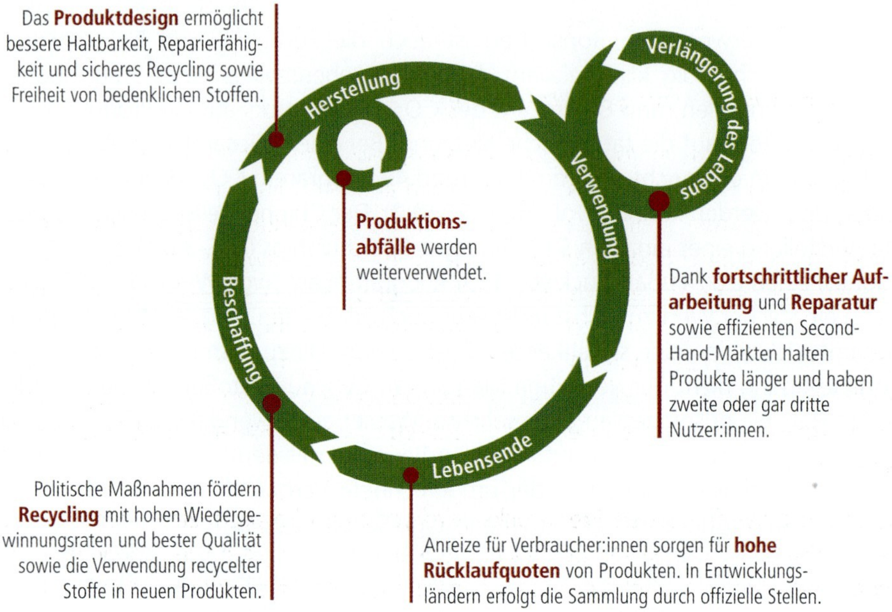

Das **Produktdesign** ermöglicht bessere Haltbarkeit, Reparierfähigkeit und sicheres Recycling sowie Freiheit von bedenklichen Stoffen.

Herstellung

Verlängerung des Lebens

Verwendung

Produktionsabfälle werden weiterverwendet.

Beschaffung

Dank **fortschrittlicher Aufarbeitung** und **Reparatur** sowie effizienten Second-Hand-Märkten halten Produkte länger und haben zweite oder gar dritte Nutzer:innen.

Lebensende

Politische Maßnahmen fördern **Recycling** mit hohen Wiedergewinnungsraten und bester Qualität sowie die Verwendung recycelter Stoffe in neuen Produkten.

Anreize für Verbraucher:innen sorgen für **hohe Rücklaufquoten** von Produkten. In Entwicklungsländern erfolgt die Sammlung durch offizielle Stellen.

Abb. 10.2 Möglicher Kreislaufprozess für Elektronikwaren beziehungsweise -schrott. (Eigene Darstellung nach World Economic Forum 2019)

Heutige Elektronik ist ohne umfangreichen Softwareeinsatz undenkbar. Bei einer Ausweitung der Lebensdauer von Elektronik ist daher auch die Verfügbarkeit von Aktualisierungen zur Behebung von funktionalen Fehlern wie auch Sicherheitslücken unabdingbare Voraussetzung. Der Aspekt Sicherheit gewinnt durch die hochgradige Vernetzung an Bedeutung. Seine Vernachlässigung im Entwicklungsprozess hat Mängel zur Folge, die häufig nicht mehr behebbar sind. Böswillige Übernahmen der Geräte sind dann möglich, es sei denn, sie werden vom Internet getrennt. Häufig sind sie dann jedoch nur eingeschränkt oder gar nicht mehr funktionsfähig. Dass derartige Szenarien bereits Realität sind, haben die Angriffe des Mirai-Botnets 2016 vor Augen geführt (vgl. Dobbins et al. 2016).

Vor dem Hintergrund der Nachhaltigkeitsdebatte sind Entwicklung und Einsatz von Elektronik über die gesamte Lebensspanne hinweg – von der Herstellung über den Betrieb bis zur Entsorgung – zu betrachten (siehe Abb. 10.2). Der Blick auf nur einen dieser drei Abschnitte ist unzureichend, deren Gewichtung muss allerdings dem Einzelfall individuell angepasst und in den Kontext des gesamtgesellschaftlichen Nutzens des jeweiligen Elektroniksystems gesetzt werden. Im Falle medizintechnischer Ausrüstung wird eine Abwägung sicherlich zu einem anderen Resultat kommen als etwa bei Spielzeugen oder Gegenständen mit geringem Nutzwert.

Weichen müssen jetzt gestellt werden

Wissenschaft und auch Politik haben erkannt, dass digitale Technologien sowohl zur Erreichung der Nachhaltigkeitsziele beitragen als auch Klima- und Umweltprobleme verschärfen können. Trotzdem ist die Einführung lenkender Maßnahmen und entsprechender Rahmenbedingungen für die Technologieentwicklung ein langwieriger Prozess. Die Gründe hierfür sind vielfältig. Zum einen sind die Wirkungen in die eine oder andere Richtung schwer quantifizierbar, da mehrere Faktoren wie etwa unterschiedliche Reboundeffekte ineinandergreifen. Zum anderen müsste nicht die Politik allein handeln – alle Akteure, herstellende Unternehmen und Nutzer:innen gleichermaßen, müssen an der Implementierung eines wirksamen Maßnahmenkatalogs mitwirken.

Aufgrund eines fehlenden Preisdrucks wird vor allem im produzierenden Gewerbe bei der Digitalisierung selten auf Nachhaltigkeit oder Energieeffizienz geachtet. Ausgenommen hiervon sind die klassischen energieintensiven Industriebranchen wie Stahl-, Baustoff- und Papierproduktion. Hier bieten hohe Energiekosten genügend Anreize, über Einsparpotenziale nachzudenken. Im Allgemeinen wird in der Industrie nur zögerlich eruiert, welche Anlagen oder Prozess- und Verfahrensschritte die „großen Energieverbraucher" sind und wo gegebenenfalls Optimierungsmaßnahmen sinnvoll sein könnten. Um hierbei von der Digitalisierung zu profitieren, müssen zudem geeignete Messkonzepte und Energiemanagementsysteme implementiert werden – ebenfalls ein Grund, die Dinge auf die lange Bank zu schieben. Beim Thema Digitalisierung stehen in der Industrie nach wie vor eher Aspekte wie Automatisierung von Prozessabläufen, schnellere Fertigung oder Flexibilisierung der Produktion im Vordergrund. Der Wunsch nach einer Erhöhung der Energieeffizienz, oder – mehr ganzheitlich gesehen – der Ressourceneffizienz, ist eher als Ausnahme Vorbild bei der Entwicklung und Umsetzung einer Digitalisierungsstrategie.

Es braucht also Anreize, Energie- und Ressourceneffizienz in den Fokus der Akteure zu rücken. Am wirkungsvollsten sind meist solche von fiskalischer Natur, wobei eine verursachungsgerechte Bepreisung von Leistungen und Geräten beziehungsweise die Internalisierung externer Kosten das wirksamste Instrumentarium wären. Bezogen auf die Elektronik kann etwa ein „Umweltindex", der sowohl die CO_2-Emissionen von Fertigung und Betrieb sowie die Recyclingfähigkeit einbezieht, eine Grundlage für Besteuerung und Zollabgaben bilden. Auf diese Weise werden Anreize für Verbraucher geschaffen, nachhaltige Geräte zu kaufen, und für Hersteller, solche Geräte auch anzubieten. Weiterhin können alternative Geschäftsmodelle helfen: Bei einer nutzungsabhängigen Abrechnung hat das den Dienst anbietende Unternehmen ein großes Interesse daran, langlebige Geräte beim Kunden einzusetzen. Ein früher Austausch würde den Gewinn nicht nur erheblich schmälern, sondern gegebenenfalls sogar Ausfallkosten für eine nicht erbrachte Dienstleistung nach sich ziehen.

Um Reboundeffekten zu begegnen, empfehlen entsprechende Studien verschiedene evidenzbasierte Maßnahmen. Neben dem eigentlichen Erkennen und Berücksichtigen von Reboundeffekten bei der Gestaltung umweltpolitischer Maßnahmen zählt dazu die Anwendung unterschiedlicher, miteinander verwobener steuerlicher oder technologischer Instrumente. Zudem sollten Anreize für einen nachhaltigen Lebensstil beziehungsweise für Verhaltensänderungen bei Konsument:innen sorgen, und es sollte ein Bewusstsein für die Auswirkungen des eigenen Handelns geschaffen werden (vgl. Maxwell 2011:15). Tilman Santarius geht in seinem Beitrag noch einen Schritt darüber hinaus. Er schlussfolgert, dass sich aufgrund der Allgegenwärtigkeit von Reboundeffekten die Nachhaltigkeitsziele, wie etwa die Verminderung der Treibhausgase um 80 bis 90 Prozent in den Industrieländern bis zum Jahr 2050, nicht allein durch Effizienzstrategien erreichen lassen, da die Effizienz- beziehungsweise die damit verbundenen Produktivitätssteigerungen zusätzliches Wirtschaftswachstum stimulieren. Nur durch eine Begrenzung des Volkseinkommens wäre zu erreichen, dass Effizienzsteigerungen einen uneingeschränkt positiven Effekt entfalten (vgl. Santarius 2012:5).

Ob die Politik auf nationaler oder europäischer Ebene trotz der für alle zunehmend spürbaren Auswirkungen des Klimawandels und der näher rückenden Fristen für ihre Klimaschutzziele so weit gehen wird, ist fraglich. Fest steht aber, dass die positiven und negativen Auswirkungen von digitalen Trends jetzt durch steuerungspolitische Elemente aufgegriffen werden müssen, denn eine frühzeitige Weichenstellung erleichtert den Weg zu einer nachhaltigen digitalen Gesellschaft und Wirtschaft. Dafür müssen die politischen Steuerungsinstrumente so eingesetzt werden, dass sich die Digitalisierung auf Klimaschutz und nachhaltige Entwicklung für Mensch und Umwelt förderlich und nicht hemmend auswirkt. Dies erfordert Denken in Systemzusammenhängen, proaktives Handeln und ein weitgreifendes Verständnis von Regulierung, das neben Gesetzesnormen auch Standards, Konventionen und Anreizinstrumente nutzt.

Literatur

Andrae, Anders S. G. und Edler, Tomas (2015): On Global Electricity Usage of Communication Technology: Trends to 2030. In: Challenges (Basel, Schweiz) 6, S. 117–157. DOI: https://doi.org/10.3390/challe6010117.

Apple Product Environmental Report iPhone SE (15.04.2020). Online verfügbar unter https://www.apple.com/environment/pdf/products/iphone/iPhone_SE_PER_Apr2020.pdf, zuletzt geprüft am 30.04.2020.

BMEL – Bundesministerium für Ernährung und Landwirtschaft (Hrsg.) (2018): Digitalisierung in der Landwirtschaft – Chancen nutzen, Risiken minimieren, Bonn: Öffentlichkeitsarbeit des BMEL.

BMU – Bundesministerium für Umwelt, Naturschutz und nukleare Sicherheit (Hrsg.) (2020): Umweltpolitische Digitalagenda, Berlin: Öffentlichkeitsarbeit des BMU.

BMWi – Bundesministerium für Wirtschaft und Energie (Hrsg.) (2010): Energiekonzept für eine umweltschonende, zuverlässige und bezahlbare Energieversorgung, Berlin: Öffentlichkeitsarbeit des BMWi.

BMWi – Bundesministerium für Wirtschaft und Energie (Hrsg.) (2014): Nationaler Aktionsplan Energieeffizienz (NAPE), Berlin: Öffentlichkeitsarbeit des BMWi.

BMWi – Bundesministerium für Wirtschaft und Energie (Hrsg.) (2019): Energieeffizienzstrategie 2050, Berlin: Öffentlichkeitsarbeit des BMWi.

Bundesregierung Presse- und Informationsamt der Bundesregierung (Hrsg.) (2018): Deutsche Nachhaltigkeitsstrategie – Aktualisierung 2018, Bonn: Öffentlichkeitsarbeit der Bundesregierung.

Bundesregierung Presse- und Informationsamt der Bundesregierung (Hrsg.) (2019): Digitalisierung gestalten – Umsetzungsstrategie der Bundesregierung, aktualisierte Auflage, Bonn: Öffentlichkeitsarbeit der Bundesregierung.

Dobbins, Roland and Bjarnason, Steinthor (2016): Mirai IoT Botnet Description and DDoS Attack Mitigation. Online verfügbar unter https://www.netscout.com/blog/asert/mirai-iot-botnet-description-and-ddos-attack-mitigation, zuletzt geprüft am 22.09.2020.

EU-KOM (2020): Die sechs Prioritäten der Kommission für 2019–2024, online verfügbar unter https://ec.europa.eu/info/priorities_de, zuletzt geprüft am 11.05.2020.

Europäische Kommission (2020): Eine neue Industriestrategie für Europa, Mitteilung der Kommission an das Europäische Parlament, den Europäischen Rat, den Rat, den Europäischen Wirtschfafts- und Sozialausschuss und den Ausschuss der Regionen, Brüssel, 10.03.2020.

European Union (2020): Supporting the Green Transition, Shaping Europes Digital Future, Brüssel: Öffentlichkeitsarbeit der EU-Kommission, DOI: https://doi.org/10.2775/932617.

Jevons, William Stanley (1865): The coal question.

Martus, Theresa (2020): Wie schädlich ist das Internet fürs Klima? In: Berliner Morgenpost, 07. Januar 2020, 5.

Maxwell, Dorothy; Owen, Paula; McAndrew, Laure; Mudgal, Shailendra; Cachia, Frank; Muehmel, Kurt; Neubauer, Alexander; Tröltzsch, Jenny (2011): Addressing the Rebound Effect, a report for the European Commission DG Environment, 26 April 2011.

Santarius, Tilman (2012): Der Rebound-Effekt – Über die unerwünschten Folgen der erwünschten Energieeffizienz in Impulse zur WachstumsWende Nr. 5 (März 2012), Hg. v. Wuppertal Institut für Klima, Umwelt, Energie GmbH.

Schulte, Anne (2016): Zahlen, bitte! Virtuelles Wasser in der Technik. Online verfügbar unter https://www.heise.de/newsticker/meldung/Zahlen-bitte-Virtuelles-Wasser-in-der-Technik-3135671.html, zuletzt geprüft am 08.05.2020.

SRU (2011): Wege zur 100 % erneuerbaren Stromversorgung, Sondergutachten des Sachverständigenrats für Umweltfragen, Berlin, ISBN 978-3-503-13606-3.

Stobbe, Lutz; Proske, Marina; Nissen, Nils F.; Zedel, Hannes; Rohde, Clemens; Leimbach, Timo; Beckert, Bernd; Rung, Sven; Ehret, Wiebke; Knauer, Lorenz; Schmale, Christoph; Tillack, Désirée (2015): IT2Green – Energieeffiziente IKT für Mittelstand, Verwaltung und Wohnen. Online verfügbar unter https://www.digitale-technologien.de/DT/Redaktion/DE/Downloads/Publikation/it2green-begleitforschung-ergebnisse.pdf, zuletzt geprüft am 08.05.2020.

Windeck, Christof (2019): 13,4 Kilogramm CO2 für einen 512-GByte-Speicherchip. Online verfügbar unter https://www.heise.de/newsticker/meldung/13-4-Kilogramm-CO2-fuer-einen-512-GByte-Speicherchip-4597570.html, zuletzt geprüft am 08.05.2020.

World Economic Forum (2019): A New Circular Vision for Electronics. (Genf, Schweiz). Online verfügbar unter http://www3.weforum.org/docs/WEF_A_New_Circular_Vision_for_Electronics.pdf. Zuletzt geprüft am 08.05.2020.

Dieses Kapitel wird unter der Creative Commons Namensnennung 4.0 International Lizenz http://creativecommons.org/licenses/by/4.0/deed.de) veröffentlicht, welche die Nutzung, Vervielfältigung, Bearbeitung, Verbreitung und Wiedergabe in jeglichem Medium und Format erlaubt, sofern Sie den/die ursprünglichen Autor(en) und die Quelle ordnungsgemäß nennen, einen Link zur Creative Commons Lizenz beifügen und angeben, ob Änderungen vorgenommen wurden.

Die in diesem Kapitel enthaltenen Bilder und sonstiges Drittmaterial unterliegen ebenfalls der genannten Creative Commons Lizenz, sofern sich aus der Abbildungslegende nichts anderes ergibt. Sofern das betreffende Material nicht unter der genannten Creative Commons Lizenz steht und die betreffende Handlung nicht nach gesetzlichen Vorschriften erlaubt ist, ist für die oben aufgeführten Weiterverwendungen des Materials die Einwilligung des jeweiligen Rechteinhabers einzuholen.

Teil IV

GESELLSCHAFT & WIRTSCHAFT

Zukunft unter Klima-Unsicherheiten agil und nachhaltig gestalten

–

Anders denken und handeln – Bewusstsein für das Klima

–

Kreislaufwirtschaft als Säule des EU Green Deal

–

Fridays for Education: Status quo der Nachhaltigkeitsvermittlung in Deutschland

–

11 Zukunft unter Klima-Unsicherheiten agil und nachhaltig gestalten

Sebastian Abel, Jakob Michelmann

Der beschleunigte Klimawandel fordert Wirtschaft und Gesellschaft heraus, zu handeln, um Klimaveränderungen abzuschwächen und zu kontrollieren sowie unser Leben an die sich ändernden Umstände anzupassen. Dabei trifft hoher Entscheidungsdruck auf große Unsicherheit. Um Handlungsmöglichkeiten zu erkennen und zu ergreifen, gilt es, die Instrumente für eine agile strategische Orientierung und Gestaltung im Klimawandelzeitalter zu sortieren und zu schärfen.

Der Klimawandel und die Klimapolitik sind Treiber eines neuen Strukturwandels mit sehr unterschiedlichen potenziell negativen wie positiven wirtschaftlichen und gesellschaftlichen Auswirkungen (vgl. Bardt et al. 2012:29). Im Zentrum steht die wissenschaftliche Erkenntnis, dass selbst im Falle des sogenannten „Best-Case-Szenarios" – also einer Limitierung des globalen Temperaturanstiegs auf 1,5 bis 2 Grad Celsius – mit sehr einschneidenden Veränderungen unserer Lebensbedingungen zu rechnen sein wird. So wird es künftig ein „stabiles" Klima als Planungsgrundlage etwa in der Landwirtschaft nicht mehr im bekannten Maße geben. Auch ist von Kaskadeneffekten in unseren Ökosystemen auszugehen (vgl. IPCC 2019:15), die aufgrund ihrer Komplexität und zahlreich stattfindender Wechselwirkungen kaum vorhersehbar sind.

Kurzum: Der Klimawandel und die gesellschaftliche Reaktion darauf werden keinen Bereich in Wirtschaft und Gesellschaft unberührt lassen und vieles fundamental verändern. Aber was tun? Entscheidungsträger:innen in Unternehmen, Politik und Verwaltung verspüren große Unsicherheit. Um mögliche Entwicklungen besser zu verstehen und erfolgreiche Strategien zur Bewältigung des Klimawandels zu entwickeln, ist eine Denk- und Handlungsweise vonnöten, mit der potenzielle zukünftige Zusammenhänge aufgespürt und alternative Handlungsoptionen erkannt und genutzt werden können, anstatt „die" Zukunft als gegeben hinzunehmen (vgl. Slaughter 2002:3). Es geht darum, die Zukunft nachhaltig auf die Probe zu stellen: Mit einer agilen strategischen Vorausschau zur Orientierung und zur Gestaltung des Klimawandelzeitalters.

Die Art und Weise und die Komplexität der Betroffenheit wird stark variieren. In Mitteleuropa ist eher von einer indirekten Betroffenheit durch den Klimawandel auszugehen, wie Abb. 11.1 für die Wirtschaft illustriert.

© Der/die Herausgeber bzw. der/die Autor(en) 2020
V. Wittphal, *Klima*, https://doi.org/10.1007/978-3-662-62195-0_11

	Ausprägung	Beispiel
Direkte Betroffenheit	Natürlich-physikalische Betroffenheit	• Starkregen oder Dürre beeinflussen landwirtschaftliche Produktion • Extremwetterphänomene beschädigen Infrastruktur • Hohe Temperaturen erhöhen den Energiebedarf
Indirekte Betroffenheit	Regulatorische Betroffenheit	• Regulierung energieintensiver Unternehmen (z. B. Zement-, Metall- oder Papierherstellung) sowie der Energieindustrie (bspw. CO_2-Bepreisung) • Veränderte Vorschriften der Bauleitplanung
	Marktliche Betroffenheit (Beschaffung)	• Zulieferbetriebe sind direkt oder indirekt betroffen und können (Vor-)Produkte oder Rohstoffe nicht, eingeschränkt oder zu steigenden Preisen liefern
	Marktliche Betroffenheit (Absatz)	• Produktabnehmer:innen sind direkt oder indirekt betroffen und fallen als Kund:innen (teilweise) aus (z. B. in der Automobilindustrie) • Kaufverhalten von Konsument:innen verändert sich, „klimafreundliche" Produkte werden präferiert

Abb. 11.1 Kategorisierung der verschiedenen Formen der Betroffenheit von Unternehmen durch den Klimawandel angelehnt an Mahammadzadeh (2012)

Wie Bardt et al. (2012:30 ff.) verdeutlichen, sind auch Unternehmen von klimapolitisch bedingten Risiken in unterschiedlicher Weise betroffen. So kann eine starke Außenhandelsintensität gerade für deutsche Unternehmen ein Risikofaktor sein, wenn etwa Regulierungen hierzulande Produktionskostensteigerungen zur Folge haben, die im internationalen Wettbewerb nicht oder nur selten an Kunden weitergegeben werden können. Auch können sich internationale Lieferketten aufgrund direkter Betroffenheit als wenig klimaresilient erweisen. Allerdings tun sich in der Wirtschaft auch Chancen auf: Beispielsweise können „klimaeffiziente" Produkte und Innovationen Unternehmen zu einer stärkeren Wettbewerbsposition verhelfen oder öffentlich geförderte Investitionsanreize nachhaltige Modernisierungen ermöglichen.

Auch in den Kommunen wächst der Handlungsdruck (s. Kap. 5: Klimafreundliche Kommunen). Zwar betreiben viele von ihnen schon seit längerer Zeit aktiven Klimaschutz, indem sie etwa in erneuerbare Energien investieren. Zugleich müssen sie sich jedoch auf immer gravierendere Umfeldveränderungen und Klimaschutzanforderungen einstellen. Direkte Betroffenheit, zum Beispiel aufgrund zunehmender Hitze in Städten, Stürme oder Starkregen, trifft auf indirekte Betroffenheit, beispielsweise durch neue Anforderungen an die Gesundheitsversorgung oder wirtschaftliche Effekte wie sich verändernde Steuereinnahmen. Eine besondere Herausforderung für kleinere und mittlere Kommunen ist die Bereitstellung von hier naturgemäß knappen Ressourcen und Kapazitäten für den Klimaschutz in Konkurrenz zu den alltäglichen Aufgaben (vgl. Schüle et al. 2016:10 ff.).

Angesichts der zahlreichen und komplexen Veränderungsimpulse wie politischen Maßnahmen (z. B. CO_2-Bepreisung oder Investitionsanreize für klimafreundliche Technologien), technologischen Innovationen (z. B. im Bereich der Digitalisierung) oder sozialen Entwicklungen (z. B. ein verändertes Konsumentenverhalten, soziale Bewegungen) sehen sich viele Akteur:innen in Wirtschaft und Verwaltung überfordert. Kausalitäten können nicht in Gänze nachvollzogen und die Konsequenzen von Handlungen, die vielleicht erst Jahre später sichtbar werden, nicht im Vorfeld abgeschätzt werden (vgl. Beck 2007:63 ff.). Im Nachhinein sind Zusammenhänge oft leicht erkennbar, jedoch im Vorfeld meist nur von Expert:innen als schwache Signale zu identifizieren (vgl. Steinmüller und Steinmüller 2004:23 ff.). Diese Handlungsunsicherheiten fußen auch auf einer wahrgenommenen Unsicherheit, da sich unser Bewusstsein für Risiken durch die Wissenschaft und mediale Kommunikation erhöht hat (vgl. Beck 2007:65 f.)

Strategische Vorausschau

Viele Akteur:innen sehen die Strategieentwicklung als ein Mittel, um diese Unsicherheit zu überwinden. Dies soll gelingen, indem sie feste Meilensteine definieren. Anhand dieser werden Maßnahmen und Handlungen definiert. Die Strategieentwicklung ist in größeren Unternehmen und Organisationen vorwiegend in eigenen Einheiten institutionalisiert, wobei deren Prozesse häufig stark formalisiert ablaufen. Die so entwickelten Strategien sind oft langfristig ausgerichtet und gehen von einer eher „linearen" Zukunft aus. Alternative oder wenig wahrscheinliche zukünftige Entwicklungen werden nur selten betrachtet – mit der Folge, dass Strategien häufig unterkomplex und unflexibel sind. Darüber hinaus ist Strategiearbeit meist von einer empirisch quantifizierbaren, technologisierten Weltanschauung geprägt und auf Schlüsselindikatoren wie Wachstumsraten oder Ressourceneffizienz ausgerichtet (vgl. Slaughter 2002:1). Unternehmen und Kommunen, die an einmal gesetzten Meilensteinen trotz sich ändernder Umfeldentwicklungen festhalten, können in diesen hoch dynamischen Zeiten riskieren, wichtige Anpassungsschritte zu versäumen.

Methoden der strategischen Vorausschau – wie bereits von einigen Organisationen im strategischen Management angewendet – können dabei helfen, derart lineare Fokussierungen zu einer integrativen Perspektive zu erweitern, die eine größere Offenheit zukünftiger Entwicklungen antizipiert und dadurch die Nachhaltigkeit des eigenen Handelns fördert (vgl. Slaughter. 2002:1). Die Vielzahl der denkbaren äußeren

Entwicklungen, aber auch der eigenen Gestaltungsmöglichkeiten, macht deutlich, dass strategische Vorausschau nicht „die" Zukunft zum Gegenstand ihrer Untersuchungen erheben kann – sondern mögliche, wünschenswerte oder wahrscheinliche „Zukünfte" (vgl. Schüll 2009:14, Herv. d. V.; vgl. Kreibich 2006:3).[70] Strategische Vorausschau erarbeitet Orientierungswissen für die Strategieentwicklung, um sich auf eine Vielzahl unterschiedlicher Zukünfte vorzubereiten und damit zukunftsfest aufzustellen. Strategische Vorausschau kann einerseits als Prozess verstanden werden, in dem fundierte Zukunftsbilder[71] identifiziert werden, um Entscheidungsoptionen abzuleiten (vgl. Voros 2005:10 f.). Sie kann anderseits auch als erlernbare Fähigkeit einer vorwärtsgerichteten Denkweise angesehen werden: das Denken in Alternativen (vgl. Slaughter 2002:1).

Als zentrale Hemmnisse für die Entwicklung von Anpassungsstrategien erweisen sich neben Wissensdefiziten vor allem nicht ausreichende Anpassungskapazitäten wie fehlende finanzielle Mittel (vgl. Bardt et al. 2012:35). Auch bedarf es unterschiedlicher Fähigkeiten innerhalb einer Organisation, um adäquat auf komplexe Herausforderungen reagieren zu können, insbesondere die Beteiligung der Bereiche Risikoabschätzung, Kommunikation nach außen und nach innen sowie Management und Strategie (vgl. Okereke et al. 2012:13).

Zur Fähigkeit, Anpassungsstrategien zu entwickeln, zählt auch die Kompetenz, Pfadabhängigkeiten der eigenen Organisation zu erkennen. Pfade sind im Sinne technischer und organisatorischer Pfadtheorien retrospektiv nachvollziehbare Entwicklungen entlang eines Entwicklungsmusters (vgl. Arthur 1989:122; vgl. David 1998:4; vgl. Dievernich 2012:64). Ein Beispiel hierfür ist der Verbrennungsmotor, der seit mehr als einhundert Jahren seinen Einsatz in Fahrzeugen findet. Pfade können jedoch auch Entscheidungsmuster sein, wie die Managemententscheidung eines ÖPNV-Betreibers, weiterhin vor allem in Fahrzeugmodelle mit Verbrennungs-

[70] *So mag es wahrscheinlich sein, dass bis 2030 in Europa der Fahrzeugbestand insgesamt und mit überwiegendem Anteil an fossilen Energieträgern steigt (Statista 2020; ERTRAC 2017: 37) (wahrscheinliche Zukunft). Um Klimaziele zu erreichen, wäre ein rapider Flottenwandel hin zu alternativen Antrieben mit erneuerbaren Energien bei gleichzeitiger Verringerung der Flottengröße in Europa wünschenswert (wünschenswerte Zukunft). Dass sich das Mobilitätsverhalten vieler Menschen schlagartig, wie krisenbedingt durch COVID-19, in den virtuellen Raum verlagern kann, deutet daraufhin, dass ähnliche soziale Entwicklungen auch im Zusammenhang mit klimabedingten Krisen möglich sind (mögliche Zukunft).*

[71] *Zukunftsbilder repräsentieren Zukünfte im Sinne der Offenheit der Zukunft (vgl. Grunwald 2009: 26), die noch nicht real, nicht empirisch überprüfbar und „auch anders möglich" sind (Neuhaus und Steinmüller 2015: 18).*

motor zu investieren statt in Strom- oder Wasserstoffantriebe. Erzwingen externe Faktoren wie Wettbewerbsdruck oder auch interne Faktoren wie vorangegangene Entscheidungen – sogenannte Lock-in-Mechanismen – das Fortsetzen eines Pfades, liegt eine Pfadabhängigkeit vor. Sie können „blind spots" hervorrufen, denn man kann „nicht sehen, dass man nicht sieht, was man nicht sieht" (Dievernich 2012:65). Das Verstehen der Umwelt und zukünftiger Entwicklungen allein reicht nicht aus, um Handlungsspielräume abzuleiten und Strategien zu entwickeln, denn Pfadabhängigkeiten engen den Blick auf alternative Entwicklungen der eigenen Organisation ein, während das Umfeld die Entwicklung anderer Pfade fordert. Organisatorische Lock-in-Mechanismen können zusammen mit äußeren Entwicklungen strategische Entscheidungen massiv beeinflussen. Gleichzeitig ist klar, dass die Handelnden nicht als Spielball in diesen deterministischen Strukturen gefangen sind, sondern ihre zukünftige Entwicklung im Rahmen ihres Handlungsspielraums selbst neu definieren und gestalten können. Diese Denk- und Handlungsweise ist Grundlage für die Anwendung von Methoden der strategischen Vorausschau (Dievernich 2012:67 f.).

Insbesondere größere Unternehmen und Konzerne haben entsprechende Instrumente teilweise schon in ihre Strategieprozesse integriert. Dabei nutzen sie verstärkt formalisierte und langfristig ausgerichtete Methoden wie Horizon Scanning, Delphi-Befragungen oder komplexe Szenarioanalysen (vgl. Slaughter 2002:2). Derartige zeitintensive Methoden können die Entscheidungsfindung allerdings nicht immer zeitnah und situativ unterstützen, was jedoch in einem sehr dynamischen Kontext, in dem kurzfristige Veränderungen wie technische Innovationen oder politische Entscheidungen große Auswirkungen haben können, gefordert sein kann. Vor diesem Hintergrund zeichnet sich das Dilemma ab, strategische Entscheidungen bei hoher Unsicherheit und Volatilität der Entwicklungen regelmäßig situationsbezogen anpassen zu müssen. Die Strategieentwicklung muss deshalb durch Methoden ergänzt werden, die es ermöglichen, auf derartige Veränderung agil zu reagieren (vgl. Prange 2018:3).

Agile strategische Vorausschau

Der Begriff Agilität rekurriert auf agere (lat.): „machen", „tun". In der Debatte um agiles Management wird vorwiegend auf die Notwendigkeit für schnelles, flexibles Handeln in einem dynamischen Umfeld verwiesen. Allerdings ist das nur eine bestimmte Auslegung des Begriffs, der im Bereich der Softwareentwicklung geboren wurde. Schnelles, effektives Handeln bedarf nämlich auch des Reflektierens, dessen Ergebnis ebenso wie das Handeln das Abwarten sein kann. Andererseits sollen agile Methoden des Managements helfen, die Entscheidungsfähigkeit zu erhöhen (vgl. Prange 2018:8 f.). Agile Methoden der Vorausschau unterstützen beides gleichermaßen, das Reflektieren ebenso wie schnelle Entscheidungen und Reaktionen.

Generell können Methoden der strategischen Vorausschau nach unterschiedlichen Kriterien differenziert werden. Zum Beispiel ob sie explorativ potenzielle zukünftige Entwicklungen untersuchen oder ob sie etwa mögliche Handlungsoptionen im Hinblick auf normative, also gewünschte Ziele ergründen (vgl. Schüll 2009:224). Agile Methoden können sowohl explorativ als auch normativ ausgerichtet sein und lassen sich hinsichtlich Umfang und Aufwand abgrenzen:

- Thematischer Umfang: Dieser wird durch den gewünschten Grad des Themenhorizonts (eingeschränkt – offen) und die Detailtiefe (niedrig – tief) definiert und hängt vom Erkenntnisinteresse der Akteure und der Natur der zu untersuchenden Thematik ab (vgl. Hines und Bishop 2013:32 f.). Dabei bedeutet eine niedrigere Detailtiefe keinesfalls eine mindere Qualität. So gibt zum Beispiel das Erkenntnisinteresse vor, ob es wichtig ist, Projektionen auf Grundlage umfangreicher Berechnungen zu erstellen oder sie etwa aus einem strukturierten partizipativen Expertenaustausch plausibel abzuleiten.
- Aufwand und Zeitraum (Komplexität des Prozesses): Je nach Ausgestaltung des Vorausschauprozesses kann dieser kurzfristig oder aufgrund komplexer Abläufe, zum Beispiel bei der mehrstufigen Validierung der Resultate durch verschiedene Expertengremien, erst nach einem oder mehreren Jahren zu Ergebnissen führen. In diesem Zusammenhang spielt auch die sogenannte Formalität eine Rolle. Methoden werden in der Regel als systemisch-formal bezeichnet, wenn sie große, häufig quantitative Datenmengen maschinengestützt verarbeiten. Als eher informell-intuitiv gelten dagegen Methoden, die sich vor allem durch einen konstruierenden Charakter auszeichnen und sich besonders dazu eignen, qualitative, wissenschaftlich gestützte Aussagen zu zukünftigen Entwicklung zu machen (vgl. Kosow und Gaßner 2008:51; 69 f.). Der Grad der Formalität impliziert keine Wertung der wissenschaftlichen Qualität.

Das wichtigste Kriterium für die Entscheidung, klassische oder agile Methoden zu nutzen, ist der Zeitpunkt des angestrebten Ergebnisgewinns: Werden die Ergebnisse kurzfristig benötigt, um zum Beispiel auf ein gerade verabschiedetes Klimagesetz zu reagieren, oder liegt ein eher langfristiges Erkenntnisinteresse vor, um etwa sich langsam abzeichnende Trends über einen längeren Zeitraum zu ergründen? Da der thematische Umfang die Komplexität des Vorausschauprozesses vorgibt, ist es für agile Methoden entscheidend, dass sie eine eher geringe Detailtiefe anstreben und den Themenbezug beschränken.

Agile Methoden kommen überwiegend bei einem partizipativen Austausch einer möglichst heterogenen Akteur:innengruppe zur Anwendung; Perspektivenvielfalt und Interdisziplinarität ermöglichen es, komplexe ökologische, wirtschaftliche, soziale und politische Zusammenhänge etwa im Kontext des Klimawandels fassen zu können. Eine solchermaßen wirkende „Gruppenintelligenz" ist sowohl dazu angetan, den Horizont aller Beteiligten zu vergrößern, als auch schwache Signale aus unterschiedlichen Hierarchieebenen einer Organisation oder unterschiedlichen wissenschaftlichen Disziplinen in die Diskussion aufzunehmen. Für einen vertrauensvollen Kommunikations- und Aushandlungsprozess spielt Transparenz im Hinblick auf die Methodik, individuelle Interessen und die allgemeine Zielsetzung eine sehr wichtige Rolle (vgl. Schüll 2015:61; vgl. Dienel 2015:71).

Die Methoden der strategischen Vorausschau, die agil angewendet werden können, sind keinesfalls neue Methoden; sie kommen bereits in unterschiedlichen Kontexten und in verschiedensten Ausprägungen zur Anwendung. Entscheidend ist, dass ihr Forschungsdesign, also die Art und Weise ihrer Umsetzung, an das oben genannte Anforderungsprofil angepasst werden kann. So kann eine Cross-Impact-Analyse systemisch-formal, hochkomplex und langfristig angelegt sein, aber auch anlassbezogen, intuitiv und kurzfristig zu validen Aussagen führen. Agile Methoden eignen sich somit als Ergänzung für langfristig ausgelegte, oft periodisch wiederholte Prozesse der strategischen Vorausschau, um situativ und anlassbezogen Veränderungen wahrzunehmen und auf diese zu reagieren. Zusammenfassend bedeutet dies, dass Methoden der Vorausschau agil anwendbar sind, wenn sie kurzfristig, intuitiv, situativ und partizipativ umsetzbar sind. So können sie die Akteur:innen befähigen, strategische Vorausschau reaktiv, aber auch proaktiv zu betreiben, um schnell zu Orientierung und strategischen Handlungsoptionen zu gelangen.

Auswahl agiler Methoden der strategischen Vorausschau

Die hier vorgestellten Methoden sind im Kontext des Klimawandels besonders dazu geeignet, dem oben genannten Anforderungsprofil zu entsprechen. Anhand der für jede Methode aufgeführten generischen Fragestellungen differenziert sich, welche Methode für welches Erkenntnisinteresse geeignet ist. Damit sie zielführend der Situation entsprechend eingesetzt werden, ist es wichtig, ein Problem abzugrenzen sowie das Erkenntnisinteresse und die Fragestellung zu konkretisieren. Dafür werden sie in die Kategorien „Identifizierung und Bewertung von Umfeldentwicklungen", „Exploration möglicher Zukunftsbilder und Ableitung von Handlungsoptionen" und „Definition und Priorisierung von Handlungsoptionen" unterteilt. Alle die darunter aufgeführten Methoden führen zu strategischen Erkenntnissen.

Methoden der Kategorie 1: Identifizierung und Bewertung von Umfeldentwicklungen

Die Methoden helfen, das Umfeld zu verstehen, auf welche Weise interne und externe Veränderungen zusammenhängen und welche Bedeutung sie für eine:n Akteur:in einnehmen können. Die Methoden aus dieser Gruppe sortieren meist komplex erscheinende Verwirrungen von Entwicklungen. Die Methoden können einzeln eingesetzt werden, um beispielsweise strategische Themen zu ermitteln, sie entfalten jedoch ihre größte Wirkung bei ihrer Anwendung in Methoden der Kategorie 2 und 3.

- Unsicherheit-Wirkungsanalyse (engl. impact-uncertainty analysis) – Welche Bedeutung haben Ereignisse und Entwicklungen im Umfeld der Akteur:innen?

  Ziel: Die Methode zielt darauf ab, komplexe, diffuse Entwicklungen zu ordnen. Mit dieser Methode können in die Zukunft projizierte Ereignisse wie etwa das Austrocknen wasserführender Schichten in den Wäldern einer Kommune entsprechend ihrer Wirkung und Eintrittswahrscheinlichkeit auf einen Bezugspunkt hin (zum Beispiel Akteur:innen, ein Vorhaben, ein Themenfeld) hinsichtlich ihrer Wirkung und der Wahrscheinlichkeit ihres Eintretens eingeordnet werden. Mit der Methode können Akteur:innen verstehen, auf welche Entwicklungen und Ereignisse sie besonders Augenmerk bei der Ausrichtung ihrer Strategien und Maßnahmen legen müssen (vgl. Pielkahn 2008:431). Die Methode gibt Anlass zur kritischen Reflektion, um sich den Entwicklungen gegenüber (neu) positionieren zu können und ggf. Strategien anzupassen bzw. neue zu entwickeln.[72]

  Anwendung/Bedarf: Hinsichtlich des Klimawandels und der nachhaltigen Transformation können mit dieser Methode beispielsweise systematisch schwache Signale erkannt werden, die möglicherweise einschneidende Wirkung haben. Aber es können mit ihr auch bekannte Entwicklungen völlig neu bewertet werden. Die Methode kann einzeln oder im Kontext anderer Prozesse der Vorausschau eingesetzt werden, um Informationen aus Recherchen für die Vorausschau (zum Beispiel aus einem Scanning-Prozess) zu sortieren. Diese Methode ermöglicht es, wahrscheinliche Entwicklungen von unwahrscheinlichen zu trennen. Durch die Bewertung ihrer Wirkung werden dabei auch unwahrscheinlichen Entwicklungen im Sinne der Offenheit von Zukunft Beachtung geschenkt. So können „schwache Signale" (Ansoff 1980:132) als Vorboten von sogenannten Wildcards erkannt werden. Wildcards sind Ereignisse mit geringer Wahrscheinlichkeit und sehr hoher Wirkung auf einen Bezugspunkt (vgl. Steinmüller und Steinmüller 2004:18 f.) wie beispielsweise der Ausbruch einer Epidemie oder das Kippen von scheinbar widerstandsfähigen Ökosystemen wie der borealen Wälder. Anschließend wird jede Entwicklung entsprechend ihrer Wirkung auf die Akteur:innen bewertet. Für die Analyse von Wildcards gibt die Literatur zu bedenken, dass sie meist in der beschriebenen Form nicht auftreten, jedoch den Blick für das schärfen, was Akteur:innen nicht wissen können (vgl. Steinmüller 2012:116). Die Methode kann als Kreislauf verstanden werden. Indem sie regelmäßig und situativ eingesetzt

[72] *So kann eine durch Scanning detektierte Entwicklung vor einem Jahr als nicht bedeutsam eingestuft worden sein, muss aber im Hinblick auf aktuelles Geschehen neu bewertet werden.*

wird, kann ein:e Akteur:in einen Überblick über die aktuelle Entwicklung und ihre Bedeutung erlangen.

Durchführung: Entsprechend der Fragestellung wird eine Reihe neuer Entwicklungen partizipativ mittels der STEEP-Analyse in den Kategorien Gesellschaft, Technologie, Wirtschaft, Ökologie und Politik (Society, Technology, Economy, Ecology, Policy = STEEP) zusammengetragen (vgl. Steinmüller 2012:132). Die Ergebnisse werden partizipativ in Quadranten eines Koordinatensystems einsortiert, das ein Kontinuum zwischen hoher und niedriger Wirkung und hoher und niedriger Wahrscheinlichkeit ausweist. Die Kategorisierung erfolgt in einem systematisch angelegten Vorgehen und in einer anschließenden Reflexion wird der Handlungsbedarf analysiert und beispielsweise ein Transfer in den Szenarioprozess vorbereitet (vgl. Steinmüller 2012:116). Die Durchführung dauert je nach Umfang der Fragestellung und des Suchfeldes wenige Stunden bis zu zwei Tagen.

Ergebnis: Das Ergebnis ist eine Art Landkarte in Form eines Koordinatensystems, das Entwicklungen nach ihrer Bedeutung für die Akteur:innen verortet.

- Wechselwirkungsanalyse (engl. cross-impact analysis) – Wie kann ein Verständnis treibender Kräfte für Entwicklungen im Umfeld gewonnen werden?

  Ziel: Die Cross-Impact- (oder Wechselwirkungs-)Analyse zielt darauf ab, ein vereinfachtes Systemmodell zu erstellen. Im Kern geht es darum, die Schlüsselfaktoren zu identifizieren, die das zu untersuchende Umfeld, eine:n Akteur:in beeinflussen, und herauszufinden, wie diese Schlüsselfaktoren zusammenhängen. Dabei handelt es sich in der Regel um eine „Grobanalyse" von wechselwirkenden sozialen, politischen, technologischen, ökologischen und ökonomischen Ereignissen/Faktoren. Auf diese Weise liefert die Cross-Impact-Analyse die Grundlage für die Ableitung von plausiblen und vor allem in sich konsistenten Zukunftsentwicklungen in Form von qualitativen Szenarien zur Unterstützung der Strategieentwicklung. Sie basiert auf der Einschätzung von Expert:innen und wird daher vor allem für „Analyseaufgaben eingesetzt, die aufgrund ihrer disziplinären Heterogenität und der Relevanz ‚weichen' Systemwissens keinen Einsatz theoriegestützter Rechenmodelle erlauben, die aber andererseits zu komplex für eine intuitive Systemanalyse sind" (Weimer-Jehle 2014:1). Im Gegensatz zur Unsicherheit-Wirkungsanalyse wird hier die Beziehung von Faktoren zueinander geklärt.

  Anwendung/Bedarf: Die Cross-Impact-Analyse kommt häufig zur Anwendung, wenn das aktuelle und zukünftige Umfeld einer Organisation analysiert werden soll. Hierbei steht zunächst die Frage im Raum, welche Umfeldfaktoren besonders einflussreich sind bzw. besonders stark durch andere Faktoren beeinflusst werden. Der übergeordnete Anlass für die Cross-Impact-Analyse kann beispielsweise sein, dass mögliche (konsistente) zukünftige Entwicklungen des Organisationsumfelds identifiziert werden sollen. Dieser Möglichkeitsraum kann dann mit den eigenen Planungen und Strategien verglichen werden, um Unsicherheiten oder blinde Flecken aufzuspüren. Zum Beispiel erfordert die Entwicklung regionaler Anpassungsstrategien an den Klimawandel die „Erörterung der Zusammenhänge zwischen Klimatrends und lokalen Vulnerabilitäten", um auf dieser Grundlage politische Maßnahmen entwickeln zu können (vgl. Weimer-Jehle 2015:243–244).

Durchführung: Zu Beginn werden die Systemgrößen oder Faktoren (Deskriptoren) ausgewählt, die betrachtet werden sollen (beispielsweise „Energiepreisentwicklung" oder „CO_2-Preisentwicklung"). In einer Matrix werden anschließend paarweise die gegenseitigen Beeinflussungen zwischen den einzelnen Deskriptoren erhoben, beispielsweise nach dem Schema „verstärkend", „neutral" oder „abschwächend". Die ausgefüllte Cross-Impact-Matrix wird abschließend auf Konsistenz untersucht.

Ergebnis: Die ausgefüllte Cross-Impact-Matrix stellt den direkten Output der Methode dar. Sie bildet ein vereinfachtes Systemmodell ab, auf das sich die beteiligten Expert:innen einigen konnten und enthält zahlreiche Ansatzpunkte zur Information von Strategieprozessen. Zum Beispiel können aus den konsistenten Matrixausprägungen alternative qualitative Szenarien für das Organisationsumfeld abgeleitet werden.

Die beiden Methoden der Kategorie 1 unterscheiden sich darin, dass die Wechselwirkungsanalyse Zusammenhänge zwischen Faktoren und Entwicklungen erklärt, während über die Unsicherheit-Wirkungsanalyse jede Entwicklung für sich auf Eintrittswahrscheinlichkeit sowie die Stärke der Wirkung auf die Akteur:innen oder deren Umfeld eingeschätzt werden kann (s. Abb. 11.2).

Methode der Kategorie 2: Exploration möglicher Zukunftsbilder und Ableitung von Handlungsoptionen

Die Methode dieser Kategorie verknüpft Entwicklungen miteinander logisch und plausibel, um mögliche zukünftige Zustände und deren Alternativen aus belegbaren Fakten zu konstruieren. Sie dient dazu, Handlungsräume aufzuzeigen und Handlungsoptionen abzuleiten.

- Explorative Szenarioanalyse – Auf welche Veränderungen kann sich ein:e Akteur:in einstellen?

  Ziel: In dieser Form der Szenarioanalyse werden explorative Szenarien erarbeitet. „Szenarien der Zukunftsforschung sind auf wissenschaftliche Weise generierte Zukunftsbilder" (Steinmüller 2012:108 f.), die auf Fakten basieren, jedoch nicht faktisch oder prognostisch sind. Explorative Szenarien dienen dazu, ein breites Spektrum von möglichen, nicht aber wahrscheinlichen Zukünften diskutieren zu

Ziel: Identifizierung und Bewertung von Umfeldentwicklungen		
Methode	**Beispielfragestellung**	**Ergebnis**
Wechselwirkungsanalyse	Wie beeinflussen Digitalisierung und die lokalen Auswirkungen des Klimawandels die CO_2-Emissionen einer Kommune?	• Kenntnis direkter/indirekter Zusammenhänge über ein Systemmodel • Anknüpfungspunkte für strategische Handlungsoptionen
Unsicherheit-Wirkungsanalyse	Mit welcher Wahrscheinlichkeit und Stärke wirken mögliche Ereignisse, wie Hochwasser, und Entwicklungen, wie langanhaltende Hitze, auf einen Produktionsbetrieb?	Kategorisierung von Entwicklungen und Ereignisse in einer Matrix entsprechend ihrer Eintrittswahrscheinlichkeit und Wirkung

Abb. 11.2 Gegenüberstellung der Wechselwirkungsanalyse und Unsicherheit-Wirkungsanalyse anhand von Beispielfragen sowie ihrer Ergebnisse

können. Szenarioanalysen sind zum Teil sehr umfangreiche, systemisch-formale Prozesse. Die agile explorative Szenarioanalyse zielt auf die Entwicklung von Szenarien in partizipativer Form in kurzer Zeit ab, um anhand dieser Handlungsoptionen aufzuzeigen und Strategien ableiten zu können. Damit ist es möglich, sich auf eine Vielzahl möglicher Entwicklungen vorzubereiten (Steinmüller 2012:110 ff.).

Anwendung/Bedarf: Die agile explorative Szenarioanalyse wird angewendet, um kurzfristige Entwicklungen und deren Auswirkung auf die Zukunft zu prospektieren und damit Handlungsorientierung zu erlangen. Gerade aufgrund der dynamischen Veränderungen im Zuge des Klimawandels ist es wichtig, dass Akteur:innen unterschiedlicher Ebenen einer Organisation deren Auswirkungen im Kontext ihrer spezifischen Fragestellungen bewerten können. Mittels der Methode lassen sich drei verschiedene Fokusse setzen (s. Abb. 11.3): Über Umfeldszenarien können Akteur:innen nachvollziehen, wie sich die Welt außerhalb wandelt: Aus Sicht eines Unternehmens zum Beispiel die Veränderungen in naheliegenden Branchen, die direkt von Hitzewellen und Ernteausfällen betroffen sind oder aus Sicht einer Kommune die Veränderungen im Alltag der Bürger:innen einer Stadt aufgrund von Klimaveränderungen. Durch Kontextszenarien wird ein Verständnis dafür gewonnen, welchen Einfluss Umfeldentwicklungen auf die Akteur:innen haben können (zum Beispiel klimabedingte Rohstoffverknappung auf die Zulieferung entlang der Wertschöpfungskette und Herstellung). Eine gesonderte Form der Szenarien sind strategische Szenarien, die die Auswirkungen von bestimmten

Strategien einer Akteurin oder eines Akteurs auf das Umfeld testen (beispielsweise ob neue Produktideen deren nachhaltige Nutzung bei Kund:innen motivieren oder es zu ungewollten Nebenfolgen kommt). Die Szenarioanalyse ermöglicht es, ein Spektrum von Handlungsspielräumen aufzuzeigen, (zum Beispiel durch Neubewertung von äußeren Gegebenheiten), auf diese agil reagieren, aber auch proaktiv gestalten zu können und somit Entwicklungen in einem bestimmten Rahmen entsprechend eigener Vorstellung zu beeinflussen.

Durchführung: Mittels der agilen Szenarioanalyse werden Verknüpfungen von wissenschaftlich fundierten Projektionen zu Schlüsselfaktoren innerhalb eines abzugrenzenden Themenfeldes gebildet. Dazu werden die Verknüpfungen narrativ plausibilisiert und zu komplexen Szenarien angereichert.[73] Diese müssen in sich konsistent sein, sich jedoch voneinander stark unterscheiden. Die Szenarioanalyse greift dazu andere bewährte Methoden auf, zum Beispiel die Cross-Impact-Analyse. In einer Reflexion werden Handlungsspielräume identifiziert und dann hinsichtlich ihrer Relevanz und Wünschbarkeit bewertet, um die Erkenntnisse in den Strategieprozess geben zu können (vgl. Steinmüller 2012:110 f.)[74]. Ein:e Moderator:in hilft den Teilnehmenden die Schritte durchzuführen und sie zu visualisieren. Der Prozess kann innerhalb weniger Wochen, aber auch innerhalb von zwei bis drei Tagen durchgeführt werden.

Ergebnis: Meist werden drei bis fünf Szenarien entwickelt. Ein weiteres wichtiges Ergebnis ist die Bewertung der Szenarien in Bezug auf Handlungsoptionen. Auf diese kann später zurückgegriffen werden, falls sich Entwicklungen ergeben, die einem bestimmten Szenario ähneln. Das dritte Ergebnis sind Strategien, mit denen sich ein:e Akteur:in gegenüber bestimmten präferierten oder im besten Fall gar allen Szenarien aufstellen kann.

Methoden der Kategorie 3: Definition und Priorisierung von Handlungsoptionen

Die Methoden dieser Kategorie tragen dazu bei, Visionen und Zielsetzungen entsprechend äußerer Entwicklungen und Rahmenbedingungen zu erarbeiten, anhand derer konkrete Strategien erarbeitet werden können und somit die Zukunft gestaltbar wird.

---

[73] *Hochformalisierte Szenarioprozesse hingegen berechnen die Konsistenz zwischen den Projektionen, was je nach Anzahl von Faktoren längere Zeit in Anspruch nehmen kann.*

[74] *Dieser achtstufige Prozess findet sich verschiedenfach in der Literatur und wurde von Mietzner und Reger (2005:230 ff.) verglichen.*

Ziel: Exploration möglicher Zukunftsbilder und Ableitung von Handlungsoptionen		
Methode	**Beispielfragestellung**	**Ergebnis**
Explorative Szenarioanalyse 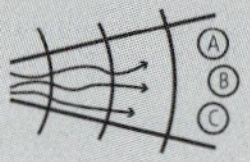	• Welche alternativen Konsumentwicklungen sind im Umfeld einer Branche möglich? • Auf welche möglichen Zukunftsszenarien kann sich eine Kommune im Kontext von Entwicklungen in der Wasserversorgung vorbereiten? • Welchen Einfluss kann die Strategie der situationsbezogenen Fahrverbote auf die Klimabilanz und Mobilitätsverhalten der Menschen ausüben?	Kenntnis von Handlungsoptionen mittels eines Spektrums unterschiedlicher Szenarien

Abb. 11.3 Differenzierung des Fokus der explorativen Szenarioanalyse anhand von Beispielfragestellungen auf Kontext, Umfeld oder Strategie der Akteur:innen

- Visual Roadmapping – Das Ziel steht fest, wie ist der Weg dahin?

  Ziel: Die Visual-Roadmapping-Methode ist eine vom Institut für Innovation und Technik (iit) in der VDI/VDE Innovation + Technik GmbH entwickelte Methode, die sich besonders für die Vorausschau und Identifizierung von verschiedenen Meilensteinen oder Schlüsselmaßnahmen auf dem Weg vom „Jetztzustand" hin zu einem normativen Ziel eignet, das mittel- bis langfristig in der Zukunft liegt (vgl. Bovenschulte et al. 2011:1). Anhand der Methode können mögliche strategische Handlungspfade visualisiert und Wechselwirkungen zwischen Schlüsselmaßnahmen und Umfeldfaktoren identifiziert werden. Ziel ist also, einen Blick in eine gewünschte Zukunft zu werfen sowie gleichzeitig von einem Zielpunkt in der Zukunft im Sinne eines „Backcastings" zurückzudenken, um mögliche Handlungspfade zu identifizieren.

  Anwendung/Bedarf: Die Visual-Roadmapping-Methode wird in der Regel eingesetzt, wenn Klarheit über ein mittel- bis langfristiges politisches oder unternehmerisches Ziel besteht, der Umsetzungsweg bzw. strategische Schlüsselmaßnahmen jedoch noch identifiziert oder priorisiert werden müssen. Zum Beispiel kann ein solches Ziel die Klimaneutralität einer Kommune oder die Einführung einer nachhaltigen Produktlinie sein. Entsprechend kann eine weitere Anwendung sein, mögliche angedachte strategische Maßnahmen sowie implizite Annahmen über zukünftige Umfeldentwicklungen im Diskurs zu überprüfen und ggf. zu validieren sowie alternative Handlungsstränge aufzuzeigen.

Durchführung: Im Diskurs werden jene Schlüsselmaßnahmen oder möglichen Handlungspfade identifiziert, die nach Einschätzung der Expert:innen wichtige Meilensteine zur Erreichung des übergeordneten Ziels darstellen. Diese werden auf einer Zeitachse verordnet und vier Kategorien zugeordnet: (1) sozioökonomische und regulative Rahmenbedingungen, (2) wissenschaftliche und technische Entwicklungen, (3) Entwicklung von Produkten und Dienstleistungen sowie (4) wirtschaftliche und gesellschaftliche Auswirkungen. Durch die unmittelbare Visualisierung der Schlüsselmaßnahmen und weiterer zentraler Umfeldfaktoren können zudem signifikante Wechselwirkungen (Synergien, Hemmungen) zwischen diesen erfasst und etwaige Inkonsistenzen ausgeräumt werden.

Ergebnis: Bei der Visual Roadmap handelt es sich um einen Strukturplan, der potenzielle Handlungspfade und deren Zusammenhänge/Abhängigkeiten eingeordnet in einen zeitlichen Verlauf leicht handhabbar aufzeigt, sodass Handlungsempfehlungen daraus abgeleitet werden können (vgl. Bovenschulte et al. 2011:3).

- Agiler Roadmapping-Prozess – Was ist das Ziel und wie ist der Weg dahin?

  Ziel: In einem Roadmapping-Prozess einigen sich verschiedene Akteur:innen auf Ziele und Aktivitäten wie zum Beispiel die Bearbeitung von externen und internen Herausforderungen innerhalb eines zuvor abgegrenzten Themenbereichs und Zeithorizonts. Die Roadmap dient dazu, eine gemeinsame Vision, ein Verständnis der aktuellen Situation (intern und extern) sowie von Barrieren auf dem Weg zur Vision zu gewinnen. Auf diese Weise können Strategien zum Erreichen der Vision/der Ziele abgeleitet und Handlungen koordiniert werden. Roadmaps sind kein statisches Planungswerkzeug, sondern können in agiler Form angepasst werden, wenn sich Bedingungen ändern. Durch geeignete Visualisierung können die Teilnehmenden jederzeit auf Ergebnisse zurückgreifen (vgl. Pielkahn 2008:321 f.). Der agile Roadmapping-Prozess sieht den Ergebnisgewinn in kurzer Zeit vor ohne nachgelagerte Validierung sowie deren Moderation in klassischen Prozessen.

  Anwendung/Bedarf: Die Anwendungsmöglichkeiten von agilen Roadmapping-Prozessen sind vielfältig. So können Visionen mit Akteur:innen erarbeitet werden, die vorher noch nie zusammengearbeitet haben, aber aufgrund des Klimawandels nun zusammenarbeiten müssen (zum Beispiel verschiedene Verkehrsträger). Mittels des Roadmapping-Prozesses lassen sich Strategien entwickeln, beispielsweise wann und welche Technologien im Zuge äußerer Einflüsse, wie steigende Temperaturen, erforscht und entwickelt werden müssen oder wann und mit welchen Maßnahmen unterschiedliche Kräfte in koordinierter Weise zu bestimmten Zeitpunkten Synergien hinsichtlich der Ziele erzeugen (vgl. Pielkahn 2008:321 f.).

Ziel: Definition und Priorisierung von Handlungsoptionen		
Methode	**Beispielfragestellung**	**Ergebnis**
Visual Roadmapping	Durch welche Schlüsselmaßnahmen kann eine Kommune ihr Ziel der Halbierung lokaler CO_2-Emissionen erreichen und wie können diese Maßnahmen priorisiert werden?	Definierte und priorisierte Schlüsselmaßnahmen entsprechend des Ziels
Agiler Roadmapping-Prozess	Welche gemeinsamen Ziele und Strategien können Kommunen, lokale Wirtschaft und Zivilgesellschaft entwickeln, um ihre Region nachhaltiger zu gestalten?	Abgestimmte Visionen, Ziele, Aktivitäten und Verantwortlichkeiten in einer Roadmap

Abb. 11.4 Differenzierung des Visual Roadmapping und des agilen Roadmapping-Prozesses anhand von Beispielfragestellungen und ihrer Ergebnisse

Durchführung: Für den Roadmapping-Prozess ist es empfehlenswert, eine:n Moderator:in zu bestimmen, welche:r die Teilnehmenden durch den Prozess führt und Ergebnisse visuell dokumentiert. Die Teilnehmenden einigen sich auf eine Vision und auf Ziele. Nach einer Status-Quo-Analyse werden Barrieren auf dem Weg zu den Zielen identifiziert, um sodann mit den internen und externen Gegebenheiten Meilensteine und Maßnahmen abzuleiten, zeitlich zu priorisieren und die Beteiligten in ihrer jeweiligen Rolle zuzuordnen. Die Durchführung des Prozesses dauert zwei bis drei Tage.

Ergebnis: Je nach Schwerpunkt der Fragestellung handelt es sich um eine strategische visualisierte Roadmap, die Aktivitäten unterschiedlicher Akteur:innen auf einer Zeitleiste verortet, oder eine Forschungs- und Entwicklungsroadmap, die Forschungsthemen priorisiert.

Wie in Abb. 11.4 veranschaulicht, besteht der Unterschied der beiden Methoden dieser Kategorie neben den Schritten der Durchführung darin, dass beim Visual Roadmapping bereits ein Ziel (zum Beispiel per Gesetz) vorgegeben ist, für das Handlungspfade gesucht werden. Beim agilen Roadmapping-Prozess kann das Ziel für ein künftiges Vorhaben durch die Teilnehmenden auch gemeinsam bestimmt werden, ehe Handlungspfade erarbeitet werden.

Agile Methoden der strategischen Vorausschau können einzeln angewendet werden, um daraus spezifische strategische Ergebnisse abzuleiten. Sie können sich aber auch in Kombination sinnvoll ergänzen. Während sich einige dazu eignen, Entwicklungen

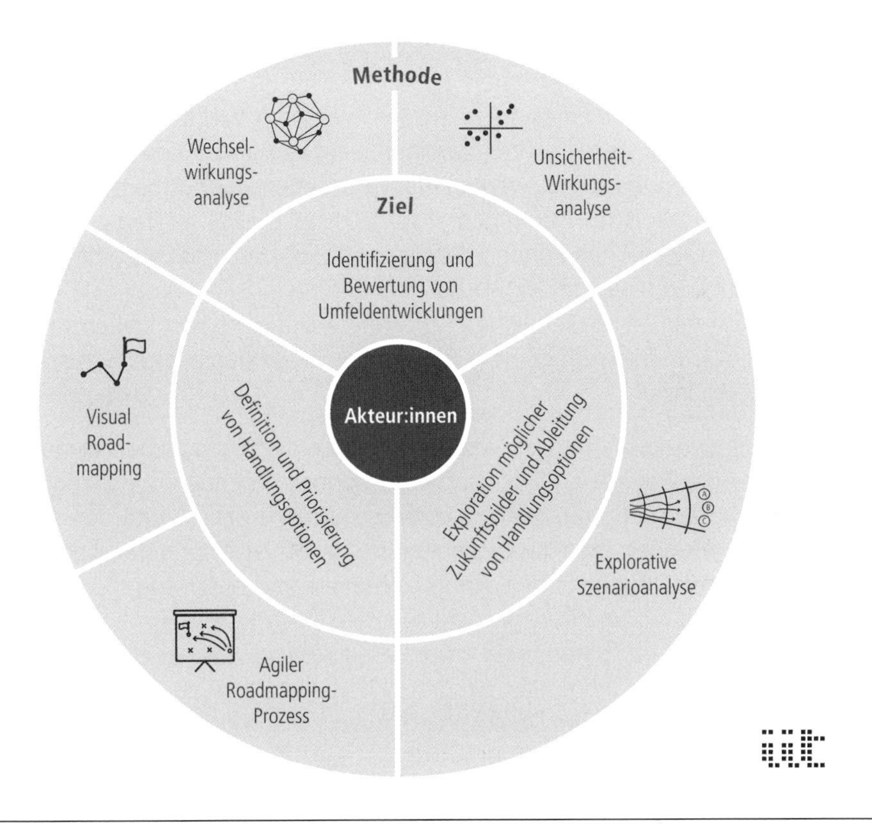

Abb. 11.5 Gegenüberstellung von möglichen Zielstellungen von Akteur:innen sowie Zuordnung entsprechender Methoden

im Umfeld zu bewerten, können andere darauf aufbauen, um Handlungsoptionen aufzuzeigen und zu priorisieren. (s. Abb. 11.5).

Handlungsbedarf und Ausblick

Der Klimawandel wird weltweit zu massiven gesellschaftlichen und wirtschaftlichen Umbrüchen führen. Dabei ist davon auszugehen, dass bislang nur ein kleiner Teil der möglichen Auswirkungen abschätzbar ist. Vor allem komplexe Kaskadeneffekte, etwa die Freisetzung großer Mengen an zusätzlichen Treibhausgasen durch auftauende Permafrostböden, sind bislang kaum abzusehen (vgl. Lenton et al. 2019). Massive direkte Auswirkungen des Klimawandels wie Stürme, Hitze- und Dürrewellen oder Wassermangel sind auch in Deutschland höchst wahrscheinlich (vgl. Hoegh-Guldberg et al. 2018) – und das nicht erst in 70 Jahren, sondern bereits in diesem Jahrzehnt (s. Kap. 3: Klimakonsequenzen für die Natur und den Menschen). Indirekte wirtschaftliche und gesellschaftliche Auswirkungen sind bereits jetzt zu spüren. Selbst wenn es die Weltgemeinschaft schaffen sollte, in den nächsten 30 Jahren global für eine Netto-Null-Emission zu sorgen, wie vom Weltklimarat IPCC gefordert, werden sich eine Vielzahl an Klimafolgen nicht vermeiden lassen (Lenton et al. 2019). Die resultierenden Folgen werden etablierte Lebens- und Arbeitsweisen – und entsprechende strategische Planungen – fortlaufend radikal in Frage stellen. Die hier aufgezeigten Methoden können dazu genutzt werden, das Dilemma zwischen Handlungsdruck und fehlender Handlungsorientierung in Zeiten großer Unsicherheit zu mildern. Kommunen sowie kleine und mittlere Unternehmen stehen unter besonders hohem Handlungsdruck, ihre Strategieprozesse durch situativ einsetzbare Methoden zu ergänzen.

Da die Zukunft prinzipiell offen ist, können Resultate der strategischen Vorausschau natürlich nicht die Zukunft abbilden, aber sie können Orientierungswissen bieten. Um agile Methoden der strategischen Vorausschau einzusetzen und den aufkommenden Veränderungen proaktiv zu begegnen, bedarf es einer vorausschauenden Denkweise, die die Offenheit der Zukunft akzeptiert und nutzt. Mit dieser offenen Denkweise kann in Alternativen gedacht werden. Auf diese Weise können Handlungsspielräume in partizipatorischen Prozessen diskutiert, aufgezeigt und dann mit konkreten Maßnahmen umgesetzt werden. Wie bereits in einigen Organisationen institutionalisiert, können diese Denkweise und agile Methoden Akteur:innen auf allen Ebenen der Organisation dabei unterstützen, zukunftsgerichtete Fragestellungen situativ und flexibel zu beantworten. Dabei wirken agile Methoden der strategischen Vorausschau ergänzend und ersetzen keine formalisierten Vorausschauprozesse wie das Monitoring und Scanning der Umwelt.

Um mit den oben genannten Umbrüchen zurechtzukommen und Lösungen zum Erreichen der Netto-Null zu erarbeiten, ist agiles strategisches Handeln gefragt. Das Konzept, Prozesse der Vorausschau dabei so anzulegen, dass sie kurzfristig zu Ergebnissen führen, ist keinesfalls neu. Vor dem Hintergrund des Klimawandels und der Diskussion um die Ausweitung der Debatte über agiles Management hinsichtlich einer durch Reflexion geförderten Entscheidungsfähigkeit erlangen agile Methoden der Vorausschau jedoch eine neue Bedeutung. Sie ermöglichen allen Akteur:innen, die Fähigkeit der wissenschaftlich fundierten Vorausschau zu erlernen, um auf allen Ebenen einer Organisation entscheidungsfähig zu sein. Damit wird es möglich, die Anpassung an Klimawandel und Klimapolitik – im Sinne einer nachhaltigen und resilienten Transformation – nicht nur als Zwang, sondern als Handlungsspielraum für proaktive Zukunftsgestaltung aufzufassen.

Literatur

Ansoff, Harry Igor (1980): Strategic Issue Management. In: Strategic Management Journal, Vol. 1 (2), 131–148.

Arthur, Brian W. (1989): Competing Technologies, Increasing Returns, and Lock-In by Historical Events. In: The Economic Journal, Vol. 99, Heft 394, 116–131.

Bardt, Hubertus; Chrischilles, Esther; Mahammadzadeh, Mahammad (2012): Klimawandel und Unternehmen. In: Wirtschaftsdienst, 92. Jahrgang, Sonderheft 2012, Heft 13, 29–36, ZBW – Leibniz-Informationszentrum Wirtschaft. Verfügbar unter www.wirtschaftsdienst.eu/inhalt/jahr/2012/heft/13/beitrag/klimawandel-und-unternehmen.html, zuletzt geprüft am 07.08.2020.

Beck, Ulrich (2007): Weltrisikogesellschaft. Frankfurt a. M.: Suhrkamp.

Bovenschulte, Marc; Hartmann, Ernst A.; Kind, Sonja (2011): Die Visual-Roadmapping-Methode für die Trendanalyse, Roadmapping und Visualisierung von Expertenwissen. iit-Perspektive Nr. 04. Institut für Innovation und Technik. Verfügbar unter https://www.iit-berlin.de/de/publikationen/iit-perspektive-4/, zuletzt geprüft am 07.08.2020.

David, P. A. (1985): Clio and the Economics of QWERTY, In: The American Economic Review, Vol. 75, Heft 2, 332–337.

Dievernich, Frank E. P. (2012): Pfadabhängigkeitstheoretische Beiträge zur Zukunftsgestaltung. In: Tiberius, V. (Hrsg.), Zukunftsgenese. Theorien des zukünftigen Wandels. Wiesbaden: Springer, 57–72.

Dienel, Hans-Liudger (2015). Transdisziplinarität. In: Gerhold, L.; Holtmannspötter, D.; Neuhaus, C.; Schulz-Montag, B.; Steinmüller, K.; Zweck, A. (Hrsg.). Standards und Gütekriterien der Zukunftsforschung. Ein Handbuch für Wissenschaft und Praxis. Wiesbaden: SpringerVS, 71–82.

ERTRAC (2017): European Roadmap Electrification of Road Transport. Verfügbar unter https://www.ertrac.org/uploads/documentsearch/id50/ERTRAC_ElectrificationRoadmap2017.pdf, zuletzt geprüft am 07.08.2020.

Grunwald, Armin (2009): Wovon ist die Zukunftsforschung eine Wissenschaft? In: Popp, R., Schüll, E. (Hrsg.). Zukunftsforschung und Zukunftsgestaltung. Beiträge aus Wissenschaft und Praxis. Heidelberg: Springer

Hines, Andy; Bishop, Peter C. (2013): Framework foresight. Exploring futures the Houston way. Futures, 51 (1), 31–49.

Hoegh-Guldberg, Ove et al. (2018): Impacts of 1.5 °C Global Warming on Natural and Human Systems. In: Masson-Delmotte, V. et al. (Hrsg.). Global Warming of 1.5 °C. An IPCC Special Report on the impacts of global warming of 1.5 °C above pre-industrial levels and related global greenhouse gas emission pathways, in the context of strengthening the global response to the threat of climate change, sustainable development, and efforts to eradicate poverty. Verfügbar unter https://www.ipcc.ch/sr15/chapter/chapter-3/, zuletzt geprüft am 07.08.2020.

IPCC (2019): Sonderbericht über Klimawandel und Landsysteme Zusammenfassung für politische Entscheidungsträger, ISBN 978-3-89100-053-3, Deutsche Übersetzung durch Deutsche IPCC-Koordinierungsstelle, Bonn, 2019. Verfügbar unter https://www.de-ipcc.de/media/content/SRCCL-SPM_de_barrierefrei.pdf, zuletzt geprüft am 07.08.2020.

Kosow, Hannah; Gaßner, Robert (2008): Methods of Future and Scenario Analysis. Overview, Assessment, and Selection Criteria. Bonn: Deutsches Institut für Entwicklungspolitik.

Kreibich, Rolf (2006): Zukunftsforschung. Arbeitsbericht 23/2006 des Instituts für Zukunftsfragen (IZT). Verfügbar unter https://www.izt.de/fileadmin/publikationen/IZT_AB23.pdf, zuletzt geprüft am 07.08.2020.

Lenton, Timothy M. et al. (2019): Climate tipping points—too risky to bet against. The growing threat of abrupt and irreversible changes must compel political and economic action on emissions. Verfügbar unter https://www.nature.com/articles/d41586-019-03595-0, zuletzt geprüft am 07.08.2020.

Mahammadzadeh, Mahammad (2012): Klimawandel: Wie verletzlich schätzen sich unterschiedliche Branchen in Deutschland ein? Verfügbar unter www.klimanavigator.eu/dossier/artikel/037531/index.php, zuletzt geprüft am 07.08.2020.

Mietzner, Dana und Guido Reger (2005): Advantages and disadvantages of scenario approaches for strategic foresight. Int. J. Technology Intelligence and Planning, Vol. 1 (2), S. 220–239.

Neuhaus, Christian und Karlheinz Steinmüller (2015): Grundlagen der Standards Gruppe 1. In: Gerhold, L.; Holtmannspötter, D.; Neuhaus, C.; Schulz-Montag, B; Steinmüller, K.; Zweck, A. (Hrsg.). Standards und Gütekriterien der Zukunftsforschung. Ein Handbuch für Wissenschaft und Praxis. Wiesbaden: SpringerVS, 17–20.

Okereke, C. et al. (2012): Climate Change: Challenging Business, Transforming Politics. Business Society, 51 (1), 7–30.

Prange, C. (2018): Strategische Steuerung der Agilität? Controlling & Management Review, 62 (4), S.8–16.

Pielkahn, Ulf (2008): Using Trends and Scenarios as Tools for Strategy Development. Erlangen: Publicis Corporate Publishing.

Schüle, Ralf; Fekkak, Miriam; Lucas, Rainer; von Winterfeld, Uta; Fischer, Jonas; Roelfes, Michaela; Madry, Thomas; Arens, Sophie (2016): Kommunen befähigen, die Herausforderungen der Anpassung an den Klimawandel systematisch anzugehen (KoBe), Umweltbundesamt, Dessau-Roßlau.

Schüll, Elmar (2009): Zur Forschungslogik explorativer und normativer Zukunftsforschung. In: Popp, R.; Schüll, E. (Hrsg.): Zukunftsforschung und Zukunftsgestaltung. Beiträge aus Wissenschaft und Praxis. Wissenschaftliche Schriftenreihe „Zukunft und Forschung" des Zentrums für Zukunftsstudien Salzburg. Band 1. Heidelberg: Springer, 223–234.

Schüll, Elmar (2015): Interdisziplinarität. In: Gerhold, L.; Holtmannspötter, D.; Neuhaus, C.; Schulz-Montag, B; Steinmüller, K.; Zweck, A. (Hrsg.). Standards und Gütekriterien der

Zukunftsforschung. Ein Handbuch für Wissenschaft und Praxis. Wiesbaden: SpringerVS, 61–70.

Slaughter, Richard A. (2002): Developing and Applying Strategic Foresight. Verfügbar unter http://www.forschungsnetzwerk.at/downloadpub/2002slaughter_Strategic_Foresight.pdf, zuletzt geprüft am 07.08.2020.

Steinmüller, Angela und Karlheinz Steinmüller (2004). Wildcards. Wenn das Unwahrscheinliche eintritt. Hamburg: Murmann.

Steinmüller, Karlheinz (2012): Szenarien – Ein Methodenkomplex zwischen wissenschaftlichem Anspruch und zeitgeistiger Bricolage. In Popp, R. (Hrsg.): Zukunft und Wissenschaft. Wege und Irrwege der Zukunftsforschung. Heidelberg: Springer, 101–137.

Statista (2020): Prognose der Anzahl der Neuzulassungen von Personenkraftwagen (Pkw) in Europa nach Art der Fahrzeugnutzung im Zeitraum der Jahre 2018 bis 2030. Verfügbar unter https://de.statista.com/statistik/daten/studie/875198/umfrage/prognostizierte-pkw-neuzulassungen-in-europa-nach-art-der-pkw-nutzung/, zuletzt geprüft am 07.08.2020.

Voros, Joseph (2005): A generic foresight process framework. Foresight, Vol. 5 (3). 10–21.

Weimer-Jehle, Wolfgang (2014): Einführung in die qualitative System- und Szenarioanalyse mit der Cross-Impact-Bilanzanalyse. Methodenblätter zur Cross-Impact Bilanzanalyse – Blatt Nr. 1. Verfügbar unter www.cross-impact.de/deutsch/CIB_d_MBl.htm , zuletzt geprüft am 07.08.2020.

Weimer-Jehle, Wolfgang (2015): Cross-Impact Analyse. In: Niederberger, M., Wassermann, S. (Hrsg.): Methoden der Experten- und Stakeholdereinbindung in der sozialwissenschaftlichen Forschung, 243–258. Wiesbaden: VS-Verlag.

Dieses Kapitel wird unter der Creative Commons Namensnennung 4.0 International Lizenz http://creativecommons.org/licenses/by/4.0/deed.de) veröffentlicht, welche die Nutzung, Vervielfältigung, Bearbeitung, Verbreitung und Wiedergabe in jeglichem Medium und Format erlaubt, sofern Sie den/die ursprünglichen Autor(en) und die Quelle ordnungsgemäß nennen, einen Link zur Creative Commons Lizenz beifügen und angeben, ob Änderungen vorgenommen wurden.

Die in diesem Kapitel enthaltenen Bilder und sonstiges Drittmaterial unterliegen ebenfalls der genannten Creative Commons Lizenz, sofern sich aus der Abbildungslegende nichts anderes ergibt. Sofern das betreffende Material nicht unter der genannten Creative Commons Lizenz steht und die betreffende Handlung nicht nach gesetzlichen Vorschriften erlaubt ist, ist für die oben aufgeführten Weiterverwendungen des Materials die Einwilligung des jeweiligen Rechteinhabers einzuholen.

12 Anders denken und handeln – Bewusstsein für das Klima

Sabine Fritsch, Carolin Thiem, Oliver Sartori

Jede und jeder Einzelne kann einen Beitrag zu einer zukunftsfähigen und nachhaltigen Entwicklung unseres Planeten leisten und den eigenen CO_2-Fußabdruck durch klimafreundliche Verhaltensweisen reduzieren. Warum nur fällt das so schwer? Mangelt es am Bewusstsein?

In der Bevölkerungsumfrage „Umweltbewusstsein in Deutschland 2018" des Bundesministeriums für Umwelt, Naturschutz und nukleare Sicherheit (BMU) gaben 64 Prozent der Befragten an, dass das Thema Umwelt- und Klimaschutz eine „sehr wichtige Herausforderung" sei. Das waren elf Prozent mehr als in der gleichlautenden Umfrage des Jahres 2016 (Abb. 12.1, vgl. Rubik et al. 2019:9).

Um das Umweltbewusstsein in seiner Mehrdimensionalität zu erfassen, wurden die drei Teilbereiche Umweltaffekt, Umweltkognition und Umweltverhalten genauer betrachtet. Jedem dieser Teilbereiche lag ein Satz von Einstellungsaussagen oder Verhaltensselbstberichten zugrunde.

- Umweltaffekt: emotionale Reaktionen auf Umweltthemen werden betrachtet, zum Beispiel „Es macht mich wütend."
- Umweltkognition: Beurteilung sachlicher Aussagen zu Umweltthemen werden betrachtet, zum Beispiel zur Ressourcennutzung
- Umweltverhalten: Aussagen zum eigenen Verhalten in umweltrelevanten Bereichen des Alltags werden betrachtet, beispielsweise Einkauf, Mobilität

Die hieraus abgeleiteten Kennziffern zeigten auf einer Skala von 1 bis 10 für die Teilbereiche Umweltaffekt und Umweltkognition Werte von 7,2 bzw. 7,9. Das Umweltverhalten hingegen erreichte nur einen mittleren Wert von 4,6 und blieb damit hinter der affektiven und kognitiven Umwelteinstellung zurück (vgl. Rubik et al. 2019:67 ff.)

Die Umfrageergebnisse des BMU weisen darauf hin, dass das Klimabewusstsein in der Bevölkerung zunimmt. Ein Indikator dafür ist zum Beispiel die Bewegung „Fridays for Future", die seit 2018 weltweit Demonstrationen bzw. seit Ausbruch der Corona-Pandemie Netzstreiks auslöst und sich damit für schnelle und effiziente Klimaschutzmaßnahmen einsetzt (vgl. Pohl 2020).

© Der/die Herausgeber bzw. der/die Autor(en) 2020
V. Wittphal, *Klima*, https://doi.org/10.1007/978-3-662-62195-0_12

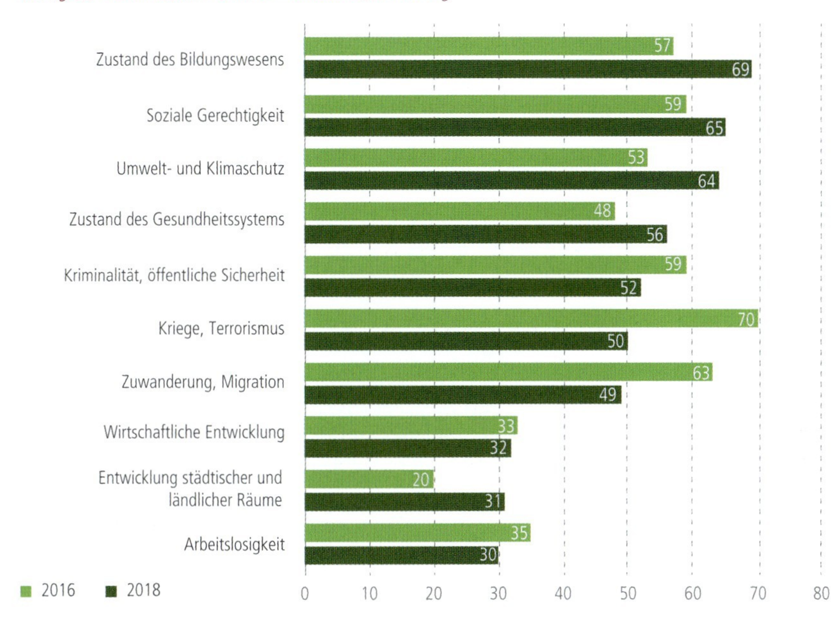

Abb. 12.1 Problemwahrnehmung der Bevölkerung in Deutschland 2016 und 2018. (Eigene Darstellung nach Rubik et al. 2019:17)

Gleichzeitig zeigt die Befragung des BMU aber auch, dass Klimabewusstsein nicht automatisch mit klimafreundlichem Verhalten gleichgesetzt werden kann. In der Psychologie ist das Phänomen schon lange Zeit als „Attitude-Behaviour-Gap" bekannt. Es beschreibt die Diskrepanz zwischen dem geplanten und dem tatsächlichen Verhalten. Die Ursachen dafür liegen in einer Vielzahl von Faktoren begründet, die zum Beispiel durch persönliche Wertvorstellungen, sozialen und gesellschaftlichen Druck, das Gefühl von Kontrolle und Erfahrungswerte beeinflusst werden. So werden beispielsweise Konsumentscheidungen nicht zweckrational getroffen, sondern unterliegen sozialen, ökonomischen und psychologischen Einflüssen. Der Mensch befindet sich dabei kontinuierlich in einem Konflikt zwischen Eigeninteresse und Gemeinschaftsinteresse. Je größer dieses Konfliktpotenzial ist – je größer die Differenz zwischen dem kurzfristigen, persönlichen Interesse und dem langfristig orientierten Gemeinwohl (beispielsweise Klima- und Umweltschutz) –, desto geringer ist der tatsächliche Einfluss des vorhandenen Umweltbewusstseins auf die aktiven Handlungen (vgl. Haubach et al. 2013:46 f.).

Dabei stellt die Risikowahrnehmung des Menschen für das Eigeninteresse eine wichtige Einflussgröße dar. Werden das Risiko und die Bedrohung durch den Klimawandel als hoch wahrgenommen, steigt das Bewusstsein für die Thematik. Menschen, die häufig und wiederkehrend persönlich durch Wetterkatastrophen wie zum Beispiel Überschwemmungen oder extreme Hitzewellen betroffen sind, neigen zu einem höheren Bewusstsein. Eigeninteresse und Gemeinschaftsinteresse nähern sich an mit dem Resultat eines eher klimafreundlichen Verhaltens. Im Gegensatz dazu resultiert aus einer mittelbaren Betroffenheit – in der Klimafrage trifft dies auf einen Großteil der Weltbevölkerung zu – die Abwertung des Risikopotenzials und das Empfinden einer geringen Bedrohung (vgl. Haubach et al. 2013:44 f.).

Die Abwertung von Risikopotenzialen und die damit verbundene Abnahme von klimafreundlichem Verhalten lassen sich maßgeblich durch die Wirksamkeit sozialökonomischer Faktoren erklären. Dazu zählen beispielsweise die Diskontierung künftiger Schäden oder das Gefangenendilemma aus der Spieltheorie. Die Diskontierung beschreibt, wie zukünftige Gefahren zu einem gegenwärtigen Zeitpunkt als wesentlich geringer eingeschätzt werden. Der Klimawandel zeichnet sich jedoch nicht nur auf einem langfristigen Zeithorizont ab, sondern ist in Deutschland mit heißen Sommern und Gletscherschmelze in den Alpen bereits deutlich sichtbar. Allerdings verteilen sich seine Wirkungen und die Häufigkeit von extremen Ereignissen weltweit und treten unregelmäßig in Erscheinung. Für den einzelnen Menschen ist er deshalb rational schwer greifbar und wenig nachvollziehbar. Tatsächlich jedoch ist der Klimawandel manifest – mit schleichenden Auswirkungen auf den Alltag und teilweise schon mit dramatischen Konsequenzen. Zugleich sind die Kosten, die durch das Unterlassen von Maßnahmen zum Klimaschutz entstehen und daraus resultierende Umweltschäden, kaum zu ermitteln und somit in unserem monetären Wertesystem nicht darstellbar (vgl. Rogall 2012:79 f.).

Das Gefangenendilemma der Spieltheorie kennzeichnet eine Situation, in der individuell rationales Verhalten jedes einzelnen Gruppenmitgliedes zu einem für die Gruppe insgesamt nicht optimalen Ergebnis führt. Im Kontext des Klimawandels fällt es Individuen schwer, Verhaltensänderungen umzusetzen, die zwar im Ergebnis dem Gemeinwohl förderlich sind, allerdings der einzelnen Person als Verzicht empfunden werden und somit negativ konnotiert sind. Vor allem dann, wenn die einzelne Person nicht sicher ist, dass alle anderen ebenfalls ihr Verhalten ändern, schlägt die Falle des Gefangenendilemmas zu (vgl. Rogall 2012:78). Wird der eigene Beitrag außerdem als gering oder effektlos wahrgenommen oder werden individuelle Handlungsmöglichkeiten nicht erkannt, wird klimafreundliches Verhalten immer unwahrscheinlicher.

Bewusstsein schaffen durch Partizipation

Gegenwärtig ist es vor allem die von Schülerinnen und Schülern getragene Bewegung „Fridays for Future", die regelmäßig und unablässig auf die bedrohliche Umweltsituation auf unserer Erde aufmerksam macht. Für Deutschland fordert „Fridays for Future" unter anderem, unverzüglich alle Subventionen für fossile Energieträger wie Kohle, Öl und Gas zu streichen sowie ein Viertel der Kohlekraft abzuschalten. Der Bewegung haben sich nach und nach weitere Gruppen angeschlossen. So gibt es mittlerweile etwa die Bewegungen „Parents for Future" und „Scientists for Future". Die Geschichte lehrt, dass Veränderungen oft mithilfe von sozialen Bewegungen – also einer Form uneingeladener Beteiligung (vgl. Wehling 2012) – und somit bewusstem Handeln erkämpft werden konnten, meist gegen heftigen Widerstand in der etablierten Politik.

Kritik an bestehenden Strukturen wird nicht immer gleich begrüßt, aber im Hinblick auf Partizipation fördert die Politik sie nicht nur, sondern fordert sie auch ein. Demokratie soll aktiv gelebt werden. Dies findet sich etwa in politischen Roadmaps wieder, in denen Partizipation nicht nur ein Kapitel füllt, sondern zentraler Bestandteil ist (vgl. Bundesministerium für Bildung und Forschung 2015; Bundesministerium für Bildung und Forschung 2016). In den letzten Jahren wurden Formen der Partizipation am demokratischen Geschehen stetig weiterentwickelt, sodass es neben dem Engagement in einer Partei inzwischen zahlreiche weitere Möglichkeiten gibt, sich in den unterschiedlichsten Initiativen politisch zu engagieren – ob für ein klimarelevantes Ziel wie die Aufforstung, für die Vermeidung von Plastikmüll oder für fahrradfreundliche Innenstädte.

In den vergangenen Jahren haben sich einhergehend mit der Entwicklung digitaler Technologien weitere Partizipationsmodi herausgebildet. Unterschieden wird hierbei unter anderem zwischen informellen und formellen E-Partizipationsverfahren. Formelle Verfahren des „E-Aktivismus" fördern schwerpunktmäßig Diskussion und Austausch und sollen den Prozess der Meinungsbildung unterstützen. Sie fungieren auch als Gegengewicht zu informellen Diskussionen in den sozialen Medien. Diese Verfahren können in Fragen des Klimaschutzes ggf. helfen, auch Akzeptanz für politische Entscheidungen zu schaffen, die unser Leben zwar einschränken, aber der weiteren Erderwärmung entgegenwirken.

Informelle Verfahren zielen meist auf Entscheidungsfindungen ab (zum Beispiel Online-Petitionen oder internetbasierte Abstimmungen über Bauvorhaben oder ähnliche). Im Bereich Klima nutzt beispielsweise Greenpeace die Plattform „greenaction". Hier kann über Texte, Videos und Bilder auf Themen aufmerksam gemacht, zu Demonstrationen aufgerufen oder Geld gesammelt werden. Registrierte Nutzende haben die Möglichkeit, mit wenigen Klicks Petitionen zu unterzeichnen, zu spenden oder ihr Engagement öffentlich sichtbar zu machen. Es wird außerdem ermöglicht, vorbereitete E-Mails an Freunde zu versenden oder Logos und Bilder von Kampagnen auf Social-Media-Profilen zu veröffentlichen. Es handelt sich sozusagen um eine digitale Version von Flugblatt und Anstecknadel.

Diese Art der digitalen Petitionen verschafft Individuen die Möglichkeit, Unterstützung für ein Anliegen oder Vorhaben innerhalb kürzester Zeit und mit wenig Aufwand kundzutun. In diesem Zusammenhang etablieren sich die Begriffe Slacktivismus (vgl. Morozov 2012) und Clicktivismus (vgl. Halupka 2014). Slacktivismus ist eine Zusammensetzung aus dem englischen Wort „Slacker" – eine Arbeit oder Anstrengung vermeidende Person – und „Aktivismus" (Morozov 2012). Was heißt das genau? Durch Begriffe wie Slack- und Clicktivismus wird der Umstand angeprangert, dass die Inhalte von politisch motivierten Initiativen oder Personen im Digitalen zwar häufig gelikt, geteilt oder kommentiert und entsprechend weiterverbreitet werden. Jedoch wirkt sich diese Form des Engagements wenig auf politisches Geschehen aus und oft bleibt weiteres politisches Engagement aus – so kritische Stimmen (vgl. ebd.).

Durch das farbliche Ändern eines Profilbildes oder das Liken einer Aktivität, wie beispielsweise einer „Fridays-for-Future"-Demonstration, können Solidarität und politische Meinungen öffentlich gemacht werden. Allerdings verlangt das Liken oder das Verändern eines Profilbildes laut des Autoren (vgl. ebd.) vom Individuum eigentlich keine weitere Auseinandersetzung mit dem jeweiligen politischen Thema. Ohne Aufwand oder Mühe kann es sich als „Gutmensch" in seinen sozialen Netzwerken darstellen. Deshalb wird diese Art der Beteiligung von vielen stark kritisiert und es gibt es auch Stimmen, die dadurch politische Beteiligung generell infrage gestellt sehen (vgl. Cuéllar 2017).

Slack- und Clicktivismus sind Ausdruck der eingangs erwähnten Diskrepanz zwischen geplantem und tatsächlichem Verhalten für das Gemeinwohl. Denn ein Klick bedeutet noch längst nicht, dass das eigene Handeln bewusst klimaschonender wird. Es kann aber dazu führen, dass zumindest ein Bewusstsein dafür geschaffen wird, dass Veränderungen nötig sind. Positiv betrachtet könnte formuliert werden: Wenig Auseinandersetzung ist auch eine Art der Auseinandersetzung. Wissenschaftliche Untersuchungen zu diesen Partizipationsmodi stehen noch ganz am Anfang. Es deutet sich jedoch an, dass Fragen zur Rolle von digitaler Beteiligung im Rahmen der Klimadebatte es wert zu sein scheinen, mehr Aufmerksamkeit zu erhalten.

Neben neuen digitalen Beteiligungsformaten sind in den vergangenen Jahren auch andere innovative Formate wie die sogenannten „Hackathons" entstanden, die sich neuen Technologien widmen. Das aus „Hacking" und „Marathon" bestehende Kunstwort Hackathon beschreibt eine zeitlich begrenzte Veranstaltung zur kollaborativen Konzeption von Lösungsansätzen für eine klar definierte Herausforderung. Geprägt wurde der Begriff in der Hard- und Softwareentwicklung Ende der 1990er-Jahre, aber spätestens seit Mitte der 2000er-Jahre erfolgte mit dem Civic Hacking die Anwendung auch auf gesellschaftliche Fragestellungen wie den Klimawandel. Im Rahmen des Projekts „Green Hack" entwickelten Jugendliche beispielsweise eine App, die zu eigenen Klimaschutzaktivitäten motivieren soll. Durch die Auseinandersetzung mit dem Thema während der App-Entwicklung konnte auf ganz neue Art ein Bewusstsein für das Thema Klima geschaffen werden. Im verlängerten Wissenschaftsjahr zu Ozeanen und Meeren 2016/2017 wurden Ozeanwerkstätten durchgeführt, die ebenso als Civic Hackathons begriffen werden können. Im Jahr 2019 veranstaltete die Universität Bochum den Climathon Ruhr, bei dem Lösungen zum Umgang mit dem Klimawandel entwickelt werden sollten. All dies sind Beispiele einer inzwischen endlos langen Liste.

Durch die Wissensaneignung während eines Hackathons kann Bewusstsein dafür entstehen, dass die vom Individuum im Alltag erlebten Zustände in Zusammenhang mit dem Klimawandel stehen – und dass mit klimafreundlichem Handeln verbundene Einschränkungen in den nächsten Jahren nötig werden. Ebenso kann mit diesem Format der Beteiligung das Individuum dem Ohnmachtsgefühl gegenüber der übergroßen Herausforderung Klimawandel entgegentreten (vgl. Thiem 2020 [im Druck]). Da es sich bei diesem Format um ein sehr junges Phänomen handelt, steckt die Forschung dazu ebenfalls in den Anfängen. Eine wichtige Frage ist, ob die Ergebnisse von Hackathons tatsächlich weiterverfolgt werden und welche langfristigen Handlungseffekte sich bei den Beteiligten von Klima-Hackathons einstellen.

Mehr Nachhaltigkeitsbewusstsein im Kontext von Handlungsveränderungen wird aktuell eher von langfristigen Beteiligungsformaten erwartet. So veranstaltete die Region Tirol 2016 einen Ideenwettbewerb und begleitete die Teilnehmenden über zwei Monate hinweg mit einem Mentoring, mit Workshops und einer Crowdfunding-Kampagne auf ihrem Weg, ihre Ideen in die Tat umzusetzen.

Über den Ideenkanal, so verrät es die Website, ist auch eine soziale Innovation, die ihren Ursprung in Deutschland hat, nach Liechtenstein diffundiert. Denn eine Ideengeberin möchte dort die sogenannte „GemüseAckerdemie" etablieren. Dabei handelt es sich um ein Bildungsprogramm, das Kindern und Jugendlichen die Themen Lebensmittelproduktion und -wertschätzung, gesunde Ernährung und Nachhaltigkeit näherbringt. Das Konzept ist skalierbar und wurde bereits vielfach (665-mal in Kitas und Schulen, Stand: Mai 2020) im deutschsprachigen Raum umgesetzt; die GemüseAckerdemie gilt als soziale Innovation. Darüber hinaus sind in den vergangenen Jahren vielfältige neue Bildungsangebote entstanden, die auf den Konsum von regionalen nachhaltigen Produkten abzielen („Marktschwärmer", „etepetete Retterboxen", „Solidarische Landwirtschaft"). Es sind diese Ideen, die bereits im Kindesalter aber, aber auch darüber hinaus, den Grundstein dafür legen können, verändertes Handeln im Sinne des Klimaschutzes nicht als lästige Notwendigkeit wahrzunehmen, sondern für einen tatsächlichen Wertewandel zu sorgen. In Weiterverfolgung dieses Ansatzes kann eine neue, klimabewusste Generation heranwachsen.

Klimabewusste soziale Innovationen und Social Enterprises

Soziale Innovationen umfassen neue soziale Praktiken und Organisationsmodelle, die darauf abzielen, für die Herausforderungen unserer Gesellschaft tragfähige und nachhaltige Lösungen zu finden (vgl. BMBF 2018:11). Auch die Politik entdeckt zunehmend dieses Handlungsfeld. Dementsprechend hat das „Hightech Forum" (2019) – das zentrale Beratungsgremium der Bundesregierung – sich der Förderung von sozialen Innovationen angenommen und ein Impulspapier zu diesem Thema verfasst.

Der europäische Green Deal (2019) nimmt zwar nicht explizit Bezug auf soziale Innovationen, obwohl diese gerade in den Bereichen Mobilität, Energie und nachhaltiger Konsum vorzufinden sind. Allerdings veranstaltete die EU 2020 die Social Innovation Competition zum Thema Sustainable Fashion. Auf der Website (European Social Innovation Competition, 2020) heißt es: „Der Verbrauch von Textilien macht etwa 5 Prozent des ökologischen Fußabdrucks der EU aus, und Bekleidung und Schuhe sind für etwa 8 Prozent der globalen Treibhausgasemissionen weltweit verantwortlich. Pro Jahr kaufen die Bürger:innen der EU jeweils mehr als 12 Kilogramm Kleidung, deren Herstellung 195 Millionen Tonnen CO_2 in die Atmosphäre abgegeben und 46 Milliarden Kubikmeter Wasser verbraucht hat. Es ist Zeit, etwas zu ändern!" Der Wille, mithilfe sozialer Innovationen Veränderungen hervorzurufen, ist demnach in der EU vorhanden.

Soziale Innovationen können sich in neuen Produkten oder Dienstleistungen sowie in neuen Arbeits- und Produktionsprozessen oder Kooperationsformen zeigen. Für jede dieser Kategorien lassen sich bereits Beispiele in der Praxis finden, die für den Klimawandel relevant sind. Innovative Kooperationsformen sind beispielsweise Initiativen, die Urban Gardening betreiben und so zum einen die Luftqualität in den Städten verbessern und zum anderen regionale Lebensmittelproduktion fördern. Bioenergiedörfer und andere Formen der Energiegenossenschaften zeigen beispielsweise, wie nachhaltige Energieproduktion auch einen im Kleinen spürbaren wirtschaftlichen Mehrwert bringen kann (vgl. Strigl 2014).

Soziale Innovationen schließen außerdem wirtschaftlichen Erfolg nicht aus (vgl. G.I.B. – Gesellschaft für innovative Beschäftigungsförderung mbh NRW 2010). Das zeigt zum Beispiel das Unternehmen „Original Unverpackt". Früher ist es belächelt worden, aber mittlerweile gibt es mehr als 100 Unverpackt-Supermärkte in ganz Deutschland, in denen bewusst nachhaltig konsumiert wird. Soziale und technische Innovationen gehen zudem oft Hand in Hand wie beispielsweise „SpraySafe", ein genusstaugliches Schutzspray zur Anwendung auf Lebensmitteln, das den Bedarf an Plastikverpackungen und -behältnissen reduziert. Schon diese wenigen Beispiele illustrieren eindrücklich: Es ist wichtig, stets neben technischen Innovationen auch soziale Innovationen als Lösungsmöglichkeit für Klimafragen mitzudenken und in Erwägung zu ziehen.

In diesem Zusammenhang sind auch die Leistungen von Social Entrepreneuren im Kampf gegen die Folgen der globalen Erderwärmung von Bedeutung. Unternehmen wie „Ecosia", eine nachhaltige Suchmaschine, oder „Polarstern", ein nachhaltiger Stromanbieter, zeigen zum Beispiel, wie sich Unternehmen gemeinwohlorientiert für den Klimaschutz einsetzen können und Alternativen anbieten. Dass für Sozialunternehmen der Zugang zu Finanzierungs- und Förderinstrumenten der öffentlichen Hand immer noch erschwert ist, ist Gegenstand politischer Auseinandersetzung. Diskutiert wird außerdem, ob etwa nachrichtenlose Konten im Rahmen eines Impact Bonds als Finanzierungsinstrument für Social Entrepreneure genutzt werden könnten (vgl. Sauerhammer et al. 2019).

Die grundlegende Frage ist, wie die beschleunigte globale Erderwärmung gestoppt und umgekehrt werden kann und an welcher Stelle engagierte Bürger:innen Lösungen erarbeiten und umsetzen könnten. Die entsprechenden Fragen für die Wirtschaft – und somit auch für Sozialunternehmen – lauten: Welche Bedürfnisse ergeben sich aus den nötigen Anpassungen, für die ich Lösungen anbieten kann, und wie muss ich mein Modell für eine bessere Klimabilanz aktualisieren? Für die Politik stellt sich die Frage, welche Art der Unterstützung seitens der Demokratie für Bürgerinnen und Bürger aber auch für Angebote aus der Wirtschaft nicht nur ermöglicht, sondern auch eingefordert werden muss.

Zu den Herausforderungen, die soziale Innovationen mit sich bringen, gehört vor allem die Identifikation von Maßstäben für den Erfolg. Gängige Indikatoren für technischen Erfolg sind nämlich nicht ohne Weiteres auf soziale Innovationen übertragbar. In Bezug auf den Klimawandel stellt sich somit die Frage, ob und wie CO_2-Einsparungen bei der Verbreitung von sozialen Innovationen gemessen und dingfest gemacht werden können. Ein Umdenken innerhalb der Wirtschaft ist sicherlich vonnöten, denn oftmals werden ausschließlich finanzielle Kennzahlen zu Rate gezogen, nicht aber die Frage aufgeworfen, ob ein Unternehmen ökologisch oder sozial handelt. Dieses Umdenken lässt sich unter dem Label Neoökologie zusammenfassen. Auf diese Weise entwächst Nachhaltigkeit individuellem Lifestyle, wird zur gesellschaftlichen Bewegung und kann den Konsumtrend zum Wirtschaftsfaktor machen (vgl. Anthes 2020).

Umweltbewusstsein durch interaktive Technologien

Neben sozialen Innovationen können auch intelligente interaktive Technologien helfen, das Umweltbewusstsein von Menschen zu stärken, Klimazusammenhänge zu erklären und zu Verhaltensänderungen zu motivieren. Es gibt schon Apps fürs Smartphone, die potenzielle Folgen des Klimawandels anschaulich und greifbar machen. „Studioresilience" nutzt zum Beispiel Augmented Reality, um das Bild von Straßenszenen entsprechend des prognostizierten anwachsenden Meeresspiegels mit Wasser zu überlagern oder um in Küstenbilder abgestorbene Korallenriffe einzublenden (vgl. Sacher 2020). Tatsächlich unterstützt schon eine Vielzahl von Apps und Onlinetools die Bürgerin oder den Konsumenten beim klimagerechten Verhalten. Angezeigt werden etwa Nahrungsmittel von Geschäften „in deiner Umgebung", die verteilt werden, um nicht weggeworfen zu werden. Inhaltsstoffe von Nahrungsmitteln und Kosmetika werden entschlüsselt. Beim Konsum wird man durch ökologische Ratschläge unterstützt und für die nachhaltige Mobilität kann man verschiedenste Leihfahrzeuge buchen oder eine Mitfahrgelegenheit finden. Der Energieverbrauch zu Hause kann per Smartphone gehandhabt und die individuelle CO_2-Bilanz erfasst werden (vgl. Otto [GmbH & Co KG] 2020).

Insgesamt steht eine Vielzahl an Einzellösungen für die Lebensbereiche Wohnen, Konsum, Ernährung und Mobilität zur Verfügung. CO_2-Rechner, die auf vielen Internetseiten angeboten werden, schlüsseln den eigenen CO_2-Beitrag nach diesen Lebensbereichen auf. Dazu werden die persönlichen Parameter mehr oder weniger detailliert abgefragt („Wie groß ist Ihr jährlicher Stromverbrauch?", „Wie oft essen Sie Fleisch?" etc.). Der so verschaffte Überblick bietet den Nutzer:innen die Möglichkeit, Sünden oder Heldentaten beim Fleischkonsum oder Pkw-Verzicht zu vergleichen und zu gewichten. In solchen Angeboten wird der eigene CO_2-Fußabdruck mit dem nationalen oder globalen Durchschnitt oder mit dem idealen, also echt nachhaltigen, individuellen CO_2-Fußabdruck verglichen (s. Abb. 12.2).

Der CO_2-Rechner des Umweltbundesamtes beispielsweise kategorisiert nach Heizung und Strom, Mobilität, Ernährung, Konsum und öffentlichen Emissionen. Bei der Erhebung kann die Detailtiefe angepasst werden. Das Ergebnis wird im Verhältnis zum deutschen Durchschnitt dargestellt. Optimierungsszenarien zeigen den Weg zu einer CO_2-ärmeren individuellen Zukunft. Hiermit steht ein relativ funktionales Werkzeug zur Verfügung, mit dem man mit einigermaßen überschaubarem Aufwand sein Wissen erweitern kann und einen groben Überblick über den eigenen Beitrag zum globalen CO_2-Ausstoß erhält (vgl. KlimAktiv 2018).

Noch sind der CO_2-Rechner und die Vielzahl vorhandener Apps statische Werkzeuge, die eine manuelle Eingabe erfordern, sich nicht aktualisieren und Veränderungen im Verhalten nicht verfolgen können. Sie helfen letztlich nicht wirklich dabei, die Diskrepanz zwischen Umweltbewusstsein und Umweltschutzverhalten aufzulösen.

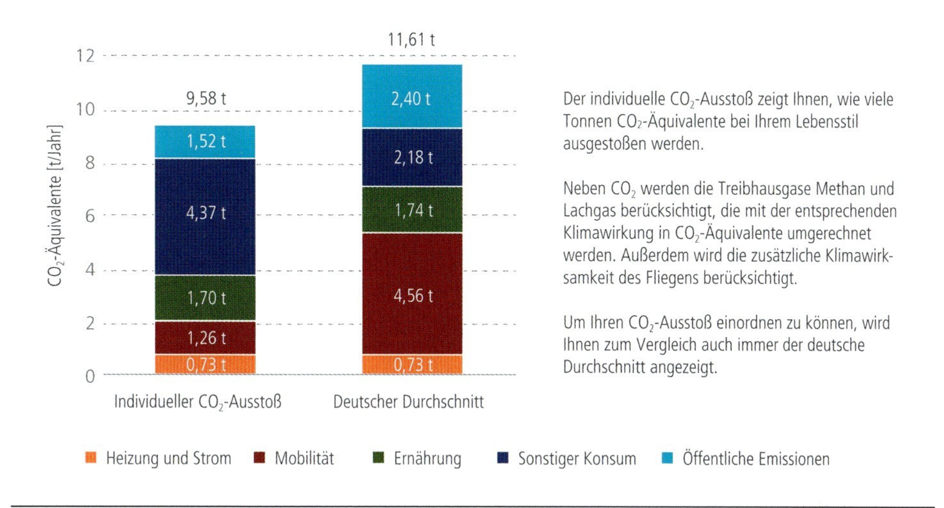

Abb. 12.2 Individueller CO_2-Ausstoß als Ergebnis des Online-CO_2-Rechners des Umweltbundesamts (https://uba.co2-rechner.de/de_DE/?bookmark=EtfVR2FdQmLNHum0, zuletzt geprüft am 10.07.2020.). (Eigene Darstellung)

Sie zeigen zwar das Problem auf, bieten aber in dem Moment des größten Problembewusstseins keine praktische Lösung an.

Die Hürden für ein klimagerechtes Verhalten sind weiterhin hoch. Der eigene Beitrag scheint in Relation zur Größe des Problems verschwindend klein, die Klimaveränderungen sind schleichend und die Zusammenhänge zwischen Klimawandel und dem eigenen Heiz-, Mobilitäts- oder Konsumverhalten sind komplex und vielschichtig. Uns fehlen sowohl Informationen als auch Motivation. Wir haben noch kein Konzept im Sinne von Wert und Verfügbarkeit für die Ressource CO_2 entwickeln und verinnerlichen können, wie wir das etwa für die Ressourcen Geld oder Zeit getan haben. Daher fällt uns der Umgang mit CO_2 schwer (vgl. Franke 2019). Hier können interaktive Technologien von Nutzen sein. Intelligente Sensorik, mobile Systeme und Werkzeuge der Datenanalyse können aus statischen Systemen intelligente individuelle Assistenzsysteme machen, die uns die Problemzusammenhänge angemessen erläutern und uns bei der Lösung zielführend und motivierend unterstützen.

Mittel- und langfristig werden sicherlich funktionale Assistenzsysteme entstehen, die hier Hilfe und Unterstützung bieten. Durch deren Einsatz werden die Nutzenden klimarelevante Zusammenhänge verstehen können; sie gewinnen so an Klimasouveränität. Solche Assistenzsysteme sollten erstens den individuellen CO_2-Beitrag durch sensorische Erfassung und/oder Zugriff auf individuelle Daten in angemessener Genauigkeit erfassen und darstellen. Hierbei sind Fragen des Datenschutzes zu beantworten, um Vertrauen und Akzeptanz zu schaffen. Auch sollte der individuelle

CO_2-Beitrag in angemessener Weise in einen globalen Zusammenhang gestellt werden. Die vergleichende Darstellung mit der Nachbarschaft, Menschen in anderen Regionen, dem Weltdurchschnitt und dem Wert, der für Nachhaltigkeit erforderlich ist, ermöglicht die individuelle Einordnung und Bewertung. Dabei sollte nicht nur der aktuelle, sondern auch der historische CO_2-Beitrag berücksichtigt werden, der Europa und Nordamerika noch deutlich schlechter dastehen lässt. Die globale Klimagerechtigkeit sollte thematisiert werden, verschiedene Klimaszenarien sollten entworfen und dafür erforderliche Budgets abgeleitet werden. Das Erreichen eines individuellen CO_2-Zielwertes kann sehr motivierend sein.

Psychologische Versuche zeigen, dass Handlungswissen am ehesten praktisch genutzt wird, wenn es auf die individuellen Bedingungen zugeschnitten ist (vgl. Hamann 2016). Daher sollten die Assistenzsysteme zweitens individuelle Handlungsvorschläge mit Einsparszenarien machen und die Nutzerinnen und Nutzer bei der Gestaltung eines eigenen CO_2-Fahrplans unterstützen. Die eine verzichtet leichter auf Fleisch, der andere kann sich den Wocheneinkauf ohne Auto schwer vorstellen, wieder anderen fällt es leichter, sich auf Ökostromanbieter einzulassen.

Hier sind konkrete und realisierbare Vorschläge wichtig, die sowohl technische als auch soziale Innovationen beinhalten. Hürden für die Umsetzung sollen diese Systeme identifizieren können und möglichst direkt beseitigen. Als ein gelungenes Beispiel kann eine Leckage-App gelten: Diese Anwendung ermittelt die monetären Kosten von Druckluftverlusten und stellt ihnen die Kosten für die Reparatur der Leckage gegenüber. Meist legt dieser Vergleich eine unverzügliche Reparatur nahe. Den Moment der Erkenntnis nutzend benennt die App die notwendigen Ersatzteile und bietet an, diese sofort zu bestellen (vgl. LOOXR GmbH 2019).

Drittens sollen geeignete Verfahren für das Tracking des eigenen Umweltverhaltens entwickelt, angeboten und ggf. auch steuerlich unterstützt werden. So können auch Menschen ohne ausgeprägtes Klimabewusstsein erreicht werden. Neben dem Monitoring des Mobilitätsverhaltens über die Position des Smartphones (GPS, Beschleunigung etc.) könnten die Daten des Zahlungsverkehrs für das Konsumverhalten, Verbrauchsdaten (Smartmeter u. a.) für den Ressourcenverbrauch zu Hause, intelligente Kühlschränke oder Biosensoren für das Ernährungsverhalten von neuen, funktionalen Assistenzsystemen ausgewertet werden. Ziel sollte eine übersichtliche Darstellung der Einsparungen sein. Zudem sollten die Ergebnisse so präsentiert sein, dass sie individuelle „Motivationsmechanismen" unterstützen. Wichtig ist hier die Berücksichtigung aller Lebensbereiche. Die im Systemdesign verankerte Sicherheit der Daten ist Grundvoraussetzung, um Akzeptanz und Vertrauen zu schaffen.

So entstehen echte intelligente Umweltassistenten, die Verhaltensoptionen und Entscheidungshilfen auf allgemeiner Ebene oder in sehr konkreten Situationen (Burger vs. Sushi, Plastik- vs. Papiertüte, Wärmepumpe vs. Gasbrennwertkessel etc.) anbieten. Dabei können sie Situation und Kontext berücksichtigen (bei Regen ist die Plastiktüte sinnvoller, für den Wocheneinkauf ist das Taxi besser als das Leihrad). Sie vermitteln und erklären die komplexen Verhalten-Klima-Zusammenhänge und bieten im Ergebnis eine realistische Chance auf nachhaltige CO_2-Reduktion.

Die Handlungsfelder Partizipation, soziale Innovation und interaktive Technologien können nicht isoliert voneinander bearbeitet und vorangebracht werden, denn sie funktionieren nur im Zusammenspiel. Mit Partizipationsmethoden können soziale Innovationen entstehen, die auf neuer Technologie beruhen. Gleichzeitig können soziale Innovationen partizipative Prozesse und die Weiterentwicklung von Technologien anstoßen. Technische Systeme wiederum müssen nutzerzentriert entwickelt werden und soziale Innovationen berücksichtigen und einbeziehen. Nur in Kombination miteinander führen die Handlungsansätze zu einem breiteren und tieferen Umweltbewusstsein, das so beschaffen ist, dass notwendige klimarelevante Anpassungen leichter akzeptiert werden können.

Neben individuellen CO_2-Einsparungen wird der größere Klimaeffekt durch informierte, klimabewusste und aktive Bürger:innen erreicht. Sie können das Klima- und Umweltbewusstsein gesellschaftlich und politisch multiplizieren. Vor allem im Zusammenspiel der skizzierten Maßnahmen lassen sich Synergieeffekte vermuten. Gleichwohl ist zu erwarten, dass Menschen, die bisher keine Relevanz in der Debatte gesehen haben, auch mit diesen Maßnahmen nur schwer erreicht werden können. Letztlich sind deshalb auch regulative Maßnahmen (zum Beispiel Flugverbote) und die Anpassung wirtschaftlicher Angebote (klimaneutrale Produkte und Services) notwendig.

Literatur

Anthes, Dan (2020): Wie Nachhaltigkeit in den 2020ern zum Businessstandard wird. Verfügbar unter https://www.xing.com/news/klartext/wie-nachhaltigkeit-in-den-2020ern-zum-businessstandard-wird-3603, zuletzt geprüft am 17.04.2020.

Bundesministerium für Bildung und Forschung (Hrsg., 2015): Zukunftsstadt - Strategische Forschungs- und Innovationsagenda. Verfügbar unter https://www.fona.de/medien/pdf/Zukunftsstadt.pdf, zuletzt geprüft am 21.09.2020.

Bundesministerium für Bildung und Forschung (Hrsg., 2016): Grundsatzpapier Partizipation.

Bundesministerium für Bildung und Forschung (Hrsg., 2018): Forschung und Innovation für die Menschen. Die Hightech Strategie 2025. Verfügbar unter https://www.hightech-strategie.de/files/HTS2025.pdf, zuletzt geprüft am 02.05.2020.

Cuéllar, Lya (2017): Klicktivismus: Reichweitenstark aber unreflektiert?, Bundeszentrale für politische Bildung. Verfügbar unter https://www.bpb.de/lernen/digitale-bildung/werkstatt/258645/klicktivismus-reichweitenstark-aber-unreflektiert, zuletzt geprüft am 13.08.2020.

Dr. Rubik, Frieder; Müller, Ria; Harnisch, Richard; Dr. Holzhauer, Brigitte; Schipperges, Michael; Dr. Geiger, Sonja (2019): Umweltbewusstsein in Deutschland 2018. Bundesministerium für Umwelt, Naturschutz und nukleare Sicherheit; Umweltbundesamt (Hrsg.).

European Social Innovation Competition (2020): Reimagine Fashion. Verfügbar unter https://eusic.challenges.org/2019-theme/, zuletzt geprüft am 02.05.2020.

European Commission (2019): Communication from the Commission. The European Green Deal. Verfügbar unter https://eur-lex.europa.eu/legal-content/EN/TXT/?qid=-1588580774040&uri=CELEX, zuletzt geprüft am 13.08.2020.

Franke, Thomas (2019): „YouTube: Future Energies Science Match 2019", Wie wir den Klima-Analphabetismus überwinden. Verfügbar unter www.youtube.com/watch?v=P_ITFdlyrvg&list=PLOEQYY4L5K7toP4ezOECW4e6-ONoxGrzz&index=56, zuletzt geprüft am 07.05.2020.

G.I.B. – Gesellschaft für innovative Beschäftigungsförderung mbh NRW (2010): Soziale Innovationen haben eine hohe wirtschaftliche Relevanz – Interview mit Jürgen Howaldt. Verfügbar unter https://www.gib.nrw.de/service/downloaddatenbank/interview-mit-prof-dr-juergen-howaldt, zuletzt geprüft am 02.05.2020.

Halupka, Max (2014): Clicktivism: A Systematic Heuristic. Policy & Internet, 6(2), 115–132. Verfügbar unter https://doi.org/10.1002/1944-2866.POI355, zuletzt geprüft am 13.08.2020.

Hamann, Karen; Baumann, Anna; Löschinger, Daniel (2016): Psychologie im Umweltschutz – Handbuch zur Förderung nachhaltigen Handelns. München: oekom.

Haubach, Christian; Moser, Andrea; Schmidt, Mario; Wehner, Christa (2013): Die Lücke schließen – Konsumenten zwischen ökologischer Einstellung und nicht-ökologischem Verhalten. In: Wirtschaftspsychologie, Heft 2/3-2013, 43–57.

Hightech Forum (2019): Soziale Innovationen. Ein Impulspapier für das Hightech Forum. Verfügbar unter https://www.hightech-forum.de/wp-content/uploads/hightech-forum_impulspapier_soziale_innovationen.pdf, zuletzt geprüft am 02.05.2020.

KlimAktiv. (2018): CO_2-Rechner, verfügbar unter https://uba.co2-rechner.de, zuletzt geprüft am 07.05.2020

LOOXR GmbH. (2019): Smartes Leckagemanagement, verfügbar unter www.looxr.de/leckagemanagement/, zuletzt geprüft am 07.05.2020.

Morozov, Eygeny (2012). New delusion. The dark side of internet freedom. New York: Public Affairs.

Otto (GmbH & Co KG) (2020): Umwelt-Apps: Mit dem Smartphone dem Planeten helfen. Verfügbar unter https://www.otto.de/updated/ratgeber/umwelt-apps-mit-dem-smartphone-dem-planeten-helfen-36088, zuletzt geprüft am 07.05.2020.

Pohl, Lucas (2020): fridays for future. Verfügbar unter https://fridaysforfuture.de/, zuletzt geprüft am 13.04.2020.

Rogall, Holger (2012): Nachhaltige Ökonomie – Ökonomische Theorie und Praxis einer nachhaltigen Entwicklung. 2. Auflage. Marburg: Metropolis Verlag.

Sacher, Heiko. (2020): Studioresilience.com. Verfügbar unter htpps://www.Studioresilience.com, zuletzt geprüft am 07.05.2020.

Sauerhammer, Markus; Schwarz, Antonis; Zubrod, Andreas (2019): Nachrichtenlose Assets. Reformvorschlag. Verfügbar unter https://www.send-ev.de/uploads/sif.pdf, zuletzt geprüft am 03.05.2020.

Strigl, Alfred (2014): Soziale Innovationen – der Schlüssel zum Umwelt- und Klimaschutz? Verfügbar unter https://blog.ksoe.at/soziale-innovationen-der-schluessel-zum-umwelt-und-klimaschutz/, zuletzt geprüft am 02.05.2020.

Thiem, Carolin (2020): Es geht darum, dass man was tut. Zur Transformation von issues in Partizipationsprozessen. München: Universitätsbibliothek Technische Universität München.

Wehling, Peter (2012). From invited to uninvited participation (and back?): rethinking civil society engagement in technology assessment and development. Poiesis & Praxis: International Journal of Ethics of Science and Technology Assessment, 9(1–2), 43–60. https://doi.org/10.1007/s10202-012-0125-2

Dieses Kapitel wird unter der Creative Commons Namensnennung 4.0 International Lizenz http://creativecommons.org/licenses/by/4.0/deed.de) veröffentlicht, welche die Nutzung, Vervielfältigung, Bearbeitung, Verbreitung und Wiedergabe in jeglichem Medium und Format erlaubt, sofern Sie den/die ursprünglichen Autor(en) und die Quelle ordnungsgemäß nennen, einen Link zur Creative Commons Lizenz beifügen und angeben, ob Änderungen vorgenommen wurden.

Die in diesem Kapitel enthaltenen Bilder und sonstiges Drittmaterial unterliegen ebenfalls der genannten Creative Commons Lizenz, sofern sich aus der Abbildungslegende nichts anderes ergibt. Sofern das betreffende Material nicht unter der genannten Creative Commons Lizenz steht und die betreffende Handlung nicht nach gesetzlichen Vorschriften erlaubt ist, ist für die oben aufgeführten Weiterverwendungen des Materials die Einwilligung des jeweiligen Rechteinhabers einzuholen.

13 Kreislaufwirtschaft als Säule des EU Green Deal

Florian Schaller, Annette Randhahn, Eyk Bösche, Jakob Michelmann

Die Nutzung erneuerbarer Energien und Energieeffizienz sind bislang die zentralen Ansätze zur Minderung der anthropogenen Ursachen des Klimawandels. Zudem übt der weltweite Ressourcenverbrauch enormen Änderungsdruck auf unser bestehendes überwiegend lineares Wirtschaftssystem aus. Um Emissionen und Ressourcenverbrauch weiter zu reduzieren, setzt der im November 2019 von der EU-Kommission vorgestellte Green Deal auf die Etablierung einer Kreislaufwirtschaft. Hat sie das Potenzial, das Paradigma der linearen Wirtschaft abzulösen?

Die Wirtschaft der Industrienationen folgt bislang einem linearen Prinzip, nach dem Konsumgüter produziert, genutzt und entsorgt werden (Wilts 2016). Dabei werden überwiegend Primärmaterialien mit energetischem Aufwand gewonnen und in der Produktion veredelt. Die von den Konsument:innen vielerorts geforderte und auch weithin umgesetzte Trennung des Mülls bei der Entsorgung ist der Beginn eines Recyclingprozesses, in dem Abfallprodukte als Sekundärrohstoffe zurück in den Rohstoffkreislauf eintreten. Allerdings werden in einer Gesamtbilanz nur vergleichsweise wenige Stoffe in diesen Wertstoff- und Rohstoffkreislauf zurückgeführt und dies oftmals unter gesundheitlich belastenden Umständen für die beteiligten Arbeitskräfte.[75] Ein Großteil der Produkte landet abschließend in der Verbrennung, im Meer oder in Deponien, obwohl die Produkte teils wieder genutzt werden könnten. Trotz eines Trennungssystems, auf das wir so stolz sind, sind wir noch weit von einer Kreislaufwirtschaft entfernt.

Die Auswirkungen der linearen Wirtschaft sind tiefgreifend sowohl für die Ökosysteme als auch die Gesellschaft (zum Beispiel die Verschmutzung der Gewässer, der Böden und der Luft) und könnten starke Veränderungen oder gar den Zusammenbruch natürlicher Stoffkreisläufe herbeiführen. Hinzu kommt die Verknappung von Rohstoffen, die Preise steigen lässt und immer wieder Anlass für geopolitische Auseinandersetzungen ist. Traurig ist schließlich auch der Umstand, dass alljährlich der

[75] *In Deutschland wurden 2015 37 Prozent der 5,2 Mio. Tonnen ordnungsgemäß entsorgten Kunststoffe als Wertstoff und ein Prozent also Rohstoff wiederverwertet. Die restlichen 62 Prozent der im In- und Ausland sortierten Kunststoffe wurden Deponien zugeführt oder verbrannt (vgl. Deutscher Bundestag 2018:53).*

© Der/die Herausgeber bzw. der/die Autor(en) 2020
V. Wittphal, *Klima*, https://doi.org/10.1007/978-3-662-62195-0_13

Tag im Kalender vordatiert werden muss, an dem die Menschheit der Erde mehr Stoffe entnommen hat, als die Natur wiederherstellen kann.[76]

Diese keineswegs nachhaltige Wirtschaftsweise scheint jedoch einer Gesellschaft zu entsprechen, die nach Steigerung des materiellen Wohlstands und schnellem Konsum strebt (vgl. Rosa 1999:155–158). Das dafür entfachte Wirtschaftswachstum profitiert von der Kultur des Wegwerfens. Zum Teil durch das Design bereits induzierte immer kürzere Produktlebenszyklen machen das Wegwerfen geradezu zum Standard im Alltag (Wilts 2016). Der Handel verstetigt solch lineares Wirtschaften, wenn er zum Beispiel die Vermarktung von Produktneuigkeiten in immer kürzeren Abständen anstrebt. So müssen beispielsweise immer wieder bei Verkäufen Benchmarks eingehalten werden (vgl. Dievernich 2012). Solche Entscheidungen können als Lock-in-Effekte eine Pfadabhängigkeit bewirken. Während die Konkurrenz Fast-Consumer-Goods verkauft, fällt es schwer, dagegenzuhalten und auf Langlebigkeit von Produkten zu setzen.

Das lineare Wirtschaften kann nach Dosi und Perez als technisch-ökonomisches Paradigma einer Wirtschaft charakterisiert werden, das sich als „kollektiv geteilte Logik" (Perez 2009:186) darin manifestiert, dass das gleiche Modell zur Lösung eines Problems angewendet wird (vgl. Dosi 1982). Weiterhin lässt sich mit Dosi (vgl. ebd.) Folgendes nachvollziehen: Wichtige Kriterien für die Herausbildung von Paradigmen sind Vermarktbarkeit, Wirtschaftlichkeit im Sinne von Gewinn und Kostenersparnis, aber auch möglicherweise staatliches Interesse. Paradigmen können für eine bestimmte Zeit eine Innovationslogik für Akteur:innen vorgeben, in diesem Fall Produzieren – Nutzen – Wegwerfen. Es gibt nur zwei Wege, ein Paradigma wie dieses aufzulösen: Entweder wird das Problem obsolet, auf das es sich bezieht – was hier nicht der Fall sein wird. Denn das Problem, das die lineare Wirtschaft bearbeitet, der Bedarf an Verbrauchsgütern, besteht weiterhin. Oder es werden neue Pfade konstituiert und das damit Bestehende wird infrage gestellt.

Tatsächlich treiben Politik, Unternehmen und Organisationen den zweiten Weg in Bezug auf die Linearwirtschaft voran: Ziel ist es, Wirtschaftswachstum und Ressourcenverbrauch zu entkoppeln. Das Modell dafür ist das der Kreislaufwirtschaft. Bei genauerer Betrachtung fällt auf, dass Kreislaufwirtschaft eigentlich gar nichts Neues ist. Sie wurde seit Menschengedenken praktiziert, etwa wenn es darum ging, Steine aus verfallenen Gebäuden in einem neuen Gebäude wiederzuverwenden. Der kreislaufwirtschaftliche Gedanke ruht als ein in der Pfadtheorie sogenannter „schlafender Pfad" (Dievernich 2012), auf den Menschen unter bestimmten Bedingungen Zugriff

---

[76] *Während dieser Tag, der sogenannte Earth Overshoot Day, 1987 noch auf den 19.12. fiel, wird dieser immer früher datiert. 2019 war er bereits am 29. Juli (vgl. Umweltbundesamt 2019).*

haben. Dazu ist es allerdings notwendig, soziale, ökonomische und politische Lock-in-Effekte zu erkennen und aufzulösen (vgl. Garud 2010).

Von der Linear- zur Kreislaufwirtschaft

Mit der Circular Economy verbinden sich hohe Erwartungen: Das Modell soll den Spagat ermöglichen, die Umwelt zu schützen und gleichzeitig am Paradigma des Wirtschaftswachstums festzuhalten: Das Wirtschaftswachstum soll vom Ressourcenverbrauch entkoppelt werden, um im Idealfall weniger Ressourcen zu verbrauchen und Abfälle auf ein Minimum zu reduzieren (Bening et al. 2019). Grundlage des aktuellen Verständnisses des kreislauforientierten Wirtschaftens ist das Circular-Economy-Modell der Ellen MacArthur Foundation. Es existieren jedoch auch weitere Ansätze, welche sich insbesondere im Hinblick auf die Rolle biobasierter Kreisläufe und erneuerbarer Energien unterscheiden (Wilts 2016).

2004 führte Gunter Pauli den Begriff der Blue Economy ein. Kern dieses Ansatzes ist die Orientierung an der Natur. Es werden Geschäftsmodelle für Produkte und Dienstleistungen entwickelt, welche die Kaskadenwirtschaft von Ökosystemen zum Vorbild nehmen (Holzinger 2020). Das Konzept Cradle-to-Cradle geht über das derzeitige Verständnis des zirkulären Wirtschaftens hinaus und wurde 2002 von Michael Braungart und William McDonough entwickelt. Hier werden die Materialien und Ressourcen in zwei Kreisläufe unterteilt, den biologischen und den technischen. Ziel ist es, in beiden Kreisläufen alle Materialien ohne negative Umweltauswirkungen dauerhaft in einem Kreislauf zu halten. Idealerweise sollen alle Materialien vollständig abbaubar sein oder vollständig erhalten bleiben und die Stoffqualitäten beim Recycling keinesfalls vermindert werden. Die vollständige Abkehr von fossilen Brennstoffen ist ein weiterer sehr wichtiger Aspekt dieses Konzepts (Wilts 2016). Das Zero-Waste-Konzept repräsentiert eigentlichen keinen eigenständigen neuen Ansatz, sondern kann eher als ein Zielzustand der Kreislaufwirtschaft sowie der anderen beschriebenen Ansätze verstanden werden. Die mittlerweile globale Zero-Waste-Bewegung vereint allerdings sehr unterschiedliche Aspekte, die von der Reduzierung der zu deponierenden Restmüllmengen bis hin zum umfassend abfallvermeidenden Produktdesign reichen (Wilts 2016). Neben der Dekarbonisierung des Wirtschaftens (Zero Emission) setzt die Politik große Hoffnungen in die Kreislaufwirtschaft (Zero Waste). Dies zeigt etwa das 2015 gestartete EU-Programm zur Kreislaufwirtschaft (Holzinger 2020).

Das Prinzip der Circular Economy basiert auf „R-Innovationen" für die Produkte und Materialien (s. Abb. 13.1). Angefangen von „Reuse" (Wieder- und Weiterverwendung) und „Repair" (Reparatur) über „Refurbish" (Aufarbeitung) bis hin zum „Recycling". „R-Innovationen" sind umweltschonender als Recycling, weil die in den Gütern enthaltenen „grauen Ressourcen" (Material, Energie, CO_2-Emissionen,

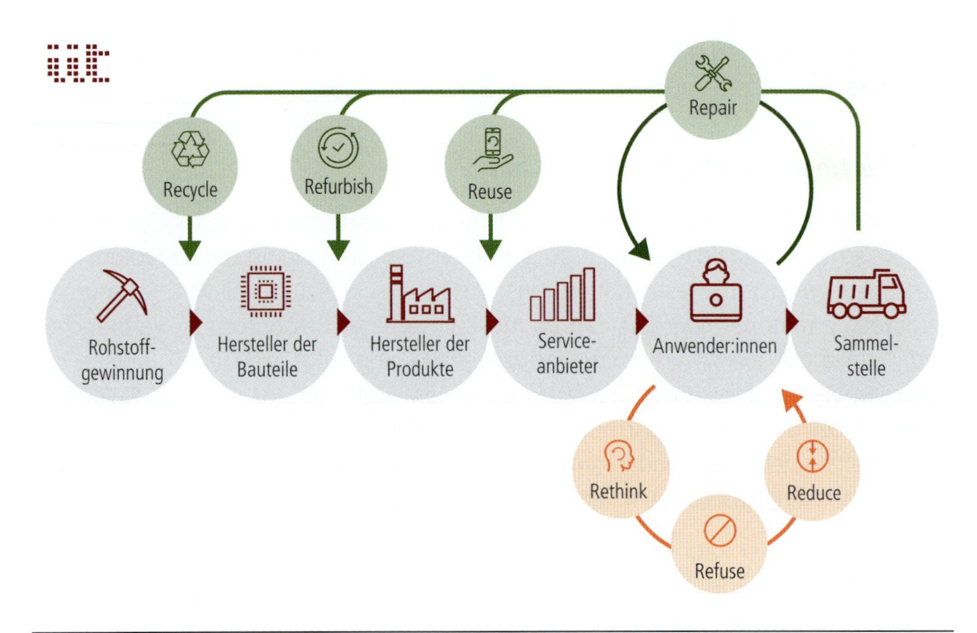

Abb. 13.1 Darstellung des Prinzips der Kreislaufwirtschaft. (Eigene Darstellung nach ifixit und Holzinger 2020; https://store.ifixit.de/pages/kreislaufwirtschaft, zuletzt geprüft am 10.07.2020)

Wasser usw.) weitgehend erhalten bleiben, während ein Recycling nur teilweise und meist unrein jeweils nur die stofflichen Ressourcen zurückgewinnt (Stahel 2020).

Diese am Kreislauf orientierten „R-Innovationen" können auf Seite der Konsument:innen ebenfalls durch vorgelagerte „R-Regeln" im Umgang mit Produkten auf dem Weg zur funktionierenden Circular Economy unterstützt werden. So sollten sich Konsument:innen deutlich stärker damit auseinandersetzen, ob eine geplante Anschaffung tatsächlich notwendig ist (Rethink). Gefolgt von der Verweigerung (Refuse), in einem Zeitalter wachsender Sharing-Modelle alles als Eigentum zu besitzen, bis hin zu der Entscheidung, Produkte zu kaufen, die weniger Ressourcen verbrauchen (Reduce) (Holzinger 2020).

Potenziale der Kreislaufwirtschaft

Die EU-Kommission knüpft hohe Erwartungen an die vollständige Etablierung der Kreislaufwirtschaft. Sie soll den Druck auf die natürlichen Ressourcen verringern, eine Voraussetzung dafür sein, das Ziel der Klimaneutralität bis 2050 zu erreichen, sowie dem Verlust an biologischer Vielfalt Einhalt gebieten. Zudem soll sie sich positiv auf das BIP-Wachstum und die Schaffung von Arbeitsplätzen auswirken. Die Kommission

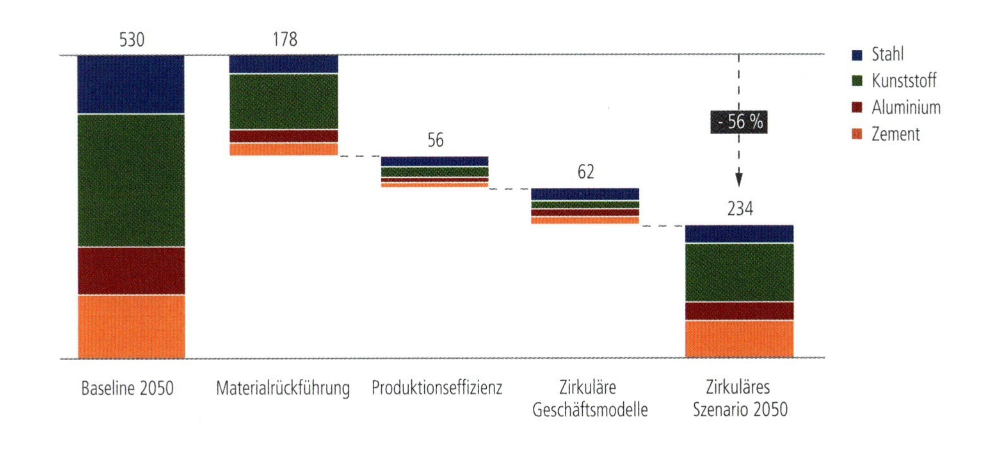

Abb. 13.2 CO_2-Reduktionspotezial der Kreislaufwirtschaft am Beispiel der Schwerindustrien Stahl, Kunststoff, Aluminium und Zement in Europa (Mt CO_2/a). (Eigene Darstellung nach Material Economics 2020)

geht in Europa von einer Steigerung des BIP um weitere 0,5 Prozent und der Schaffung von ca. 700.000 neuen Arbeitsplätzen aus (European Commission 2020b).

Ob die Kreislaufwirtschaft diesen Erwartungen gerecht werden kann, wird sich zeigen und hängt von vielen Faktoren ab. Es kann jedoch davon ausgegangen werden, dass die Einführung einer Circular Economy wesentliche Reduzierungen der CO_2-Emissionen bewirken kann. Alleine in der Schwerindustrie hat die Einführung einer Circular Economy das Potenzial, bis 2050 etwa 56 Prozent der Emissionen gegenüber einem Basisszenario einzusparen. Betrachtet wurden die Stahl-, Kunststoff-, Aluminium- und Zementindustrie, welche derzeit die höchsten Emissionen aufweisen (s. Abb. 13.2). Über Maßnahmen wie Rezirkulation (mit 34 Prozent der größte zu erwartende Effekt), Effizienzsteigerungen bei Produkten und Materialien (elf Prozent) und neue Geschäftsmodelle im Sinne der Kreislaufwirtschaft (elf Prozent) sollen die Emissionen reduziert werden; insgesamt sollen diese Maßnahmen eine jährliche Reduktion von bis zu 296 Megatonnen CO_2 bewirken (vgl. Material Economics 2020).

Im globalen Vergleich steht die EU aufgrund ihrer Bemühungen, schon in der Vergangenheit eine Circular Economy schrittweise herbeizuführen, relativ gut da und konnte auf diesem Entwicklungsweg eine Vorreiterrolle einnehmen. Richtet man den Blick jedoch auf die Einhaltung der globalen Klimaziele, steht auch die EU weiterhin vor großen Herausforderungen, wie das schon angeführte Beispiel der Schwerindustrien belegt. Die alleinige Einführung einer Circular Economy wird nicht ausreichen, die für diesen Sektor gesteckten Klimaziele bis zum Jahr 2100 zu erreichen, obwohl sie mit

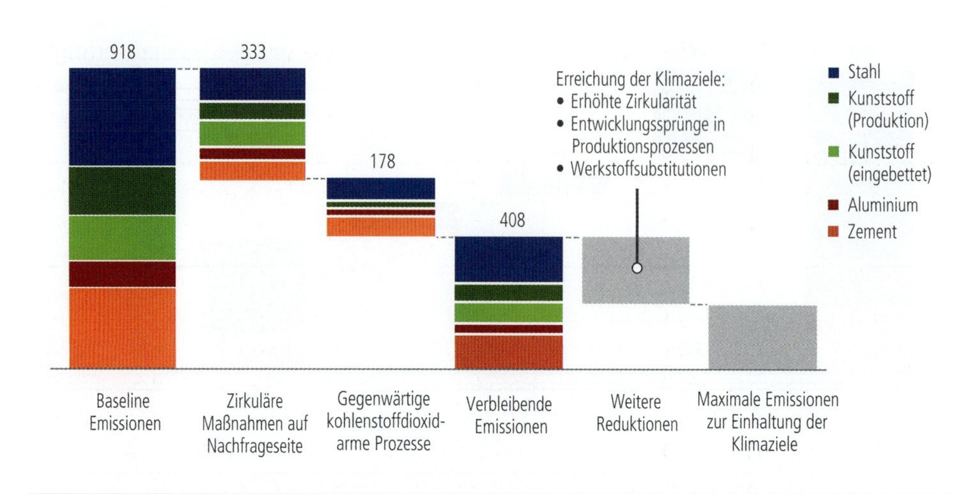

Abb. 13.3 Global kumulierte CO_2-Emissionen in der Produktion von 2015 bis 2100 (Gt CO_2). (Eigene Darstellung nach Material Economics 2020)

einem globalen Reduktionspotenzial von jährlich 333 Gigatonnen CO_2 (s. Abb. 11.3) einen wesentlichen Beitrag dazu leisten kann (vgl. Material Economics 2020).

Deutschland auf dem Weg zur Circular Economy

Geprägt durch das Kreislaufwirtschaftsgesetz aus dem Jahr 2012 zählt Deutschland zu den Vorreitern der Kreislaufwirtschaft. Allerdings trifft dies lediglich auf die abfallwirtschaftliche Seite zu (Wilts 2016). Dass der Begriff der Kreislaufwirtschaft in Deutschland so eng mit der abfallwirtschaftlichen Seite verknüpft ist, hat historische Ursachen. 1972 wurde mit dem Abfallbeseitigungsgesetz erstmals in Deutschland das Abfallrecht in einem eigenen Gesetz zusammengefasst. Mit dem Abfallgesetz von 1986 wurden dann erstmals eine Reihe von Verordnungsermächtigungen aufgenommen, welche eine Durchsetzung von Abfallvermeidung und -verwertung auch auf Produktebene ermöglichten (Smeddinck und Klug 2016).

Zehn Jahre später, im Oktober 1996, wurde das Kreislaufwirtschafts- und Abfallgesetz erlassen. Durch dieses Gesetz wurde die Abfallwirtschaft in Deutschland maßgeblich verändert und erstmals der Begriff der Kreislaufwirtschaft eingeführt. Der Fokus lag jedoch weiterhin stark auf dem Umgang mit Abfall. Es wurden Hierarchien definiert, wonach die Abfallvermeidung der Abfallverwertung vorzuziehen war und diese wiederum der Abfallbeseitigung. Da dabei jeweils der umweltverträglicheren Verwertungsart der Vorzug zu gewähren war, richteten sich die Regelungen mehr als je zuvor auf die Förderung einer ressourcenschonenden Kreislaufwirtschaft (Komar 1998).

Mit dem im Juni 2012 erlassenen Kreislaufwirtschaftsgesetz wurde das Ziel verfolgt, das bestehende deutsche Abfallrecht umfassend zu modernisieren. In den Vordergrund rückten zwar jetzt verstärkt die nachhaltige Verbesserung des Umwelt- und Klimaschutzes sowie der Ressourceneffizienz, jedoch lag der Fokus weiterhin auf der Abfallwirtschaft, da es vornehmlich um die Stärkung der Abfallvermeidung und des Recyclings von Abfällen ging (BMU 2020b).

Die Bundesregierung nahm die Veröffentlichung des Aktionsplanes „Den Kreislauf schließen" durch die EU-Kommission im Dezember 2015 zum Anlass, ihre Interpretation der Kreislaufwirtschaft erneut zu hinterfragen. Folgt man den Ausführungen des bestehenden Kreislaufwirtschaftsgesetzes, ist Kreislaufwirtschaft einer funktionierenden, effektiv regulierten Abfall- und Sekundärrohstoffwirtschaft gleichzusetzen. Der Aktionsplan der EU-Kommission zielt hingegen auf den Übergang in die Circular Economy ab. Darin eingeschlossen sind zahlreiche weitere Handlungsfelder wie Beschäftigung und Wachstum, Klima und Energie, die sozialpolitische Agenda, industrielle Innovationen, Produktdesign, Verarbeitung und nicht zuletzt Ressourceneffizienz und -schutz. Der EU-Aktionsplan betrifft Ressorts in der staatlichen Verwaltung, die weit über das bestehende Kreislaufwirtschaftsgesetz hinausgehen. Um diesem umfassenderen Ansatz auch im deutschen Sprachgebrauch gerecht zu werden, wurde in den vergangenen Jahren vom „Zirkulären Wirtschaften" oder von der „EU Circular Economy" gesprochen (Umweltbundesamt 2020).

Am 12.02.2020 hat nun die Bundesregierung einen Gesetzesentwurf zur Novelle des Kreislaufwirtschaftsgesetzes vorgelegt, der den notwendigen Entwicklungen, aber auch der Abfallrahmenrichtlinie der EU nachkommen soll. Drei Änderungen, die in der Novelle umgesetzt werden sollen, sind hervorzuheben: Zum einen sollen bei der Beschaffung der öffentlichen Hand bevorzugt Produkte ausgewählt werden, die rohstoffschonend, abfallarm, reparierbar, schadstoffarm und recyclingfähig sind. Zum anderen wird mit der Obhutspflicht ein weiteres Element der Produktverantwortung eingeführt, das Hersteller:innen und Händler:innen verstärkt in die Pflicht nehmen soll, insbesondere hinsichtlich der Anforderungen an Rücknahme- und Rückgabepflichten, der Wiederverwendung, der Verwertung und der Beseitigung der nach Gebrauch der Erzeugnisse entstandenen Abfälle und der Kostenbeteiligung an der Reinigung der Umwelt. Um die für die Obhutspflicht notwendige Transparenz zu gewährleisten, beinhaltet die Novelle ebenfalls die Grundlage für eine Transparenzverordnung, welche derzeit vom Bundesumweltministerium erarbeitet wird (BMU 2020a). Somit ist Deutschland auf einem guten, aber weiterhin langen Weg in Richtung einer vollständigen Circular Economy.

Kreislaufwirtschaft im EU Green Deal

Vor dem Hintergrund der Agenda 2030 wurde auf EU-Ebene 2015 der erste Aktionsplan für die Kreislaufwirtschaft verabschiedet. 54 Maßnahmen sollten dazu beitragen, nicht nur den Übergang Europas zu einer Kreislaufwirtschaft zu beschleunigen, sondern es sollte gleichzeitig die globale Wettbewerbsfähigkeit gesteigert und das Wirtschaftswachstum Europas gefördert werden. Dabei wurde zum ersten Mal ein systemischer Ansatz über gesamte Wertschöpfungsketten hinweg verfolgt.

Nach einem positiven Zwischenfazit im 2019 veröffentlichten Bericht der EU-Kommission, nach dem sämtliche Maßnahmen abgeschlossen oder in Durchführung seien, wurde der Aktionsplan im Rahmen des EU Green Deal neu aufgelegt. Auf Basis des bisher Erreichten wird jetzt der Fokus auf die Bereiche Design, Produktion und Abfallvermeidung gelegt. So sollen Rechtsvorschriften erarbeitet werden, die sicherstellen, dass in der EU verkehrende Produkte länger nutzbar, reparierbar, wiederverwendbar und recyclebar sind. Den Fokus legt der Aktionsplans auf die Branchen Elektronik und IKT, Batterien und Fahrzeuge, Verpackungen, Kunststoffe, Textilien, Bauwesen und Lebensmittel, da sie einen hohen Ressourcenverbrauch haben und ihre Kreislaufeigenschaften ausbaufähig sind. Zur Abfallvermeidung will die EU-Kommission ein europaweites Modell zur Abfalltrennung und Kennzeichnung prüfen (European Commission 2020a).

Der neue Aktionsplan ist ein wichtiger Grundstein für eine europaweite gemeinsame Positionierung zur Senkung des Abfallaufkommens und zur Verbesserung der Voraussetzungen für ein funktionierendes Kreislaufsystem. Allerdings ist der Aktionsplan hinsichtlich quantifizierbarer Ziele und Zeitleisten zur Umsetzung durch die Mitgliedstaaten noch weitestgehend offen bzw. unkonkret. So fehlen ergänzend zum Ziel, die Siedlungsabfälle bis 2030 zu halbieren, weitere Vorgaben oder monetäre Anreize für einen sinkenden Verbrauch von Ressourcen und Primärrohstoffen oder Deponierungsverbote für recyclingfähige Abfälle.

Wo stehen wir in Europa?

Um den Stand der Umsetzung von Kreislaufwirtschaftsansätzen in der EU und den einzelnen Mitgliedstaaten zu erfassen, wurde 2018 der EU-Überwachungsrahmen für die Kreislaufwirtschaft vorgelegt. Darin wurden in vier Kategorien zehn Schlüsselindikatoren definiert (s. Abb. 13.4).

Auch wenn die europaweit einheitlichen Indikatoren noch nicht lange existieren, so können doch für die meisten von ihnen bereits längerfristige Entwicklungen ausgewertet werden (alle folgenden Werte nach Eurostat 2020). Dabei sind bereits für einige Indikatoren positive Trends zu verzeichnen. So steigt beispielsweise die Recyclingrate für alle Abfälle EU-weit stetig an und liegt aktuell bei 57 Prozent. Auf die

1.EU-Selbstversorgung mit Rohstoffen
Anteil einer Auswahl wichtiger Materialien (einschließlich kritischer Rohstoffe), die in der EU verwendet und in der EU hergestellt werden.

2. Grüne öffentliche Auftragsvergabe
Anteil großer öffentlicher Aufträge in der EU mit Umweltauflagen.

3 a-c. Abfallaufkommen
Pro-Kopf-Aufkommen an Siedlungsabfällen, Gesamtabfallaufkommen (ohne dominante mineralische Abfälle) je BIP-Einheit und im Verhältnis zum heimischen Materialverbrauch.

4. Lebensmittelverschwendung
Menge erzeugter Lebensmittelabfälle.

5a-b. Recyclingraten insgesamt
Recyclingraten bei Siedlungsabfällen und allen Abfällen ohne dominante mineralische Abfälle.

6 a-f. Recycling/Verwertung für bestimmte Abfallströme
Recyclingrate insgesamt bei Verpackungsabfällen, Kunststoffabfällen, Verpackungsmaterial aus Holz, Elektro und Elektronik-Altgeräten, recycelten Bioabfällen pro Kopf und Verwertungsrate bei Bau- und Abbruchabfällen.

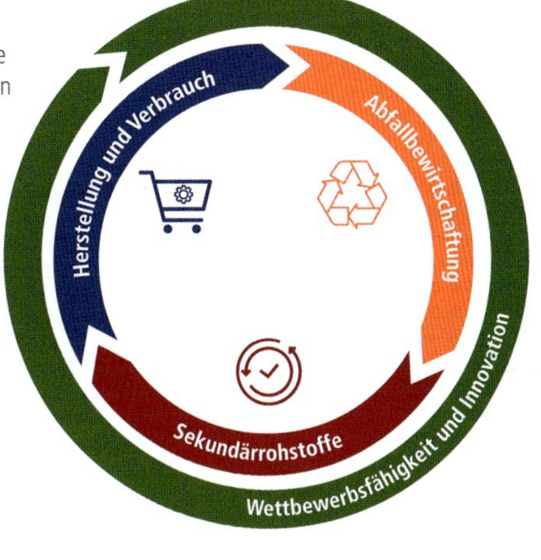

7 a-b. Beitrag von recyceltem Material zur Nachfrage nach Rohstoffen
Anteil von Sekundärrohstoffen am Gesamtmaterialbedarf – für spezifische Materialien und für die gesamte Wirtschaft.

8. Handel mit recycelbaren Grundstoffen
Ein- und Ausfuhren ausgewählter recycelfähiger Rohstoffe.

9 a-c. Private Investitionen, Arbeitsplätze und Bruttowertschöpfung
Private Investitionen, Anzahl Beschäftigte:r und Bruttowertschöpfung mit Bezug zu Bereichen der Kreislaufwirtschaft.

10. Patente
Anzahl der Patente im Zusammenhang mit Recycling und Sekundärrohstoffen.

Abb. 13.4 Überwachungsrahmen für die Kreislaufwirtschaft. (Eigene Darstellung nach Europäische Kommission; https://ec.europa.eu/eurostat/de/web/circular-economy/indicators, zuletzt geprüft am 10.07.2020.)

einzelnen Abfallströme verteilt ergeben sich allerdings große Unterschiede. Während etwa bereits mehr als 80 Prozent organischer Abfälle und Bauschutt recycelt werden, liegt die Rate bei Elektroschrott oder Kunststoffverpackungen noch mit rund 40 Prozent[77] weit zurück. Die Recyclingrate von Siedlungsabfällen bewegt sich allerdings stetig auf die anvisierten Ziele zu (s. Abb. 13.5).

[77] *Genau: 38,8 Prozent Recyclingrate von Elektroschrott und 41,2 Prozent von Bauschutt.*

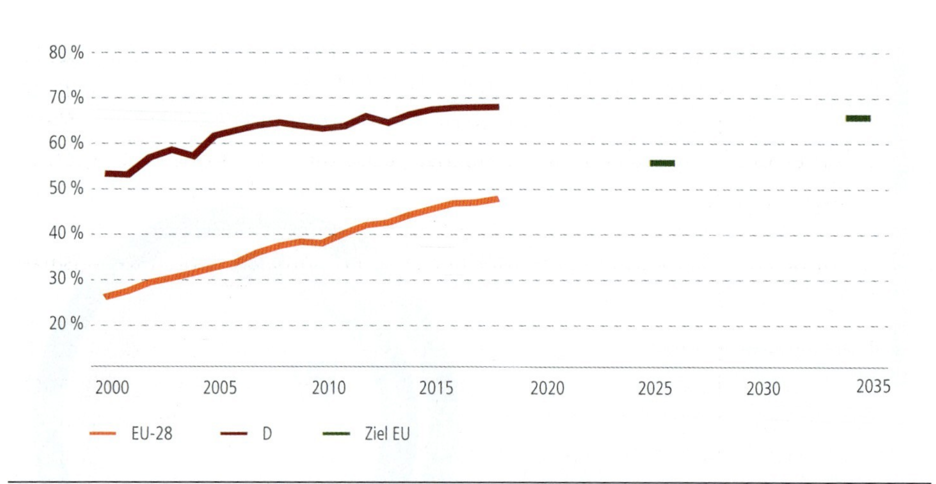

Abb. 13.5 Entwicklung der Recyclingraten von Siedlungsabfällen in EU-28 und Deutschland. (Eigene Darstellung nach Eurostat 2020)

Andere Indikatoren zeigen allerdings auch, dass die Entwicklung gerade in die falsche Richtung geht bzw. stagniert. So verzeichnet beispielsweise die Erzeugungsrate von Abfällen pro inländischem Materialverbrauch seit 2008 einen steigenden Trend[78], die Nutzungsrate wiederverwendbarer Rohstoffe stagniert bei rund 11 Prozent und der Anteil der Beschäftigten in kreislaufwirtschaftsverbundenen Branchen verharrt seit 2013 bei gerade einmal 1,7 Prozent.

Wenig überraschend ist, dass sich zwischen den einzelnen Mitgliedstaaten erhebliche grundsätzliche Unterschiede in der Nachverfolgung entsprechender Umsetzungsmaßnahmen feststellen lassen[79]. Abgesehen davon sind die verfügbaren Daten aus einigen EU-Mitgliedstaaten teilweise noch sehr lückenhaft. Auch ein genauer Blick auf Deutschland zeigt, dass es sich in einigen Bereichen tatsächlich noch anstrengen muss, um seinen Ruf als Vorreiterstaat in Sachen Kreislaufwirtschaft zu verteidigen. Zwar sank das Aufkommen der Siedlungsabfälle entgegen dem EU-Trend seit 2016 geringfügig auf 615 kg pro Kopf in 2018 ab, die Recyclingquote für Abfälle insgesamt allerdings auch (zwischen 2010 und 2014 von 55 auf 53 Prozent). Hierbei zeigen sich insbesondere ein negativer Trend bei Verpackungen und organischen

[78] *Genau: Anstieg von 10,2 auf 12,8 Prozent zwischen 2008 und 2016.*

[79] *Zum Beispiel steht die Recyclingrate von 83,3 Prozent für Verpackungen in Belgien einer Recyclingrate von 46,6 Prozent in Island gegenüber. Und während in Polen oder Spanien über 2 Prozent der Beschäftigten in kreislaufwirtschaftsnahen Sektoren arbeiten, sind es in Belgien oder den Niederlanden um die 1,1 Prozent.*

Abfällen sowie nur sehr zähe Verbesserungen beim Recycling von Elektroschrott (s. Kap. 8: Herausforderungen einer klimafreundlichen Energieversorgung). Auch im Bereich Wettbewerbsfähigkeit und Innovation muss Deutschland nachziehen. Zwar kann es unter den Mitgliedstaaten die höchste absolute Zahl an Beschäftigten in der Recyclingbranche vorweisen, bezogen auf die Gesamtbeschäftigten sind es aber gerade einmal 1,5 Prozent und die Bruttoinvestitionen in Sachanlagen liegen bei 0,1 Prozent des BIP. Hier kann über Fördermaßnahmen und klare regulative Ansätze noch einiges verbessert werden.

Förderung von Forschung und Entwicklung sind wichtige Treiber, um in der Umsetzung der Kreislaufwirtschaft weiterzukommen. Daher setzt die EU-Kommission auch im aktuellen Forschungsrahmenprogramm Horizon 2020 einen solchen Schwerpunkt. Eines der daraus hervorgegangenen Projekte ist CICERONE[80]. Das Projekt, dessen Akronym im Deutschen „Anleiter" oder „Fremdenführer" bedeutet, will Akteur:innen aus Forschung, Wirtschaft und Interessenverbänden mit entsprechenden Förderangeboten zusammenzubringen. Über die Plattform soll ein tieferes Verständnis zum Stand der Technik, der Kartierung der Interessenvertreter:innen, der bestehenden Forschungs- und Entwicklungsprioritäten sowie der Finanzierungs- und Rechtsmechanismen geschaffen werden. So können zum einen effiziente und zielführende Projekte auf den Weg gebracht sowie internationale und interdisziplinäre Zusammenarbeiten gefördert werden, zum anderen können die Förderprogramme entlang der tatsächlichen Bedarfe und Forschungslücken gestaltet werden (CICERONE 2020).

Wie die Kreislaufwirtschaft gelingen kann

Für die aktuellen Entwicklungen ist vor allem auf Seite der Produzent:innen kennzeichnend, dass neue Pfade von Pionier:innen ausgemacht werden, die jüngst durch Aktualisierung gesetzlicher Rahmenbedingungen auch wirksam unterstützt werden. Andererseits sind die Abfallquoten nach wie vor sehr hoch und Unternehmen verzichten noch immer überwiegend nicht auf schwer zirkulierbare Rohstoffe, beispielsweise bei der Verpackung. Vor diesem Hintergrund müssen Barrieren identifiziert werden, die Marktteilnehmenden in Deutschland und Europa – trotz verfügbarer Technologien sowie nachhaltiger Materialien und des Vorhandenseins eines Bewusstseins für Rohstoffknappheit – daran hindern, die R-Regeln (Reuse, Repair, Refurbish, Recycling, Rethink, Refuse, Reduce) konsequent umzusetzen.

Im Unterschied dazu zeigt sich Frankreich bereits seit Jahren sehr progressiv. So hat das französische Parlament Ende Januar 2020 ein umfassendes Gesetz gegen

---

[80] *Projektlangtitel: CIrCular Economy platfoRm for eurOpeaN priorities strategic agEnda.*

Verschwendung verabschiedet, das der Wegwerfgesellschaft ein Ende setzen soll. Hierunter fallen unter anderem Maßnahmen wie das stufenweise Verbot von Einwegplastik bis 2040 und neue Kennzeichnungen für Verbraucher:innen, die über die nachhaltige Produktion des Produktes informieren sollen. Ab 2021 soll ein Index von 1 bis 10 darüber Auskunft geben, welcher Arbeitsaufwand für die Reparatur eines elektronischen Produktes nötig ist. Auch soll über die Möglichkeit der Ersatzteilbeschaffung informiert werden. Der Kampf gegen Verschwendung und für eine solidarische Wiederverwendung wird ausgeweitet. Bereits seit 2016 sind größere Supermärkte dazu angehalten, nicht verkaufte Lebensmittel an soziale Einrichtungen zu spenden und nicht mehr zu vernichten. Ebenso sollen Telefon- und Internetanbieter Verbraucher:innen ab 2022 auf Treibhausgase aufmerksam machen, die durch digitalen Konsum entstehen (AHK Frankreich 2020). Die zum Teil sehr restriktiven Maßnahmen sind vielschichtig und zeigen verschiedene Wege auf, Teilhabende auf der gesamten Wertschöpfungskette zu sensibilisieren.

Im Grunde dreht sich alles in der Wirtschaft um die Sicherstellung grundlegender Bedürfnisse und Wünsche („needs and wants"), die sich in einer entsprechenden Nachfrage widerspiegeln. Die Frage, ob ein bestimmtes Produkt oder eine bestimmte Dienstleistung ein Bedürfnis oder ein Wunsch ist, wird wohl niemals abschließend zu klären sein. So kann das, was die eine Person braucht, das sein, was eine andere Person haben will. Auch gibt es sicherlich eine Vielzahl von Möglichkeiten, um ein Bedürfnis oder einen Wunsch zu erfüllen. Letztlich sind aber die verfügbaren Ressourcen zur Erfüllung unserer Bedürfnisse und Wünsche begrenzt.

Zwischen Konsument:innen und Anbieter:innen besteht in der Wirtschaft eine komplizierte Wechselbeziehung und es ist zum Teil schwierig abzugrenzen, ob es sich beim Kauf eines Produktes um die tatsächliche Erfüllung eines originären Bedürfnisses bzw. Wunsches und somit um eine tatsächliche Nachfrage handelt, oder ob ein Kaufeffekt „künstlich" induziert wurde.

Entsprechend mannigfaltig können die Gründe für einen Austausch („Wegwerfen") von Produkten, Dienstleistungen oder Services sein. Hier helfen der Begriff der Obsoleszenz (Ver-/Alterung oder Verschleiß) und die entsprechenden Gründe für den Austausch von Produkten (Dettli et al. 2014) bei der Analyse.

Obsoleszenz lässt sich grob in „absolute" Obsoleszenz (technisch möglichen Lebensdauer eines Produktes), „relative" Obsoleszenz (unabhängig von der technischen Lebensdauer des Produktes, sondern abhängig von der Entscheidung der Konsument:innen, das Produkt zu ersetzen) sowie „rechtliche" Obsoleszenz unterteilen (s. Abb. 13.6).

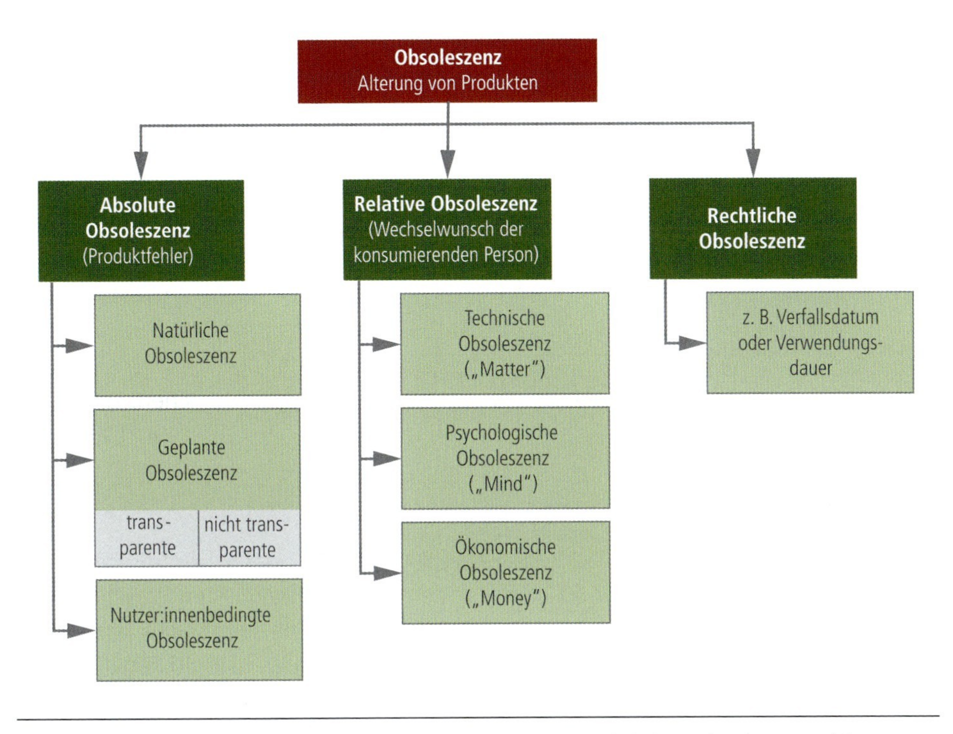

Abb. 13.6 Unterscheidung von absoluter, relativer und rechtlicher Obsoleszenz. (Eigene Darstellung nach Dettli et al. 2014)

Absolute Obsoleszenz

Wenn ein Produkt kaputtgeht, seine Funktion also nur noch begrenzt oder gar nicht mehr ausführen kann und somit das Ende der technischen Lebensdauer erreicht hat, spricht man von absoluter Obsoleszenz. Hierbei kann unterschieden werden in:

Natürliche Obsoleszenz – Alterung aufgrund nicht vermeidbarer material- und nutzungsbedingter Qualitätsverluste, welcher jedes Produkt unterliegt.

Geplante Obsoleszenz – angestrebte Lebensdauer eines Produkts, abgeleitet aus einer Vielzahl von Parametern wie der Nutzungsintensität, Exposition, Zielgruppe, Qualität, Funktionalität und/oder Status.

Geplante Obsoleszenz technischer Natur: Hier sind produktbezogene Aspekte dafür verantwortlich, dass ein Produkt nicht weiter genutzt werden kann (zum Beispiel Produktdesign, Schwachstellen bei der Komponenten- und Materialwahl, steigende Kompatibilitätsanforderungen bei Softwareinstallationen oder Fehlen von Ersatzteilen, die von einem Teilschaden zum Totalausfall führen).

Geplante Obsoleszenz nicht technischer Natur: Unternehmensentscheidungen, die dazu führen, dass ein Produkt vorzeitig obsolet wird, um die Nutzungszeiten verkaufter Produkte zu verkürzen. Ein Produkt wird so unbrauchbar, weil die Kosten und der Aufwand es zu reparieren oder instand zu setzen so hoch sind, dass Reparaturen im Vergleich zu einem Neukauf ökonomisch uninteressant erscheinen. Gründe hierfür sind beispielsweise schneller Preisverfall, reparaturunfreundliches Design, hohe Reparaturkosten und mangelnde Verfügbarkeit von Ersatzteilen, Werkzeugen und Reparaturdienstleistungen.

Nutzer:innenbedingte Obsoleszenz: wenn ein Produkt beispielshalber aufgrund mangelhafter Wartung vorzeitig kaputtgeht. Oftmals ist nicht das Produkt schlecht, sondern die mangelhafte Wartung oder schlechte Behandlung ist Grund für einen Teil- oder Totalausfall eines Produkts.

Relative Obsoleszenz

Diese Art der Veralterung umfasst alle Faktoren, die nicht daher rühren, dass Produkte ihre Funktion nicht mehr erfüllen, sondern von der bewussten Entscheidung, dieses Produkt nicht mehr nutzen zu wollen. Verschiedene Ergebnisse lassen vermuten, dass die absolute Obsoleszenz, also jene, die in der technischen Alterung von Produkten liegt, weniger Einfluss auf die Lebensdauer von Produkten hat, als die relative Obsoleszenz, die in der Entscheidung der konsumierenden Person liegt (Cooper 2004).

Technologische Obsoleszenz: wenn ein vorhandenes Erzeugnis, das noch funktioniert, infolge der Einführung eines Neuen veraltet, welches die Funktionen besser erfüllt (Bodenstein und Leuer 1981; Packard und McKibben 2011).

Psychologische Obsoleszenz: wenn ein Erzeugnis, das qualitativ und in seiner Leistung noch funktionstüchtig ist, als überholt bzw. verschlissen betrachtet wird (zum Beispiel Mode). Gesellschaftliche Phänomene wie Gruppenzwang oder Statussymbole spielen hierbei für den Neukauf von Produkten eine Rolle. Die Hersteller:innen wissen dies mit Marketingkampagnen zu unterstützen. Zudem locken sie gezielt mit tiefen und zum Teil verzerrten Preisen, um die Verbraucher:innen zu einem Neukauf bzw. Mehrkauf zu animieren (Röper und Marfeld 1976).

Ökonomische Obsoleszenz: wenn ein Erzeugnis, das qualitativ und in seiner Leistung noch funktionstüchtig ist, als überholt gilt, weil es in seiner Wertigkeit weniger begehrenswert erscheint.

Obsoleszenz aufgrund gesetzlich geregelter Angaben

Es besteht die Möglichkeit, dass es zur Nichtverwendung von Produkten kommt, wenn diese strenge Normen und Grenzwerte erfüllen müssen oder wenn beispielsweise gesetzliche Bestimmungen die Angabe von Verfallsdaten verlangen. Dies geschieht meist aus versicherungsrechtlichen Gründen, insbesondere bei Lebensmitteln, Medikamenten, Kontaktlinsen und Kosmetikartikeln.

Der lange Weg zum Paradigmenwechsel

Für das Erreichen der Ziele der Kreislaufwirtschaft tragen alle Akteur:innen innerhalb von Produktlebenszyklen und entlang von Materialwertschöpfungsketten Verantwortung, denn unsere Gesellschaft muss zu einer absoluten Reduktion des Verbrauchs nicht erneuerbarer Rohstoffe und der Entkopplung des Wirtschaftswachstums vom Rohstoffverbrauch kommen. Darum gilt es, unter anderem junge Unternehmen zu unterstützen und zu fördern, die nicht nur die Nachhaltigkeit als sinnvolles Betätigungsfeld sehen, sondern auch realisiert haben, dass die Kreislaufwirtschaft ein enormes wirtschaftliches Potenzial aufweist. Auch müssen Konsument:innen Verantwortung übernehmen und ihre individuelle Kaufentscheidung stärker an Nachhaltigkeitskriterien ausrichten. Dafür müssen sie aber hinreichend informiert sein. Somit ist es wiederum notwendig, dass Hersteller:innen ihrer Verantwortung nachkommen, eine hinreichende Transparenz beispielsweise in Bezug auf Lebensdauer, Lieferbarkeit von Ersatzteilen, Reparaturkosten, Herstellungsbedingungen und ökologische Vorteile von langlebigen Produkten herzustellen (PBnE 2017). Und die Übernahme von Verantwortung der Marktteilnehmer:innen muss auch, wenn sie nicht hinreichend wahrgenommen wird, rechtlich sichergestellt und sanktioniert werden.

Wie eingangs erwähnt, haben umfangreiche und über längere Zeit angewandte techno-ökonomische Paradigmen die Eigenheit, dass sie nur sehr schwer schnell und nachhaltig durch neue, effizientere ersetzt werden können. Dies muss jedoch geschehen, um die Klimaziele zu erreichen, die CO_2-Emissionen zu reduzieren, die Vermüllung des Planeten zu beenden und dessen Ressourcen für nachkommende Generationen zu schützen. Dieser Handlungsdruck ist in Politik, Wirtschaft und Gesellschaft bereits stark spürbar und innovative Ideen von Akteur:innen, die neue Pfade konstituieren, stellen das allgemeingültige Paradigma für alle sichtbar infrage. Dies wäre nach Dosi (1982) der erste Schritt zur Ablösung eines Paradigmas. Ob die Praxis der „R-Innovationen" in der Kreislaufwirtschaft tatsächlich ein Modell werden kann, das in möglichst allen Sektoren Anwendungen findet, bleibt jedoch nicht nur eine angebotsseitige Frage. Konsument:innen befinden sich hier ebenso in einem Lernprozess wie Produzent:innen. Beide Seiten müssen darin motiviert und begleitet werden, zu lernen, dass sich das Credo „Rethink" aus den fünf R nicht nur auf Kaufentscheidungen, sondern darüber hinaus auf den Wandel ihres Rollen- und Zielverständnisses bezieht. So werden Produzent:innen und Verbraucher:innen zu „Bewahrer:innen", die so wenig Material wie möglich gebrauchen und so viel Material wie möglich wiederverwerten.

Die EU selbst ist sich im Großen und Ganzen ihrer Verantwortung bewusst. Mit dem Green Deal hat sie ehrgeizige Reformen angestoßen, auf denen in Teilen die Zukunft Europas basiert. Im nächsten Schritt müssen Ziele konkretisiert, Mitgliedsstaaten motiviert und auch Anforderungen an die Staaten verbindlich gemacht werden. Sicherlich ist der Green Deal nicht perfekt – aber ein guter Kompromiss.

Literatur

AHK Frankreich (2020): Frankreichs Parlament verabschiedet Gesetz gegen Verschwendung. Verfügbar unter https://www.francoallemand.com/publikationen/anmeldung-vorstellung-studie-deutsche-unternehmen-in-frankreich-geschaeftslage-einschaetzungen-und-perspektiven-2018-2022/news/news-detail/frankreichs-parlament-verabschiedet-gesetz-gegen-verschwendung, zuletzt geprüft am 25.05.2020.

Bening, Catharina R. / Blum, Nicola U. / Haupt, Melanie (2019): Eine nachhaltige Kreislaufwirtschaft ist mehrdimensional | Die Volkswirtschaft – Plattform für Wirtschaftspolitik. Verfügbar unter https://dievolkswirtschaft.ch/de/2019/07/bening-08-09-2019/, zuletzt geprüft am 05.05.2020.

BMU (2020a): Novelle des Kreislaufwirtschaftsgesetzes legt Grundlagen für weniger Abfall und mehr Recycling – BMU-Pressemitteilung. Verfügbar unter https://www.bmu.de/pressemitteilung/novelle-des-kreislaufwirtschaftsgesetzes-legt-grundlagen-fuer-weniger-abfall-und-mehr-recycling/, zuletzt geprüft am 07.05.2020.

BMU (2020b): Eckpunkte des neuen Kreislaufwirtschaftsgesetzes. Verfügbar unter https://www.bmu.de/themen/wasser-abfall-boden/abfallwirtschaft/abfallpolitik/kreislaufwirtschaft/eckpunkte-des-neuen-kreislaufwirtschaftsgesetzes/, zuletzt aktualisiert am 07.05.2020, zuletzt geprüft am 07.05.2020.

Bodenstein, Gerhard und Hans Leuer (1981): Obsoleszenz – ein Synonym für die Konsumgüterproduktion in entfalteten Marktwirtschaften. In: Zeitschrift für Verbraucherpolitik, Vol. 5, No. 1+2, pp.

CICERONE (2020): Projektseite CICERONE. CIrCular Economy platfoRm for eurOpeaN priorities strategic agEnda. Verfügbar unter http://cicerone-h2020.eu/, zuletzt geprüft am 11.05.2020.

Cooper, Tim (2004): Inadequate Life?Evidence of Consumer Attitudes to Product Obsolescence. In: *J Consum Policy* 27 (4), S. 421–449. DOI: https://doi.org/10.1007/s10603-004-2284-6.

Deutscher Bundestag (2018): Schriftliche Fragen. Drucksache 19/4634. Köln: Bundesanzeiger Verlag GmbH.

Dettli et al. (2014): Optimierung der Lebens- und Nutzungsdauer von Produkten. Verfügbar unter https://www.econcept.ch/de/projekte/optimierung-der-lebens-und-nutzungsdauer-von-produkten/, zuletzt geprüft am 07.05.2020.

Dievernich, Frank E. P. (Hg.) (2012): Pfadabhängigkeitstheoretische Beiträge zur Zukunftsgestaltung. Unter Mitarbeit von V. Tiberius. Wiesbaden: Springer Fachmedien Wiesbaden (Zukunftsgenese. Theorien des zukünftigen Wandels).

Dosi, Giovanni (1982): Technological paradigms and technological trajectories a suggested interpretation of the determinants and directions of technical change. In: *Research Policy* 11 (3), S. 147–162.

European Commission (2020a): A new Circular Economy Action Plan. For a cleaner and more competitive Europe. Brüssel.

European Commission (2020b): Neuer Aktionsplan für die Kreislaufwirtschaft. Verfügbar unter https://ec.europa.eu/commission/presscorner/detail/de/IP_20_420, zuletzt geprüft am 11.03.2020.

Eurostat (2020): Indikatoren für die Kreislaufwirtschaft. Verfügbar unter https://ec.europa.eu/eurostat/de/web/circular-economy/indicators/monitoring-framework, zuletzt geprüft am 11.05.2020.

Garud, Raghu (2010): Path Dependence or Path Creation? In: *Journal of Management Studies* 47 (4), S. 760–774.

Holzinger, Hans (2020): Mehr Effizienz allein reicht nicht. In: Sepp Eisenriegler (Hg.): Kreislaufwirtschaft in der EU. Eine Zwischenbilanz. 1st ed. 2020. Wiesbaden: Springer Fachmedien Wiesbaden, S. 195–216. Verfügbar unter https://doi.org/10.1007/978-3-658-27379-8_13, zuletzt geprüft am 13.08.2020.

Komar, Walter (1998): Neues Kreislaufwirtschafts- und Abfallgesetz – Abnehmender Deponierungsbedarf durch verstärkte Abfallvermeidung und -verwertung. In: *Wirtschaft im Wandel* 11 (11), 9–15. Verfügbar unter https://www.iwh-halle.de/fileadmin/user_upload/publications/wirtschaft_im_wandel/11-98-4.pdf, zuletzt geprüft am 07.05.2020.

Material Economics (2020): The Circular Economy – a Powerful Force for Climate Mitigation – Material Economics. Verfügbar unter https://materialeconomics.com/publications/the-circular-economy-a-powerful-force-for-climate-mitigation-1, zuletzt geprüft am 20.05.2020.

Packard, Vance; McKibben, Bill (2011): Waste Makers. Brooklyn: Ig Publishing. Online verfügbar unter unter http://gbv.eblib.com/patron/FullRecord.aspx?p=3028731.

PBnE (2017): Impulspapier zur Produktverantwortung im Kontext der Kreislaufwirtschaft. Verfügbar unter https://valerie-wilms.de/themen/verkehr-mobilitaet/mobilitaet-2050/volltext-mobilitaet-2050/article/impulspapier_zur_produktverantwortung_im_kontext_der_kreislaufwirtschaft/, zuletzt geprüft am 13.08.2020.

Perez, C. (2009): Technological revolutions and techno-economic paradigms. In: Cambridge Journal of Eonomics (34), S. 185–220.

Röper, Burkhardt und Rolf Marfeld (1976): Gibt es geplanten Verschleiß? Untersuchungen zur Obsoleszenzthese. Göttingen: Schwartz (Schriften der Kommission für Wirtschaftlichen und Sozialen Wandel, 137).

Rosa, H. (1999). Rasender Stillstand? Individuum und Gesellschaft im Zeitalter der Beschleunigung. In: Manemann, J. (Hrsg.). Jahrbuch politische Theologie. Befristete Zeit. Münster: Lit Verl., S. 151–176.

Smeddinck, Ulrich und Ann Christin Klug (2016): Vom Abfallrecht zur Kreislaufwirtschaft. Untersuchungen zur Entwicklung des Abfallrechts und zu Abfallvermeidungsprogrammen nach § 33 KrWG. Halle an der Saale: Universitätsverlag Halle-Wittenberg (Hallesche Schriften zum Öffentlichen Recht, Band 26). Verfügbar unter http://api.vlb.de/api/v1/asset/mmo/file/191cff13-668f-422f-a95c-d1e78162cfbb, zuletzt geprüft am 06.05.2020.

Stahel, Walter (2020): Warum ein Haushalten in Kreisläufen unsere Wirtschaft revolutionieren könnte. In: Sepp Eisenriegler (Hg.): Kreislaufwirtschaft in der EU. Eine Zwischenbilanz. 1st ed. 2020. Wiesbaden: Springer Fachmedien Wiesbaden, S. 9–21. Verfügbar unter https://doi.org/10.1007/978-3-658-27379-8_2, zuletzt geprüft am 13.08.2020.

Umweltbundesamt: Earth Overshoot Day 2019: Ressourcenbudget verbraucht. Verfügbar unter https://www.umweltbundesamt.de/themen/earth-overshoot-day-2019-ressourcen-budget, zuletzt geprüft am 09.05.2020.

Umweltbundesamt (2020): Leitsätze einer Kreislaufwirtschaft. Verfügbar unter https://www.umweltbundesamt.de/publikationen/leitsaetze-einer-kreislaufwirtschaft, zuletzt geprüft am 06.05.2020.

Wilts, Henning (2016): Deutschland auf dem Weg in die Kreislaufwirtschaft? Bonn: Friedrich-Ebert-Stiftung, Abteilung Wirtschafts- und Sozialpolitik (WISO Diskurs, 2016, 06).

Dieses Kapitel wird unter der Creative Commons Namensnennung 4.0 International Lizenz http://creativecommons.org/licenses/by/4.0/deed.de) veröffentlicht, welche die Nutzung, Vervielfältigung, Bearbeitung, Verbreitung und Wiedergabe in jeglichem Medium und Format erlaubt, sofern Sie den/die ursprünglichen Autor(en) und die Quelle ordnungsgemäß nennen, einen Link zur Creative Commons Lizenz beifügen und angeben, ob Änderungen vorgenommen wurden.

Die in diesem Kapitel enthaltenen Bilder und sonstiges Drittmaterial unterliegen ebenfalls der genannten Creative Commons Lizenz, sofern sich aus der Abbildungslegende nichts anderes ergibt. Sofern das betreffende Material nicht unter der genannten Creative Commons Lizenz steht und die betreffende Handlung nicht nach gesetzlichen Vorschriften erlaubt ist, ist für die oben aufgeführten Weiterverwendungen des Materials die Einwilligung des jeweiligen Rechteinhabers einzuholen.

14 Fridays for Education: Status quo der Nachhaltigkeitsvermittlung in Deutschland

Anastasia Bertini, Annika Fünfhaus, Sabine Globisch, Susanne Ritzmann, Maren Thomsen

Wir befinden uns in einem beschleunigten Klimawandel, der Anpassungen auch im Bildungssystem notwendig macht. Die meisten Kompetenzen, die zur Vermeidung von klimaschädlichen Emissionen und den Umgang mit Klimafolgen in Schulen, beruflichen Bildungseinrichtungen und Hochschulen zu vermitteln sind, sind mit dem Begriff der Nachhaltigkeit aufs Engste verknüpft.

Die Erkenntnisse zu den „Grenzen des Wachstums" (Meadows et al. 1973) wurden vor nunmehr fast 50 Jahren publiziert und die erstmalige Einführung des Begriffs „sustainable development" im Brundtland-Bericht von 1987 liegt nun auch schon mehr als 30 Jahre zurück. Seit 1995 treffen sich die Vertragsstaaten der Klimarahmenkonventionen jährlich zu Weltklimakonferenzen, aber erst die weltumspannende Fridays-for-Future-Bewegung sorgt seit 2018 für Aufmerksamkeit. Schüler:innen, Auszubildende und Studierende fordern politisch verbindliche Normen zur Einhaltung von Klimazielen, da andernfalls das Wissen über nachhaltiges Handeln in ihren Augen abstrakt bleibt und ins Leere läuft.

Fakt ist, dass der inzwischen spürbar beschleunigte Klimawandel die Menschen vor veränderte Anforderungen stellt. Sowohl im persönlichen Alltag als auch im professionellen Berufsleben werden neue Kompetenzen benötigt, die sich entlang der grundlegenden Ziele für die Verwirklichung einer nachhaltigen Lebens(um)welt herausbilden müssen. Dafür dienen die 17 „Sustainable Development Goals" (UNESCO 2017) als Leitlinien. Die übergreifenden Kompetenzen, die zur Erreichung dieser Ziele wichtig sind, sollen in den unterschiedlichsten Bildungsbereichen vermittelt werden. Das konzeptuelle Rahmenwerk dazu bietet das UNESCO-Weltaktionsprogramm „Bildung für nachhaltige Entwicklung" (BNE). Es postuliert zukunftsfähiges Denken und Handeln als Kernkompetenzen einer nachhaltigen Gesellschaft und hat in nationalen Aktionsplänen (Deutsche UNESCO Kommission 2017) Handlungsfelder, Ziele und Maßnahmen angestoßen.

Das Thema Nachhaltigkeit lässt sich in diesem Zusammenhang nur als disziplinenübergreifendes Netz verstehen und muss im Sinne eines „transdisziplinären Paradigmenwechsel[s]" (Stappen 2000:258) als gemeinsame Aufgabe im Rahmen wissenschaftlicher Forschung und Bildung betrachtet werden. Keine Disziplin kann alleine Antworten

© Der/die Herausgeber bzw. der/die Autor(en) 2020
V. Wittphal, *Klima*, https://doi.org/10.1007/978-3-662-62195-0_14

auf drängende globale wie lokale Fragen liefern. Dies bedeutet für Bildungskonzepte zur Vermittlung von Nachhaltigkeit, dass sie nicht nur verschiedene Disziplinen zusammenbringen, sondern dass sie zudem einen Beitrag zur Motivation von Lernenden leisten müssen, spezifische Berufe zu ergreifen und dort entsprechende Kompetenzen und Wissen einzubringen. Dies wiederum stellt besondere didaktische Anforderungen an die Vermittlung von Nachhaltigkeit in allen Bildungssektoren. Eine auf eigenen Erfahrungen fußende, sprich projektorientierte Gestaltung von Lehrinhalten, kann Handlungskompetenz befördern und ist dafür ein vielversprechender Leitgedanke.

Schule

„Skolstrejk för klimatet!" oder auf Deutsch „Schulstreik für das Klima!" Mit diesem Streikspruch löste die schwedische Schülerin Greta Thunberg im Herbst 2018 die weltweite Jugendbewegung Fridays for Future aus. Die Schulstreiks signalisieren einerseits ein sehr großes Engagement der Jugend für den Klimaschutz, regen aber aus bildungspolitischer Sicht auch zum Denken an. Denn es stellen sich Fragen: Ist die Bedeutung des Schulstoffs für den Klimaschutz bzw. eine nachhaltige Entwicklung im Allgemeinen nicht genügend sichtbar, obwohl Bildung als erfolgskritisch für alle Nachhaltigkeitsziele gilt? Inwiefern wird nachhaltige Entwicklung in den Schulen thematisiert und was sollten die jungen Menschen lernen? Und wie können Schulen eigentlich für das Lernen für nachhaltige Entwicklung motivieren?

Verankerung von Bildung für nachhaltige Entwicklung an Schulen

Nachhaltige Entwicklung wird an den ca. 43.000 Schulen in Deutschland in vielfältiger Form thematisiert. Zum einen wird sie top-down über Lehr- bzw. Bildungspläne in der Schulbildung verankert, zum anderen über die Initiativen einzelner Schulen, Lehrkräfte oder Interessengruppen, beispielsweise der Deutschen Gesellschaft für Umwelterziehung.

Die Kultusministerkonferenz (KMK) hat eine Verankerung von BNE in den allgemeinbildenden Schulen erstmals 2007 empfohlen. Dazu wurde ein Orientierungsrahmen erarbeitet, welcher die Bildungsministerien der Länder bei der Integration von BNE in die Lehr- bzw. Bildungspläne unterstützen sollte. BNE wird darin als inhaltliche und institutionelle Querschnittsaufgabe gesehen, welche zum Ziel hat, das Verständnis der Schüler:innen für die komplexen Zusammenhänge zwischen Globalisierung, wirtschaftlicher Entwicklung, Konsum, Umweltbelastungen, Bevölkerungsentwicklung, Gesundheit und sozialen Verhältnissen im Unterricht zu fördern. Inzwischen ist BNE in den Lehr- bzw. Bildungsplänen der meisten Bundesländer verankert, allerdings in ganz unterschiedlicher Form. BNE kann einerseits aus einer Leitperspektive zur Entwicklung von prozess- und inhaltsbezogenen Kompetenzen in allen Fächern betrachtet werden, wo sie Teil fächerübergreifender Kompetenzentwicklung bzw.

eine Grundorientierung für den Unterricht ist. Andererseits kann BNE auch in einzelnen Fächern verankert werden (Bundesregierung 2017).

Zahlreiche Schulen greifen Nachhaltigkeitsthemen auch aus Eigeninitiative auf. Viele Einrichtungen haben beispielsweise Projekte mit Nachhaltigkeitsbezug, welche über den eigentlichen Unterricht hinausgehen, wie Schulgärten und Flüchtlingsprojekte. Solche Projekte orientierten sich häufig in ihrer Ausgestaltung an lokalen Gegebenheiten und Bedürfnissen. Dabei geht es nicht nur um das Lernen für und über eine nachhaltige Entwicklung, sondern auch darum, direkt einen Beitrag für nachhaltige Entwicklung zu leisten. Das zeigt sich auch im Gebrauch von nachhaltigkeitsnahen Zertifizierungen wie Fairtrade Schools, die Umweltschule in Europa – Internationale Agenda 21 Schule, UNESCO Projektschulen oder EMAS Umweltschulen. Allerdings ist der Anteil an zertifizierten Schulen (rund 3 Prozent) noch relativ gering (Rat für Nachhaltige Entwicklung 2017).

Insgesamt stellt sich BNE an Schulen noch sehr heterogen dar. Über die Lehr- bzw. Bildungspläne wird allerdings eine allmählich flächendeckende Integration von BNE sichtbar.

Kompetenzen für nachhaltige Entwicklung

Für die Förderung von nachhaltiger Entwicklung gilt es, Menschen dazu zu befähigen, die Zukunft in einer globalisierten Welt aktiv, eigenverantwortlich und verantwortungsbewusst zu gestalten. Hierzu benötigen sie Gestaltungskompetenz (Schreiber und Siege 2016). Um für die Ansprüche des Berufslebens und der Gesellschaft in einer digitalisierten und sich auch sonst rasant verändernden Welt gewappnet zu sein, ist die Reproduktion von starrem Fachwissen stets weniger entscheidend, denn Fachwissen kann über digitale Hilfsmittel abgerufen werden. Viel wichtiger wird der Erwerb von Kompetenzen, die darin bestehen, sich durch geeignete Denk- und Handlungsweisen Wissen zu erwerben, es zu erweitern, kritisch zu reflektieren und anzuwenden (OECD 2005). Zentral sind beispielsweise Kreativität und die Fähigkeiten, mit Unsicherheiten umzugehen und Verantwortung zu übernehmen. Um allerdings Gestaltungskompetenz in der Schule vermitteln zu können, muss eine fachthematische Einbettung erfolgen. Für die zentralen Herausforderungen des Klimawandels, wie die Nutzung alternativer Energien (Energiewende), eine nachhaltige Ressourcenbewirtschaftung und der Umgang mit Extremwetter, sind fachthematisch die MINT-Fächer (Mathematik, Informatik, Naturwissenschaften und Technik) besonders gefragt. Um dem Klimawandel entgegenwirken bzw. mit seinen Folgen umgehen zu können, ist es entscheidend, dass junge Menschen ein grundlegendes technisches und naturwissenschaftliches Verständnis und Interesse an naturwissenschaftlich-technischen Themen und Berufen entwickeln.

Vermittlung der Kompetenzen

Gerade in den MINT-Fächern nimmt das Interesse der Schülerinnen und Schüler im Laufe ihrer Schulkarriere häufig stark ab (Reiss et al. 2016). Hier kann BNE einen wichtigen Beitrag leisten, indem sie anwendbares anstelle von starrem Wissen vermittelt, gezielt lebensweltliche Themen in den Unterricht integriert und den Fokus auf projektorientiertes Lernen legt. Durch das Binden der Lernvorhaben an konkrete Herausforderungen wie den Klimawandel kann die Relevanz der MINT-Fächer für Schülerinnen und Schüler leichter erkennbar werden. Wesentlich ist, dass dabei auch bei globalen, scheinbar weit entfernten Problemen der eigene Bezug zum Konflikt erkennbar wird, dass also das Lernvorhaben die Schülerinnen und Schüler in ihrer eigenen Lebenswelt „abholt". Diese Lebenswelten können abhängig vom Alter oder vom Lebensraum unterschiedlich sein.

Der ganzheitliche Ansatz in der BNE kann dafür sorgen, dass sich Schülerinnen und Schüler mit individuell ganz unterschiedlichen Vorlieben und Interessen doch allesamt für MINT-Themen begeistern können. Naturwissenschaftliche Phänomene wie der Treibhauseffekt werden so beispielsweise nicht nur aus einer wissenschaftlichen, sondern auch aus einer gesellschaftlichen Perspektive betrachtet. Hier liegt eine besondere Chance insbesondere Mädchen für MINT zu motivieren, da diese in der Regel stark durch gesellschaftliche Fragestellungen angesprochen werden (Dasgupta und Stout 2014). Die Fächerstruktur, insbesondere ab der Sekundarstufe I (wo zum Beispiel die Aufgliederung von Sachkunde in Chemie, Physik und Erdkunde erfolgt), ist allerdings eine Herausforderung für einen ganzheitlichen Ansatz. Es gibt aber viele Handreichungen und Beispiele guter Praxis für Schulen und Lehrkräfte, wie projektorientierter, themenbezogener und fächerübergreifender Unterricht gestaltet werden kann.

Projektorientiertes Lernen an konkret erfahrbaren und lebensweltlichen Themen der BNE kann die MINT-Bildung interessanter, authentischer und relevanter machen. Vielleicht heißt es dann in Zukunft nicht mehr „Schulstreik für das Klima!", sondern „Schule für das Klima!"

Berufliche Bildung

Die Bonner Erklärung (UNESCO 2004) legt der beruflichen Bildung die Rolle des „Generalschlüssels" zur Erreichung einer nachhaltigen Entwicklung nahe. Insbesondere in gewerblich-technischen Berufsfeldern fallen kaum Tätigkeiten an, in denen keine Ressourcen verbraucht, Energien genutzt, Gebrauchswerte in Form von Produkten oder Dienstleistungen geschaffen oder Abfälle produziert werden. Ein dabei bewusstes ökologisch, sozial und ökonomisch verantwortliches berufliches Handeln setzt nach Kuhlmeier und Vollmer (2016) die Fähigkeit voraus, abwägend über alternative

Problemlösungswege und deren jeweilige Wirkungen bzw. Folgen zu entscheiden (vgl. Kuhlmeier und Vollmer 2016:135). Dafür gewinnen laut Bundesinstitut für Berufsbildung (BIBB) die folgenden Kompetenzen an Bedeutung:

- Systemisches übergreifendes Denken zur Analyse des gesamten Lebenszyklus eines Produktes und zur Entscheidung über Einsparungen bei Rohstoffen, Transportwegen, Energieverbrauch, Produktionsbedingungen, Entsorgung betriebswirtschaftlicher und gesellschaftlicher Kosten und Ressourcen
- Schnittstellenkompetenzen zur engen Zusammenarbeit mit verschiedenen Gewerken, die zum Beispiel bei der Herstellung eines energieeffizienten Gebäudes erforderlich ist
- Kundenberatungs- und Kommunikationskompetenzen für informierte Beratungsleistungen, beispielsweise in Bezug auf Energie- oder Ressourceneinsparungspotenziale (vgl. BIBB 2020; Strietska-Ilina et al. 2011)

Das BIBB unterstützt die Umsetzung der Nachhaltigkeitsidee in Ordnungsmitteln und Lernorten seit 2004 in unterschiedlichen Branchen durch Modellversuche (BIBB o.D.). Am 30.04.2020 kam es zudem zu einem Durchbruch: Bund, Länder, Arbeitgeber:innen und Gewerkschaften einigten sich darauf, Umweltschutz und Nachhaltigkeit als Mindeststandards in jede ab 01.08.2021 in Kraft tretende Ausbildungsordnung aufzunehmen (vgl. BMBF 2020). Dies ist ein notwendiger Schritt hin zu einer systematischen Verankerung einer Berufsbildung für nachhaltige Entwicklung, die bisher noch nicht ausreichend erfolgt ist (vgl. Kuhlmeier 2015; Otte und Singer-Brodowski 2017). Bezüge zur Nachhaltigkeit sind in den Ordnungsmitteln bisher seltener explizit, sondern häufiger implizit zu finden. Dazu gehört vor allem das – auch prüfungsrelevante – Thema Umweltschutz (vgl. Otte und Singer-Brodowski 2017).

Nachhaltigkeit in der dualen Ausbildung – ein Best-Practice-Beispiel

Wie eine vergleichsweise umfassende Referierung der Nachhaltigkeitsidee in der Ausbildung im dualen System (Kooperation von Betrieb, Berufsschule, ggf. überbetrieblicher Ausbildungsstätte) erfolgen kann, zeigt ein Best-Practice-Beispiel im Ausbildungsberuf des/der Anlagenmechaniker:in für Sanitär-, Heizungs- und Klimatechnik. Die Standards dieses Ausbildungsberufs wurden 2016 vor dem Hintergrund der Digitalisierung und Nachhaltigkeit neu definiert (SHKAMAusbV 2016).

Im Ausbildungsrahmenplan finden sich konkrete Fertigkeiten, Kenntnisse und Fähigkeiten mit Bezug zur Nachhaltigkeit, die an Auszubildende im gesamten Ausbildungsprozess vermittelt werden. So sind sämtliche „Arbeitsschritte und -abläufe nach ökonomischen und ökologischen Kriterien fest[zu]legen und [zu] dokumentieren" (§ 4 Abs. 3 Nr. 6 SHKAMAusbV 2016). Auch Umweltschutz wird in übergreifende Lernziele ausdifferenziert (§ 4 Abs. 3 Nr. 4 SHKAMAusbV 2016).

Zudem greifen vier Berufsbildpositionen der „berufsprofilgebenden Fertigkeiten, Kenntnisse und Fähigkeiten" den Nachhaltigkeitsgedanken auf. In Berufsbildposition 13 „Unterscheiden und Berücksichtigen von nachhaltigen Systemen und deren Nutzungsmöglichkeiten" sollen Auszubildende beispielsweise lernen, Nutzungsmöglichkeiten von Nicht-Trinkwasser, regenerativen Energien und Energiespeichersystemen sowie Nachhaltigkeit von Energie- und Wasserversorgungssystemen und ressourcenschonende Techniken zur Energie- und Wassernutzung zu unterscheiden und zu berücksichtigen (§ 4 Abs. 2 Nr. 13 SHKAMAusbV 2016). Weitere Nachhaltigkeitsreferenzen sind in den Berufsbildpositionen 11 „Anwenden von Anlagen- und Systemtechnik sowie Inbetriebnahme von ver- und entsorgungstechnischen Anlagen und Systemen", 15 „Kundenorientierte Auftragsbearbeitung" sowie 16 „Berücksichtigen von bauphysikalischen, bauökologischen und ökonomischen Rahmenbedingungen" enthalten. Im Mittelpunkt stehen dabei die Berücksichtigung technologischer, ökologischer und ökonomischer Rahmenbedingungen, Materialeigenschaften oder entsprechende Wechselwirkungen.

Auch die im dazugehörigen Rahmenlehrplan für die Berufsschule definierten Lernziele und -inhalte sind in den Lernfeldern konsequent auf eine „auf Nachhaltigkeit orientierte Energie- und Ressourcennutzung" ausgerichtet (Kultusministerkonferenz [KMK] 2016:6). Solch eine detaillierte curriculare Verankerung ist noch nicht selbstverständlich. Otte und Singer-Brodowski (2017:5) stellen fest, dass nur vier von 14 der von ihnen analysierten Ausbildungsordnungen den Begriff „nachhaltig" enthielten. Dies seien meist solche, die in den letzten sechs Jahren neugeordnet wurden.

Nachhaltigkeit in beruflichen Fortbildungsberufen

Bei einer inhaltlichen Analyse der Titel der insgesamt rund 1200 Fortbildungsberufe, die auf Fortbildungsregelungen des Bundes, der Länder oder Kammern beruhen, lässt sich bei 44 Titeln ein Bezug zu Nachhaltigkeit herstellen. Thematisch überwiegt der Schwerpunkt erneuerbare Energien/Energietechnik mit insgesamt 22 Fortbildungen, zum Beispiel zum bzw. zur Fachwirt:in für Energiewirtschaft oder zur Fachkraft für Regenerative Energietechnik. Sechs Fortbildungsberufe weisen einen Bezug zur Abfallwirtschaft auf (zum Beispiel Fachwirt:in in der Entsorgungswirtschaft), je drei zu nachhaltigem Bauen (beispielsweise Fachberater:in Ökologisches Bauen und Wohnen) bzw. ökologischem Landbau (zum Beispiel Berufsspezialist:in für ökologischen Landbau), je einer zu nachhaltigem Wirtschaften (Corporate Social Responsibility-Expert:in) bzw. Elektromobilität (Berater:in für Elektromobilität). Darüber hinaus gibt es acht Fortbildungsberufe, die in unterschiedlichem Detailgrad zu Umweltschutzmanagement- bzw. -beratungstätigkeiten qualifizieren. Drei der 44 Fortbildungsberufe wurden auf Bundesebene, die übrigen von einzelnen Kammern geregelt, was darauf hindeutet, dass hier auf regionale Erfordernisse Bezug genommen wird. Die Ergebnisse von Otte und Singer-Brodowski (2017:6) lassen jedoch darauf schließen, dass sich eher Hinweise auf Nachhaltigkeitsthemen finden lassen, wenn man nicht nur die Titel, sondern auch die tatsächlichen Regelungen zu Aufstiegsfortbildungen betrachtet (vgl. Otte und Singer-Brodowski 2017:6).

Handlungsbedarf in der beruflichen Bildung

Um die Vermittlung von Nachhaltigkeitskompetenzen in der beruflichen Bildung nicht dem Engagement einzelner Personen zu überlassen, ist eine zentrale Steuerung über Ordnungsmittel notwendig, wie es der Beschluss der Sozialpartner zur Aufnahme von Umweltschutz und Nachhaltigkeit als Standard in Ausbildungsordnungen zukünftig stärker erwarten lässt. Die Umsetzung in der Praxis erfordert jedoch auch eine entsprechende Sensibilisierung des Lehr- und Ausbildungspersonals in den Hochschulen bzw. beruflichen Fortbildungen.

Hochschulen

Als Forschungs- und Bildungseinrichtungen können Hochschulen besonders wichtige Impulsgeber bei den Themen Nachhaltigkeit und CO_2-Reduktion sein. Die Hochschulbildung bietet Grundlage für viele professionelle Handlungen und Entscheidungen, die in den nächsten Jahren getroffen werden. Die konkreten Inhalte im Themenbereich Nachhaltigkeit werden sich dabei dynamisch ändern und weiterentwickeln – ein feststehendes Tafelwerk wird es nicht geben. Ob und wie Disziplinen ihr Wissen und Können im Sinne des Systemdenkens („Systems Thinking") zusammenbringen und zusammen weiterentwickeln, hängt vor allem von der vermittelten Kompetenz ab, Zusammenhänge zu erkennen, zu verstehen und daraufhin zu handeln.

Wie aber gehen Hochschulen mit der an sie gestellten Erwartung um? Einen Einblick ermöglicht zum einen eine inhaltliche Analyse der Aufgaben von Hochschulen und zum anderen die zahlenmäßige Betrachtung des Angebots im Bereich Nachhaltigkeit. Hieran lässt sich ablesen, wie bewusst und in welchem Ausmaß die Thematik Nachhaltigkeit derzeit in die Hochschulbildung getragen wird.

Aufgaben der Hochschulen

Hochschulen können auf verschiedenen Ebenen im Bereich Nachhaltigkeit aktiv werden: Forschung, Lehre, Wissenstransfer, Betrieb und Governance.

Im Rahmen von Forschungsprojekten wird das Thema Nachhaltigkeit untersucht. Seitens des Bundes und/oder der Länder werden spezifische, oft anwendungsorientierte Programme zur Forschungsförderung aufgelegt. So fördert beispielsweise das Bundesumweltministerium im Rahmen der KI-Strategie der Bundesregierung Projekte, die Künstliche Intelligenz nutzen, um ökologische Herausforderungen zu bewältigen und beispielgebend für eine umwelt-, klima- und naturgerechte Digitalisierung sind.

Durch die Lehre sind Hochschulen in der Lage, Erkenntnisse aus Wissenschaft und Forschung zu Nachhaltigkeit an Studierende weiterzugeben. Dabei sind unterschiedliche Angebote in verschiedensten Fachrichtungen möglich: grundständige oder berufsbegleitende Bachelor- und Masterprogramme, spezifische Module mit Nachhaltigkeitsbezügen, einzelne Veranstaltungen wie Ringvorlesungen oder Seminare, die sich mit der Thematik beschäftigen, Nachhaltigkeitszertifikate usw.

Wissenstransfer beinhaltet die Nutzung und Verwertung der Ergebnisse, die beispielsweise durch Forschung und Lehre entstanden sind. Laut dem Wissenschaftsrat (2016:5) bezieht Transfer „in einem breiteren Sinne Interaktionen wissenschaftlicher Akteure mit Partnern außerhalb der Wissenschaft aus Gesellschaft, Kultur, Wirtschaft und Politik mit ein". Man kann Transfer also als eine Verwertung von wissenschaftlichem und technologischem Wissen verstehen (Bertini et al. 2020). Studierende und Alumni können als „change agents" die nachhaltige Entwicklung in der Gesellschaft vorantreiben (Hochschulrektorenkonferenz 2018:4).

Eine weitere Dimension, in der Nachhaltigkeit eine wichtige Rolle spielt, ist der Betrieb und die Governance von Hochschulen. So haben viele Hochschulen inzwischen eine Stabstelle für Nachhaltigkeit. Auch Bestrebungen, die Arbeit der Hochschulen emissionsärmer zu gestalten, nehmen zu. Mit der Initiative „Unter 1000 mach' ich's nicht" verzichten Wissenschaftlerinnen und Wissenschaftler auf dienstliche Kurzstreckenflüge.

Lehrangebote zur Nachhaltigkeit

Ein genauerer Blick auf die hochschulischen Lehrangebote, die im Zusammenhang mit Nachhaltigkeit und CO_2-Reduktion in Verbindung stehen, gibt den Details Kontur.

Die Methode: Es wurden die Daten zu den Studiengängen ausgewertet, die von der Website hochschulkompass.de zur Verfügung gestellt werden. Hochschulkompass ist ein kostenloses Internetportal, welches über die Studienangebote der staatlichen und staatlich anerkannten deutschen Hochschulen informiert. Mithilfe der deutschen und englischen Begriffe, die mit dem Themenbereich Nachhaltigkeit und CO_2-Reduktion in Verbindung stehen, konnten so relevante Studiengänge aus diesem Bereich ermittelt werden.

Die Ergebnisse: Von den insgesamt 20.331 Studiengängen auf der hochschulkompass-Seite lassen sich 1212 Studiengänge dem Themenbereich Nachhaltigkeit/CO_2-Reduktion zuordnen (Stand: April 2020). Bezogen auf die absoluten Zahlen liegen Baden-Württemberg mit 172 und Nordrhein-Westfalen mit 169 Studiengängen vorne. Zusammen mit Bayern (121) und Niedersachsen (144) sind das aber auch die Länder mit den meisten Studierenden (s. Abb. 14.1).

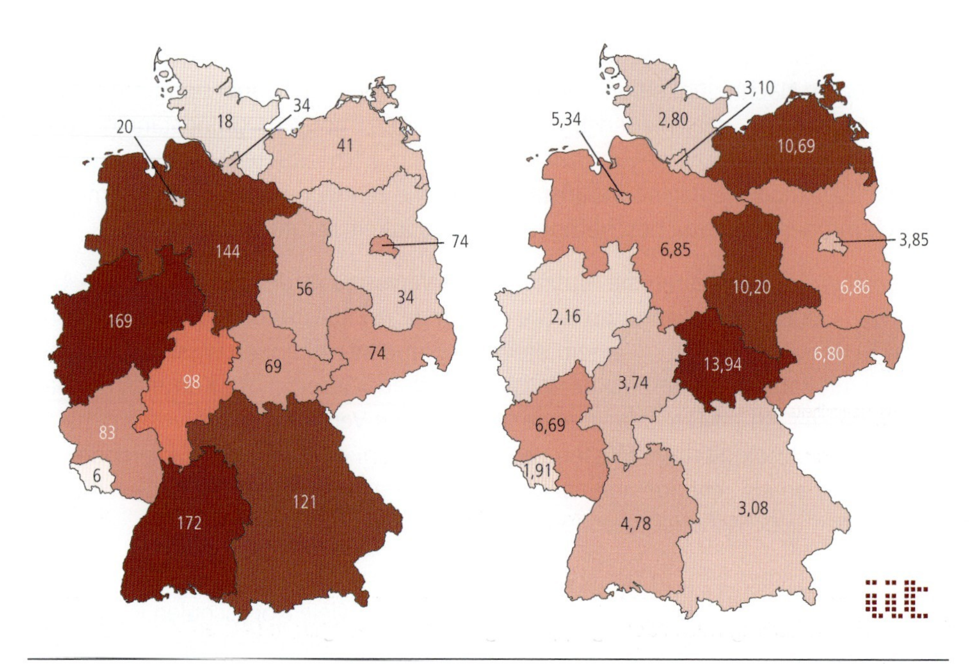

Abb. 14.1 Absolute Anzahl der Studiengänge im Themenbereich Nachhaltigkeit/CO_2-Reduktion in den Ländern (links) und Anzahl der Studiengänge im Themenbereich Nachhaltigkeit/CO_2-Reduktion pro 10.000 Studierenden in den Ländern (rechts). (Eigene Berechnungen mit Daten von hochschulkompass.de)

Um dies zu berücksichtigen, wurde im zweiten Analyseschritt die Anzahl der Studierenden im jeweiligen Bundesland miteinbezogen (vgl. Abb. 14.1 rechts). Die Analyse zeigt, dass die ostdeutschen Länder mehr Nachhaltigkeits-Studienangebote pro 10.000 Studierende anbieten (Thüringen 14, Mecklenburg-Vorpommern elf und Sachsen-Anhalt zehn). Auf den hinteren Plätzen landen dagegen Nordrhein-Westfalen und Saarland mit jeweils zwei Angeboten pro 10.000 Studierende.

Etwa die Hälfte der untersuchten Studiengänge (601) lässt sich der Fächergruppe Ingenieurwissenschaften zuordnen. 29 Prozent der Angebote (355 Studiengänge) gehören der Fächergruppe Mathematik und Naturwissenschaften und 17 Prozent (202 Studiengänge) der Fächergruppe Wirtschaftswissenschaften und Rechtswissenschaften an (s. Abb. 14.2).

Diskussion der Ergebnisse: Es gibt somit insgesamt ein umfangreiches, regional im Wesentlichen gut verteiltes und inhaltlich breit gefächertes Angebot an nachhaltigkeitsbezogenen Studiengängen. Dass die meisten Studienangebote aus den Ingenieur- und Naturwissenschaften kommen, ist von der Sache her nicht verwunderlich. Der besondere Schwerpunkt in den Ingenieurwissenschaften ist zugleich eine gute

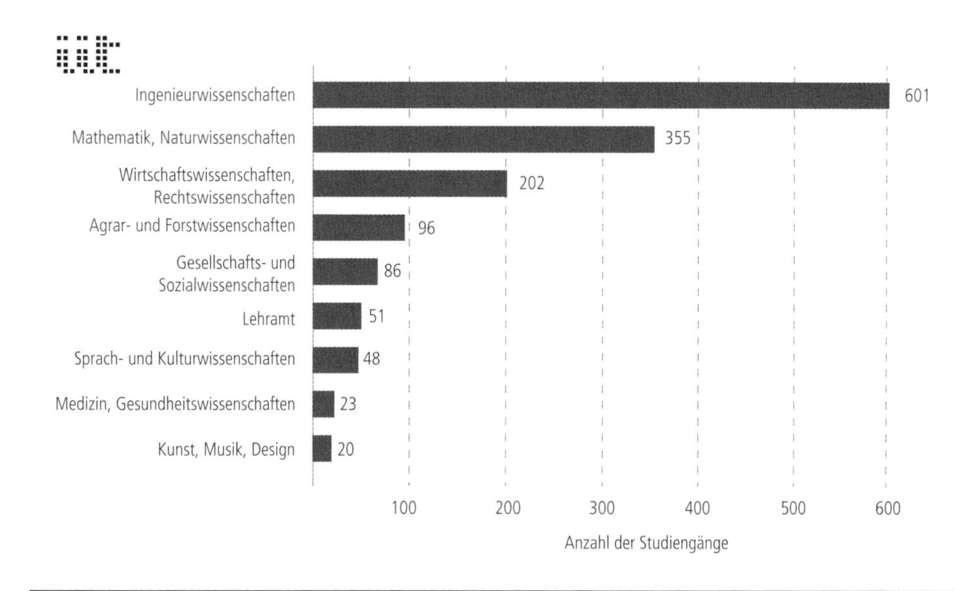

Abb. 14.2 Aufteilung nach Fächergruppe. (Eigene Berechnungen mit Daten von hochschulkompass.de)

Basis für den Aufbau gestaltungsbezogener Kompetenzen, die durch die Entwicklung neuer, nachhaltigerer Produkte und Verfahren einen wesentlichen Beitrag zur Problemlösung beitragen können.

Eine Limitation der hier vorgestellten Analyse besteht darin, dass nur traditionelle Studiengänge im Sinne der initialen Hochschulbildung vor einer Berufstätigkeit betrachtet wurden. Von zunehmender Bedeutung sind hingegen berufsbegleitende und weiterbildende Angebote, mit denen große Zielgruppen ihre Kompetenzen unter Nachhaltigkeitsaspekten ausbauen können. Ein Beispiel hierfür sind etwa Weiterbildungsmodule zum ressourcenschonenden und klimagerechten Bauen für Architekt:innen und Bauingenieur:innen.

Bislang fehlt allerdings für Deutschland eine umfassende und konsolidierte Informationsbasis zur wissenschaftlichen Weiterbildung, die einerseits für Bildungsinteressierte nutzbar wäre, andererseits aber auch für Analysen wie diese herangezogen werden könnte. Der geplante HRK-Weiterbildungskompass, der den Hochschulkompass ergänzen soll, wird hier in Zukunft Abhilfe schaffen.

Fallbeispiel einer transdisziplinären Didaktik der Nachhaltigkeit

Eine Seminarreihe, die an verschiedenen Kunsthochschulen in Deutschland durchgeführt wurde (Ritzmann 2018:165), nutzt als didaktischen Rahmen ein alltagsweltliches Phänomen als Vermittler für Nachhaltigkeit und kombiniert dieses mit echten, im eigenen Alltag gemachten Erfahrungen der Teilnehmenden. Das Alltagsphänomen ist Müll und bietet eine geeignete Grundlage, um eine unmittelbare Auseinandersetzung von Studierenden mit ökologischen, sozialen, kulturellen und wirtschaftlichen Mechanismen unseres Lebensraums zu ermöglichen.

Die Betrachtung dieses Fallbeispiels aus dem Bereich des Designs ist lehrreich, da es sich bei diesem Fach um eine sogenannte Synthesedisziplin handelt. In den behandelten Problemstellungen kommen immer schon verschiedenste Lebensbereiche und auch Fachdisziplinen zusammen. Daher kann der vorgestellte Ansatz zum einen in nahezu allen Disziplinen eingesetzt werden und zum anderen sind genügend Anknüpfungspunkte vorhanden, um fachspezifische Anpassungen vorzunehmen.

Das Müll-Seminar, welches von Studierenden unterschiedlicher Fachrichtungen besucht wurde, ist als Abfolge aus den Lernelementen Erkennen, Reflektieren, Handeln konzipiert. Dabei stand eingangs die Auseinandersetzung mit Müll auf theoretischer Ebene im Fokus. Der Einstieg in das Müllwissen wurde über Fakten zu Abfall und Verwertung gewählt, Statistiken gewährten beispielsweise einen Einblick in Aufkommen, Verbreitung und Zusammensetzung sowie in die unterschiedlichen Formen der Bewältigung (Verbrennung, Recycling usw.). Über die Darstellung der historischen Entwicklung des Mülls und Bildbeispiele der verschiedenen Wegwerfpraktiken wurde gemeinsam mit den Studierenden ein Verständnis von Müll aufgebaut. Auf dieser Grundlage zogen die Studierenden ins Feld. Ausgestattet mit „Fundbeuteln", in denen sie Objekte oder Notizen zu ihren Funden sammelten, ging es an die Erforschung von Müll im öffentlichen Raum. Dabei entdeckte beispielsweise eine Gruppe Studierender, neben skurrilen Einzelstücken, massenhaft Pappkaffeebecher. Der schnelle „Coffee-to-go" ist gerade in universitären, aber auch generell in urbanen Umgebungen ein weitverbreitetes Ritual geworden. Bei der Auseinandersetzung mit dem Phänomen auf der Ebene der Reflexion erkannten die Studierenden hier ein Beispiel für überflüssiges Entstehen von Abfall (der Kaffeebecher, der Deckel, das Rührstäbchen und die Manschette).

Die Studierenden begannen nun dieses Ritual genauer zu untersuchen und kamen dabei zu dessen Ursprung – das Kaffeekränzchen. Kurzerhand erprobten sie einen neuen Ablauf: Mit einer Porzellankaffeetasse (von Oma) begaben sie sich in die morgendliche U-Bahn und hielten dabei ein „gepflegtes Kaffeekränzchen". Die Einbindung anderer mit Coffee-to-go in der Hand erfolgte über die Einladung zu einem „Selfie" von Mensch und Kaffeegefäß. Schließlich teilten die Studierenden ihre Erfahrungen in den sozialen Medien und setzten den thematischen Austausch fort. Auch wenn hier keine Lösung für ein Problem im Bereich Nachhaltigkeit angeboten wurde, so ist der Lerneffekt für die Betroffenen und eventuell sogar für das weitere Publikum dieser Aktion durch die eigene Erfahrung sehr groß. Wichtig ist – auch das verdeutlicht dieses Fallbeispiel –, die Studierenden zum Handeln zu befähigen, also

Erkanntes zu reflektieren und daraufhin informiert zu handeln, auch um weitere Erkenntnisse zu generieren.

Handlungsbedarf

In der gesamten Bildungskette – von der Grundschule bis zum Berufseinstieg bzw. Studium – ist eine Verankerung der Bildung über Nachhaltigkeit und für Nachhaltigkeit erkennbar. Diese wird auf den unterschiedlichen Stufen der Bildungskette von einschlägigen normgebenden Entscheidungen flankiert wie durch die KMK für den Schulbereich oder durch das BIBB für die Neuordnung von Ausbildungsordnungen. Hochschulen sammeln in Forschungsprojekten Erkenntnisse für die Berücksichtigung von Nachhaltigkeit in der wissenschaftlichen Lehre oder in abgestimmten Strategieprozessen über ihre jeweilige Ausrichtung.

BNE repräsentiert auf allen Stufen der Bildungskette die operationalisierbaren Elemente und definierbaren Teilziele im Kontext des Klimawandels, der Klimaschutzdebatten und des aktiven Umwelt- und Klimaschutzes, wie sie in den Lebenswelten der Lehrenden und Lernenden realisierbar sind. BNE ist somit eine notwendige Voraussetzung für erfolgreichen Klimaschutz.

Während sich im Schulbetrieb die Nachhaltigkeitsprojekte an den örtlichen Gegebenheiten in Bezug auf Themen (Ökosysteme wie Meer oder Wald) und Anbindungen an die Praxis (in der Region ansässige Unternehmen) orientieren, sind in der Aus- und Weiterbildung berufliche Handlungsfelder sowie spezifische betriebliche Ausbildungserfordernisse und -möglichkeiten ausschlaggebend für die Vermittlung und Umsetzung einer nachhaltigkeitsorientierten Bildung.

An Hochschulen bestimmen die Studienlehrpläne die inhaltlichen Schwerpunkte im Kontext einer Bildung für Nachhaltigkeit. Die recherchierten und oben angeführten Zahlen und Maßnahmen zeigen einen erkennbaren Prozess der formalen Verankerung von Bildung für und über Nachhaltigkeit.

Während die Ausweitung von Lernangeboten mit einem thematischen Bezug zu Nachhaltigkeit hoffnungsvoll stimmt, ist jedoch die weitaus relevantere Frage, mit welchem didaktischen Konzept Nachhaltigkeit als umfassendes und nicht zuletzt kontroverses Thema an Lernende verschiedenster Altersklassen und Disziplinen vermittelt wird. Bei der Auseinandersetzung mit dieser Frage ist es unerlässlich, auch ganz neue Wege in der transdisziplinären Vermittlung von Nachhaltigkeit zu beschreiten. Wichtig in diesem Zusammenhang sind Konzepte, die ein Kompetenzprofil berücksichtigen, welches sich angesichts der technologischen und gesellschaftlichen Entwicklung stetig wandelt. Im Kern fördert eine lebensnahe didaktische Gestaltung der Bildungsinhalte durch problemorientierte bzw. projektorientierte Lernkonzepte die Motivation bei Lernenden und Lehrenden, disziplinenübergreifendes Systemdenken sowie reflektierte Handlungsfähigkeit.

Literatur

Bertini, Anastasia / Froese, Julia / Gross, Philip / Tödt, Katja / Hartmann, Ernst A. (2020): Die Rolle und das Potenzial von Hochschulen für Innovationen und Gründungen im EdTech-Bereich. Studie des Instituts für Innovation und Technik (iit). Verfügbar unter https://www.iit-berlin.de/de/publikationen/die-rolle-und-das-potenzial-von-hochschulen-fuer-innovationen-und-gruendungen-im-edtech-bereich/, zuletzt geprüft am 12.05.2020.

Bundesinstitut für Berufsbildung (BIBB) (o. D.): Berufliche Bildung für nachhaltige Entwicklung. Modellversuche 2001 bis 2010. Verfügbar unter https://www.bibb.de/de/25180.php#, zuletzt geprüft am 07.08.2020.

Bundesinstitut für Berufsbildung (BIBB) (2020): Kompetenzenentwicklung für nachhaltige Entwicklung. Verfügbar unter https://www.bibb.de/de/37170.php, zuletzt geprüft am 07.08.2020.

Bundesministerium für Bildung und Forschung (2020): Karliczek: Digitalisierung und Nachhaltigkeit künftig Pflichtprogramm für Auszubildende. 30.04.2020. Verfügbar unter https://www.bmbf.de/de/karliczek-digitalisierung-und-nachhaltigkeit-kuenftig-pflicht-programm-fuer-auszubildende-11049.html?pk_campaign=RSS&pk_kwd=Pressemeldung, zuletzt geprüft am 07.08.2020.

Bundesregierung (2017). Bericht der Bundesregierung zur Bildung für nachhaltige Entwicklung – 18. Legislaturperiode –. Verfügbar unter https://www.google.com/url?sa=t&rct=j&q=&esrc=s&source=web&cd=4&ved=2ahUKEwiNxqWb1KvpAh-XEwKQKHaj0AnwQFjADegQIBhAB&url=https%3A%2F%2Fwww.bmbf.de%2Ffiles%2FDrucksache_1813665_BT-Bericht%2520BNE.pdf&usg=AOv-Vaw08w3GgbNEcK9r5E4XeYrez, zuletzt geprüft am 07.08.2020.

Dasgupta, N. und J. G. Stout (2014): Girls and Women in Science, Technology, Engineering, and Mathematics: STEMing the Tide and Broadening Participation in STEM Careers. In: Policy Insights from the Behavioral and Brain Sciences. 1(1). 21–29.

Deutsche UNESCO Kommission (2017): Nationaler Aktionsplan Bildung für nachhaltige Entwicklung 2017. Verfügbar unter https://www.bmbf.de/files/Nationaler_Aktionsplan_Bildung_f%C3%BCr_nachhaltige_Entwicklung.pdf, zuletzt geprüft am 07.08.2020.

Hochschulrektorenkonferenz (2018): Für eine Kultur der Nachhaltigkeit. Empfehlung der 25. Mitgliederversammlung der HRK am 06. November 2018in Lüneburg. Verfügbar unter https://www.hrk.de/fileadmin/redaktion/hrk/02-Dokumente/02-01-Beschluesse/HRK_MV_Empfehlung_Nachhaltigkeit_06112018.pdf, zuletzt geprüft am 07.08.2020.

Kuhlmeier, Werner (2015): Was gibt es schon? – Nachhaltigkeit in Ordnungsmitteln (Darstellung guter Beispiele). Verfügbar unter https://www.bibb.de/dokumente/pdf/4_Was_gibt_es_schon.pdf, zuletzt geprüft am 07.08.2020.

Kuhlmeier, Werner und Thomas Vollmer (2016). Ansatz einer Didaktik der Beruflichen Bildung für nachhaltige Entwicklung. Verfügbar unter https://www.agbfn.de/dokumente/pdf/BIBB_111_092_AGBFN_Kuhlmeier_Vollmer.pdf, zuletzt geprüft am 07.08.2020.

Kultusministerkonferenz (2016): Rahmenlehrplan für den Ausbildungsberuf Anlagenmechaniker für Sanitär-, Heizungs- und Klimatechnik und Anlagenmechanikerin für Sanitär-, Heizungs- und Klimatechnik (Beschluss der Kultusministerkonferenz vom 29.01.2016). Verfügbar unter https://www.kmk.org/themen/berufliche-schulen/duale-berufsausbildung/downloadbereich-rahmenlehrplaene.html?type=150&tx_fedownloads_pi1%5Bdownload%5D=39683&tx_fedownloads_pi1%5Baction%5D=forceDownload&tx_fedownloads_pi1%5Bcontroller%5D=Downloads&cHash=e8b9720ab89fce08fbc883a2d4781 1d2, zuletzt geprüft am 07.08.2020.

Meadows, Donella / Zahn, Erich / Milling, Peter (1973): Die Grenzen des Wachstums. Bericht des Club of Rome zur Lage der Menschheit. Reinbek bei Hamburg: Rowohlt.

OECD. (2005). Definition und Auswahl von Schlüsselkompetenzen. Verfügbar unter https://www.google.com/url?sa=t&rct=j&q=&esrc=s&source=web&cd=1&cad=rja&uact=8&ved=-2ahUKEwjit5uQ1qvpAhXJX8AKHcijCc0QFjAAegQIBRAB&url=https%3A%2F%2Fwww.oecd.org%2Fpisa%2F35693281.pdf&usg=AOvVaw055xwhe7N2Q-pNqFUTqtCf, zuletzt geprüft am 07.08.2020.

Otte, Insa und Mandy Singer-Brodowski (2017): Verankerung von Bildung für nachhaltige Entwicklung in der dualen beruflichen Ausbildung. Verfügbar unter https://www.bne-portal.de/sites/default/files/downloads/WAP_BNE_executive_summary_berufliche_0.pdf, zuletzt geprüft am 07.08.2020.

Rat für Nachhaltige Entwicklung (Oktober 2017): Studie zur Umsetzung der SDG im deutschen Bildungssystem. Verfügbar unter https://www.globaleslernen.de/de/fokusthemen/fokus-sustainable-development-goals-sdg/studie-zur-umsetzung-der-sdg-im-deutschen-bildungssystem, zuletzt geprüft am 07.08.2020.

Reiss, Kristina / Sälzer, Christine / Schiepe-Tiska, Anja / Klieme, Eckhard / Köller, Olaf (Hrsg.) (2016): PISA 2015. Eine Studie zwischen Kontinuität und Innovation. Münster: Waxmann. Verfügbar unter http://www.content-select.com/index.php?id=bib_view&ean=9783830985556, zuletzt geprüft am 07.08.2020.

Ritzmann, Susanne (2018): Wegwerfen | Entwerfen. Müll im Designprozess – Nachhaltigkeit in der Designdidaktik. Basel: Birkhäuser.

Schreiber, Jörg-Robert und Hannes Siege (Hrsg.) (2016): Orientierungsrahmen für den Lernbereich globale Entwicklung im Rahmen einer Bildung für nachhaltige Entwicklung. Ein Beitrag zum Weltaktionsprogramm „Bildung für nachhaltige Entwicklung": Ergebnis des gemeinsamen Projekts der Kultusministerkonferenz (KMK) und des Bundesministeriums für Wirtschaftliche Zusammenarbeit und Entwicklung (BMZ), 2004–2015, Bonn (2. aktualisierte und erweiterte Auflage). Berlin: Cornelsen.

SHKAMAusbV (2016): Sanitär-, Heizungs- und Klimatechnikanlagenmechanikerausbildungsverordnung vom 28. April 2016 (BGBl. I S. 1.025)

Stappen, Ralf Klemens (2000): Wissenschaft und Agenda 21. Thesen zu einer Wissenschaft im Dienst nachhaltiger Entwicklung. In: Stadt-Umland-Perspektiven – Zukunftsfähige Regionen in Europa, 257–258. Verfügbar unter: http://www.ias-icsd.org/resources/RK-Stappen-Wissenschaft+und+Agenda+21.pdf, zuletzt geprüft 21.09.2020

Strietska-Ilina, Olga et al. (2011): Skills for green jobs: a global view: synthesis report based on 21 country studies. Genf: ILO. Verfügbar unter https://www.ilo.org/wcmsp5/groups/public/---dgreports/---dcomm/---publ/documents/publication/wcms_159585.pdf, zuletzt geprüft am 07.08.2020.

UNESCO (2004): The Bonn Declation. Learning for Work, Citizenship and Sustainability. A UNESCO International Meeting of Technical and Vocational Education and Training Experts. Verfügbar unter https://unevoc.unesco.org/fileadmin/user_upload/pubs/SD_Bonn-Declaration_e.pdf, zuletzt geprüft am 07.08.2020.

UNESCO (2017): Education for sustainable development goals. Learning objectives. Paris: UNESCO.

Wissenschaftsrat (2016): Wissens- und Technologietransfer als Gegenstand institutioneller Strategien. (Positionspapier. Drs. 5665-16). Verfügbar unter https://www.wissenschaftsrat.de/download/archiv/5665-16.pdf.

Dieses Kapitel wird unter der Creative Commons Namensnennung 4.0 International Lizenz http://creativecommons.org/licenses/by/4.0/deed.de) veröffentlicht, welche die Nutzung, Vervielfältigung, Bearbeitung, Verbreitung und Wiedergabe in jeglichem Medium und Format erlaubt, sofern Sie den/die ursprünglichen Autor(en) und die Quelle ordnungsgemäß nennen, einen Link zur Creative Commons Lizenz beifügen und angeben, ob Änderungen vorgenommen wurden.

Die in diesem Kapitel enthaltenen Bilder und sonstiges Drittmaterial unterliegen ebenfalls der genannten Creative Commons Lizenz, sofern sich aus der Abbildungslegende nichts anderes ergibt. Sofern das betreffende Material nicht unter der genannten Creative Commons Lizenz steht und die betreffende Handlung nicht nach gesetzlichen Vorschriften erlaubt ist, ist für die oben aufgeführten Weiterverwendungen des Materials die Einwilligung des jeweiligen Rechteinhabers einzuholen.

Anhang

Profile der Autor:innen

Sebastian Abel

Sebastian Abel ist Diplom-Verwaltungswissenschaftler und seit dem Jahr 2018 Berater der VDI/VDE Innovation + Technik GmbH (VDI/VDE-IT) und Experte des Instituts für Innovation und Technik (iit) in der VDI/VDE-IT. Er verfügt über langjährige Erfahrung in der Umsetzung von Studien- und Evaluationsvorhaben im Nachhaltigkeitsbereich. Seine Arbeitsschwerpunkte beim iit liegen im Bereich strategische Vorausschau im Nachhaltigkeitskontext, Monitoring und Evaluation sowie Internationalisierung von Innovation und Forschung. Seine methodischen Schwerpunkte umfassen Delphi-Befragungen, Visual Roadmapping, Wechselwirkungsanalysen sowie die Gestaltung und Moderation von Expert:innenworkshops.

Dr. Mischa Bechberger

Mischa Bechberger ist Politikwissenschaftler und seit dem Jahr 2018 als wissenschaftlicher Berater am iit in der VDI/VDE-IT, mit dem Schwerpunkt auf Nachhaltigkeitsthemen (unter anderem zur Elektromobilität und Kreislaufwirtschaft) und Cluster- und Netzwerkförderung tätig. Dr. Bechberger verfügt über eine fast 20-jährige Berufserfahrung im Bereich nachhaltiger Energie- und Umweltpolitik sowie Klimaschutz. Er war Berater der Deutschen Gesellschaft für Internationale Zusammenarbeit GmbH (GIZ) und beriet in dieser Funktion unter anderem das Bundesministerium für wirtschaftliche Zusammenarbeit und Entwicklung (BMZ) bei der Ausgestaltung und Umsetzung von Förderpolitiken für erneuerbare Energien und Energieeffizienz mit hohen Beschäftigungs- und Wertschöpfung-Effekten für die MENA-Region (Nahost und Nordafrika) und konzipierte und steuerte Pilotprojekte und Studien zu solarer Bewässerung sowie zur Nutzung nachhaltiger Energielösungen in verschiedenen landwirtschaftlichen Wertschöpfungsketten. Vor seiner Tätigkeit bei der GIZ war er Bereichsleiter für Internationale Beziehungen des spanischen Verbands für erneuerbare Energien (APPA) in Barcelona. Zuvor war Mischa Bechberger freier Mitarbeiter des Wuppertal Instituts für Klima, Umwelt und Energie, der Deutsche Energie-Agentur GmbH (dena) sowie wissenschaftlicher Mitarbeiter des Forschungszentrums für Umweltpolitik (FFU) an der Freien Universität Berlin.

Dr. Anastasia Bertini

Anastasia Bertini arbeitet seit dem Jahr 2017 am iit in unterschiedlichen Projekten an der Schnittstelle zwischen Hochschulforschung und Hochschuldigitalisierung. Sie ist Autorin mehrerer Studien zum Thema Wissenschaftsforschung, digitale Zer-

© Der/die Herausgeber bzw. der/die Autor(en) 2020
V. Wittphal, *Klima*, https://doi.org/10.1007/978-3-662-62195-0

tifikate und Gründungen im EdTech-Bereich. Dr. Bertini studierte Soziologie, Volkswirtschaftslehre und Psychologie an der Ludwig-Maximilians-Universität München und Université Paris Descartes, Sorbonne. Anschließend promovierte sie an der TUM School of Education im Bereich Wissenschaftsforschung.

Dr. Eyk Bösche

Eyk Bösche, Seniorberater, ist seit dem Jahr 2012 bei der VDI/VDE-IT im Bereich Mobilität der Zukunft und Europa tätig. Neben der Leitung der Projektträgerschaft „Erneuerbar Mobil" des Bundesministeriums für Umwelt, Naturschutz und nukleare Sicherheit (BMU) leitet er stellvertretend auch die Projektträgerschaften „Anschaffung von Hybridbussen im ÖPNV" des BMU. Dr. Bösche unterstützt Auftraggeber bei der Realisierung ihrer förderpolitischen Ziele sowie bei der Ausrichtung und Konzeption von Fördermaßnahmen sowie deren Umsetzung. Er bringt ein fundiertes branchenübergreifendes technologisches Wissen und Kenntnisse zu Marktentwicklungen und Technologietrends mit ein, unter anderem im Bereich alternativer Antriebstechnologien sowie in der Erschließung des Klima- und Umweltvorteils von Elektrofahrzeugen im Zusammenwirken mit Energieversorgungssystemen mit ein. Darüber hinaus verfügt er über vertiefte Erfahrungen in der Konzeption, Finanzierung, Betreuung und Bewertung von mittleren und großen Forschungsvorhaben sowie über langjährige Kenntnisse im öffentlichen Haushalts-, Verwaltungs- und Vergaberecht sowie im europäischen Beihilferecht. Zudem ist er seit dem Jahr 2017 stellvertretender Vorsitzender der Koordinierungsstelle Elektromobilität der Projektträger und als Gutachter im Auftrag von Banken und Beteiligungsgesellschaften vorwiegend in den Bereichen Smart Systems und Energiewirtschaft tätig. Zuvor war Dr. Bösche Berater im energiewirtschaftlichen Bereich mit Beratungsschwerpunkten im Rahmen der Markt- und Systemintegration Erneuerbarer Energien und alternativer Antriebstechnologien tätig sowie als Wissenschaftler am Koninklijk Nederlands Meteorologisch Instituut (KNMI), Afdeeling Regionaal Klimaat en Seismologie im Bereich der Klimaforschung mit Schwerpunkt auf der Satelliten- und bodengestützten Fernerkundung.

Dr. Marco Evertz

Marco Evertz studierte Chemie an der Westfälischen Wilhelms-Universität Münster, wo er am Batterieforschungszentrum Münster (MEET) im Themengebiet der analytischen Charakterisierung und Alterung von Lithium-Ionen-Batterien promovierte. Seit dem Jahr 2019 betreut er als wissenschaftlicher Berater im Rahmen des Programms IPCEI Batteriezellfertigung verschiedene Projekte zur Realisierung der Batteriezellfertigung in Deutschland. Zusätzlich koordiniert er den europäischen Beihilfeprozess des IPCEI, ist federführend bei der Erstellung einzelner Beihilfedokumente und nimmt aktiv an verschiedenen europäischen Batterieinitiativen teil.

Angelika Frederking

Angelika Frederking ist als Seniorberaterin seit dem Jahr 2011 am iit in der VDI/VDE-IT tätig und berät Kommunen und Regionen im Rahmen von Beratungsaufträgen oder von Forschungs-und-Entwicklungs-Projekten (FuE) zu Herausforderungen der Digitalisierung. Als Politikwissenschaftlerin arbeitet sie für Auftraggeber in Deutschland und Europa, entwickelt FuE-Programme für verschiedene Ministerien, führt Begleitforschungen durch und verfasst Policy Paper und Handlungsempfehlungen rund um die Themenkreise demografischer Wandel und digitale Technologien.

Sabine Fritsch

Sabine Fritsch ist Betriebswirtin und seit dem Jahr 2014 am iit in der VDI/VDE-IT tätig. Als betriebswirtschaftliche Mitarbeiterin arbeitet sie im Bereich Kommunikationssysteme, Mensch-Technik-Interaktion, Gesundheit für die Projektträgerschaft „Interaktive Technologien für Gesundheit und Lebensqualität" des BMBF. Im September 2020 schloss sie den nebenberuflichen Master-Studiengang Nachhaltigkeitsmanagement an der Berlin Professional School der Hochschule für Wirtschaft und Recht Berlin erfolgreich ab.

Annika Fünfhaus

Annika Fünfhaus wirkte nach ihrem Studium der Internationalen Berufsbildung in Forschungs- und Weiterbildungsprojekten der Otto-von-Guericke-Universität Magdeburg zu den Themen Anerkennung von Qualifikationen, Arbeitsmarktorientierung, Mediendidaktik und nachhaltige Entwicklung in der Berufsbildung mit. Seit dem Jahr 2017 ist sie als fachliche Beraterin in der VDI/VDE-IT in Projektträgerschaften und Studien mit den Schwerpunkten Internationalisierung der Berufsbildung, MINT-Bildung und hochschulischen Weiterbildungen tätig.

Dr. Markus Gaaß

Markus Gaaß ist Diplom-Physiker und berät die Bundesministerien für Bildung und Forschung (BMBF) und Wirtschaft und Energie (BMWi) sowie das Bayerische Staatsministerium für Wirtschaft, Landesentwicklung und Energie (StMWi) insbesondere bei der Organisation von Forschungs- und Entwicklungsprojekten in den Themenfeldern Mikroelektronik, Digitalisierung von Energiesystemen sowie der Batteriezellentwicklung. Seit dem Jahr 2015 ist er in der VDI/VDE-IT im Bereich Technologien des digitalen Wandels tätig. Neben seinen Aufgaben in der Projektträgerschaft großer nationaler und internationaler Verbundprojekte hat er bereits in mehreren wissenschaftlichen Begleitforschungen zum Beispiel zur Digitalisierung der Energiewende oder im Kontext der Elektromobilität mitgewirkt. Zusätzlich zu seinen Tätigkeiten für öffentliche Auftraggeber hat Dr. Gaaß auch Aufträge für Industriekunden bearbeitet und dabei beispielsweise Veranstaltungen zur IT-Sicherheit in intelligenten Netzen oder zu Anwendungsmöglichkeiten von Industrie-4.0-Konzepten organisiert.

Jan-Hinrich Gieschen

Jan-Hinrich Gieschen studierte Techniksoziologe und ist Berater im Bereich Mobilität der Zukunft und Europa der VDI/VDE-IT. Seit dem Jahr 2016 ist er in den Themen Digitale Wirtschaft, Elektromobilität und Smart Cities unterwegs. Dort forscht und berät er verschiedene Auftraggeber sowie Kommunen und Städte bei innovationspolitischen Fragen. Unter anderem unterstützt er im Rahmen der Initiative Transform LOCAL (zusammen mit dem Deutschen Städte- und Gemeindebund) Kommunen und Städte bei der Umsetzung von Digitalisierungsstrategien und -projekten.

Sabine Globisch

Sabine Globisch, Seniorberaterin am iit in der VDI/VDE-IT, studierte Betriebswirtschaftslehre (Freie Universität Berlin) und Wissenschaftskommunikation (Technische Universität Berlin). Sie leitet seit mehr als 20 Jahren Projekte, die Schnittstellen formaler und informeller Bildung an den Übergängen von Schule zu Berufsbildung und Studium adressieren. Die Projekte rund um MINT-Fächer und Innovationen in den Hochtechnologien fokussieren die Anpassung formaler und informeller Kompetenzentwicklung, um den Transfer in die wirtschaftliche Nutzung technologischer Entwicklungen und Innovationen zu fördern.

Max Michael Jordan

Max Michael Jordan studierte Biotechnologie und Wirtschaftswissenschaften an der RWTH Aachen und der University of California, Berkeley. Seit dem Jahr 2010 befasst er sich als wissenschaftlicher Berater mit innovatorischen Fragestellungen in den Themenfeldern Bioökonomie und Biomedizin. Im Auftrag verschiedener Bundes- und Landesministerien hat er mehrere hundert Forschungs-und-Entwicklungs-Projekte begutachtet und Beratungsprojekte zur Realisierung von Pilotanlagen für Bioraffinerien durchgeführt. Seit dem Jahr 2018 leitet er die Gruppe Lebenswissenschaften, Energie und Umwelttechnologien im Bereich Innovation und Kooperation der VDI/VDE-IT.

Dr. Jochen Kerbusch

Jochen Kerbusch ist Diplom-Physiker und seit März 2015 Experte des iit sowie im Bereich Elektronik- und Mikrosysteme der VDI/VDE-IT als wissenschaftlicher Mitarbeiter tätig. Er berät hauptsächlich das Bundesministerium für Bildung und Forschung bei der Organisation von Fördermaßnahmen im Bereich der Elektronik mit

Fokus auf KMU-Förderung und Grundlagenthemen. Seine thematischen Schwerpunkte liegen im Bereich Sensorik, Mikroelektronik, Mikrosystemtechnik und Halbleiterfertigung, insbesondere im Kontext von Industrie 4.0 und dem Internet der Dinge. Seit Ende 2019 ist er Mitglied im Fachausschuss 4.3 „Energieautonome Sensorsysteme" in der VDE/GMM. Darüber hinaus berät er das Bundesministerium für Wirtschaft und Energie und andere Zuwendungsgeber bei der Förderung von Start-ups.

Janine Kleemann

Janine Kleemann forschte zunächst in der Biophysik und promovierte an der Technischen Universität Dresden über Drift-Diffusion-Simulationen organischer Halbleiter. Anschließend arbeitete sie als Koordinatorin für Bundesforschungsprojekte in der Energiewirtschaft für die Drewag Netz GmbH. Seit dem Jahr 2016 ist sie fachliche Beraterin im Bereich Elektronik- und Mikrosysteme der VDI/VDE-IT. Ihr Tätigkeitsschwerpunkt liegt in der Projektträgerschaft des Bundesforschungsministeriums „Elektronik und autonomes Fahren; Supercomputing", wobei sie insbesondere die Themenfelder Energiewirtschaft, Leistungselektronik und Bioelektronik bearbeitet.

Roman Korzynietz

Roman Korzynietz ist Diplom-Ingenieur für Maschinenbau – Erneuerbare Energien. Er arbeitet seit dem Jahr 2017 als Projektmanager und wissenschaftlicher Berater am iit in der VDI/VDE-IT. Die Schwerpunkte seiner Arbeit liegen in der Analyse, Bewertung und dem internationalen Benchmarking von innovativen Energiesystemen, Digitalisierung und Elektromobilität, unter anderem in den Projekten LiPLANET, IPCEI Batteriezellfertigung, den Projektträgerschaften Erneuerbar Mobil und Elektrobusse. Zuvor war er über zehn Jahre in Spanien für die internationale kommerzielle Entwicklung sowie Forschung und Entwicklung solarthermischer Kraftwerke verantwortlich.

Maximilian Lindner

Maximilian Lindner ist Staatswissenschaftler. In seinem interdisziplinären Studium mit Schwerpunkt Politik-, Wirtschafts- und Verwaltungswissenschaft an der Universität Passau beschäftigte er sich vor allem mit politikfeldanalytischen Fragestellungen und politischen Strategiebildungsprozessen. Seit dem Jahr 2018 ist er wissenschaftlicher Berater im Bereich Gesellschaft und Innovation der VDI/VDE-IT. Daneben ist er Lehrbeauftragter für Politikwissenschaft an der Universität Passau. Am iit arbeitet er in verschiedenen wirtschafts- und innovationspolitischen Kontexten an der Begleitung und Umsetzung von Förderprogrammen zur erfolgreichen Gestaltung des digitalen

Wandels. Zu seinen Kernkompetenzen zählen Politikberatung sowie Themen- und Strategiebildung.

Dr. Martin Martens

Martin Martens studierte Physik an der Technischen Universität Berlin. Anschließend promovierte er am Institut für Festkörperphysik der TU Berlin mit dem Forschungsschwerpunkt Entwicklung halbleiterbasierter Lichtemitter. Seit dem Jahr 2017 ist er wissenschaftlicher Mitarbeiter im Bereich Mobilität der Zukunft und Europa bei der VDI/VDE-IT. Derzeit beschäftigt er sich im Rahmen verschiedener Projektträgerschaften des BMVI und des BMU vorrangig mit den Themen urbane Mobilität, Digitalisierung und Automatisierung im Verkehrsbereich sowie Elektromobilität.

Jakob Michelmann

Jakob Michelmann ist wissenschaftlicher Berater im Bereich Mobilität der Zukunft und Europa in der VDI/VDE-IT. Nach seinem Bachelorstudium der Medienkulturwissenschaften und des Innovationsmanagements sowie einem Masterabschluss in Zukunftsforschung arbeitet er an Foresight-Aktivitäten und dem Ausbau strategischer Themen in den Bereichen neue Mobilität, Produktion und Umwelt. Er führt in diesen Bereichen Monitorings, Delphi-Studien und Trendanalysen durch und moderiert strategische Roadmapping-Prozesse zum Beispiel in Projekten wie T4 < 2°, Mobility4EU, COSMOS und SCORE.

Kirsten Neumann

Kirsten Neumann ist Politik- und Sozialwissenschaftlerin (MA International Studies) und verfügt über mehr als 15 Jahre Erfahrung im Bereich Energiewende, Erneuerbare Energien, Umsetzung von Umweltabkommen und Politikanalyse. Sie ist seit dem Jahr 2011 am iit für das Thema Energiewende verantwortlich, seit 2016 als Senior-Beraterin. Sie verantwortete unter anderem die Evaluation der Exportinitiative Erneuerbare Energien des BMWi sowie die Erstellung der Studien: „Innovationstreiber Energiewende: Smarte Systeminnovationen als Triebfeder nachhaltiger Wertschöpfung in Deutschland – der Beitrag von Digitalisierung und Sektorkopplung" für die ECF. Davor war Kirsten Neumann drei Jahre bei der Deutschen Energie-Agentur als Projektleiterin Erneuerbare Energien und von 2005 bis 2007 als Sustainable Development Programme Officer für die United Nations University (UNU) in Jordanien zu den Themen Erneuerbare Energien und Wasser in der Region Mittlerer Osten und Nordafrika tätig. Von 2002 bis 2005 war sie für die UNU in Tokio in der Politikforschung und im Capacity Building mit Fokus auf Biodiversität, Genetische Ressourcen und Geistige Eigentumsrechte tätig und von 2001 bis 2002 für das United Nations Development Program in New York.

Annette Randhahn

Annette Randhahn ist Diplom-Ingenieurin für Technischen Umweltschutz und seit dem Jahr 2009 wissenschaftliche Beraterin im Bereich Mobilität der Zukunft und Europa in der VDI/VDE-IT sowie Expertin des iit. Seit dem Jahr 2012 ist sie zuständig für die Projektträgerschaften zur Förderung von Hybrid- und Elektrobussen im öffentlichen Personennahverkehr im Auftrag des Bundesumweltministeriums. Daneben ist sie zur fachlichen Begutachtung verschiedener Projektträgerschaften zu den Themen Elektromobilität, Export nachhaltiger Umwelttechnologien und automatisiertes und vernetztes Fahrens eingebunden. Weiterhin ist sie in die Durchführung europäischer Roadmapping-Projekte mit dem Schwerpunkt Transport, Digitalisierung und nutzerzentrierte Mobilitätslösungen involviert (unter anderem Mobility4EU, INDIMO und HADRIAN).

Dr. Doreen Richter

Doreen Richter ist promovierte Regionalökonomin und seit dem Jahr 2018 als wissenschaftliche Beraterin für regionale Entwicklung in der VDI/VDE-IT sowie als wissenschaftliche Mitarbeiterin am iit tätig. Ihre Expertise liegt insbesondere in der Durchführung sozioökonomischer Analysen im regionalen Kontext sowie der Ableitung regionalspezifischer Entwicklungsstrategien. Schwerpunkte liegen einerseits auf der Analyse und Evaluation regionaler Innovationssysteme und andererseits auf den Entwicklungsbedarfen ländlicher und strukturschwacher Räume vor dem Hintergrund des Erhalts gleichwertiger Lebensverhältnisse.

Martin Richter

Martin Richter ist Diplom-Ingenieur für Umwelt- und Verfahrenstechnik und hat ein Masterstudium in Environmental Science, Policy and Planning absolviert. Bei der VDI/VDE-IT ist er seit Mai 2009 angestellt. Seit Mai 2016 ist er für die Leitung der Projektträgerschaft des BMWi-Förderprogramms „Förderwettbewerb Energieeffizienz" zuständig. Er ist weiterhin für die Begutachtung und Betreuung von Innovationsnetzwerken und Forschungs- und Entwicklungsvorhaben aus dem Bereich Erneuerbare Energien, Energieeffizienz und Umwelttechnik verantwortlich.

Dr. Susanne Ritzmann

Susanne Ritzmann ist fachliche Beraterin am iit in der VDI/VDE-IT. Aktuell liegt ihr Fokus auf der Digitalisierung von (Hochschul-)Bildung. Zuvor hat sie als wissenschaftliche Mitarbeiterin im Bereich Designforschung am Design Research Lab der Universität der Künste Berlin und dem Deutschen Forschungsinstitut für Künstliche Intelligenz (DFKI) zu Themen wie vernetzte Nachbarschaften, nachhaltige Mobilität und offene Forschungsinfrastrukturen geforscht und gelehrt. In ihrer Promotion untersuchte sie die Didaktik der Nachhaltigkeit und das Phänomen Müll im Kontext von Designprozessen.

Lukas Rohleder

Lukas Rohleder arbeitet seit dem Jahr 2016 im Bereich Elektronik- und Mikrosysteme der VDI/VDE-IT. Im Rahmen einer Geschäftsbesorgung leitet er das sächsische Energietechnologienetzwerk Energy Saxony e. V. in Dresden. Zuvor verantwortete er ab dem Jahr 2011 die politische und öffentliche Kommunikation der deutschen Luftfahrtinitiative für erneuerbare Energien aireg e. V. in Berlin. Der Jurist begann nach seinem ersten Juristischen Staatsexamen seine Karriere als wissenschaftlicher Mitarbeiter im Bundestagsbüro von Wolfgang Schäuble.

Oliver Sartori

Oliver Sartori ist Maschinenbauingenieur und hat viele Jahre in der universitären und industriellen Forschung gearbeitet. Dabei hat er sich intensiv mit den Menschen als Konsumenten und Nutzerinnen technischer Geräte befasst und verstanden, dass der sinnvolle Nutzen eines Geräts oder Werkzeugs entscheidend für dessen Akzeptanz ist. Seit dem Jahr 2017 arbeitet er als Berater am iit in der VDI/VDE-IT sowie in der BMBF-Projektträgerschaft Interaktive Technologien für Gesundheit und Lebensqualität. Er ist überzeugt, dass intelligente interaktive Technologien die Menschen bei einem nachhaltigen Leben unterstützen können.

Florian Schaller

Florian Schaller ist seit dem Jahr 2017 in der VDI/VDE-IT im Bereich Mobilität der Zukunft und Europa als wissenschaftlicher Mitarbeiter und Berater tätig. Neben der Leitung der Projektträgerschaft „Exportinitiative Umwelttechnologien" des BMU ist er zur fachlichen Begutachtung innerhalb verschiedener Projektträgerschaften zu den Themen Elektromobilität, Export nachhaltiger Umwelttechnologien und automatisiertes und vernetztes Fahren eingebunden. Zuvor war Florian Schaller am Reiner-Lemoine-Institut als wissenschaftlicher Mitarbeiter und Projektleiter zweier Projekte der Schaufenster Elektromobilität beschäftigt.

Dr. Inessa Seifert

Inessa Seifert studierte Informatik an der Technischen Universität Berlin und promovierte anschließend an der Universität Bremen in den Bereichen Künstliche Intelligenz (KI) und Raumkognition. Als Post-Doc am Deutschen Forschungsinstitut für Künstliche Intelligenz (DFKI) forschte sie an KI-gestützten Verfahren zur Extraktion und Visualisierung von Informationen zu wissenschaftlichen Publikationen in Digitalen Bibliotheken. In der VDI/VDE-IT ist Dr. Seifert seit dem Jahr 2013 im Bereich Gesellschaft und Innovation tätig. Sie ist in die Begleitforschungen zu den BMWi-Technologieprogrammen „Smarte Datenwirtschaft" und „KI-Innovationswettbewerb" involviert.

Yannick Thiele

Yannick Thiele ist Politikwissenschaftler und seit dem Jahr 2018 als wissenschaftlicher Berater am iit in der VDI/VDE-IT tätig. In der Projektträgerschaft „Digitaler Wandel" berät er zudem das BMBF zu unter anderem ethischen Fragestellungen des digitalen Wandels und wirkt am politischen Monitoring digitaler Trends mit. In der Projektträgerschaft „Innovationspolitik" arbeitet er am Monitoring internationaler Innovationspolitik und betreut Fördervorhaben aus der Statistik und Innovationsforschung. Zuvor hat er als wissenschaftlicher Mitarbeiter der Deutschen Botschaft Peking zur Wissenschafts- und Innovationspolitik in China gearbeitet.

Dr. Carolin Thiem

Carolin Thiem unterstützt seit November 2017 die VDI/VDE-IT als fachliche Beraterin und Projektleiterin im Bereich Gesellschaft und Innovation. Ihre Expertise setzt sie ein für sozialwissenschaftliche Fragen zu Auswirkungen des digitalen Wandels auf die Gesellschaft, Fragen der Partizipation und zur Förderung von sozialen Innovationen. Sie hat ihre Promotion in Wissenschafts- und Technikforschung an der Technischen Universität München zu „Innovativen Partizipationsprozessen" im Mai 2020 abgeschlossen. Zuvor war sie tätig als wissenschaftliche Mitarbeiterin am Lehrstuhl für Wissenschaftssoziologie der Technischen Universität München sowie in der Innovations- und Designforschung bei der HYVE AG und der Service Innovation Labs GmbH.

Dr. Maren Thomsen

Maren Thomsen arbeitet seit August 2019 als fachliche Beraterin am iit in der VDI/VDE-IT, überwiegend im Bereich der MINT-Bildung. Zuvor hat sie zu diversen Themen in der (Berufsschul-)Bildung wie etwa Kompetenzen und Motivation von Lehrkräften, interpersönliche Beziehungen, Schulmanagement und Human-Ressource-Management in Deutschland und den Niederlanden geforscht und beraten sowie Prognosemodelle für den Lehrkräftebedarf entwickelt. Dr. Thomsen promovierte an der Universität von Amsterdam zum Thema „Vertrauen von Lehrkräften an beruflichen Schulen".

Dr. Benjamin Wilsch

Benjamin Wilsch studierte Physik mit dem Schwerpunkt Festkörper- und Halbleiterphysik an der Humboldt-Universität zu Berlin sowie an der Freien Universität Berlin. Anschließend promovierte er im Jahr 2016 an der Universität Grenoble Alpes zum Thema Magnetfeldsensorik für intelligente Stromnetze. Seit dem Jahr 2017 ist er wissenschaftlicher Mitarbeiter der VDI/VDE-IT im Bereich Mobilität der Zukunft und Europa. Der Schwerpunkt seiner Tätigkeiten liegt im Bereich der Digitalisierung und Automatisierung im Verkehrsbereich, mit dem er sich als Leiter der Projektträgerschaft „Digitalisierung kommunaler Verkehrssysteme" (BMVI) sowie im Rahmen des EU-Projektes COSMOS befasst.

Prof. Dr. Volker Wittpahl

Volker Wittpahl leitet seit dem Jahr 2016 das Institut für Innovation und Technik (iit) in der VDI/VDE-IT. Nach dem Studium der Mikroelektronik in Deutschland und Singapur sammelte er Industrieerfahrungen in den Bereichen Technologiemarketing sowie Innovationsmanagement von Leistungselektronik für die Automobilbranche im Philips-Konzern. Mit seinem Wechsel zu Philips Design nach Eindhoven in den Niederlanden wurde er einer der Entwicklungsverantwortlichen im konzerneigenen interdisziplinären Think Tank. Dort entwickelte er aus den beobachteten Technologie-, Markt- und soziokulturellen Trends neue Produkte, Dienste und Geschäftsfelder für interne und externe Industriekunden. Seit 2014 ist Volker Wittpahl Professor an der Universität Klaipeda in Litauen und initiiert deutsch-baltische Projekte im Wissenstransfer.

Dr. Stefan Wolf

Stefan Wolf studierte Systemingenieurwesen an der Universität Bremen sowie Regenerative Energien an der Universität Kassel und promovierte anschließend im Forschungsfeld Energiesystemanalyse an der Universität Stuttgart. Seit dem Jahr 2018 arbeitet er als wissenschaftlicher Berater für die VDI/VDE-IT im Bereich Mobilität der Zukunft und Europa. In dieser Zeit hat er sich an mehreren Begleitforschungen, Gutachten und Studien in den Themenfeldern Energie und Mobilität beteiligt. Seit dem Jahr 2019 leitet er die wissenschaftliche Begleitung des IPCEI Batteriezellfertigung.

Dr. Carolin Zachäus

Carolin Zachäus absolvierte ihr Physikstudium mit dem Schwerpunkt Festkörper- und Halbleiterphysik an der Freien Universität Berlin sowie an der Technischen Universität Berlin. Die anschließende Promotion zum Thema solare Wasserstofferzeugung schloss sie im Jahr 2016 am Helmholtz-Zentrum Berlin für Materialien und Energie ab. Seit 2017 ist sie wissenschaftliche Mitarbeiterin der VDI/VDE-IT im Bereich Mobilität der Zukunft und Europa. Der Schwerpunkt ihrer Tätigkeiten liegt im Bereich der Automatisierung, Digitalisierung sowie nutzer:innenzentrierter Mobilitätslösungen im Verkehrsbereich im Rahmen der Leitung des EU-Projektes HADRIAN und der AMAA-Konferenz sowie im Rahmen des EU-Projekts COSMOS. Zudem ist sie unterstützend in der PTplus Batteriezellfertigung tätig.

Dr. Antje Zehm

Antje Zehm studierte Abfallwirtschaft und Altlasten an der Technischen Universität Dresden und promovierte im Bereich Biomassekonversion. Seit dem Jahr 2013 ist sie Beraterin am iit in der VDI/VDE-IT. In der VDI/VDE-IT war sie anfangs im Bereich Internationale Technologiekooperationen und Cluster und ist mittlerweile im Bereich Elektronik- und Mikrosysteme tätig. Ihre Tätigkeitsschwerpunkte liegen aktuell in der Bearbeitung von Projekten im Bereich der Digitalisierung der Energiewirtschaft, der Untersuchung von Auswirkungen von Digitalisierung auf Arbeit und Beschäftigung sowie der Umsetzung industriepolitischer Partizipationsprozesse.